"先进化工材料关键技术丛书"(第二批)编委会

编委会主任：

薛群基　中国科学院宁波材料技术与工程研究所，中国工程院院士

编委会副主任（以姓氏拼音为序）：

陈建峰　北京化工大学，中国工程院院士
高从堦　浙江工业大学，中国工程院院士
华　炜　中国化工学会，教授级高工
李仲平　中国工程院，中国工程院院士
谭天伟　北京化工大学，中国工程院院士
徐惠彬　北京航空航天大学，中国工程院院士
周伟斌　化学工业出版社，编审

编委会委员（以姓氏拼音为序）：

陈建峰　北京化工大学，中国工程院院士
陈　军　南开大学，中国科学院院士
陈祥宝　中国航发北京航空材料研究院，中国工程院院士
陈延峰　南京大学，教授
程　新　济南大学，教授
褚良银　四川大学，教授
董绍明　中国科学院上海硅酸盐研究所，中国工程院院士
段　雪　北京化工大学，中国科学院院士
樊江莉　大连理工大学，教授
范代娣　西北大学，教授

傅正义	武汉理工大学，中国工程院院士	
高从堦	浙江工业大学，中国工程院院士	
龚俊波	天津大学，教授	
贺高红	大连理工大学，教授	
胡迁林	中国石油和化学工业联合会，教授级高工	
胡曙光	武汉理工大学，教授	
华　炜	中国化工学会，教授级高工	
黄玉东	哈尔滨工业大学，教授	
蹇锡高	大连理工大学，中国工程院院士	
金万勤	南京工业大学，教授	
李春忠	华东理工大学，教授	
李群生	北京化工大学，教授	
李小年	浙江工业大学，教授	
李仲平	中国工程院，中国工程院院士	
刘忠范	北京大学，中国科学院院士	
陆安慧	大连理工大学，教授	
路建美	苏州大学，教授	
马　安	中国石油规划总院，教授级高工	
马光辉	中国科学院过程工程研究所，中国科学院院士	
聂　红	中国石油化工股份有限公司石油化工科学研究院，教授级高工	
彭孝军	大连理工大学，中国科学院院士	
钱　锋	华东理工大学，中国工程院院士	
乔金樑	中国石油化工股份有限公司北京化工研究院，教授级高工	
邱学青	华南理工大学/广东工业大学，教授	
瞿金平	华南理工大学，中国工程院院士	
沈晓冬	南京工业大学，教授	
史玉升	华中科技大学，教授	
孙克宁	北京理工大学，教授	
谭天伟	北京化工大学，中国工程院院士	
汪传生	青岛科技大学，教授	
王海辉	清华大学，教授	
王静康	天津大学，中国工程院院士	
王　琪	四川大学，中国工程院院士	
王献红	中国科学院长春应用化学研究所，研究员	

王玉忠	四川大学，中国工程院院士
卫　敏	北京化工大学，教授
魏　飞	清华大学，教授
吴一弦	北京化工大学，教授
谢在库	中国石油化工集团公司，中国科学院院士
邢卫红	江苏大学，教授
徐　虹	南京工业大学，教授
徐惠彬	北京航空航天大学，中国工程院院士
徐铜文	中国科学技术大学，教授
薛群基	中国科学院宁波材料技术与工程研究所，中国工程院院士
杨全红	天津大学，教授
杨为民	中国石油化工股份有限公司上海石油化工研究院，中国工程院院士
姚献平	杭州市化工研究院有限公司，教授级高工
袁其朋	北京化工大学，教授
张俊彦	中国科学院兰州化学物理研究所，研究员
张立群	西安交通大学，中国工程院院士
张正国	华南理工大学，教授
郑　强	浙江大学，教授
周伟斌	化学工业出版社，编审
朱美芳	东华大学，中国科学院院士

先进化工材料关键技术丛书（第二批）

中国化工学会 组织编写

高性能分子筛材料

High-performance
Molecular Sieve Materials

杨为民 等 著

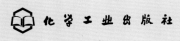

·北京·

内容简介

《高性能分子筛材料》是"先进化工材料关键技术丛书（第二批）"的分册之一。

本书是多项国家和省部级成果的系统总结，系统阐述了工业上常用分子筛材料的发展历程、制备方法、结构和性质特征以及性能与应用情况等，内容包括绪论、FAU分子筛、MFI分子筛、MOR分子筛、FER分子筛、*BEA分子筛、MWW分子筛、CHA分子筛、吸附分离用分子筛、新结构分子筛等十个部分。

本书可供化工、材料、化学、能源、环境等领域科技人员、管理人员阅读，也可供高等学校相关专业师生参考。

图书在版编目（CIP）数据

高性能分子筛材料/中国化工学会组织编写；杨为民等著. —北京：化学工业出版社，2024.8
（先进化工材料关键技术丛书. 第二批）
国家出版基金项目
ISBN 978-7-122-45443-0

Ⅰ.①高… Ⅱ.①中…②杨… Ⅲ.①分子筛-功能材料 Ⅳ.①TB34

中国国家版本馆 CIP 数据核字（2024）第 074928 号

责任编辑：杜进祥　黄丽娟　孙凤英
责任校对：边　涛
装帧设计：关　飞

出版发行：化学工业出版社（北京市东城区青年湖南街13号　邮政编码100011）
印　　装：中煤（北京）印务有限公司
710mm×1000mm　1/16　印张26½　字数531千字
2024年11月北京第1版第1次印刷

购书咨询：010-64518888　　　售后服务：010-64518899
网　　址：http://www.cip.com.cn
凡购买本书，如有缺损质量问题，本社销售中心负责调换。

定　价：199.00元　　　　　　　　　　　　　版权所有　违者必究

作者简介

杨为民，中国工程院院士。1984.9～1994.7就读于南京大学化学系，先后获化学专业学士和物理化学专业博士学位。毕业后进入中国石化上海石油化工研究院。1998.11～1999.11在法国国家科研中心催化研究所作访问学者。现任中国石化上海石油化工研究院院长和绿色化工与工业催化全国重点实验室主任。

主要从事有机化工领域的应用基础研究与工程技术开发，在化工绿色生产、资源优化、节能降耗新技术开发方面开展了创新性工作，研究成果在60家企业实现工业应用，创造了显著的经济和社会效益。同时面向绿色化工技术发展前沿，聚焦催化新材料，创制了全新拓扑结构的SCM-14、SCM-15分子筛材料，被国际分子筛协会分别授予结构代码SOR、SOV，实现我国企业在新结构分子筛合成领域零的突破。

研究成果获国家技术发明奖二等奖2项、国家科技进步奖二等奖1项、中国专利金奖1项、中国专利银奖1项及省部级科学技术一等奖6项。并获"何梁何利基金科学与技术创新奖""侯德榜化工科学技术成就奖""全国创新争先奖"等奖励与荣誉。

丛书（第二批）序言

材料是人类文明的物质基础，是人类生产力进步的标志。材料引领着人类社会的发展，是人类进步的里程碑。新材料作为新一轮科技革命和产业变革的基石与先导，是"发明之母"和"产业食粮"，对推动技术创新、促进传统产业转型升级和保障国家安全等具有重要作用，是全球经济和科技竞争的战略焦点，是衡量一个国家和地区经济社会发展、科技进步和国防实力的重要标志。目前，我国新材料研发在国际上的重要地位日益凸显，但在产业规模、关键技术等方面与国外相比仍存在较大差距，新材料已经成为制约我国制造业转型升级的突出短板。

先进化工材料也称化工新材料，一般是指通过化学合成工艺生产的、具有优异性能或特殊功能的新型材料。包括高性能合成树脂、特种工程塑料、高性能合成橡胶、高性能纤维及其复合材料、先进化工建筑材料、先进膜材料、高性能涂料与黏合剂、高性能化工生物材料、电子化学品、石墨烯材料、催化材料、纳米材料、其他化工功能材料等。先进化工材料是新能源、高端装备、绿色环保、生物技术等战略性新兴产业的重要基础材料。先进化工材料广泛应用于国民经济和国防军工的众多领域中，是市场需求增长最快的领域之一，已成为我国化工行业发展最快、发展质量最好的重要引领力量。

我国化工产业对国家经济发展贡献巨大，但从产业结构上看，目前以基础和大宗化工原料及产品生产为主，处于全球价值链的中低端。"一代材料，一代装备，一代产业。"先进化工材料因其性能优异，是当今关注度最高、需求最旺、发展最快的领域之一，与国家安全、国防安全以及战略性新兴产业关系最为密切，也是一个国家工业和产业发展水平以及一个国家整体技术水平的典型代表，直接推动并影响着新一轮科技革命和产业变革的速度与进程。先进化工材料既是我国化工产业转型升级、实现由大到强跨越式发展的重要方向，同时也是保障我国制造业先进性、支撑性和多样性的"底盘技术"，是实施制造强国战略、推动制造业高质量发展的重要保障，关乎产业链和供应链安全稳定、绿色低碳发展以及民生福祉改善，具有广阔的发展前景。

"关键核心技术是要不来、买不来、讨不来的。"关键核心技术是国之重器，要靠我们自力更生，切实提高自主创新能力，才能把科技发展主动权牢牢掌握在自己手里。新材料是战略性、基础性产业，也是高技术竞争的关键领域。作为新材料的重要方向，先进化工材料具有技术含量高、附加值高、与国民经济各部门配套性强等特点，是化工行业极具活力和发展潜力的领域。我国先进化工材料领域科技人员从国家急迫需要和长远需求出发，在国家自然科学基金、国家重点研发计划等立项支持下，集中力量攻克了一批"卡脖子"技术、补短板技术、颠覆性技术和关键设备，取得了一系列具有自主知识产权的重大理论和工程化技术突破，部分科技成果已达到世界领先水平。中国化工学会组织编写的"先进化工材料关键技术丛书"（第二批）正是由数十项国家重大课题以及数十项国家三大科技奖孕育，经过200多位杰出中青年专家深度分析提炼总结而成，丛书各分册主编大都由国家技术发明奖和国家科技进步奖获得者、国家重点研发计划负责人等担纲，代表了先进化工材料领域的最高水平。丛书系统阐述了高性能高分子材料、纳米材料、生物材料、润滑材料、先进催化材料及高端功能材料加工与精制等一系列创新性强、关注度高、应用广泛的科技成果。丛书所述内容大都为专家多年潜心研究和工程实践的结晶，打破了化工材料领域对国外技术的依赖，具有自主知识产权，原创性突出，应用效果好，指导性强。

创新是引领发展的第一动力，科技是战胜困难的有力武器。科技命脉已成为关系国家安全和经济安全的关键要素。丛书编写以服务创新型国家建设，增强我国科技实力、国防实力和综合国力为目标，按照《中国制造2025》《新材料产业发展指南》的要求，紧紧围绕支撑我国新能源汽车、新一代信息技术、航空航天、先进轨道交通、节能环保和"大健康"等对国民经济和民生有重大影响的产业发展，相信出版后将会大力促进我国化工行业补短板、强弱项、转型升级，为我国高端制造和战略性新兴产业发展提供强力保障，对彰显文化自信、培育高精尖产业发展新动能、加快经济高质量发展也具有积极意义。

中国工程院院士：薛群基

前言

分子筛是一类重要的结晶多孔材料，在石油化工和新型煤化工发展过程中扮演了重要角色，如 Y、ZSM-5、Beta、MCM-22、TS-1、SAPO-34 等分子筛分别促进了催化裂化、烷基化、选择氧化以及甲醇制烯烃等技术的重大变革。自 20 世纪 40 年代以来，分子筛的研究一直广受化学化工和材料领域的科研工作者的重视，分子筛的应用范围越来越广泛，已拓展到了医药、环保、饲料和电子产品等领域。

近 20 年来，新结构分子筛材料的合成也有了飞速发展，约 100 种新结构获得国际分子筛协会结构委员会（IZA-SC）认证。截至 2023 年 10 月，已获认证的分子筛结构有 255 种（不含共生结构）。近年来，我国在分子筛研究方面进展显著，吉林大学、北京大学、华东师范大学、中山大学、中国石化等都已经开发出新结构分子筛，这些关于新分子筛材料合成、表征及应用技术开发的研究，对于提升我国石化行业技术竞争力、赶超国际领先水平具有十分重要的意义。

中国石化上海石油化工研究院是国内较早开展分子筛研究的单位，开发的分子筛已用于甲苯歧化、重芳烃轻质化、苯烷基化、异构化、烯烃裂解以及甲醇转化制烯烃等合成基本有机原料的催化技术中，在分子筛研究方面拥有丰富的经验和知识积累。本书的部分内容是在科技部、工信部、国家自然科学基金委员会、中国石化等的支持下完成的，包括国家重点基础研究发展计划（"973 计划"）项目"新结构高性能多孔催化材料创制的基础研究"、国家重点研发计划项目"绿色高效化工催化新材料的高通量开发和应用"、国家自然科学基金项目"酚酮高值联产绿色成套工艺的基础科学及工程问题"、中国石化重大项目"低碳烯烃制备新型催化剂及新工艺"等，在此表示衷心的感谢。本书中部分成果获国家科技进步奖特等奖"高效环保芳烃成套技术开发及应用"、国家科技进步奖一等奖"高效甲醇制烯烃全流程技术"、国家科技进步奖二等奖"稀乙烯增值转化高效催化剂及成套技术"等多项奖励。此外，本书中提到的"高收率烯烃催化裂解技术（OCC）"获美国《烃加工》杂志2021年度最佳石油化工技术奖。

本书第一章绪论概述了分子筛发展历史及各类应用，第二至第八章分别围绕七种工业应用分子筛材料进行撰写，分别是FAU、MFI、MOR、FER、*BEA、MWW和CHA，第九章主要讲述分子筛材料在吸附和分离中的应用，第十章则主要介绍新结构分子筛的合成进展。

其中，第二章着重介绍FAU型分子筛及其在裂化、烷基转移、催化脱烯烃等催化过程中的应用。第三章着重介绍MFI型分子筛及其在气相烷基化、烯烃催化裂解、轻烃芳构化、甲醇制芳烃等催化过程中的应用，同时介绍了晶体形貌控制及全结晶/无黏结剂分子筛催化剂。第四章围绕MOR型分子筛进行撰写，包括高硅MOR型硅铝分子筛和Ti-MOR型分子筛，及其在甲苯歧化、烷基转移、二甲醚羰化制醋酸甲酯、选择催化氧化等催化过程中的应用。第五章是关于FER型分子筛，主要涉及其在丁烯骨架异构化反应中的应用。第六章主要围绕*BEA型分子筛，介绍了纳米Beta型分子筛及*BEA型分子筛在苯与乙烯/丙烯液相烷基化制乙苯/异丙苯反应中的应用，其在重芳烃轻质化、环己基苯合成等催化过程中的应用也有所涉及。第七章关于MWW结构分子筛，包括MCM-22硅铝分子筛和Ti-MWW钛硅分子筛，其中，在层剥离MWW结构分子筛制备方面着墨不少。应用方面则包括苯与乙烯液相烷基化制乙苯、苯与丙烯液相烷基化制异丙苯、烯烃环氧化及醛酮氨肟化等多个催化过程。第八章的CHA型分子筛是小孔分子筛，在MTO及NH_3-SCR过程中均有重要应用，着重介绍了SAPO-34分子筛及其在甲醇制烯烃技术中的应用，其中合成方面涉及形貌控制、多级孔引入、低成本合成内容。此外，还简单介绍了含铜SSZ-13分子筛及其在柴油车尾气脱硝中的应用。第九章详细介绍了分子筛在吸附分离过程中的应用情况，包括：①低碳烃的吸附分离；②碳八芳烃液相吸附分离；③脱氮、脱氧和脱硫净化。第十章主要介绍关于新结构分子筛的合成策略、国内外研究现状及部分新结构分子筛的合成实例，包括SOR、JSR、PCR、EWO、YFI、PWN、PTY、POS、JZO、-SYT等。

本书主体内容立足于中国石化上海石油化工研究院在分子筛合成与应用方面的多年积累，突出分子筛研究与工业化应用实践的结合，对于分子筛产销研用等相关人员均具有参考价值。

本书由杨为民等著，主要作者按所参与撰写章节先后排序为袁志庆、李晓红、于庆君、滕加伟、周健、孔德金、吴鹏、吕建刚、高焕新、王振东、曹君、金少青、刘红星、刘志成、罗翼、李兰冬、王辉国、梁俊等。编著工作得到了中国石化上海石油化工研究院、中国石化石油化工科学研究院、中国石化大连石油化工研究院、华东师范大学、北京科技大学、中国石油大学（华东）、南开大学等单位的大力支持。同时，本书还邀请了国内知名专家学者对全书内容进行了审阅，谨在此表示由衷的感谢！

书中内容虽经多次审查及修改完善，但仍难免有疏漏、不妥之处，敬请读者批评指正。

希望本书的出版对于促进国内分子筛材料的研发、推动分子筛材料的技术创新能够发挥积极的作用。

杨为民

2023 年 9 月

目录

第一章 绪论　　001

第一节　分子筛材料概述　　002
一、分子筛发展历史　　003
二、分子筛的骨架结构　　005
三、分子筛的合成　　007
四、分子筛的酸性质　　009
五、分子筛与择形催化　　013
六、分子筛的扩散性能与催化　　016

第二节　分子筛在催化中的应用　　017
一、分子筛在石油炼制与加工中的应用　　018
二、分子筛在石油化工中的应用　　020
三、分子筛在精细有机化工中的应用　　024

第三节　分子筛在吸附分离中的应用　　026

第四节　分子筛的其他应用　　027
一、分子筛在环保中的应用　　027
二、分子筛在农业中的应用　　029
三、分子筛在医学中的应用　　030
四、分子筛在燃料电池中的应用　　032

参考文献　　034

第二章
高硅FAU结构分子筛　　　　　　　　　　045

第一节　Y型分子筛的合成　　　　　　　　　　　　　　047
第二节　高硅Y型分子筛在裂化技术中的研究与应用　　053
　一、在催化裂化技术中的应用　　　　　　　　　　　053
　二、在加氢裂化技术中的应用　　　　　　　　　　　057
第三节　高硅Y型分子筛在多乙苯烷基转移技术中的研究与
　　　　应用　　　　　　　　　　　　　　　　　　　061
第四节　高硅Y型分子筛在催化脱烯烃技术中的研究与应用　067
　一、催化剂的开发　　　　　　　　　　　　　　　　068
　二、催化剂的应用　　　　　　　　　　　　　　　　071
参考文献　　　　　　　　　　　　　　　　　　　　　077

第三章
MFI结构分子筛　　　　　　　　　　　　081

第一节　ZSM-5型分子筛的合成　　　　　　　　　　　　083
　一、组成调变　　　　　　　　　　　　　　　　　　084
　二、多级孔ZSM-5型分子筛　　　　　　　　　　　　086
　三、结构与形貌调控　　　　　　　　　　　　　　　088
　四、全结晶ZSM-5型分子筛催化剂　　　　　　　　　092
第二节　ZSM-5型分子筛在气相烷基化制乙苯技术中的应用　094
　一、概述　　　　　　　　　　　　　　　　　　　　094
　二、催化剂的开发　　　　　　　　　　　　　　　　096
　三、催化剂的应用　　　　　　　　　　　　　　　　101
第三节　ZSM-5型分子筛在烯烃催化裂解技术中的应用　　104
　一、概述　　　　　　　　　　　　　　　　　　　　104
　二、催化剂的开发　　　　　　　　　　　　　　　　105

三、催化剂的工业应用　　110
第四节　在甲醇制芳烃技术中的应用　　111
　　一、概述　　111
　　二、催化剂的开发　　113
　　三、催化剂的应用　　116
第五节　在轻烃芳构化技术中的应用　　118
　　一、概述　　118
　　二、反应机理　　119
　　三、催化剂的开发　　121
　　四、催化剂的应用　　126
第六节　其他应用　　126
　　一、在催化裂化中的应用　　126
　　二、在芳烃择形歧化中的应用　　127
　　三、在甲苯甲醇择形甲基化中的应用　　128
　　四、在选择氧化中的应用　　128
　　五、在己内酰胺生产中的应用　　129
参考文献　　130

第四章
MOR结构分子筛　　139

第一节　丝光沸石的合成　　141
　　一、影响因素　　142
　　二、高硅丝光沸石　　143
　　三、纳米丝光沸石　　144
　　四、丝光沸石的理化性质　　144
　　五、丝光沸石的改性　　146
第二节　在甲苯歧化与烷基转移技术中的应用　　148
　　一、反应机理　　148
　　二、在纯甲苯歧化反应中的应用　　150
　　三、在烷基转移反应中的应用　　152

四、在重芳烃轻质化过程中的应用　　153
　　五、催化剂的工业化应用　　156
第三节　在二甲醚羰化制醋酸甲酯技术中的应用　　157
　　一、MOR 型分子筛催化二甲醚羰化　　158
　　二、催化剂的设计和制备　　160
第四节　在选择催化氧化技术中的应用　　161
　　一、同晶取代法制备 Ti-MOR 型分子筛　　162
　　二、Ti-MOR 型分子筛催化液相氧化反应　　164
　　三、Ti-MOR 型分子筛催化氧化性能提升　　169
参考文献　　173

第五章
FER结构分子筛　　183

第一节　FER结构分子筛的合成　　185
　　一、合成方法　　185
　　二、形貌调控　　189
　　三、酸性位点调控　　190
　　四、孔道调控　　191
第二节　在丁烯骨架异构化技术中的应用　　193
　　一、丁烯异构化技术　　193
　　二、丁烯骨架异构化工艺流程及反应机制　　195
　　三、催化剂的开发　　196
　　四、催化剂的应用　　198
　　五、未来发展方向　　204
第三节　其他应用　　205
　　一、在戊烯及二甲苯异构化反应中的应用　　205
　　二、在丁烯齐聚和戊烯二聚反应中的应用　　206
　　三、在烯烃制备中的应用　　207
　　四、在甲醇制二甲醚反应中的应用　　207

五、在二甲醚羰基化反应中的应用　　208
参考文献　　209

第六章
超细纳米*BEA结构分子筛　　213

第一节　纳米Beta型分子筛　　215
　　一、纳米Beta型分子筛的合成　　216
　　二、纳米Beta型分子筛的表征　　217
第二节　在烷基化反应中的应用　　220
　　一、烷基化合成异丙苯　　220
　　二、烷基化合成乙苯　　226
　　三、烷基化合成环己基苯　　228
第三节　在重芳烃轻质化中的应用　　230
　　一、C_9^+重芳烃轻质化　　230
　　二、催化柴油（LCO）制轻芳烃　　231
参考文献　　232

第七章
超薄层状MWW结构分子筛　　235

第一节　MWW结构分子筛的合成　　238
　　一、MCM-22分子筛的合成　　238
　　二、Ti-MWW分子筛的合成　　243
　　三、超薄层状MWW结构分子筛的合成　　246
第二节　在液相烷基化合成烷基苯技术中的应用　　250
　　一、在液相烷基化合成乙苯中的应用　　251
　　二、在液相烷基化合成异丙苯中的应用　　256
　　三、在液相烷基化合成长链烷基苯中的应用　　260
第三节　在催化选择氧化技术中的应用　　260

一、Ti-MWW 型分子筛在烯烃环氧化反应中的应用　　261
　　二、Ti-MWW 型分子筛在醛酮氨肟化上的应用　　262
参考文献　　263

第八章
CHA结构分子筛　　269

第一节　CHA分子筛的合成　　270
　　一、SAPO-34 分子筛的合成　　271
　　二、SSZ-13 分子筛的合成　　278
第二节　SAPO-34分子筛在甲醇制烯烃中的应用　　279
　　一、MTO 催化反应机理　　280
　　二、催化剂的优化设计　　281
　　三、SAPO-34 分子筛的工业应用　　291
第三节　SSZ-13分子筛在汽车尾气脱硝技术中的应用　　294
参考文献　　298

第九章
吸附分离用分子筛　　305

第一节　分子筛吸附分离原理　　307
　　一、平衡吸附分离　　307
　　二、非平衡吸附分离　　308
第二节　分子筛在低碳烃分离技术中的应用研究　　310
　　一、烯烃/烷烃分离　　310
　　二、炔烃/烯烃分离　　311
　　三、碳四烯烃分离　　315
第三节　分子筛在碳八芳烃液相吸附分离技术中的应用研究　　316
　　一、分子筛性质及吸附分离性能　　317
　　二、吸附剂的开发　　320

  三、模拟移动床在碳八芳烃吸附分离中的应用　　324

第四节　分子筛在芳烃净化技术中的应用研究　　326
  一、分子筛吸附剂的π络合改性　　328
  二、改性13X分子筛的性质与吸附性能　　329
  三、改性13X分子筛吸附剂的芳烃净化性能　　331
  四、吸附剂的应用　　333

第五节　分子筛在脱除含氧、含硫化合物杂质技术中的应用研究　　334
  一、脱氧、脱硫吸附净化分子筛吸附剂　　334
  二、脱氧、脱硫吸附净化分子筛吸附剂的开发与应用　　336

参考文献　　340

第十章
新结构分子筛　　345

第一节　国内外研究现状　　348
  一、国外研究现状　　348
  二、中国研究现状　　349

第二节　新结构分子筛的合成策略　　350
  一、采用新的有机结构导向剂　　351
  二、调变骨架元素　　359
  三、开发新的合成方法　　364

第三节　部分新结构分子筛实例　　373
  一、SCM-14（SOR）分子筛　　374
  二、JU-64（JSR）分子筛　　375
  三、IPC-4（PCR）分子筛　　376
  四、ECNU-21（EWO）分子筛　　376
  五、YNU-5（YFI）分子筛　　378
  六、PST-29（PWN）分子筛　　378
  七、PST-30（PTY）分子筛　　379
  八、PKU-16（POS）分子筛　　380

九、ZEO-1（JZO）分子筛	381
十、SYSU-3（-SYT）分子筛	381
参考文献	382

符号表　　　　　　　　　　　　　　　　　390

索引　　　　　　　　　　　　　　　　　　395

第一章
绪　论

第一节　分子筛材料概述 / 002

第二节　分子筛在催化中的应用 / 017

第三节　分子筛在吸附分离中的应用 / 026

第四节　分子筛的其他应用 / 027

第一节
分子筛材料概述

分子筛（molecular sieve）是一类结晶的无机多孔材料，它由 $[TO_4]$ 四面体通过共享顶点的方式连接而成，其中骨架 T 原子可以为 Si、Al、Be、B、Ti、P、Zn、Ga、Ge、As 等。硅铝分子筛（T 原子为硅和铝）最早被称作沸石（zeolite），正三价的 Al 进入骨架，从而使骨架整体带负电荷，金属阳离子或季铵阳离子则起到了平衡骨架电荷的作用，因此，硅铝分子筛的化学组成通式可以表示为：

$$M^{n+}_{x/n}Al_xSi_{1-x}O_2$$

其中，M^{n+} 表示无机或者有机阳离子。

图 1-1 描绘了这种骨架元素的组成情况。

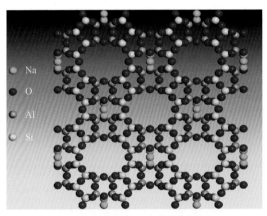

图1-1　丝光沸石的骨架元素组成示意图

按所含的骨架元素组成来进行划分，分子筛的种类是丰富多样的，如图 1-2 所示。其中，硅铝分子筛又可分为低硅分子筛（1＜Si/Al＜2）、中等硅铝比分子筛（2≤Si/Al＜5）、高硅分子筛（Si/Al≥5）以及全硅分子筛等，大多数低硅分子筛可以从天然沸石矿中获得，而高硅分子筛则只能通过人工合成的方法得到。

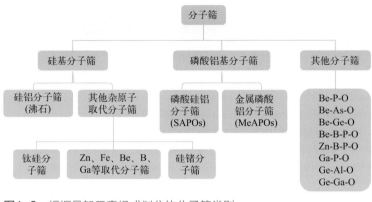

图1-2 根据骨架元素组成划分的分子筛类别

一、分子筛发展历史

1756 年，来自瑞典的矿物学家 Cronstedt 发现瑞典北部和冰岛的某些矿物样品在用吹管火焰加热时会发生鼓泡现象，犹如水沸腾了一样，因此，他将这类未知矿物命名为沸石[1]。沸石的英文单词 zeolite 源自于古希腊语，其中"zeo"的意思是沸腾，"lithos"的意思是石头，合起来的字面意思是"沸腾的石头"。后来的研究结果表明，Cronstedt 当时发现的未知矿物是淡红沸石（stellerite）和少量辉沸石（stilbite）的混合物[2]，这两种矿物具有相同的晶体结构但不一样的硅铝比。其后在 18 世纪中期到 20 世纪中期长达将近两个世纪的时间内，关于分子筛的探索都主要围绕天然沸石来进行，直到 1948 年 Barrer 人工合成出分子筛之后[4-5]，关于分子筛的合成和应用研究才更多地转向人工合成分子筛。沸石是分子筛的一种，但最具代表性。

分子筛的合成历史大致可分为以下几个跨越式发展阶段：①从天然沸石到人工合成沸石；②从低硅沸石到高硅沸石；③从硅铝沸石到磷铝分子筛以及其他元素组成的分子筛；④从 12 元环及更小孔的分子筛到超大孔直至介孔分子筛。表 1-1 列举了其中的一些里程碑式事件。

表1-1 分子筛合成历史上的里程碑式事件

年份	里程碑式事件	文献
1756	瑞典科学家Cronstedt发现一种在加热时会鼓泡的矿物，他将其命名为沸石（zeolite）	[1]
1862	Deville首次报道了分子筛（levynite）的水热合成	[3]
1930	Taylor和Pauling等人首次解析了方沸石（analcime）、方钠石（sodalite）、钠沸石（natrolite）等的晶体结构	[3]
1948	Barrer通过模拟自然环境尝试在高温和自生高压体系中人工合成沸石，获得P型沸石（KFI）、Q型沸石（KFI）和丝光沸石（MOR），其中，P、Q型沸石是最早合成的非天然沸石	[4-5]

续表

年份	里程碑式事件	文献
1954	Loewenstein提出在硅铝酸盐晶体结构中两个铝氧四面体不能通过氧桥连接，因此此类材料中的最低硅铝比（Si∶Al）为1	[6]
1954	Breck合成出Y型分子筛	[7]
1956	Reed和Breck报道人工合成沸石（zeolite A）的晶体结构	[8]
1957	联合碳化公司的Labo等人通过NH_4^+交换的方法，首次得到酸性沸石（H-X）	[9]
1961	Barrer等人首次使用有机结构导向剂四甲基氢氧化铵（TMAOH）合成分子筛	[10]
1967	Mobil公司开发出第一个高硅分子筛（Beta），所用的模板剂为四乙基氢氧化铵（TEAOH）	[11]
1967	Mobil公司和Grace公司的研究人员采用高温后处理的方法获得"超稳"Y型分子筛（ultrastable Y，USY）	[12-13]
1969	Mobil公司研制出ZSM-5型分子筛	[14]
1978	Flanigen等人首次在含F⁻体系中合成分子筛	[15]
1980	Flanigen等人首次合成磷酸铝分子筛	[16]
1983	Taramasso等人合成出TS-1分子筛	[17]
1990	首次以二维层状材料为前驱体合成得到分子筛（MCM-22）	[18]
1990	Kuroda等人合成出介孔分子筛	[19]
1991	Mobil公司合成出MCM-41介孔分子筛	[20]
1996	Camblor等人在含F⁻、低水硅比体系中合成低骨架密度分子筛	[21]

分子筛的应用历史大致可分为以下几个重要阶段：①从无机离子到有机分子的吸附分离；②从吸附分离到催化应用；③从石油基产品到非石油基产品的催化合成。表1-2列举了其中的一些里程碑式事件。

表1-2　分子筛应用历史上的里程碑式事件

年份	里程碑式事件	文献
1840	Damour发现沸石的吸附-脱附水的过程几乎可以无限次循环	[3]
1858	Eichorn报道了沸石的离子交换性质	[3]
1896	Friedel首次发现了脱水后的沸石可以吸附有机液体分子，并认为沸石是一种多孔的、海绵状的材料	[3]
1905	Gans将沸石应用于水的软化，这是沸石的首次商业化应用	[3]
1910	Grandjean观察到脱水菱沸石可以吸附氨气、空气、氢气以及其他气体分子	[3]
1925	Weigel等人首次报道了分子筛的筛分作用，发现脱水菱沸石（CHA）可以分离不同尺寸的分子	[3]
1932	McBain使用"分子筛"这一名词来定义能筛分不同尺寸分子的一类多孔固体材料	[3]
1942	Barrer申请了利用沸石对混合碳氢化合物进行分离的专利	[22]
1959	Union Carbide公司商业化正/异构烷烃分离工艺"ISOSIV"，是首个真正在分子尺度进行选择筛分的大型分离工艺	[23]
1959	Union Carbide公司商业化了一种基于Y型分子筛催化剂的烯烃异构化技术	[24]
1960	Mobil公司的Weisz等人提出分子筛择形催化的概念	[25]
1962	X、Y型分子筛先后工业应用于FCC生产汽油	[26]

续表

年份	里程碑式事件	文献
1968	Mobil公司商业化首个分子筛择形催化技术（selectoforming）	[27]
1972	Mobil公司将ZSM-5用于甲醇转化，打通了由煤和天然气制备碳氢化合物的路径	[28]
1985	首个甲醇制汽油工艺装置建成	[29]
1986	TS-1型分子筛用于苯酚直接羟基化制苯二酚	[30]
1999	雪佛龙公司将SAPO-11型分子筛用于异构脱蜡，首次实现非硅基分子筛的催化应用	[31]
2009	Cu-SSZ-13型分子筛用于脱除柴油车尾气中的NO_x	[32]
2010	以SAPO-34为催化剂的甲醇制烯烃（MTO）工艺在中国实现商业化	[33]

二、分子筛的骨架结构

国际分子筛协会（International Zeolite Association, IZA）的网站上（http://www.iza-structure.org/databases/）罗列出了到2023年10月底为止已经确认的所有255种分子筛骨架结构类型（不包含共生结构），每一种结构类型都用三个字母来表示，另外，在每一种结构类型下可能会出现组成不同的多种分子筛，如CHA结构分子筛包含了菱沸石、SAPO-34和SSZ-13等。

从拓扑分析的角度来讲，分子筛骨架可以被分割成各式各样的几何单元，这些几何单元统称为构造单元（building units），其中常见的包括基本构造单元（TO_4四面体，Primary Building Units，PBU）、次级构造单元（Secondary Building Units，SBU）和复合构造单元（Composite Building Units，CBU）等，如图1-3所示。

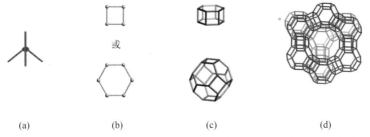

图1-3 以FAU为例的几种构造单元：（a）基本构造单元；（b）次级构造单元；（c）复合构造单元；（d）FAU骨架

分子筛的基本构造单元是TO_4四面体（T=Si、Al、Be、B、Ti、P、Zn、Ga、Ge、As等），即每个T原子都与四个氧原子配位，而每两个相邻TO_4之间共用一个氧顶点，因此分子筛中除少数具有非四连接T原子的特例外，大部分的T原子数量和氧原子数量之间存在严格的1:2的比例关系。这些TO_4四面体的连接需要遵循 Loewenstein 规则[6]，即不能存在共顶点连接在一起的铝氧四面体，同样地，磷酸铝分子筛中的铝氧四面体也只能与磷氧四面体相邻。另外，对于 TO_4 四面体，由于 T 原子种类的不同，T—O 键长和 T—O—T 键角存在一定的差异性，这些差异性正是采用不同的 T 原子往往能得到不同结构分子筛的主要原因之一[34]。

Meier[35] 于 1968 年阐述了次级构造单元的概念，它假设一种分子筛的骨架可完全由某一种或几种的 SBU 来构成。国际分子筛协会到 2007 年为止已确认了 23 种 SBU，其后不再增补。SBU 具有非手性结构，其 T 原子数目最多为 16 个。大多数分子筛可由一种 SBU 来组成，例如 RHO 分子筛的骨架可以由 8-8、8、6 和 4 等 SBU 中的任一种所构成，但在少数情况下，某些分子筛的骨架需要多种 SBU 组合而成，例如 MWW 结构分子筛的骨架由 1-6-1 和 6-1 两种 SBU 按 1∶4 的数量比例组合而成。需要指出的是，SBU 仅仅是理论上对晶体结构进行拓扑分析的结果，而非分子筛合成中一定能出现的物种。

复合构造单元是另外一种用于表达分子筛骨架结构特征的方式，目前 IZA 的网站上列出了 68 种 CBU，每一种 CBU 都被赋予了一个由 3 个字母组成的代称，除个别外，这些名称都来自于具有该 CBU 的分子筛的结构代码。与 SBU 所不同的是，CBU 只是结构的一部分，并非是贯穿整个骨架的构造单元，但相比 SBU，CBU 能给出不同分子筛骨架之间的联系，对分子筛合成的实际指导意义更大。

一些分子筛也可以用链状构造单元来描述，常见的链状结构单元有双"之"字链、双机轴链、双锯齿链、短柱石链、双短柱石链以及高硅沸石（pentasil）链等。一些分子筛也可以用二维三连接的网层来描述其结构，例如 GIS、CAN、PHI 等，通过上下两层三连接的顶点连接，即可构成分子筛的三维四连接结构。

分子筛骨架本质上是一种由多面体所组成的网络，因此也可采用网络结构分析中的天然拼接体（natural tiling）这一概念来进行分子筛骨架的拓扑分析。组成网络的拼接体可以有无数种，但天然拼接体必须是由天然拼块（natural tile）按一定的规则所构成的[36-37]。图 1-4（a）和图 1-4（b）分别给出了 MOR 骨架结构中的天然拼块和天然拼接体，目前国际分子筛协会对于所有类型的分子筛骨架结构都给出了各自的天然拼块种类。天然拼块是一种多面体型式的分子筛构造单元，可称为天然构造单元（Natural Building Unit, NBU）。相比传统的构造单元，NBU 在实际应用中的优势包括[37]：①对于任何一种分子筛骨架，其 NBU 都是确定的，也很容易通过计算机来获取；②NBU 充满了整个晶体空间，可以构成分子筛的完整骨架；③NBU 囊括了骨架中所有极小的笼穴，更大一点的笼穴则可以通过这些极小笼穴来构成；④NBU 的面代表了骨架中的所有窗口。基于 NBU，Blatov 等人[38] 又提出了堆积单元（Packing Units, PUs）模型，利用该模型，有可能将分子筛的拓扑结构和合成机理进行关联，另外还可以用来判断假想分子筛结构的可能性。

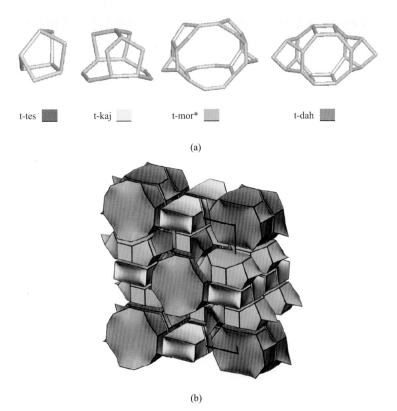

图1-4　MOR骨架中的（a）天然拼块及其代码（用不同颜色显示）和（b）天然拼接体

三、分子筛的合成

如表1-1中所示，比较系统的人工合成分子筛研究始于20世纪40年代，Barrer[4-5]模拟矿物的自然界生长环境，在密闭体系中进行高温水热合成反应得到了沸石分子筛，这一时期的合成均采用无机原料。直到20世纪60年代，Barrer等[10]首次在分子筛合成中使用了四甲基铵阳离子（TMA$^+$），其后Mobil公司的科学家采用四乙基铵阳离子（TEA$^+$）和四丙基铵阳离子（TPA$^+$）分别合成出Beta分子筛[11]和ZSM-5分子筛[14]，从此分子筛的合成研究进入了利用有机结构导向剂人工水热合成分子筛的高速发展阶段。

分子筛的水热合成通常是在温度为80~200℃、体系自生压力（一般低于3MPa）下的密闭体系中进行，如图1-5所示，其反应进程大致可以分为成核与晶化两个阶段，虽然迄今为止对于分子筛的成核与晶化机理有了非常翔实的实验和理论研究成果，但尚不能认为已经打开了分子筛合成的"黑匣子"，这主要是因为分子筛的合成是一个非常复杂且动态的过程，现有的原位表征手段和理论方法尚难以完全应对这一挑战。

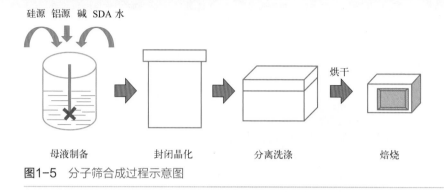

图1-5 分子筛合成过程示意图

分子筛合成体系的复杂性表现之一是其原料种类的多样性，如沸石分子筛的合成体系中一般要包括硅源、铝源、矿化剂、溶剂、结构导向剂（SDA）等。其中硅源一般采用硅溶胶、水玻璃、硅酸钠、正硅酸乙酯、粉状二氧化硅等原料，而铝源常用偏铝酸钠、异丙醇铝、硫酸铝、硝酸铝、氢氧化铝、拟薄水铝石等，也可以使用含硅铝组分的矿物或废弃分子筛作为原料，不同的硅源和铝源其反应活性大不相同，因此对合成结果的影响也比较明显。

矿化剂主要是以氢氧化物为主的碱，其主要作用是溶解硅源和铝源，而以HF作为矿化剂通常用于某些特定场合，例如大的单晶分子筛的合成、纯硅分子筛的合成和硅锗分子筛的合成等。

结构导向剂可分为无机结构导向剂（ISDA）和有机结构导向剂（OSDA）两类，前者以碱金属或者碱土金属阳离子为主，不同的碱金属阳离子与笼状结构单元之间存在一定的关联性[39]，但是由于金属阳离子都是刚性球体，且尺寸比较小，因而其结构导向作用的多样性不足。

OSDA与分子筛结构之间的关联度很高，其在分子筛结构形成中的作用可以分为以下三种类型（图1-6）：①空间填充作用。该种情况下，所用的OSDA不是必需的，它可以被其他尺寸和构型类似的有机分子所代替，一般需要与其他的无机或有机阳离子协同作用才能获得特定的分子筛结构，通常为小分子的胺类和醇类等。②结构导向作用。系指有机分子容易导向形成一些特定的结构单元，从而明显影响到整体骨架结构的形成，例如TMA^+容易导向形成sod笼，因此以它为结构导向剂，所形成的分子筛中大多含有sod笼，而TPA^+很容易得到MFI结构。③严格意义上的模板作用。这种情况下，OSDA分子无论在几何还是电子构型上都与分子筛的空腔完美匹配，且不能自由转动，分子筛只能通过特定的OSDA才能获得，例如ZSM-18型分子筛（MEI）的合成[40]，其所用模板剂为一种季铵阳离子（$C_{18}H_{36}N^+$），该有机分子的尺寸与构型恰好与 ZSM-18 的笼的大小和形状完美匹配。结构导向剂的几何构型、分子尺寸、刚性和疏水性对分子筛的合成都有较大影响，一般来讲，线型有机分子的 SDA 容易得到一维孔道分子筛，多支链或球形的大分子有更大可能获得多维大孔道的分子筛。Goretsky 等人[41]的研究表明，SDA 的 C/N 在 11～15 之间时，其疏水性适合于分子筛的合成，在这个范围区间内，既能保持 SDA 的溶解性，同时又有较强的与硅酸盐前驱体形成结构单元的能力。

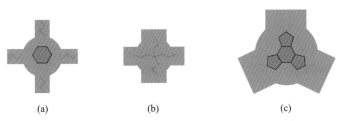

图1-6　结构导向剂在分子筛形成过程中的三种作用形式
（a）填充作用；（b）结构导向作用；（c）模板作用

合成体系中各组分的配比也对合成结果有较大的影响，其中影响比较大的是硅铝比和碱度（OH^-/SiO_2）。一般来讲，高硅分子筛合成所需要的碱度低，而低硅分子筛合成则需要高碱度。但是在一些特殊情况下，超高浓度的碱也有可能带来意想不到的效果，例如 TNU-9、TNU-10 和 IM-5 都是在超高碱硅比体系中得到的，特别是在探索新分子筛合成的时候，对超高碱硅比体系进行探索也非常有必要[42]。另外需要指出的是，初始凝胶中的硅铝比并不一定是最终分子筛的硅铝比，通常在合成结束后都能发现有可溶性硅物种残留在液相中，因此实际的硅铝比往往会低于配料中的硅铝比。

除了分子筛合成当中的组分配比外，分子筛的晶化条件，如温度、时间和搅拌速度等也会对分子筛合成结果产生重要影响，限于篇幅在此不一一赘述。

四、分子筛的酸性质

通过改变分子筛的骨架元素组成或者骨架外阳离子，可以让分子筛拥有酸催化、碱催化或者催化氧化等性能，其中，酸催化性能的应用最为广泛。分子筛上的酸性位可以分为能够给出一个质子的 Brønsted 酸性位（简称 B 酸位）以及可以接受孤对电子的 Lewis 酸性位（简称 L 酸位），但在大多数的分子筛催化反应中，B 酸位是最主要的活性中心。以下分别对硅铝分子筛和磷铝分子筛的酸性质作一简述。

1. 硅铝分子筛的酸性质

对于硅铝分子筛，当骨架中的硅氧四面体被铝氧四面体取代后，相应的四面体便带上负电荷，需要骨架外的阳离子来进行电荷平衡。当这些阳离子为羟基质子时，则形成B酸中心[Al(OH)Si]。由于分子筛合成中经常采用NaOH等无机碱作为矿化剂，所以刚合成的分子筛都含有碱金属阳离子，不具备B酸中心，因此一般利用分子筛的离子交换性，可首先用NH_4^+将碱金属离子交换出来得到铵型分子筛，然后在高温下脱附氨，得到含有B酸位的氢型分子筛，这种酸性位的产生过程可以用图1-7来表示。

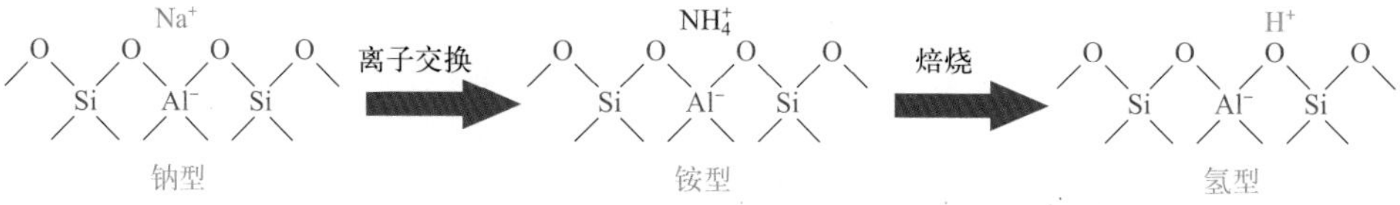

图1-7 硅铝分子筛中B酸位的产生过程示意图

除了使用铵盐之外，也可以使用酸对碱金属阳离子进行交换的方法来制备氢型分子筛[43]，该方法可以用于一些含铝量较低的高硅沸石。但如果是低硅沸石，采用这种方法则有可能会严重破坏分子筛的骨架。如果采用季铵碱作为有机结构导向剂和矿化剂的唯一来源，则合成出来的分子筛经过焙烧后可以直接得到氢型分子筛，从而能省却铵交换这一步骤，但由于使用了大量比较昂贵的季铵碱，因此合成成本比较高，同时其骨架中铝的落位可能与使用无机矿化剂的产物有所不同，因此催化性能上也会有一定的差异。

在500℃以上的温度下对酸性分子筛进行加热将会促使两个B酸中心上的桥羟基缩合脱掉一分子的水，从而在三配位铝原子附近产生一个强L酸中心，该中心由带正电的硅离子组成[44-45]，如图1-8所示。

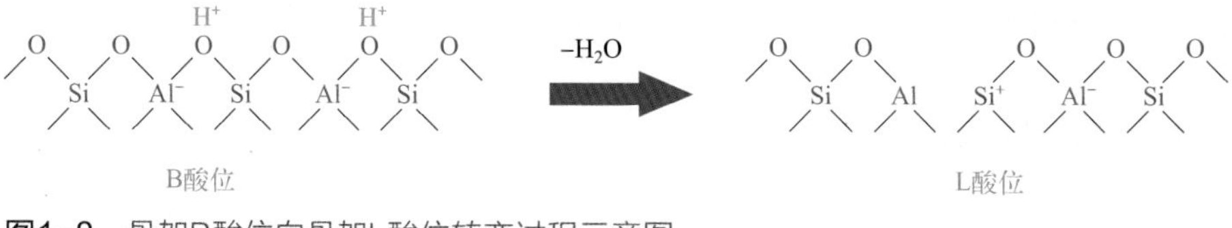

图1-8 骨架B酸位向骨架L酸位转变过程示意图

对于高温处理，特别是进行水蒸气处理导致骨架脱铝的情况，骨架外铝可能以AlO^+、$Al(OH)^{2+}$和$AlO(OH)$等化学形态存在[46]。配位形式既有六配位，也有五配位或者四配位。虽然这些骨架外铝（EFAL）上的酸中心强度远低于骨架上的L酸强度[47]，但是EFAL物种与B酸位的羟基基团进行桥联后可以得到一种新的超强酸中心[48-49]。

对于硅铝分子筛来说，B酸强度是影响其酸催化性能的最主要因素，它与分子筛以下几个方面的性质密切相关：

（1）分子筛骨架硅铝比。质子位的酸强度与次近邻位置（Next Nearest Neighbor position, NNN）上的Al原子数量密切相关。当提高硅铝比使得该位置上的铝原子数量为零，即质子位孤立存在时，此时的B酸中心强度是最强的[50]。根据Barthomeuf对33种分子筛的计算结果[51]，要获得孤立的质子位，硅铝比（Si/Al）应该介于5.8（FAU）和10.5（BIK）之间。

（2）分子筛去质子化能（deprotonation energy, DPE）。DPE表示将质子与配对阴离子的联结打断所需要的能量，通常该能量越低，则B酸强度越强[52]。由于键角越大，DPE越低，因此键角增加可以提高B酸强度，例如在H-MOR（键角约为143°～180°）、H-MFI（133°～177°）和H-FAU（133°～147°）三种分子筛中，H-MOR的酸强度最强[53]。

（3）分子筛骨架元素组成。除了铝以外，其他的一些元素也能部分取代硅进入分子筛骨架，例如二价的Zn，三价的B、Ga、Fe、In以及四价的Ge、Ti、Sn等。由于不同骨架元素的电负性不同，因此它们产生的B酸强度也是不一样的。对于三价元素掺杂的MFI型分子筛，它们的酸强度具有如下顺序[54]：B(OH)Si＜In(OH)Si≪Fe(OH)Si＜Ga(OH)Si＜Al(OH)Si。

铝在分子筛骨架中所处的晶体学位置也是影响酸催化性能的一个重要因素。例如对于Y分子筛来说，超笼是反应进行的场所，因此酸中心处于超笼中是有利于反应的，但如果铝处于六方棱柱中，由于后者不能容纳大部分的有机分子，因此这里的酸中心对于催化反应来说实际上是无效的。而对于MFI型分子筛来说，Al的落位是优先在孔道交叉处，还是在直孔道处抑或正弦孔道处，其所带来的催化性能都会有很大不同[55-57]。研究表明[58-60]，铝在分子筛中的落位不是随机的，它与分子筛制备方法有很大的关系，Palčić等人[53]列举了不同的结构导向剂与铝落位之间的关系，可以看出，结构导向剂的分子体积、形状、刚性以及碱性、亲水性、极性等因素都会影响到分子筛中铝的落位。

除了在上述晶体学层次上，在一个更加宏观的层面上，即单个晶体的不同区域之间，例如晶体边缘和晶体中心，它们的铝含量也往往会存在差异，如图1-9所示，这种铝的局域分布现象（Al zoning）已见之于许多报道之中[61-64]。Althoff等人[62]认为，无机阳离子更优先与硅酸铝物种发生作用，因此对于不使用有机模板剂的合成体系，硅和铝从晶化反应的初期到结束都以相同的组成比例构建分子筛晶体，故而最终产物中的铝分布是均匀的。相反，有机阳离子TPA$^+$更优先与硅酸盐物种发生作用，因此对于有机模板剂合成体系，在反应初期形成的晶体是富硅少铝的。随着晶体的长大，硅物种的含量降低，铝在晶体中的含量逐渐增多，因而晶体边缘处的铝含量比中心处更高。另外，硅源种类对铝的空间分布也有一定的影响，当使用四乙氧基硅烷（TEOS）制备 ZSM-5 型分子筛，Al 倾向于富集在分子筛靠近外表面的区域，而以硅溶胶为硅源，Al 在分子筛上的分布是均匀的[65]。

均匀分布　　硅含量由内向外逐渐降低　　硅含量由内向外逐渐增加
　　　　　　（常见于硅铝分子筛）　　　（常见于硅磷铝分子筛）

图1-9　分子筛晶体中骨架元素的分布示意图

2．磷铝分子筛的酸性质

20 世纪 80 年代，Wilson 等人[16,66]合成了一系列的磷铝分子筛（$AlPO_4$-n），该分子筛由铝氧四面体和磷氧四面体按 1:1 的比例通过共顶点氧的方式相互连接而成。在该类分子筛的骨架中，负一价的铝氧四面体和正一价的磷氧四面体恰好达到电荷平衡，因此不需要骨架外的质子或者其他阳离子进行平衡，这说明磷铝分子筛中不会存在 B 酸中心。通过引入其他价态的元素可以使分子筛的骨架电荷失衡，进而产生 B 酸中心，最常用的掺杂元素是 Si，其次是 Zn、Co、Fe、Ti、Mg、Mn 等金属元素。Martens 和 Jacobs 等人[67]提出，杂原子在磷铝分子筛中的同晶取代有三种方式，分别是一个杂原子取代一个 Al 原子（SM I 方式）、一个杂原子取代一个 P 原子（SM II 方式）以及两个杂原子同时取代一对相邻的 Al 和 P 原子（SM III 方式），其中，SM III 只适用于硅同晶取代的情况，另外，由于 Si—O—P 键不能稳定存在，因此实际上 Si 的同晶取代都是按照 SM II 或者 SM II 和 SM III 协同的方式进行的（图 1-10）。在硅铝比较低时，Si 取代主要采用 SM II 的方式，并形成 Si(4Al) 的结构，随着初始凝胶中硅铝比的提高，达到一定阈值后［对于 SAPO-34 型分子筛，这一阈值大约为 Si/(Al + P + Si)=0.031[68]］，

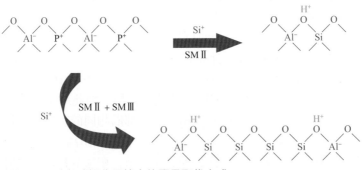

图1-10　硅在磷铝分子筛中的同晶取代方式

Si 取代将按照 SM Ⅱ 和 SM Ⅲ 协同的方式进行,并在分子筛骨架中出现硅岛,形成 Si(3Al)、Si(2Al)、Si(1Al) 等配位组成[69]。

不同硅配位环境下的 B 酸中心的酸强度排序为 Si(0Al)＜Si(4Al)＜Si(3Al)＜Si(2Al)＜Si(1Al),由于通过 SM Ⅱ 方式引入 Si 只能得到 Si(4Al),因而按这种取代方式产生的酸中心强度是比较弱的,而对于硅岛来说,其中心 [Si(0Al)] 无酸性位,但在边缘有强酸位。

合成时采用不同的结构导向剂可以调控硅的分布状态和同晶取代数量,进而改变分子筛酸性。刘中民等人[70]报道了分别使用二乙胺(DEA)、三乙胺(TEA)和吗啉(MOR)三种结构导向剂合成的 SAPO-34 型分子筛骨架中,所能容纳的最大 Si(4Al) 含量顺序为 SAPO-34 (DEA) ≈ SAPO-34 (MOR)＞SAPO-34 (TEA)。在 SAPO-34 型分子筛的合成体系中加入 F^- 可以有效抑制 Si(3Al)、Si(2Al) 和 Si(1Al) 的量,相应增加 Si(4Al) 的量,该分子筛在 MTO 反应中表现出更高的乙烯收率、更低的烷烃含量以及更低的结焦速率[71]。

类似于硅铝分子筛,磷硅铝分子筛中的酸性位分布也会出现局域分布不均匀的情况。刘中民等人[72]的研究发现,SAPO-34 晶粒内硅含量从内向外逐渐增加,该结果表明 SAPO-34 晶粒外表面的酸中心数量和酸强度均要高于内部。

五、分子筛与择形催化

分子筛属于一种无机多孔材料,相比其他多孔材料,如活性炭、硅胶等,其孔道尺寸分布非常窄,因而它更能够精准地筛分一些尺寸非常相近的分子。分子筛的这种择形优势再结合其可调的催化性质,使得它在择形催化领域中获得了广泛的应用。

分子筛的择形性与其孔道开口尺寸有很大的关系,按照孔道的尺寸大小可以将它们分为超大孔、大孔、中孔和小孔分子筛,如表 1-3 所示。

表1-3 根据尺度划分的分子筛孔道类型

孔道类型	最大环的T原子数量	孔道直径范围	典型的可容纳分子	典型的分子筛骨架结构
超大孔 (extra-large pore)	14及以上	8Å以上	$(C_4F_9)_3N$	-CLO, VFI
大孔 (large pore)	12	6~8Å	1,3,5-三异丙基苯	MOR, FAU, *BEA, MWW①
中孔 (medium pore)	10	4.5~6Å	苯,二甲苯,均三甲苯	MFI, FER, MEI
小孔 (small pore)	8	4.5Å以下	H_2O, O_2, CH_3OH, 正构直链烃	CHA, ERI, AEI

① MWW 分子筛的主孔道为 10 元环,但在晶体表面存在 12 元环的碗状半超笼,半超笼是烷基化反应的主要场所,因此将它归于大孔分子筛的范畴。

注:1Å=0.1nm,下同。

需要指出的是，IZA 网站上给出的孔道尺寸是基于晶体结构的原子坐标计算出来的，由于在计算中引入了一些理想条件，因此该计算值与实际值会有一定偏差，而且在反应中，由于受温度的影响，其实际孔道尺寸也会略有变化。相对来讲，采用一些实验方法来测定孔道尺寸可能会更符合实际情况，例如利用不同尺寸的有机分子吸附，通过实验测定可知，实际可进入孔道的分子直径一般略大于通过计算得到的孔道直径。例如，苯环的动力学直径（0.585nm）要大于 ZSM-5 型分子筛的晶体学孔径（0.56nm）。但众所周知，ZSM-5 型分子筛可以催化苯的烷基化和异构化等反应，说明苯分子是可以自由进出孔道的。魏飞团队[73]利用皮米原位电镜研究了苯分子在 ZSM-5 孔道中的吸、脱附行为和对应的分子筛孔道结构演变过程，发现单个孔道可以在沿限域苯分子的长轴方向发生最大为 15%的形变，从而容许苯分子的进出，但同时使相邻孔道发生相反方向的形变，相互抵消，从而使晶胞整体上呈现刚性特征。

在催化反应中，分子筛的择形性主要体现在三个方面，分别是对反应物分子的选择、对反应过渡态物种的选择以及对产物分子的选择。其中，对反应物分子和产物分子的选择性主要依赖于孔道直径，而过渡态物种的选择性则和分子筛笼穴或孔道交叉处的体积大小密切相关（一维孔道分子筛除外）。

1．分子筛对反应物分子的选择性

分子筛容许尺寸小于其孔口直径的有机分子进入其中反应，而排斥尺寸大于孔口直径的大分子，因此分子筛对反应物分子的选择性是 100% 或 0。显然，分子筛的孔径越大，它所容许进入的有机分子也就越大，但目前工业应用的分子筛的最大孔径为 12 元环，更大孔径的分子筛由于其骨架稳定性比较差以及合成困难，尚难以满足实际需求。介孔分子筛虽然具有 2nm 以上的超大孔，但其无定形的骨架结构使其酸性较弱的同时水热稳定性也较差。因此开发超大孔高活性高稳定性的分子筛，依然是分子筛合成领域的一个研究热点。

2．分子筛对产物分子的选择性

二烷基苯三种异构体之间的转化反应最能体现出分子筛对产物的选择性特征。邻、间、对三种异构体很难依据反应热力学将它们分开，但从分子构型来看，线型的对二烷基苯具有更小的分子直径，因此可以选择合适孔道的分子筛来提高对烷基苯的选择性。如图 1-11 所示，虽然在该分子筛内部反应场所，邻、间、对三种二烷基苯符合热力学平衡，但由于对二烷基苯的选择性逸出，同时邻和间烷基苯向外扩散受阻，因而促使反应向对二烷基苯的生成方向移动，提高了后者的选择性。这一策略目前已运用于甲苯歧化和甲苯烷基化等反应中，例如，Kaeding 等人[74]通过甲苯和乙烯的择形烷基化反应，得到的对甲基乙苯的收率高达 99%，择形催化在其中起到了重要的作用。

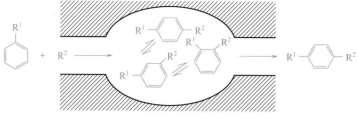

图1-11 分子筛上单烷基苯择形烷基化示意图
(R^1为烷基，R^2为烷基化试剂)

3．分子筛对过渡态物种的选择性

以间二甲苯在分子筛上的异构化反应为例，这是一种典型的过渡态选择反应[75-76]，由于烷基转移属于双分子反应，其过渡态物种体积比较大，因而受到分子筛反应空间的限制而不能进行，图1-12描述了间二甲苯异构化反应中烷基转移的产物三甲基苯和甲苯含量很低的原因[76]。

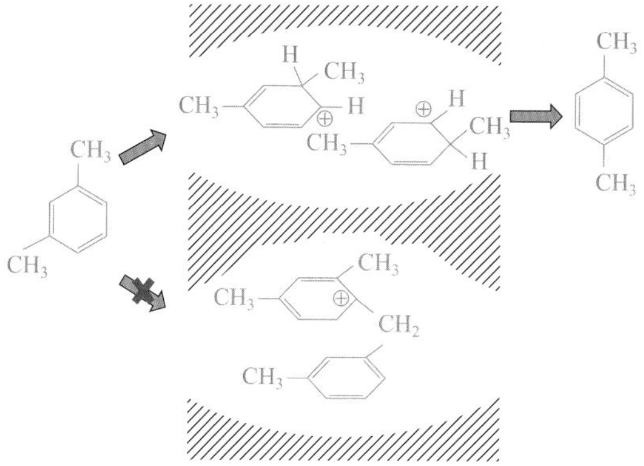

图1-12 间二甲苯在10元环孔道中的异构化反应示意图[76]

通过后处理改性的方法来缩小孔道特别是孔口处的尺寸可以进一步提高分子筛的择形催化能力，主要方法包括化学气相沉积（CVD）[77-79]和化学液相沉积（CLD）[80-81]等。采用这两种方法，可以将惰性的SiO_2覆盖在分子筛外表面和孔口处，同时又不会对孔道内的酸性质产生影响，因此相比采用P、Mg、La氧化物的改性更具优势[82]。除了单纯提高孔道的选择性之外，减少在分子筛外表面发生的副反应也是提高反应选择性的一个重要手段，可以通过制备全硅的分子筛壳层的方法来达到钝化外表面的目的[83]。其他方法还包括外表面选择性脱铝[84-86]，以及在外表面吸附大分子的碱性物种等[87-88]。

六、分子筛的扩散性能与催化

虽然分子筛内在的孔道构造赋予了其优异的分子择形功能,但同时也不可避免地带来了晶内扩散阻力,致使分子筛应用于催化反应时,经常要面对反应物分子对活性位的可接近性问题以及催化剂积炭失活问题,而提高分子筛的扩散性能则是解决这些问题的主要途径。

提高分子筛的扩散性能可以通过调控分子筛的织构特征来实现,比如通过减小晶粒尺寸的方式来缩短微孔内分子的扩散距离,从而提高扩散性能,图1-13描绘了几种比较常见的能够减小晶内扩散距离的分子筛织构。

分散的纳米晶粒

堆积在一起的纳米晶粒
(无序组装)

组合在一起的纳米晶粒
(有序组装)

纳米片分子筛

单晶多级孔分子筛Ⅰ
(介/大孔排列无序)

单晶多级孔分子筛Ⅱ
(介/大孔排列有序)

图1-13 可缩短晶内扩散距离的分子筛织构

分散的纳米分子筛的制备方法非常多[89],但大多数方法收率低、收集困难,因而合成成本比较高。相对来说堆积在一起的纳米晶粒更容易制备,但是纳米堆积体的小晶粒之间存在晶界的阻碍,因此其扩散阻力会比分散的纳米晶体要大[90],对于大的堆积体,反应可能主要发生在靠近外表面的区域[91]。纳米片状分子筛只在某个方向上尺寸明显减小,相比分散的纳米晶体分子筛来说,定向减小的分子筛更容易从溶液中分离,例如在b轴方向上定向抑制生长的MFI型沸石[92]。片状分子筛的极限是二维层状分子筛,韩国的Ryoo等人[93]采用长链双头季铵阳离子作为结构导向剂,合成出了只有几个晶胞厚度的MFI型沸石,它在甲醇转化反应中表现出了优异的催化反应性能。自然界许多二维层状材料都可以通过层剥离的方法得到晶胞厚度级别的材料,例如云母、石墨、蒙托土、麦羟硅钠石等。MWW型分子筛的前驱体也是一种层状硅铝酸盐材料,因而可以通过层剥离得到只有几个甚至单个晶胞厚度的二维材料,从而赋予了MWW型分子筛更多可接近的反应活性位[94]。

在分子筛中创造介孔或者大孔,从而与分子筛本身的微孔一起组成多级孔体系也是缩短分子筛晶内扩散距离的一种有效途径,上述的纳米晶粒堆积体由于在晶粒之间存在一定数量的介孔，因此也可以看作是多级孔分子筛的一种。除此以外，在单个晶体内部也可以构造出无序的或者有序的晶内介孔，如图 1-13 所示。多级孔分子筛在一些催化反应中确实展现出优异的催化性能，其合成与应用研究是分子筛领域的一个重要方向[95-97]。

从反应物分子对活性位可接近性的角度来看，晶粒尺寸减小的意义在于两个方面：一是对于能够进入分子筛孔道的反应物，特别是处于孔道临界尺度的反应分子，减小晶粒尺寸相当于缩短了扩散通道，因而更多的孔道内活性位可以被接近，从而提高催化活性；二是对于分子体积过大而不能进入分子筛孔道的大分子反应物来说，减小晶粒尺寸相当于增加了外比表面积，而这些大分子可以在外表面的活性位上发生反应，从而提高了催化性能。当然，在晶体外表面发生的反应，除某些特殊情况之外（MWW 外表面有半超笼），其择形性是比较低的，仅是利用了分子筛的酸性特征。而与此相比，在分子筛晶体内部引入介孔，在缩短扩散通道并增加外比表面积的同时还可以提高对大分子反应的产物选择性[91]。

从反应产物一侧来讲，缩短扩散距离有助于反应产物更快速地逸出孔道，这一方面起到了抑制积炭的作用，另一方面也可起到调控产物组成的效果。这方面的一个典型例子是它在甲醇转化反应中的应用，因为该反应的产物组成和积炭情况都与反应扩散性能有着非常大的关联。通过织构调控来改善催化性能是一个重要的研究方向[98-99]。

第二节
分子筛在催化中的应用

分子筛由于具有可调的元素组成以及规整的分子尺度的孔道，使其具备以下重要特征：①存在强度和密度可调的酸性位或者其他催化活性中心；②亲/疏水性可调；③比表面积大；④优异的分子择形能力；⑤可进行阳离子交换；⑥化学稳定性好；⑦热稳定性好；⑧无毒且无腐蚀性。分子筛在吸附分离和催化等领域都有非常重要的商业化应用。根据 https://www.grandviewresearch.com/ 网站的报道，截至 2021 年，全球分子筛市场价值达到了 126 亿美元，据预测，在 2022～2030 年之间将以年均 6.2% 的速度增长，在 2030 年预计达到 217 亿美元。

表 1-4 列举了目前已工业化的一些分子筛及其催化应用，这些分子筛仅占全部分子筛的一小部分，而且都是在 20 世纪 90 年代之前就已被发现或者合成的。虽然最近几十年新结构分子筛不断增多，但在实际应用方面，新分子筛与传统分

子筛相比依然缺乏竞争力。造成这一现象的主要原因之一在于这些传统分子筛的合成都比较容易，原料价廉易得，因而生产成本低。另外，新分子筛更多的是非硅铝酸盐，在酸催化性能和稳定性方面与传统的硅铝分子筛相比存在着一定差距。新分子筛材料要在与传统分子筛的竞争中脱颖而出，其突破口主要在于能够创造更高的价值，并努力降低成本。比如 Cu/SSZ-13 分子筛，它在柴油车尾气净化中表现出优异的催化性能，用于合成该分子筛的结构导向剂 N,N,N- 三甲基金刚烷基氢氧化铵的成本也在进一步下降，为其商业化应用打下了基础。

表1-4 分子筛在工业催化中的主要应用

分子筛结构类型	催化应用
CHA	SAPO-34：MTO Cu/SSZ-13：柴油车尾气脱硝
ERI	石脑油择形重整
RHO	胺化反应
EUO	乙苯异构化
FER	C_4/C_5正构烯烃骨架异构化
MFI	ZSM-5：甲苯歧化、二甲苯异构化、苯与乙烯气相烷基化、合成对乙基甲苯、乙苯烷基化制对二乙苯、甲苯和C_9芳烃制对二甲苯、石脑油重整、催化脱蜡、烯烃裂解、FCC增产烯烃、轻石脑油芳构化、烯烃芳构化、烯烃齐聚、甲醇转化、异丁烯胺化、环己烯水合制环己醇、环氧乙烷和氨制二乙醇胺 Silicalite-1：环己酮肟贝克曼重排制ε-己内酰胺 TS-1：丙烯环氧化制环氧丙烷、苯酚羟基化制苯二酚
AEL	异构脱蜡
MWW	苯与乙烯液相烷基化制乙苯、苯与丙烯液相烷基化制异丙苯、烯烃齐聚
MTW	ZSM-12：合成对叔丁基乙苯
MOR	甲苯歧化、乙苯异构化、烷烃异构化、C_9^+芳烃歧化和烷基转移、二甲醚羰基化、甲醇胺化 Pt/MOR：C_5/C_6烷烃加氢异构化
LTL	氯化/异构化；(Pt, K)/L：石脑油芳构化
*BEA	苯与丙烯液相烷基化制异丙苯、C_9^+芳烃歧化和烷基转移
FAU	催化裂化、多乙苯烷基转移、液相烷基化制乙苯、催化脱烯烃、加氢裂化、苯甲醚和醋酸酐酰化

一、分子筛在石油炼制与加工中的应用

石油炼制与加工作为有机化学工业的基础，是各种燃料和基本有机原料的最主要来源。通过炼油过程，可以脱除原油中的杂质、优化产品分布以及提高产品 H/C，其中涉及诸多的催化反应过程，分子筛在其中有重要应用的工艺过程包括流化催化裂化（FCC）、加氢催化裂化、C_5/C_6 正构烷烃加氢异构、催化重整和催化脱蜡等，如表1-5所示。在分子筛催化剂应用之前，这些工艺采用的催化剂主要为选择性比较差的无定形硅铝酸盐或者 $AlCl_3$、HF、磷酸或浓硫酸等有毒和强腐蚀性的催化剂。由于分子筛具有安全、易分离、适宜的酸催化活性和显著的择形催化能力，分子筛催化剂已在很大程度上替代了这些传统催化剂，成为炼油工业中不可或缺的一部分[100]。另外，在对传统燃料质量要求越来越高、页岩油和生物质等资源在燃料来源中的占比越来越大的今天，分子筛催化剂的重要性便日益凸显[101]。迄今为止，无论从市场价值还是规模上来衡量，以 Y 分子筛为代表的炼油催化剂仍占据分子筛催化剂中最大的份额。

表1-5　石油炼制与加工中的分子筛催化工艺

工艺名称	流化催化裂化	加氢催化裂化	C_5/C_6正构烷烃加氢异构	催化重整	催化脱蜡
工艺目标	生产汽油等燃料以及丙烯等有机原料	生产重整石脑油、清洁煤油和柴油燃料等	将C_5/C_6转化为支链烷烃，提高汽油辛烷值	将石脑油环化为芳烃，提高汽油辛烷值；生产BTXs	脱除润滑油和柴油中正构烷烃，提高油品低温流动性
原料	减压蜡油、渣油	减压蜡油（VGO）、直馏蜡油、循环油	正戊烷、正己烷	石脑油	柴油、润滑油
主反应类型	裂解	脱氢为烯烃，异构化，裂解，加氢	脱氢为烯烃，异构化，加氢	脱氢环化，异构化，脱氢芳构化	长链烷烃的裂解和异构化
分子筛催化剂	USY，ReY，ZSM-5（用于多产丙烯）	金属部分：Ni/Mo，Ni/W，Pt/Pd 等；分子筛：Y	Pt/MOR	（Pt，K）/L	异构脱蜡：Pt/SAPO-11；催化脱蜡：ZSM-5

在石油炼制领域，除了上述已经非常成熟的分子筛催化工艺之外，尚有一些基于分子筛催化剂的工艺已初步商业化或者正在商业化的路上，例如异丁烷和丁烯烷基化制烷基化油以及轻石脑油催化裂解制低碳烯烃等。

通过异丁烷和丁烯的烷基化反应可以得到以三甲基戊烷为主要成分的烷基化油，该反应是酸催化反应，传统催化剂以浓硫酸或者氢氟酸为主。由于这些催化剂具有易挥发、有毒、腐蚀性强等不足，因而亟待开发环境友好的高效固体酸催化剂来替代它们。研究发现，分子筛催化剂在该反应中表现出较佳的催化性能，特别是一些 12 元环的分子筛，例如 Beta（*BEA）、USY（FAU）、ZSM-12（MTW）、EMC-2（EMT）等，但在该反应中因积炭而失活快，因此再生工艺也非常重要[102]。2015 年，CB&I 公司、Albemarle 公司以及 Neste 公司针对异丁烷和烯烃烷基化反应联合开发的 AlkyClean 工艺首次实现了商业化，所用的催化剂为 Pt/USY，另外，霍尼韦尔 UOP、Lurgi、Haldor Topsøe 等公司也开发了固体酸催化异丁烷烷基化工艺。

石脑油催化裂解制丙烯是一项非常具有开发应用前景的技术，与石脑油的蒸汽裂解相比，催化裂解的温度可以降低 100～200℃，因而能耗相对要低很多，同时还可以大幅降低碳排放。而相比于乙烷的蒸汽裂解，虽然石脑油催化裂解的装置成本和原料成本更高，但是石脑油裂解的产品价值更高。除丙烯外，石脑油催化裂解也联产丁烯、丁二烯和芳烃等，可以较为灵活地调节产品结构，以实现效益最大化。对于该工艺，目前大部分的催化剂研究工作主要集中在分子筛催化剂上，为了最大程度地降低氢转移反应的发生，一般采用高硅铝比的分子筛来降低酸中心的密度，另外，较小的孔径对氢转移反应也有抑制作用，综合考虑氢转移反应和孔道择形作用，高硅的10元环分子筛比较适合石脑油裂解反应，特别是La和P改性的ZSM-5型分子筛，它在650℃下所获得的乙烯和丙烯产率分别为34%和23%，比820℃下操作的蒸汽裂解高出10%左右，且能量消耗更低，CO_2排放量也更少[103]。相比HZSM-5，P-La/ZSM-5还可以抑制BTX的生成，从而提高催化剂的稳定性[104]。2010年，KBR公司提供流化床催化裂化反应器技术，SK公司与韩国化工研究院设计催化剂，联合开发了ACO工艺，该工艺可以得到65%的烯烃产率，丙烯和乙烯的摩尔比（P/E）为1.0左右，比蒸汽裂解装置的乙烯加丙烯收率高15%~25%，且增加的部分主要来自于丙烯。KBR公司最新开发的石脑油催化裂解工艺名为K-COT，其所用原料相对较轻，P/E大于1.0，截止到2023年，国内已有两套采用该工艺的在建项目。

二、分子筛在石油化工中的应用

石油化工既是乙烯、丙烯和对苯二甲酸等聚合物单体的主要来源，同时也为下游精细化工、医药和农药生产等提供原料，因此它在整个石油制品产业链中起到了承上启下的重要作用。石油化工的工艺技术种类繁多，是分子筛催化剂最主要的应用场景，以下将对分子筛在一些石油化工重要反应中的应用进展进行概述。

1. 分子筛在乙烯、丙烯制备中的应用

乙烯和丙烯是重要的化工原料，其主要用途是合成聚乙烯和聚丙烯等高分子材料，少部分用于烷基化制乙苯和异丙苯等。双烯（乙烯＋丙烯）来源的主要途径是从FCC副产和石脑油蒸汽裂解中得到，但随着我国对烯烃需求量的逐年增加，当量缺口也在不断扩大。2015年，我国烯烃整体需求达到6800万吨，而国内产量只有3800万吨，市场缺口都要依靠从国外大量进口来弥补，因此国内双烯生产的盈利一直保持在较高水平，从而推动发展了许多专门用于制备双烯的工艺技术，如图1-14所示。

在上述的乙烯和丙烯制备中，石油化工行业的烯烃裂解工艺和甲醇转化工艺都应用到了分子筛催化剂。目前，烯烃裂解催化剂主要以10元环的ZSM-5和ZSM-11型分子筛为主，影响催化性能的因素包括孔道结构、酸性质、晶粒尺寸和形貌等。本书著者团队开发出了一种全结晶ZSM-5型分子筛，该催化剂的活

性位多，且含有丰富的微孔-介孔-大孔的复合孔结构，因而在轻质烯烃裂解反应中表现出了优异的催化性能[105]。

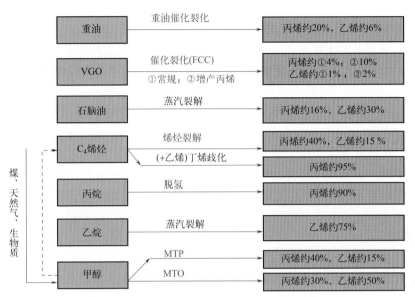

图1-14　烯烃生产的主要工艺路线及其烯烃选择性
（红色标注的工艺采用分子筛催化技术）

甲醇可以通过煤、天然气等非石油路线制得，因此通过甲醇制备化工产品可以看作是一种替代传统石油路线的路径，其中，甲醇制烯烃目前在技术上和商业化方面都业已成熟。甲醇制烯烃主要存在两种反应工艺，一是 MTO 工艺 (Methanol-To-Olefins)，它以 SAPO-34 型分子筛为催化剂活性组元，采用循环流化床工艺，产品中双烯收率可以达到 80% 以上，目前代表性的工艺有中国科学院大连化学物理研究所的 D-MTO 技术、本书著者团队的 S-MTO 技术、UOP/Norsk Hydro 的 MTO 技术等；二是 MTP 工艺 (Methanol-To-Propylene)，以 ZSM-5 型分子筛为催化剂活性组元，一般采用固定床反应器，所得双烯收率一般在 50% 左右，但其中丙烯的收率（40% 左右）明显高于乙烯的收率，目前已有 Lurgi 公司的 MTP 工艺实现商业化。但无论是 MTO 还是 MTP 工艺，它们都会副产一定量的碳四和碳五烯烃，因此，可以将甲醇制烯烃工艺与烯烃裂解工艺进行联合，从而进一步提高甲醇转化工艺的双烯总收率，特别是丙烯收率。

2．分子筛在芳烃转化中的应用

一般而言，对位芳烃作为聚合物单体的需求量要远远超过邻位或间位的芳烃，因此，目前工业上大多数的芳烃转化反应工艺以最大化对位芳烃产量作为追求目标，例如甲苯歧化，C_8芳烃异构化，C_9芳烃歧化和烷基转移，甲苯和甲醇侧链烷基化等重要的石油化工工艺都将对二甲苯（PX）作为主要的生产目标，它们所用的催化材料也主要以分子筛为主，包括ZSM-5、丝光沸石、Y、EU-1等等，如果是在临氢反应中，则这些分子筛上还需要负载Ni、Pt、Rh、Sn等金属组分，以达到双功能催化的目的。本书著者团队开发了以丝光沸石为活性组分的HAT系列甲苯歧化与烷基转移催化剂以及HAP系列重芳烃轻质化催化剂，它们在工业应用中表现出了较强的处理能力，特别是在重质芳烃轻质化方面，为工厂带来了显著的经济效益。

芳烃苯环上的烷基化是一类典型的酸催化反应，常用来生产一些重要的聚合物单体或者精细化工产品，该类反应过去主要采用$AlCl_3$、HF、H_2SO_4、H_3PO_4、BF_3等易挥发且具有腐蚀性的酸催化剂，但由于工艺操作、设备安全和环境保护等方面的原因，目前这些传统的酸催化剂大多已被分子筛所取代，如表1-6所列，其中，乙苯和异丙苯是最大宗的两种芳烃烷基化产品，它们的生产工艺也主要采用分子筛催化剂。苯和乙烯烷基化制乙苯的工艺路线分为气相和液相两种。对于前者，本书著者团队在MFI型分子筛催化剂的基础上先后开发出了纯乙烯气相法、乙醇气相法以及稀乙烯气相法制乙苯催化剂及其成套工艺技术。该系列技术具有绿色高效的特点，在国内市场具有很高的占有率。而在液相路线方面，本书著者团队创制了超薄层状MWW型分子筛，并以此为基础开发出EBC-1催化剂，它在苯和乙烯液相烷基化制乙苯方面实现了工业化应用，性能指标达到国际领先水平。相比气相法，液相法制乙苯在物耗与能耗方面具有明显优势，因而目前已成为乙苯工业生产的主流技术。同样基于超薄层状MWW型分子筛，本书著者团队开发出了苯与丙烯液相烷基化制异丙苯催化剂MP-01和MP-02，它们已在国内外十多家企业中得到了工业推广应用。

表1-6 芳环上的烷基化反应

芳烃类型	烷基来源	产品	主要分子筛催化剂	产品用途
苯	乙烯、乙醇	乙苯	气相法：MFI；液相法：FAU、*BEA、MWW	生产苯乙烯
苯	丙烯、异丙醇	异丙苯	Beta、MWW、FAU	生产苯酚（聚合物双酚A的原料）
甲苯	乙烯	对乙基甲苯	MFI	生产对甲基苯乙烯
甲苯	丙烯、异丙醇	异丙基甲苯	MFI、MOR、FAU、MWW	生产间甲酚、对甲酚等
乙苯	乙烯	二乙苯	MFI	树脂生产的溶剂和反应初期的交叉偶合剂。从混合二甲苯中分离对二甲苯的脱附剂
苯酚	叔丁醇	4-叔丁基苯酚（4-TBP）、2,4-二叔丁基苯酚（2,4-DTBP）	MWW、FAU、*BEA、AEL、介孔分子筛	农用化学品、耐热树脂的中间体、抗氧化剂的前驱体

3. 分子筛在选择氧化反应中的应用

采用过渡金属原子对分子筛的骨架原子进行同晶取代，可以得到含杂原子的分子筛，如 TS-1[17]、Ti-Beta[106]、TAPSO-5[107]、Ti-MOR[108]、Ti-MWW[109-110]、Sn-Beta[111-112] 以及 Fe-MFI[113] 等。1983 年，意大利 Enichem 公司 Taramasso 等人[17] 首次合成出骨架含钛的分子筛 TS-1，它在选择氧化反应中表现出了优异的催化性能[114-115]，成为分子筛发展历史上的一个重要里程碑。目前，TS-1 分子筛已在丙烯环氧化制环氧丙烷、苯酚羟基化制备对苯二酚、环己酮氨肟化制环己酮肟和丁酮氨肟化制备丁酮肟等反应中成功实现工业应用，这些反应具有极高的原子经济性，且环境友好，因此被认为是绿色化工过程的典型实例。

TS-1 分子筛具有 MFI 的骨架结构，其孔道开口为 10 元环，在涉及大分子的反应中效果有限。针对这个问题，一般采用以下两种方法予以解决：①采用纳米晶粒的或者多级孔的 TS-1 分子筛，使反应物分子更容易接近活性位；②采用更大孔道的钛硅分子筛，例如 Ti-Beta、Ti-MWW、Ti-MOR 等，其中 Ti-MWW 在大分子的烯烃氧化反应[116]、醛酮氨氧化反应[117] 以及有机物氧化脱硫[118] 等选择氧化反应中都表现出优于 TS-1 分子筛的催化性能。此外，含钛的介孔分子筛在以过氧化氢异丙苯为氧化剂的丙烯环氧化制环氧丙烷反应中实现了工业应用[119-120]。

Sn-Beta 分子筛在温和反应条件下，可以选择性地催化 Baeyer-Villiger 氧化反应，用双氧水将环酮化合物转为内酯[111]，也可以应用于 Meerwein-Pondorf-Verley (MPV) 反应[121] 以及生物质转化反应中[122]。

Fe-MFI 分子筛在使用 N_2O 作为氧化剂的条件下，可以直接把苯氧化为苯酚[123]，目前该过程已实现工业化（AlphOx 工艺）[124]。虽然 N_2O 在反应中会直接分解为 N_2，对环境无污染，但由于该气体的成本较高，因而该合成路径需要与副产高浓度 N_2O 的工艺进行联合，例如己二酸生产工艺。

总体而言，与传统的均相催化氧化反应相比，采用金属分子筛的多相选择氧化反应具有反应条件温和、对环境友好以及更高的原子利用率等优势。但与分子筛在酸催化领域的应用情况相比，分子筛在催化选择氧化领域的应用还有更深的潜力可挖。首先是开发更高效的低成本合成金属分子筛的方法。以钛硅分子筛为例，目前的合成路径所需要的原料仍然比较昂贵，制备也比较烦琐，因而导致生产成本居高不下，特别是对于 Ti-Beta、Ti-MOR 和 Ti-MWW 等大孔分子筛来说，它们都需要多步才能制得，从而导致生产成本相对 TS-1 分子筛进一步增加，这很大程度上阻碍了它们的工业化应用进程。另外，分子筛上的金属物种与分子筛的催化氧化性能息息相关，但是目前仍缺乏非常有效的技术手段对这些活性中心进行精准分析，例如在钛硅分子筛上，可能存在 $Ti(OSi)_4$、$Ti(OSi)_3OH$ 和

Ti(OH)$_2$(OSi)$_2$(H$_2$O)$_2$ 等金属配位物种，这些活性中心的催化行为存在差异，如果能精准地对它们进行定性、定量和定位分析，将有助于最大化提高活性中心数量，实现金属分子筛的理性设计。

三、分子筛在精细有机化工中的应用

相对于石油炼制和石油化工来说，精细有机化工的产品需求量小、附加值高，主要用于制造医药、农药和香料等。从反应角度来看，精细化学品的合成通常在较低温度下、液相体系中分多个步骤进行，由此导致反应产率低、副产物多、单位产品的废液排放量大等问题。另外，精细化学反应目前依然是以均相催化为主，生产过程中可能要用到大量具有腐蚀性的挥发性催化剂，如 H$_2$SO$_4$、H$_3$PO$_4$、HF、AlCl$_3$、BF$_3$、ZnCl$_2$ 等，这些催化剂不仅会腐蚀设备，同时需要用到大量的中和剂，会产生大量的盐。另外，均相有机反应所需要的有机溶剂往往会产生由于挥发和废液处理而带来的环境污染问题，同时给产品的分离或纯化带来困难。

因此从技术开发的角度来看，以多相催化代替均相催化，以"一锅式"工艺代替多步反应工艺以及用绿色溶剂代替有毒有害溶剂是未来精细化学品生产绿色化所需要努力的方向。在这方面，分子筛作为固体酸碱催化剂以及金属催化剂的载体用于精细化学品的合成有其突出优势：一是分子筛本身无毒；二是催化剂从反应体系中的分离回收比较容易；三是分子筛的择形性能赋予了其突出的选择性优势。因此，国内外对分子筛在精细化学品合成中的应用研究也非常活跃，特别是在以下几类酸碱催化反应方面（通过选择氧化反应的精细化学品合成请参看本章"分子筛在选择氧化反应中的应用"部分，以及第三、第四和第七章中的相关内容，气相 Beckmann 重排制备 ε- 己内酰胺请参看第三章）：

（1）Friedel-Crafts 酰基化反应。分子筛在该反应中的应用研究历史非常悠久，1968 年，Venuto 等人[125]便成功采用 FAU 沸石催化了芳烃酰基化反应，其后在 1985 年，Pioch 等人[126]采用 Ce^{3+} 交换的 Y 型分子筛作为催化剂以及不同碳链长度的羧酸作为酰基化试剂进行甲苯酰基化反应，获得了 94% 的对位选择性。迄今为止，已对包括芳烃（苯、甲苯、异丁苯）、苯甲醚、萘甲醚、藜芦醚、2- 甲氧基萘、2,6- 萘二酸、苯酚、杂环化合物（噻吩、吡啶、呋喃）、二茂铁、环己烯等在内的酰基化反应进行了详细的研究，其中 Beta 和 Y 型分子筛在诸多酰基化反应中表现出了非常高的活性和对位选择性。例如采用 Beta 分子筛作为苯甲醚与乙酸酐酰化反应的催化剂（如图 1-15 所示），Rhodia 公司开发了一种固定床酰基化反应工艺，相比使用 AlCl$_3$ 作为催化剂的传统工艺，该工艺的经济效益更好且更为环保[127]。

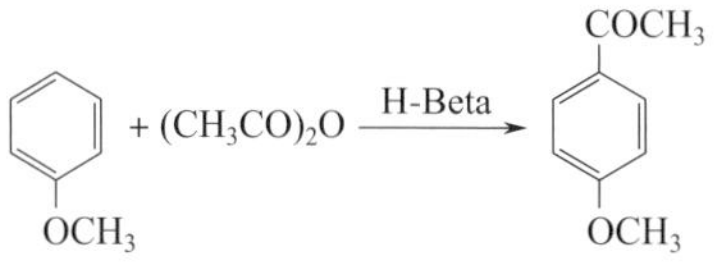

图1-15 采用H-Beta分子筛催化的苯甲醚酰基化反应

（2）环氧乙烷选择性胺化制备二乙醇胺（DEA）。工业上，在没有催化剂的条件下，环氧乙烷与氨通过连续反应逐级生成单乙醇胺（MEA）、二乙醇胺（DEA）和三乙醇胺（TEA），最终产品是三者的混合物，不能选择性地得到DEA。环氧化合物与醇或胺发生的开环反应也可以在酸或者碱催化剂的作用下进行[128]，相比非催化反应，催化反应能得到更高的DEA选择性[129]。2003年，日本的Nippon Shokubai公司采用La^{3+}交换的ZSM-5催化剂，实现了选择性生产DEA的工业化[130]。DEA在La-ZSM-5中的高选择性可以归因于过渡态选择性，因为MEA在分子筛孔道中可以与环氧乙烷再次发生反应得到DEA，但对于DEA与环氧乙烷生成TEA的反应，由于分子筛孔道对反应过渡态的限制而难以进行，因而提高了DEA的选择性[130]。

（3）甲醇择形胺化制二甲胺（DMA）。甲醇和氨反应能够得到一甲胺（MMA）、二甲胺（DMA）和三甲胺（TMA）的混合物，由于热力学因素，其中三甲胺是最主要的产物，但其经济附加值远低于二甲胺，因此对于该反应，最重要的一个追求目标就是最大化二甲胺的产率。由于分子筛具有优异的择形催化功能，因而它作为甲醇择形胺化制二甲胺催化剂的应用受到了广泛关注。1984年，日本日东工业株式会社的一种二甲胺择形工艺成功实现工业化[131]，所采用的催化剂便是水蒸气处理过的碱金属改性丝光沸石，当反应温度为300℃时，二甲胺选择性达到64%，是传统工艺的2.3倍，其后在1997年，日本三井东压公司也对此工艺进行了工业化[132]。

（4）环己烯水合制环己醇。烯烃水合生成醇类化合物是一种应用非常广泛的酸催化反应，其催化剂传统上以硫酸为主，但这不可避免地带来设备腐蚀、对人有毒有害以及废水废液难以处理等一系列的问题，相较而言，以分子筛为代表的固体酸催化剂则对环境更为友好[133]，因此，以固体酸代替硫酸作为烯烃水合反应的催化剂是一种发展趋势，而采用分子筛催化剂的环己烯水合制环己醇则是其中一个成功的案例。采用ZSM-5分子筛作为催化剂，日本Asahi-Kasei Chemicals公司[134]开发了一项环己烯水合工艺，在转化率为10%～15%时，环己醇的选择性可以接近100%。相比传统的苯酚加氢和环己烯水合制环己醇路线，采用分子筛为催化剂的环己烯水合路线具有更高的原子经济性和对环境更为友好，因此更加具备竞争性。

第三节
分子筛在吸附分离中的应用

分离过程的能耗在炼油和化工行业中占到了总能耗的40%以上，另外还需要投入大量的装置建设成本，因而分离技术与反应工艺技术一样，其先进程度对于工厂降本增效具有非常重要的影响。在现代炼油和化工工厂中，分离的方法主要有蒸馏、萃取、结晶分离以及吸附分离（包括膜分离）等。分子筛是其中吸附分离方法所采用的主要吸附剂之一，这主要得益于分子筛具有精确可调的分子筛分效应，能将大分子"拒之门外"，而仅容许小分子进入。分子筛的孔道尺寸可以通过阳离子进行一定程度的调整，例如3A、4A、5A分子筛就是使用不同的阳离子使A型分子筛的孔道尺寸发生了改变，从而可以灵活地用于不同的分离场合。另外，阳离子在孔道内产生的高电场梯度以及分子筛骨架本身所具有的酸碱特性，使得分子筛对具有不同分子极性、磁敏感性和可极化性的吸附质具有不同的吸附强度，吸附强的分子被滞留在孔内，而吸附弱的分子则会逸出孔道，从而即使没有"空间效应"，也同样能达到很好的分离效果。此外，可以利用分子筛的亲水/疏水特征对不同极性的分子进行筛分，分子筛的亲水/疏水特征可以通过改变骨架硅铝比来调整，硅铝比越高，疏水性越强，就越倾向于选择性吸附弱极性分子，反之，则亲水性越强，越容易吸附强极性分子。

当然，虽然分子筛吸附剂具有许多优势，但是相比其他一些分离技术，也有其不足之处，例如它需要重复再生和回收脱附剂，而且由于分子筛制备和使用环境的复杂性，其分离性能的稳定性也比较难以把握。

有关分子筛吸附分离的研究非常多，感兴趣的读者可以去参考相关的综述和专著[135-137]以及本书的后续章节。表1-7中列出了一些重要的吸附分离过程及其所用的分子筛吸附剂。

表1-7 分子筛在吸附分离过程中的一些典型应用

应用领域	吸附分离	代表性吸附材料	商业化工艺或文献
烃类分离和净化	碳八芳烃分离（对二甲苯与其异构体分离、乙苯与其异构体分离）	BaKX NaY、SrKX	Parex (UOP), SorPX(Sinopec), Eluxyl (Axens)
	正构烷烃和异构烷烃的分离	5A	Molex™ (UOP), Isosiv
	从烷烃中分离烯烃	NaX	[138]
	碳四烯烃分离	KX	[139-140]
烃类中脱除微量杂原子有机化合物	汽柴油组分中脱除有机硫化物	Cu(I)/Y、Ni/Y	[141]
	脱除有机碘化物	Ag/Y	Ag-LZ-210(UOP)

续表

应用领域	吸附分离	代表性吸附材料	商业化工艺或文献
小分子气体分离和净化	CO_2/CH_4 分离	13X	[142]
	O_2/N_2（空分）	13X、(Ca)Na-A、(Ag)Li-LSX	[143-144]
	CO/CO_2	CuCl/Na-Y	[145]
	H_2 净化（脱除CO、CO_2、H_2O、N_2、CH_4等）	5A	[146]
脱水	低压空气干燥、天然气干燥	4A	—
	煤油、苯、乙醇、环已烷脱水	3A	—
金属离子的吸附分离	从核电站废水中脱除铯离子	钛硅酸盐（CST）	IONSIV IE - 911

芳烃是重要的有机化工原料，通过催化反应可以合成许多重要的高分子聚合物单体，但这些反应的催化剂往往对原料中的氮化物和硫化物非常敏感，从而造成失活的现象。因此，在使用这些芳烃原料之前，一般要对它们进行吸附纯化处理，目前常用的吸附剂为13X分子筛。2016年，本书著者团队自主开发的RX-15吸附剂在工业装置上成功实现应用，相比传统的13X分子筛，它具有更高的氮化物和硫化物吸附容量，而且运行周期长，因而能显著提升工艺技术的经济效益。

第四节
分子筛的其他应用

分子筛的传统应用领域是石油炼制、石油化工、天然气化工、煤化工、精细化工等有机产品制造行业。但是随着对分子筛研究的日益加深，人们发现分子筛材料在催化和吸附分离方面的优势也可以应用在其他一些领域，例如环境保护、农业土壤改良、医药和燃料电池制造等。

一、分子筛在环保中的应用

1．在空气污染治理中的应用

随着全球工业化进程的加快，空气污染已成为危害人类健康和环境的严重问题。目前，大气污染物主要包括NO_x、NH_3和非甲烷挥发性有机物（VOCs）等，沸石分子筛以其优异的吸附和催化性能在大气污染修复中发挥着重要作用，特别是在脱硝方面。

NO$_x$（主要是 NO 和 NO$_2$）是汽车或燃煤发电厂燃烧化石燃料时产生的，会导致酸雨、光化学烟雾，并直接损害人类的呼吸系统。在各种脱硝技术中，目前应用最广泛的是 NH$_3$ 选择性催化还原 NO$_x$（NH$_3$-SCR：NO+NH$_3$+$\frac{1}{4}$O$_2$ ⟶ N$_2$+$\frac{3}{2}$H$_2$O），其中金属交换沸石催化剂与以往的 NH$_3$-SCR 催化剂相比具有高活性、易获得和在不同操作温度下稳定性高的优点。目前 Cu-SSZ-13 已经商业化，用于 NO$_x$ 排放控制，是当今汽车 NH$_3$-SCR 系统中的常用催化剂[147]。

NH$_3$ 是另一种主要存在于焦化废水中的含氮大气污染物。金属交换沸石催化剂可用于 NH$_3$ 选择性催化氧化生成 N$_2$（NH$_3$-SCO：2NH$_3$+$\frac{3}{2}$O$_2$ ⟶ N$_2$+3H$_2$O）[148]。例如，许多过渡金属（Cr、Mn、Fe、Co、Ni、Cu）交换的沸石 ZSM-5 对 NH$_3$-SCO 具有催化活性[149]。其中，Fe-ZSM-5 表现出最好的性能，在 450℃时，NH$_3$ 转化率达到 99%，N$_2$ 选择性达到 100%。

2．在水处理中的应用

由于分子筛具有良好的孔道选择性以及阳离子可交换性，因此它在去除水中有机污染物、氨氮化合物以及重金属离子方面具有非常高的应用价值，例如对于水溶液中氨氮化合物的去除，国内外使用天然沸石进行了详细的研究，对它在污水处理中的应用条件、再生工艺等进行生产性试验，并建成了一定生产规模的污水处理厂。Andraka 等[150] 和 Ospanov 等[151] 提出了在好氧池内使用一种过滤器来提高活性污泥的性能。研究人员指出，在混合装置（生物膜附着在天然沸石载体上）中，特别是在去除氨氮化合物方面，比在标准活性污泥装置中效率更高。美国明尼苏达州的 Rosement 污水厂，处理水量为 2260m³/d，先将原水进行一定的前处理，用斜发沸石进行离子交换，处理后水中氨氮去除率达到 95% 以上。

处理核污染水的方法引起了人们的极大关注，特别是在切尔诺贝利和福岛第一核电站灾难之后。沸石用于核污染水的处理具有一定的优势，首先，沸石对 γ、α 和 β 辐射具有辐射稳定性，其次，小孔沸石在很低的浓度下对放射性核素（如 ^{90}Sr 和 ^{137}Cs）表现出很高的亲和力，并且交换了 ^{137}Cs 的沸石可作为放射源使用。最近的一项研究将这种高亲和力归因于小孔沸石中放射性阳离子与 8 元环窗口之间的优先结合[152]。这些独特的性质以及它们的易得性使沸石成为目前使用最广泛的放射性污染物吸附剂。例如，天然沸石，如丝光沸石和斜发沸石，被用来净化切尔诺贝利受损核电站排放的废水[153]。在福岛核电站灾难后的清理工作中，沸石被用来浓缩放射性废物中的 ^{137}Cs。为了不使放射性物质扩散污染，通过熔化沸石，可使放射性离子长久地固定在沸石晶格内，因为熔化沸石溶解作用极其缓慢，失去 1% 的放射性物质需要 500 年。在原子能利用领域，核工业已将沸石应用于放射性废水的处理。

二、分子筛在农业中的应用

分子筛由于其独特的孔道结构和物理化学性质，在许多与农业有关的领域中也获得了应用。天然沸石可用于土壤改良剂、单质肥料控释剂、复合肥料调理剂、饲料添加剂、生物/有机肥除臭剂、重金属离子的捕集剂、除草剂、杀真菌剂和杀虫剂活性成分的载体等。因此开发利用天然沸石来改良土壤，提高肥效，以达到农业上增产丰收的目的，是科技兴农的重要新兴课题。

沸石可吸附土壤中的 Na^+、Cl^-，因此，施用沸石可使土壤中的盐分趋于减少，碱化度降低，并对土壤的 pH 值起到缓冲作用，pH 值可由 9.6 下降到 8.3。在旱地上施用沸石，可减少铵态氮转化为硝态氮，一方面提高氮肥利用率，另一方面能减少地表水和地下水中硝酸盐的含量。由于沸石中吸附水的存在，施用后一般能使耕层土壤含水量增加，对干旱地区作物生长很有益。沸石本身的 pH 值为 6～8，对于酸性土壤，施用沸石后可以提高土壤的 pH 值；对于碱性土壤，可以降低土壤 pH 值和土壤硬度。日本农民多年来一直使用沸石岩石来控制水分含量和提高酸性火山土壤的酸碱度。

团粒结构是旱田土壤最理想的结构，但是无论团粒怎样稳定，在自然因素和农业措施的作用下，不可避免地要遭受破坏，不能持久维持。由于沸石具有很大的比表面积和较强的静电场，通过土壤耕翻，沸石颗粒就把胶体黏土颗粒吸附到它的周围，逐渐聚集形成土壤团粒体。施入土壤的沸石类似一种疏松多孔的海绵体，起着水肥贮藏库的作用，能提高耕层含水量，有利于蓄水抗旱。

沸石还可以用于污染土壤的修复。在工农业快速发展过程中，由于没有采取及时有效的控制措施，使得污染物质在土壤中大量累积。这些有害物质通过植物吸收，进入食物链，影响人类健康。利用沸石作为改良剂，可固定土壤中的有害物质，减少被植物吸收的可能性。天然沸石对重金属 Pb 和 Ni 具有很强的吸附能力，其中离子交换和表面络合反应是其主要的吸附形式。利用 NaOH、NH_4^+ 对沸石进行改性后，其对重金属具有很强的吸附能力。

利用沸石具有较强的吸附能力和离子交换能力的特性，将沸石加到土壤中，可起到保肥供肥的作用，提高养分的生物有效性。例如，把沸石与化肥混合施用，或用其制成复混肥、包膜肥料直接施入土壤中，因为沸石对 N、K、P 有良好的吸附和选择交换性，利用其控制养分的释放，能在一定程度上阻止营养元素的快速流失，并能改良土壤性能。例如，斜发沸石在农业中用作 K 释放剂，并且由于其良好的吸收性能可以延长灌溉时间[154]。沸石也被成功地用作园艺中的盆栽介质，在园艺中，富含营养的沸石与其他矿物相一起为植物提供生长所需的基质和营养。

沸石也可作为饲料添加剂使用，沸石本身含有畜禽生长发育所需的绝大部分矿物元素，而且这些元素大部分是以可交换的离子状态存在的，能被畜禽有效地吸收利用，因此沸石对动物有一定的补充营养作用。沸石随饲料进入动物体内后，会吸水膨胀，增加食糜黏度，从而延长饲料在消化道内的停留时间，利于营养物质的消化吸收。沸石还对肠道有害菌群有一定的抑制作用，能改善胃肠道消化机能。

在兽医学领域，如果饲料保存或者使用不当，容易产生霉菌毒素，特别是黄曲霉毒素，这些毒素对动物的健康会产生不良影响，例如致癌和致突变。解决该问题的办法之一是在饲料中添加吸附剂来吸附固定霉菌毒素，从而减少其生物毒性[155-156]。由于沸石具有优良的吸附特性，因而可以作为吸附剂添加到动物饲料中防止牲畜的霉菌毒素中毒[156-157]。

三、分子筛在医学中的应用

分子筛材料独特的物理和化学性质，如多孔性、离子交换性、吸水能力、无毒害性、生物相容性和长期的化学及生物稳定性，使它们在生物医学的各个领域都有着广阔的应用前景，包括药物递送系统、伤口愈合、组织工程中使用的支架、抗菌和抗微生物、植入物涂层、造影剂、从体内去除有害离子、气体吸收剂、血液透析和牙根填充等。

1．药物输送和缓释

纳米分子筛材料可以作为药物载体使用，它依靠弱氢键将药物包裹在沸石孔隙中[158-159]，然后将药物输送到指定位置。分子筛作为药物载体具有以下几点优势：①具有较高的载药量；②可以通过最小的毛细血管；③可以通过各种给药途径（包括口服、鼻服、肠外和眼内给药）将药物输送到所需位置；④能够防止药物在输送过程中快速降解[160-162]；⑤延长药物释放时间[163]，提高疗效；⑥可以减少这些药物的副作用[164]。2015年的临床和药理学研究证实，沸石不会对人类造成任何生物损害[165]，它们已被用于制造各种形式的药物载体。

一些在肠道吸收的药物（例如生育酚）对消化系统的酸性pH值很敏感，将天然沸石作为载体可以实现此类药物在预期部位的更高释药量[166]。部分口服药物（如甲硝唑、磺胺甲噁唑和阿司匹林）会引起严重的胃肠道问题，针对这一问题，钙霞石等天然沸石由于在强酸性环境中结构保持稳定，因此常被用作抗酸材料，可将这类药物从上消化系统转运出去，减少对人体的副作用[167]。Hadizadeh等人[168]将布洛芬和吲哚美辛胶囊装入X和Y沸石中，考察其抗炎作用，并跟踪其在不同pH值胃肠模拟液中的释放情况，发现这两种沸石均具有积极的药物释放作用和较高的抗炎作用。Neves等人[169]将抗癌药物羟基肉桂酸（CHC）包裹在八面沸石中，发现CHC/沸石诱导的结肠癌细胞（HCT-15）死亡率高于CHC，表明沸石具有负载药物并转移到癌细胞的潜力。

2. 抗肿瘤佐剂

沸石作为抗肿瘤佐剂，在免疫系统的调节作用中具有很好的应用前景。天然斜发沸石被认为是癌症治疗中的有用佐剂[170]。对患有各种类型肿瘤的小鼠和狗口服天然斜发沸石，能使动物肿瘤尺寸减小、存活时间延长、整体健康改善。基于体外试验研究表明，斜发沸石的细粉可以激发p21WAF1/CIP1和p27KIP1肿瘤抑制蛋白的表达，抑制原癌基因蛋白（c-Akt）的表达，并因此阻断癌细胞生长[171]。微粉化斜发沸石已被用作常规化疗药物阿霉素的佐剂，这种联合口服疗法提高了阿霉素作为抗癌药的疗效，还对癌细胞的转移起到了抑制作用。此外，给癌症和糖尿病患者施用活化的沸石，可以减少氧化应激，进而改善健康。

3. 抗菌剂

具有抗菌活性的化合物可以作为杀菌剂消灭细菌或作为抑菌剂阻止细菌生长，而不会对附近的组织产生毒性。但由于细菌对常规有机抗菌剂具有耐药性，因此医学药理专家正试图找到新的策略来克服多重耐药性细菌。纳米银粒子具有优异的抗菌性能，若将其负载到沸石介质中，可以保证它的长期抗菌活性。Dong等人[172]对含Ag纳米沸石的抗菌性能进行了研究，结果表明大肠杆菌细胞暴露于含有Ag_2O或Ag^+的超小型EMT型沸石的水中时立即被破坏。

除了银之外，铜（Cu）的抗菌性能也通过将其负载到沸石上而得到增强[173]，对革兰氏阴性菌，如铜绿假单胞菌、鲍曼不动杆菌和肺炎克雷伯菌具有明显的杀菌效果。

4. 抗病毒

研究表明，负载了银和铜的沸石分子筛具有很好的抗病毒性质，对于SARS等冠状病毒和萼状病毒具有比较强的抵抗效果[174]，因此沸石分子筛与其他多孔材料一样，在阻止病毒方面可能会具有重要的应用（如新冠病毒COVID-19的传播）[175]，值得进一步深入研究。

5. 造影剂

核磁共振成像（MRI）是一种利用磁共振现象从人体中获得电磁信号，并重建出人体信息的技术。图像对比度比较低被认为是MRI技术的挑战，常规解决办法是使用高剂量造影剂来改善图像对比度[176]。近年来的研究结果表明，沸石包含能够与水分子结合的高自旋金属，从而产生更快的质子自旋弛豫时间[177]，因此沸石纳米材料在提高 MRI 图像质量方面有着光明的应用前景。钆离子（Gd^{3+}）被认为是合适的磁共振造影剂，但由于其固有的毒性，因此不能直接给药[178]。但是，负载 Gd^{3+} 的 NaY 沸石已被验证为安全口服造影剂，与微米大小的沸石相比，负载 Gd^{3+} 的 NaY 沸石具有更理想的高弛豫性[179]。基于临床Ⅱ/Ⅲ期多中心研究表明，口服形式的钆剂相当有效、耐受性好且安全，可应用于临床 MRI[180]。根据临床试验报告，在尿液或血液样本中没有观察到钆，也没有提到明显的副作用。此外，Peters 和 Djanashvili[181] 认为，除了负载 Gd^{3+} 外，负载其他镧系元素的沸石也被认为是有应用前景的 MRI 造影剂。

6．血液渗析

在血液渗析中，沸石通常被用作过滤介质去除渗析液中的 NH_4^+[182-184]。采用含有斜发沸石颗粒的离子交换柱，Wolfson 等人[182] 研究了沸石对铵离子的交换能力和多次循环再生能力，结果表明斜发沸石粉对 NH_4^+ 吸收很快，在 15s 内达到平衡。在离子交换后，采用 2mol/L 的氯化钠溶液冲洗即可使离子交换能力再生，并且在柱洗脱液中没有检测到硅或铝从沸石中滤出。此外，在慢性肾功能衰竭患者的透析治疗中，沸石（FAU13X 和 FERCP914C）具有减少体外循环中活性氧簇（ROS）生成的能力，可以降低死亡率。Schäf 等人[185] 在法国进行了多项研究，使用 MFI 和 MOR 型沸石来去除尿毒症毒素，75% 的肌酐和 60% 的对甲酚可以被去除，这比传统透析系统只能去除 67% 的肌酐和 29% 的对甲酚的效果更好。

7．伤口愈合

分子筛在医疗领域的另一个重要应用是控制出血和促进伤口愈合。沸石止血器由于具有制造成本低、生物相容性好、对环境液体的吸附能力强、可减少放热反应、可减轻组织损伤以及加速创面愈合过程等优点，同时其固有的表面负荷电位有助于防止出血，使其成为理想的止血产品。Ahuja 等人[186] 报道了使用沸石止血器可以控制出血，显著降低致命腹股沟伤的死亡率。Li 等[187] 在 2013 年的研究表明，沸石与血液接触后，通过阳离子交换释放 Ca^{2+}，吸收 Na^+ 和 K^+。Ca^{2+} 浓度的增大缩短了体外 APTT 和血栓形成时间，从而缩短了凝血时间。阳离子交换是沸石止血作用的重要机制，范杰与 Dawson 等[188] 发现凝血酶原酶复合物能够在 Ca 型分子筛的无机界面上进行自组装并展示出较高的稳定凝血酶活性，比内源性凝血酶的活性至少提高 12 倍。

四、分子筛在燃料电池中的应用

燃料电池的制造需要用到许多专门的材料，另外，在其工作中还涉及催化反应过程，分子筛在该过程中可发挥其在催化、吸附、分离和阳离子交换等方面的优势，不仅可用作高效生产燃料（如氢气和甲醇）的催化剂，还可用于制备电池组件材料（如电极和膜）。

1. 用作产生燃料的催化剂

氢是燃料电池最重要的燃料之一。传统的天然气蒸汽重整制氢方法会产生大量的 CO 杂质，毒害燃料电池的电极。因此，研究者将目光集中在开发绿色方法高效生产纯 H_2。Wang 等[189]将 Pd 簇包裹在 Silicalite-1 分子筛交叉孔道中，在温和条件下由甲酸完全分解可高效生成 H_2，而不会产生 CO，并且该催化剂具有优异的热稳定性和循环稳定性。此外，Sun 等[190]将杂化双金属簇 Pd-M(OH)$_2$（M=Ni、Co）包裹在 Silicalite-1 分子筛中，由于沸石的限制和双金属协同效应的稳定作用，该催化剂在 600℃时表现出优异的择形催化性能和热稳定性，特别是 0.8Pd0.2Ni(OH)$_2$@Silicalite-1 催化剂初始周转频率可高达 5803h^{-1}。假设运行效率为 60%，1.0g 0.8Pd0.2Ni(OH)$_2$@Silicalite-1 催化剂能够为 4～14 个小型（0.5～2.0W·h）质子交换膜燃料电池装置生产 H_2。这些金属/沸石复合催化剂为燃料电池的实际储氢开辟了新的应用前景。

2. 用于制备电池组件材料

沸石除了作为生产燃料的催化剂外，还可以用来制造燃料电池的部件。例如，CeO_2 修饰的 ZSM-5 纳米催化剂可用于制造 CeO_2/ZSM-5 玻碳电极，用于甲醇的电化学氧化[191]。CeO_2/ZSM-5 的电催化活性大约是商业 Pt(20%)/C 催化剂的三倍，这是由于 CeO_2 纳米晶体在 ZSM-5 大比表面积上的良好分散。此外，CeO_2(30%)/ZSM-5 的电流密度即使在循环 1000 次后仍保持在 96% 以上，而商业 Pt(20%)/C 只能保留其原始活性的 9%。如此长的循环寿命归因于 CeO_2(30%)/ZSM-5 将 CO（一种对 Pt 电极有毒的反应中间体）转化为 CO_2 的催化能力。

分子筛材料也可用于制备燃料电池的电解质膜，这是因为分子筛骨架上的阳离子在交换过程中会发生迁移，从而使分子筛具有离子导电性，但常规分子筛的电导率很少会高于 1×10^{-4}S/cm，远低于商业化的电解质膜，如全氟磺酸聚合物（PFSA）的电导率为 0.1S/cm。研究表明[192-194]，在 NH_3 和 H_2O 等溶剂存在下分子筛的质子电导率会有所提高。Knudsen 等人[195]报道水合的 Sn-MOR 具有很高的电导率（0.1S/cm）。目前，分子筛在质子导电膜方面最主要的应用是将其作为无机填料添加到聚合物膜中，所形成的分子筛/聚合物复合膜在高温下具有较低的甲醇渗透率和较高的质子电导性，因此对于制备需要在高温下运行并能防止甲醇渗透的质子导电膜，分子筛材料具有很好的应用前景[196]。虽然分子筛的电导率远低于现有商业化的聚合物膜，但其具有更好的机械强度，因而可以制成超薄无机膜，膜厚度的降低可以缩短质子迁移距离，从而提高电导率。Yeung 的研究团队[197-198]使用 HZSM-5 微晶水合的方法制备出厚度仅为 6μm 的沸石微膜，分别应用于制备 PEMFCs 和 DMFCs 质子导电膜，其电导率与相同厚度的 Nafion 117 膜相当，组装得到的电池性能也相当。吉林大学于吉红研究团队[151]开发了一种基于分子筛薄膜的全新固态电解质材料，采用该电解质的一体化柔性固态锂空气电池在实际空气环境中展现出 12020mA·h/g 的超高容量和 149 次的超长循环寿命，优于采用 NASICON 型 LAGP 固态电解质或者有机电解液的固态锂空气电池。

参考文献

[1] Cronstedt A F. Observation and description of an unknown mineral species, called zeolite[J]. Kongl Vetenskaps Academiens Handlingar Stockholm, 1756, 17: 120-123 .

[2] Collella C, Gualtieri A F. Cronstedt's zeolite[J]. Microporous and Mesoporous Materials, 2007, 105(3): 213-221.

[3] Anthony F M, Maschmeyer T. Zeolites: From curiosity to cornerstone[J]. Microporous and Mesoporous Materials, 2011, 142(2-3): 423-438.

[4] Barrer R M. Synthesis of a zeolitic mineral with chabazite-like sorptive properties[J]. Journal of the Chemical Society, 1948(2): 127-132.

[5] Barrer R M. Syntheses and reactions of mordenite[J]. Journal of the Chemical Society, 1948, 24: 2158-2163.

[6] Loewenstein W. The distribution of aluminum in the tetrahedra of silicates and aluminates[J]. American Mineralogist, 1954, 39(1-2): 92-96.

[7] Breck D W. Crystalline zeolite Y: US3130007[P]. 1964-04-21.

[8] Reed T B, Breck D W. Crystalline zeolites: Ⅱ. Crystal structure of synthetic zeolite, type A[J]. Journal of the American Chemical Society, 1956, 78(23): 5972-5977.

[9] Rabo J A, Schoonover M W. Early discoveries in zeolite chemistry and catalysis at Union Carbide, and follow-up in industrial catalysis[J]. Applied Catalysis A: General, 2001, 222(1-2): 261-275.

[10] Barrer R M, Denny P J. Hydrothermal chemistry of the silicates: Part Ⅸ. Nitrogenous alurninosilicates[J]. Journal of the Chemical Society, 1961(0): 971-982.

[11] Wadinger R L, Oneonta N Y, Kerr G T. Catalytic composition of a crystalline zeolite: US3308069[P]. 1967-03-07.

[12] Kerr G T. The Intracrystalline rearrangement of constitutive water in hydrogen zeolite Y[J]. The Journal of Physical Chemistry, 1967, 71(12): 4155-4156.

[13] McDaniel C V, Maher P K. Stablized zeolites: US3449070[P]. 1969-06-10.

[14] Argauer R J, Landolt G R. Crystalline zeolite ZSM-5 and method of preparing the same: US3702886[P]. 1972-11-14.

[15] Flanigen E M, Patton R L. Silica polymorph and process for preparing same: US4073865[P]. 1978-02-14.

[16] Wilson S T, Lok B M, Flanigen E M. Crystalline metallophosphate compositions: US4310440[P]. 1980-01-12.

[17] Taramasso M, Perego G, Notari B. Preparation of porous crystalline synthetic material comprised of silicon and titanium oxides: US4410501[P]. 1983-10-18.

[18] Rubin M K, Chu P. Composition of synthetic porous crystalline material, its synthesis and use: US4954325[P]. 1990-09-04.

[19] Yanagisawa T, Shimizu T, Kuroda K, et al. The Preparation of alkyltrimethylammonium-kanemite complexes and their conversion to microporous materials[J]. Bulletin of the Chemical Society of Japan, 1990, 63(4): 988-992.

[20] Beck J S, Chu C T W, Johnson I D, et al. Synthetic porous crystalline material. Its synthesis and use: WO 9111390[P]. 1991-08-08.

[21] Camblor M A, Corma A, Valencia S. Spontaneous nucleation and growth of pure silica zeolite-β free of connectivity defects[J]. Chemical Communications, 1996(20): 2365-2366.

[22] Barrer R M. A Process for the fractionation of hydrocarbon mixtures: GB548905A[P]. 1942-10-29.

[23] Flanigen E M. Zeolites and molecular sieves: An historical perspective[J]. Studies in Surface Science and Catalysis, 1991, 58:13-34.

[24] Milton R M. Molecular sieve science and technology, a historical perspective[C]//Occelli M L, Robson H E. Zeolite synthesis, ACS Sympos. Ser. 398. Washington D C: American Chemical Society, 1989:1-10.

[25] Weisz P B, Frilette V J. Intracrystalline and molecular-shape catalysis by zeolite salts[J]. The Journal of Physical Chemistry, 1960, 64:382-382.

[26] Weitkamp J. Zeolites and catalysis[J]. Solid State Ionics, 2000, 131(1-2): 175-188.

[27] Chen N Y, Mazuik J, Schwartz A B, et al. Selectoforming-new process to improve octane and quality[J]. Oil & Gas Journal,1968, 66(47): 154-157.

[28] Chang C D, Silvestri A J. The conversion of methanol and other O-compounds to hydrocarbons over zeolite catalysts[J]. Journal of Catalysis, 1977, 47: 249-259.

[29] Maiden C J. The New Zealand gas-to-gasoline project[J]. Studies in Surface Science and Catalysis, 1988, 36: 1-16.

[30] Notari B. Titanium silicalites[J]. Catalysis Today, 1993, 18(22):163-172.

[31] Miller S J, Dahlberg A J, Krishna K R, et al. Process for producing a highly paraffinic diesel fuel having a high iso-paraffin to normal paraffin mole ratio: US6204426[P]. 1999-12-29.

[32] Bull I, Xue W M, Burk P, et al. Copper CHA zeolite catalysts: US7601662[P]. 2009-10-13.

[33] Tian P, Wei Y, Ye M, et al. Methanol to olefins (MTO): From fundamentals to commercialization [J]. ACS Catalysis, 2015, 5:1922-1938.

[34] Zones S I. Translating new materials discoveries in zeolite research to commercial manufacture[J]. Microporous and Mesoporous Materials, 2011, 144: 1-8.

[35] Meier W M. Molecular sieves[M]. London: Society of Chemical and Industry, 1968: 10-27.

[36] Blatov V A, Delgado-Friedrichs O, O'Keeffe M, et al. Three-periodic nets and tilings: Natural tilings for nets[J]. Acta Crystallographica Section A: Foundations of Crystallography, 2007, A63: 418-425.

[37] Anurova N, Blatov V A, Ilyushin G D, et al. Natural tilings for zeolite-type frameworks[J]. Journal of Physical Chemistry C, 2010, 114: 10160-10170.

[38] Blatov V A, Ilyushin G D, Proserpio D M. The zeolite conundrum: Why are there so many hypothetical zeolites and so few observed? A possible answer from the zeolite-type frameworks perceived as packings of tiles[J]. Chemistry of Materials, 2013, 25(3): 412-424.

[39] Flanigen E M. A review and new perspectives in zeolite crystallization[C]//Meier W M, Uytterhoeven J B. Molecular sieves. Washington D C: American Chemical Society, 1973: 119-139.

[40] Lawton S L, Rohrbaugh W J. The framework topology of ZSM-18, a novel zeolite containing ring of tree (Si, Al)-O species[J]. Science, 1990, 247: 1319-1322.

[41] Goretsky A V, Beck L W, Zones S I, et al. Influence of the hydrophobic character of structure-directing agents for the synthesis of pure-silica zeolites[J]. Microporous and Mesoporous Materials, 1999, 28(3): 387-393.

[42] Jackowski A, Zones S I, Hwang S J, et al. Diquaternary ammonium compounds in zeolite synthesis: cyclic and polycyclic *N*-heterocycles connected by methylene chain[J]. Journal of American Chemical Society, 2009, 131(3): 1092-1100.

[43] Kuehl G H. Modification of zeolites[C]// Weitkamp J, Puppe L. Catalysis and zeolites. Berlin: Springer, 1999: 81-197.

[44] Phung T K, Busca G. On the Lewis acidity of protonic zeolites[J]. Applied Catalysis A: General, 2015, 504: 151-157.

[45] Derouane E G, Vedrine J C, Ramos Pinto R, et al. The acidity of zeolites: Concepts, measurements and relation to catalysis: A review on experimental and theoretical methods for the study of zeolite acidity[J]. Catalysis Reviews, 2013, 55 (4) : 454-515.

[46] Maher P L, Hunter F D, Scherzer J. Crystal structures of ultrastable faujasites [C] // Flanigen E M, Sand L B. Molecular sieve zeolites-I. Washington D C: American Chemical Society, 1974: 266-278.

[47] Elanany M, Koyama M, Kubo M, et al. Periodic density functional investigation of Lewis acid sites in zeolites: Relative strength order as revealed from NH_3 adsorption[J]. Applied Surface Science, 2005, 246:96-101.

[48] Mirodatos C, Barthomeuf D. Superacid sites in zeolites[J]. Chemical Communications,1981 (2): 39-40.

[49] Khabtou S, Chevreau T, Lavalley J C. Quantitative infrared study of the distinct acidic hydroxyl groups contained in modified Y zeolites[J]. Microporous Materials, 1994, 3(1-2): 133-148.

[50] Barthomeuf D. Framework induced basicity in zeolites[J]. Microporous and Mesoporous Materials, 2003, 66(1): 1-14.

[51] Barthomeuf D. Zeolite acidity dependence on structure and chemical environment. Correlations with catalysis[J]. Materials Chemistry and Physics, 1987, 17(1-2):49-71.

[52] Sauer J. Acidic sites in heterogeneous catalysis: Structure, properties and activity[J]. Journal of Molecular Catalysis, 1989, 54(3): 312-323.

[53] Palčić A, Valtchev V. Analysis and control of acid sites in zeolites[J]. Appliied Catalysis A: General, 2020, 606: 117795.

[54] Guisnet M, Gilson J P. Introduction to zeolite and technology[C]//Guisnet M, Gilson J P. Zeolites for cleaner technologies. London:Imperial College Press, 2002:1-28.

[55] Yokoi T, Mochizuki H, Namba S, et al. Control of the Al distribution in the framework of ZSM-5 zeolite and its evaluation by solid-state NMR technique and catalytic properties[J]. Journal of Physical Chemistry C, 2015, 119 (27): 15303-15315.

[56] Biligetu T, Wang Y, Nishitoba T, et al. Al distribution and catalytic performance of ZSM-5 zeolites synthesized with various alcohols[J]. Journal of Catalysis, 2017, 353: 1-10.

[57] Liu H, Wang H, Xing A H, et al. Effect of Al distribution in MFI framework channels on the catalytic performance of ethane and ethylene aromatization[J]. Journal of Physical Chemistry C, 2019, 123: 15637-15647.

[58] Han O H, Kim C S, Hong S B. Direct evidence for the nonrandom nature of Al substitution in zeolite ZSM-5: An investigation by ^{27}Al MAS and MQ MAS NMR[J]. Angewandte Chemie International Edition, 2002, 41(3): 469-472.

[59] Sklenak S, Dědeček J, Li C, et al. Aluminum siting in silicon-rich zeolite frameworks: A combined high-resolution ^{27}Al NMR spectroscopy and quantum mechanics/molecular mechanics study of ZSM-5[J]. Angewandte Chemie International Edition, 2007, 46(38) : 7286-7289.

[60] Perea D E, Arslan I, Liu J, et al. Determining the location and nearest neighbours of aluminium in zeolites with atom probe tomography[J]. Nature Communications, 2015, 6: 7589.

[61] von Balhnoos R, Meier W M. Zoned aluminum disitrbution in synthetic zeolite ZSM-5[J]. Nature , 1981, 289:

782-783.

[62] Althoff R, Schulz-Dobrick B, Schuth F, et al. Controlling the spatial distribution of aluminum in ZSM-5 crystals[J]. Microporous Materials, 1993, 1(3): 207-218.

[63] Ristanović Z, Hofmann J P, Deka U, et al. Intergrowth structure and aluminium zoning of a zeolite ZSM-5 crystal as resolved by synchrotron-based micro X-ray diffraction imaging[J]. Angewandte Chemie International Edition, 2013,52: 13382-13386.

[64] Li T, Krumeich F, Chen M, et al. Defining aluminum-zoning during synthesis of ZSM-5 zeolites[J]. Physical Chemistry Chemical Physics, 2020, 22: 734-739.

[65] Li J W, Ma H F, Chen Y, et al. Conversion of ethanol to propylene over hierarchical HZSM-5: The effect of Al spatial distribution[J]. Chemical Communications, 2018, 54(47):6032-6035.

[66] Lok B M, Messina C A, Patton R L, et al. Crystalline silicoaluminophosphates: US4440871[P]. 1984-04-03.

[67] Martens J A, Jacobs P A. Phosphate-based zeolites and molecular sieves[C] // Weitkamp J, Puppe L. Catalysis and zeolites, fundmentals and application. Berlin: Springer, 1999: 53-80.

[68] Xu L, Du A, Wei Y, et al. Synthesis of SAPO-34 with only Si(4Al) species: Effect of Si contents on Si incorporation mechanism and Si coordination environment of SAPO-34[J]. Microporous and Mesoporous Materials, 2008, 115(3): 332-337.

[69] Prakash A M, Unnikrishnan S J. Synthesis of SAPO-34: High silicon incorporation in the presence of morpholine as template[J]. Journal of Chemical Society Faraday Transactions, 1994, 90(15): 2291-2296.

[70] 刘广宇, 田鹏, 刘中民. 二乙胺导向合成SAPO-34及与其他模板剂的对比[J]. 催化学报, 2012, 33(1): 174-182.

[71] 许磊, 杜爱萍, 魏迎旭, 等. 骨架富含Si(4Al)结构的SAPO-34分子筛的合成及其对甲醇制烯烃反应的催化性能[J]. 催化学报, 2008, 29(8): 727-732.

[72] Liu G Y, Tian P, Zhang Y, et al. Synthesis of SAPO-34 templated by diethylamine: Crystallization process and Si distribution in the crystals[J]. Microporous and Mesoporous Materials, 2008, 114 (1-3) : 416-423.

[73] Xiong H, Liu Z, Chen X, et al. In situ imaging of the sorption-induced sub-cell topological flexibility of a rigid zeolite framework[J]. Science, 2022, 376(6592): 491-496.

[74] Kaeding W W, Young L B, Chu C C. Shape-selective reactions with zeolite catalysts: Ⅳ. Alkylation of toluene with ethylene to produce p-ethyltoluene[J]. Journal of Catalyis, 1984, 89(2): 267-273.

[75] Csicsery S M. The cause of shape selectivity of transalkylation in mordenite[J]. Journal of Catalysis, 1971, 23(1): 124-130.

[76] Weitkamp J, Ernst S. Large pore molecular sieves: Chapter 5 catalytic test reactions for probing the pore width of large and super-large pore molecular sieves[J]. Catalysis Today, 1994, 19(1): 107-149.

[77] Niwa M, Murakami Y. CVD zeolites with controlled pore-opening size[J]. Journal of Physics and Chemistry of Solids, 1989, 50(5): 487-496.

[78] Niwa M, Kato M, Hattori T, et al. Fine control of the pore-opening size of zeolite ZSM-5 by chemical vapor deposition of silicon methoxide[J]. Journal of Physical Chemistry, 1986, 90(23): 6233-6237.

[79] 唐颐, 陆璐, 高滋. 丝光沸石孔口改性及对反应对位选择性的影响[J]. 物理化学学报, 1994,10(6): 514-520.

[80] Chang C D, Shihabi D S. Catalyst and process for the selective production of para-dialkyl substituted benzenes: US5243117[P]. 1993-09-07.

[81] Zhang S, Heydenrych H R, Röger H P, et al. On the enhanced selectivity of HZSM-5 modified by chemical

liquid deposition[J]. Topics in Catalysis, 2003, 22(1-2): 101-106.

[82] 朱志荣. ZSM-5 分子筛择形功能的化学修饰及其对二甲苯催化合成的研究 [D]. 大连：中国科学院研究生院，2002.

[83] Rollmann L D. ZSM-5 containing aluminum-free shells on its surface: US4203869[P]. 1980-05-20.

[84] Apelian M R, Degnan T, Fung A S. Method for producing zeolites with reduced surface acidity: US5234872[P]. 1993-08-10.

[85] Namba S, Inaka A, Yashima T. Dealumination of ZSM-5 zeolite. Selective removal of aluminum on external surface of zeolite crystallines[J]. Chemistry Letters, 1984, 13(5): 817-820.

[86] Anderson J R, Foger K, Mole T, et al. Inactivation of external surface of mordenite and ZSM-5 by chemical vapor deposition of silicon alkoxide[J]. Zeolites, 1993, 13(7): 518-523.

[87] Rollmann L D. Selective poisoning of ZSM-5 by nitrogen heterocyclics[J]. Studies in Surface Science and Catalysis, 1991, 68:791-797.

[88] Chen C S H, Bridger R F. Shape-selective oligomerization of alkenes to near-linear hydrocarbons by zeolite catalysis[J]. Journal of Catalysis, 1996, 161(2): 687-693.

[89] Valtchev V, Tosheva L. Porous nanosized particles: Preparation, properties, and applications[J]. Chemical Reviews, 2013, 113(8): 6734-6760.

[90] Ye G, Sun Y, Guo Z, et al. Effects of zeolite particle size and internal grain boundaries on Pt/Beta catalyzed isomerization of n-pentane[J]. Journal of Catalysis, 2018, 360:152-159.

[91] Popov A G, Pavlov V S, Ivanova I I. Effect of crystal size on butenes oligomerization over MFI catalysts[J]. Journal of Catalysis, 2016,335: 155-164.

[92] Yu H, Wang X Q, Long Y C. Synthesis of b-axis oriented high silica MFI type zeolite crystals introduced with co-template role[J]. Microporous and Mesoporous Materials, 2006, 95(1-3): 234-240.

[93] Choi M, Na K, Kim J, et al.Stable single-unit-cell nanosheets of zeolite MFI as active and long-lived catalysts[J]. Nature, 2009, 461: 246-249.

[94] Roth W J, Nachtigall P, Morris R E, et al. Two-dimensional zeolites: Current status and perspectives[J]. Chemical Reviews, 2014, 114(9): 4807-4837.

[95] Hartmannn M, Machoke A G, Schwieger W. Catalytic test reactions for the evaluation of hierarchical zeolites[J]. Chemical Society Reviews, 2016, 45(12): 3313-3330.

[96] Shi J, Wang Y, Yang W, et al. Recent advances of pore system construction in zeolite-catalyzed chemical industry processes[J]. Chemical Society Review, 2015, 44(24): 8877-8903.

[97] Rodionova L I, Knyazeva E E, Konnov S V, et al. Application of nanosized zeolites in prtroleum chemistry: Synthesis and catalytic properties (review)[J]. Petroleum Chemistry, 2019, 59(4):455-470.

[98] Javdani A, Ahmadpour J, Yaripour F. Nano-sized ZSM-5 zeolite synthesized via seeding technique for methanol conversions: A review[J]. Microporous and Mesoporous Materials, 2019, 284:443-458.

[99] Palčić1 A, Catizzone E. Application of nanosized zeolites in methanol conversion processes: A short review[J]. Current Opinion in Green and Sustainable Chemistry, 2021, 27:100393.

[100] Primo A, Garcia H. Zeolite as catalysts in oil refining [J], Chemical Society Review, 2014, 43(22): 7548-7561.

[101] Rekoske J E, Abrevaya H, Bricker J C, et al. Advances in refining technologies[C]//Uner D. Advances in refining catalysis. New York: CRC Press, 2017: 4-55.

[102] Pai S M, Kumar R, Kumar S A K, et al. Emerging trends in solid acid catalyst alkylation process[C]// Pant K K, Gupta S K, Ejaz A. Catalysis for clean energy and environmental sustainability: Petrochemicals and refining processes-

volume 2. Berlin: Springer International Publishing, 2021: 109-148.

[103] Yoshimura Y, Kijima N, Hayakawa T, et al.Catalytic cracking of naphtha to light olefins[J]. Catalysis Surveys from Japan, 2000, 4:157-167.

[104] Wei Y, Liu Z, Wang G, et al. Production of light olefins and aromatic hydrocarbons through catalytic cracking of naphtha at lowered temperature[J]. Studies in Surface Science and Catalysis, 2005, 158B:1223-1230.

[105] 滕加伟，谢在库. 无黏结剂复合孔分子筛催化烯烃裂解制丙烯技术 [J]. 中国科学：化学，2015, 45(5): 533-540.

[106] Camblor M A, Constantini M, Corma A, et al. Synthesis and catalytic activity of aluminium-free zeolite Ti-β oxidation catalysts[J]. Chemical Communications, 1996 (11): 1339-1340.

[107] Tuel A. Synthesis, characterization, and catalytic properties of titanium silicoaluminophosphate TAPSO-5[J]. Zeolites, 1995, 15(3): 228-235.

[108] Wu P, Komastu T, Yashima T. Preparation of titanosilicate with mordenite structure by atomplanting method and its catalytic properties for hydroxylation of aromatics[J]. Studies in Surface Science and Catalysis, 1997, 105: 663-670.

[109] Diaz-Cabanas M J, Villaescusa L A, Camblor M A. Synthesis and catalytic activity of Ti-ITQ-7: A new oxidation catalyst with a three-dimensional system of large pore channels[J]. Chemical Communications, 2000 (9): 761-762.

[110] Wu P, Tatsumi T, Komatsu T, et al. Hydrothermal synthesis of a novel titanosilicate with MWW topology[J]. Chemistry Letters, 2000, 29(7): 774-775.

[111] Corma A, Nemeth L T, Renz M, et al. Sn-zeolite Beta as a heterogeneous chemoselective catalyst for Baeyer-Villiger oxidations[J]. Nature, 2001, 412:423-425.

[112] Hammond C, Conrad S, Hermans I. Simple and scalable preparation of highly active Lewis acidic Sn-β[J]. Angewandte Chemie International Edition, 2012, 51(47): 11736-11739.

[113] Kharitonov A S, Sheveleva G A, Panov G I, et al. Ferrisilicate analogs of ZSM-5 zeolite as catalysts for one-step oxidation of benzene to phenol[J]. Applied Catalysis A: General, 1993, 98(1): 33-43.

[114] Clerici M G, Bellussi G, Romano U. Synthesis of propylene oxide from propylene and hydrogen peroxide catalyzed by titanium silicalite[J]. Journal of Catalysis, 1991, 129: 159-167.

[115] Sheldon R A, Dakka J. Heterogeneous catalytic oxidations in the manufacture of fine chemicals[J]. Catalysis Today, 1994, 19: 215-245.

[116] Wu P, Liu Y, He M, et al. A novel titanosilicate with MWW structure: Catalytic properties in selective epoxidation of diallyl ether with hydrogen peroxide[J]. Journal of Catalysis, 2004, 228: 183-191.

[117] Song F, Liu Y, Wang L, et al. Highly selective synthesis of methylethyl ketone oxime through ammoximation over Ti-MWW[J]. Applied Catalysis A: General, 2007, 327: 22-31.

[118] Gao G, Cheng S, An Y, et al. Oxidative desulfurization of aromatic sulfur compounds over titanosilicates[J]. Chem Cat Chem, 2010, 2(4): 459-466.

[119] Tsuji J, Ishino M, Uchida K. Method for preparing propylene oxide: US6160137[P]. 2000-12-12.

[120] Cavani F, Gaffney A. Synthesis of propene oxide: A successful example of sustainable industry chemistry [C] // Cavani F, Centi G, Perathoner S, et al. Sustainable industrial chemistry: Principles, tools and industrial examples. Weinheim: Wiley-VCH, 2009: 319-366.

[121] Corma A, Domine M E, Nemeth L, et al. Al-free Sn-Beta zeolite as a catalyst for the selective reduction of carbonyl compounds (Meerwein-Pondorf-Verley)[J]. Journal of the American Chemical Society, 2002, 124(13): 3194-3195.

[122] Dijkmans J, Schutyser W, Dusselier M, et al. Snβ-zeolite catalyzed oxido-reduction cascade chemistry with biomass-derived molecules[J]. Chemical Communications, 2016, 52(40): 6712-6715.

[123] Panov G I, Sheveleva G A, Kharitonov A S, et al. Oxidation of benzene to phenol by nitrous oxide over Fe-ZSM-5 zeolites[J]. Applied Catalysis A: General, 1992, 82(1): 31-36.

[124] Notte P P. The AlphOx^{TM} process or the one-step hydroxylation of benzene into phenol by nitrous oxide. Understanding and tuning the ZSM-5 catalyst activities[J]. Topics in Catalysis, 2000,13(4): 387-394.

[125] Venuto P B, Landis P S. Organic catalysis over crystalline aluminosilicates[J]. Advances in Catalysis, 1968,18: 259-371.

[126] Chiche B, Finiels A, Gauthier C, et al. Friedel-Crafts acylation of toluene and *p*-xylene with carboxylic acids catalyzed by zeolites[J]. The Jounal of Organic Chemistry, 1986, 51(11): 2128-2130.

[127] Spagnol M, Benazzi E, Marcilly C. Process for the acylation of aromatic ethers: US5817878[P]. 1998-10-06.

[128] Ono Y, Hattori H. Solid base catalysis[M]. Heidberg: Springer, 2011: 219-341.

[129] Tsuneki H, Moriya A, Baba H. Process for producing dialkanolamines: US6169207[P]. 2001-01-02.

[130] Tsuneki H. Development of diethanolamine selective production process using shape-selective zeolite catalyst[J]. Catalysis Surveys from Asia, 2010, 14:116-123.

[131] Ashina Y, Fujita T, Fukatsu M, et al. Manufacture of dimethylamine using zeolite catalyst[J]. Studies in Surface Science and Catalysis, 1986, 28: 779-786.

[132] Sasaki Y, Fukatsu M. Selective catalysts for the production of nitrogen-containing compounds[J]. Catalysis Surveys from Japan, 1998, 2: 199-205.

[133] Izumi Y. Hydration/hydrolysis by solid acids[J]. Catalysis Today, 1997, 33(4): 371-409.

[134] Ishida H. Liquid-phase hydration process of cyclohexene with zeolites[J]. Catalysis Surveys from Asia, 1997, 1: 241-246.

[135] Yang R T. Adsorptions: Fundamentals and applications[M]. Hoboken: John Wiley & Sons, 2003:157-190.

[136] 刘珊珊, 柴玉超, 关乃佳, 等. 分子筛材料在小分子吸附分离中的应用[J]. 高等学校化学学报, 2021, 42(1):268-288.

[137] Kulprathipanja S. Zeolites in industrial separation and catalysis[M]. Weinheim: Wiley-VCH, 2010.

[138] Rosback D H, Neuzil R W. Olefin separation process: US4036744[P]. 1977-07-19.

[139] Priegnitz J W. The selective separation of butene-1 from a hydrocarbon mixture employing zeolites X and Y : US3723561[P]. 1973-03-27.

[140] Neuzil R W, Fergin R L. Desorbent for separation of butane-1 from a C_4 hydrocarbon mixture using zeolite X: US4119678[P]. 1978-10-10.

[141] Xue M, Chitrakar R, Sakane K, et al. Praparation of cerium-loaded Y-zeolties for removal of organic sulfur compounds from hydrodesulfurizatied gasoline and diesel oil[J]. Journal of Colloid and Interface Science, 2006, 298(2): 535-542.

[142] Cavenati S, Grande C A, Rodrigues A E, et al. Removal of carbon dioxide from natural gas by vacuum pressure seing adsorption[J]. Energy & Fuels, 2006, 20(6): 2648-2659.

[143] Chao C C. Process for separating nitrogen from mixtures thereof with less polar substances: US4859217[P]. 1989-08-22.

[144] Hutson N D, Yang R T. Structural effects on adsorption of atmospheric gases in mixed Li,Ag-X-zeolite[J]. AIChE Journal, 2000, 46(11): 2305-2317.

[145] Xie Y, Zhang J, Qiu J, et al. Zeolites modified by CuCl for separating CO from gas mixtures containing CO_2[J]. Adsorption, 1996, 3:27-32.

[146] Doong S J, Yang R T. Hydrogen purification by the multibed pressure swing adsorption process[J]. Reactive

Polymers, Ion Exchangers, Sorbents, 1987, 6(1): 7-13.

[147] Beale A M, Gao F, Lezcano-Gonzalez I, et al. Recent advances in automotive catalysis for NO_x emission control by small-pore microporous materials[J]. Chemical Society Reviews, 2015, 44(20): 7371-7405.

[148] Zhang R, Liu N, Lei Z, et al. Selective transformation of various nitrogen-containing exhaust gases toward N_2 over zeolite catalysts[J]. Chemical Reviews, 2016, 116(6): 3658-3721.

[149] Long R Q, Yang R T. Superior ion-exchanged ZSM-5 catalysts for selective catalytic oxidation of ammonia to nitrogen[J]. Chemical Communications, 2000 (17): 1651-1652.

[150] Andraka D, Dzienis L, Myrzakhmetov M, et al. Application of natural zeolite for intensification of municipal wastewater treatment[J]. Journal of Ecological Engineering, 2016, 17(5):57-63.

[151] Chi X, Li M, Di J, et al. A highly stable and flexible zeolite electrolyte solid-state Li-air battery[J]. Nature, 2021, 592(7855):551-557.

[152] Lee H Y, Kim H S, Jeong H K, et al. Selective removal of radioactive cesium from nuclear waste by zeolites: On the origin of cesium selectivity revealed by systematic crystallographic studies[J]. The Journal of Physical Chemistry C, 2017, 121(19): 10594-10608.

[153] Madjid D, Babak E B, Hossein K. Using zeolitic adsorbents to cleanup special waste water streams: A review[J]. Microporous and Mesoporous Materials, 2015, 214: 224-241.

[154] Reháková M, Čuvanová S, Dzivák M, et al. Agricultural and agrochemical uses of natural zeolite of the clinoptilolite type[J]. Current Opinion in Solid State and Materials Science, 2004, 8(6): 397-404.

[155] Shariatmadari F. The application of zeolite in poultry production[J]. World's Poultry Science Journal, 2008, 64(1): 76-84.

[156] Kabak B, Dobson A D W, Var I. Strategies to prevent mycotoxin contamination of food and animal feed: A review[J]. Critical Reviews in Food Science and Nutrition, 2006, 46(8): 593-619.

[157] Oguz H, Kurtoglu V. Effect of clinoptilolite on performance of broiler chickens during experimental aflatoxicosis[J]. British Poultry Science, 2000, 41(4): 512-517.

[158] Lam A, Rivera A. Theoretical study of the interaction of surfactants and drugs with natural zeolite[J]. Microporous and Mesoporous Materials, 2006, 91(1): 181-186.

[159] Zhang Y, Yan W, Sun Z, et al. Fabrication of porous zeolite/chitosan monoliths and their applications for drug release and metal ions adsorption[J]. Carbohydrate Polymers, 2015, 117: 657-665.

[160] Mellatyar H, Talaei S, Pilehvar-Soltanahmadi Y, et al. 17-DMAG-loaded nanofibrous scaffold for effective growth inhibition of lung cancer cells through targeting HSP90 gene expression[J]. Biomedicine & Pharmacotherapy, 2018, 105: 1026-1032.

[161] Rasouli S, Montazeri M, Mashayekhi S, et al. Synergistic anticancer effects of electrospun nanofiber-mediated codelivery of curcumin and chrysin: Possible application in prevention of breast cancer local recurrence[J]. Journal of Drug Delivery Science and Technology, 2020, 55: 101402.

[162] Sadeghi-Soureh S, Jafari R, Gholikhani-Darbroud R, et al. Potential of chrysin-loaded PCL/gelatin nanofibers for modulation of macrophage functional polarity towards anti-inflammatory/pro-regenerative phenotype[J]. Journal of Drug Delivery Science and Technology, 2020, 58: 101802.

[163] Ainurofiq A. Application of montmorillonite, zeolite and hydrotalcite nanocomposite clays-drug as drug carrier of sustained release tablet dosage form[J]. Indonesian Journal of Pharmacy, 2014, 25(3): 125-131.

[164] de Gennaro B, Catalanotti L, Cappelletti P, et al. Surface modified natural zeolite as a carrier for sustained diclofenac release: A preliminary feasibility study[J]. Colloids and Surfaces B: Biointerfaces, 2015, 130: 101-109.

[165] Laurino C, Palmieri B. Zeolite: The magic stone: Main nutritional, environmental, experimental and clinical fields of application[J]. Nutrición Hospitalaria, 2015, 32: 573-581.

[166] Yaneva Z, Georgieva N, Staleva M. Development of d,l-α-tocopherol acetate/zeolite carrier system: Equilibrium study[J]. Monatshefte für Chemie-Chemical Monthly, 2016, 147(7): 1167-1175.

[167] Linares C F, Solano S, Infante G. The influence of hydrotalcite and cancrinite-type zeolite in acidic aspirin solutions[J]. Microporous and Mesoporous Materials, 2004, 74(1): 105-110.

[168] Khodaverdi E, Honarmandi R, Alibolandi M, et al. Evaluation of synthetic zeolites as oral delivery vehicle for anti-inflammatory drugs[J]. Iranian Journal of Basic Medical Sciences, 2014, 17(5): 337-343.

[169] Amorim R, Vilaça N, Martinho O, et al. Zeolite structures loading with an anticancer compound as drug delivery systems[J]. The Journal of Physical Chemistry C, 2012, 116(48): 25642-25650.

[170] Colic M, Pavelic K. Molecular mechanisms of anticancer activity of natural dietetic products[J]. Journal of Molecular Medicine, 2000, 78(6): 333-336.

[171] Pavelić K, Hadžija M, Bedrica L, et al. Natural zeolite clinoptilolite: New adjuvant in anticancer therapy[J]. Journal of Molecular Medicine, 2001, 78(12): 708-720.

[172] Dong B, Belkhair S, Zaarour M, et al. Silver confined within zeolite EMT nanoparticles: Preparation and antibacterial properties[J]. Nanoscale, 2014, 6(18): 10859-10864.

[173] Alswat A A, Ahmad M B, Hussein M Z, et al. Copper oxide nanoparticles-loaded zeolite and its characteristics and antibacterial activities[J]. Journal of Materials Science & Technology, 2017, 33(8): 889-896.

[174] Bright K R, Sicairos-Ruelas E E, Gundy P M, et al. Assessment of the antiviral properties of zeolites containing metal ions[J]. Food and Environmental Virology, 2009, 1:37-41.

[175] Sellaoui L, Badawi M, Monari A. Make it clean, make it safe: A review on virus elimination via adsorption[J]. Chemical Engineering Journal, 2021, 412: 128682.

[176] Aime S, Crich S G, Gianolio E, et al. High sensitivity lanthanide(Ⅲ) based probes for MR-medical imaging[J]. Coordination Chemistry Reviews, 2006, 250(11): 1562-1579.

[177] Lauffer R B. Paramagnetic metal complexes as water proton relaxation agents for NMR imaging: Theory and design[J]. Chemical Reviews, 1987, 87(5): 901-927.

[178] Cacheris W P, Quay S C, Rocklage S M. The relationship between thermodynamics and the toxicity of gadolinium complexes[J]. Magnetic Resonance Imaging, 1990, 8(4): 467-481.

[179] Young S W, Qing F, Rubin D, et al. Gadolinium zeolite as an oral contrast agent for magnetic resonance imaging[J]. Journal of Magnetic Resonance Imaging, 1995, 5(5): 499-508.

[180] Holland A E, Hendrick R E, Jin H, et al. Correlation of high-resolution breast MR imaging with histopathology; validation of a technique[J]. Journal of Magnetic Resonance Imaging, 2000, 11(6): 601-606.

[181] Peters J A, Djanashvili K. Lanthanide loaded zeolites, clays, and mesoporous silica materials as MRI probes[J]. European Journal of Inorganic Chemistry, 2012, 2012(12): 1961-1974.

[182] Patzer J F, Yao S J, Wolfson S K. Zeolitic ammonium ion exchange for portable hemodialysis dialysate regeneration[J]. American Society for Artificial Internal Organs, 1995, 41(2): 221-226.

[183] Eventov V L, Andrianova M, Paliulina M V. Water purification for hemodialysis[J]. Meditsinskaia Tekhnika, 1999, 33(2): 21-25.

[184] Bergé-Lefranc D, Vagner C, Calaf R, et al. In vitro elimination of protein bound uremic toxin p-cresol by MFI-type zeolites[J]. Microporous and Mesoporous Materials, 2012, 153: 288-293.

[185] Wernert V, Schäf O, Ghobarkar H, et al. Adsorption properties of zeolites for artificial kidney applications[J].

Microporous and Mesoporous Materials, 2005, 83(1): 101-113.

[186] Ahuja N, Ostomel T A, Rhee P, et al. Testing of modified zeolite hemostatic dressings in a large animal model of lethal groin injury[J]. Journal of Trauma and Acute Care Surgery, 2006, 61(6): 1312-1320.

[187] Li J, Cao W, Lv X X, et al. Zeolite-based hemostat QuikClot releases calcium into blood and promotes blood coagulation in vitro[J]. Acta Pharmacologica Sinica, 2013, 34(3): 367-372.

[188] Shang X, Chen H, Castagnola V, et al. Unusual zymogen activation patterns in the protein corona of Ca-zeolites[J]. Nauture Catalysis, 2021, 4: 607-614.

[189] Wang N, Sun Q, Bai R, et al. In situ confinement of ultrasmall Pd clusters within nanosized silicalite-1 zeolite for highly efficient catalysis of hydrogen generation[J]. Journal of the American Chemical Society, 2016, 138(24): 7484-7487.

[190] Sun Q, Wang N, Bing Q, et al. Subnanometric hybrid Pd-M(OH)$_2$, M=Ni, Co, clusters in zeolites as highly efficient nanocatalysts for hydrogen generation[J]. Chem, 2017, 3(3): 477-493.

[191] Kaur B, Srivastava R, Satpati B. Highly efficient CeO$_2$ decorated nano-ZSM-5 catalyst for electrochemical oxidation of methanol[J]. ACS Catalysis, 2016, 6(4): 2654-2663.

[192] Afanassyev I S, Moroz N K. Proton transfer in hydrated ammonium zeolites: A ^{1}H NMR study of NH$_4$-chabazite and NH$_4$-clinoptilolite[J]. Solid State Ionics, 2003, 160(1-2):125-129.

[193] Franke M E, Simon U. Proton mobility in H-ZSM5 studied by impedance spectroscopy[J]. Solid State Ionics, 1999, 118(3-4): 311-316.

[194] Franke M E, Simon U. Solvate-supported proton transport in zeolites[J]. Chem Phys Chem, 2004, 5(4): 465-472.

[195] Knudsen N, Andersen E K, Andersen I G K, et al.Tin-mordenites, syntheses and ionic conductivity[J]. Solid State Ionics, 1989, 35(1-2): 51-55.

[196] Zheng N F, Bu X H, Feng P Y. Synthetic design of crystalline inorganic chalcogenides exhibiting fast-ion conductivity[J]. Nature, 2003, 426:428-432.

[197] Kwan S M, Yeung K L. Zeolite micro fuel cell[J]. Chemical Communications, 2008(31):3631-3633.

[198] Yeung K L, Kwan S M, Lau W N. Zeolites in microsystems for chemical synthesis and energy generation[J]. Topic in Catalysis, 2009, 52:101-110.

第二章
高硅FAU结构分子筛

第一节　Y型分子筛的合成 / 047

第二节　高硅Y型分子筛在裂化技术中的研究与应用 / 053

第三节　高硅Y型分子筛在多乙苯烷基转移技术中的研究与应用 / 061

第四节　高硅Y型分子筛在催化脱烯烃技术中的研究与应用 / 067

八面沸石（faujasite），结构代码FAU（如图2-1），属六方晶系，空间群为 *Fd-3m*，由SOD笼通过双6元环连接而成，包含椭球形超笼（超笼直径为1.12nm）以及三维12元环孔道结构（孔径为0.74nm），属于微孔分子筛中的大孔类[1]。由于其较大的孔径和孔体积，在催化、吸附等领域有重要的应用。

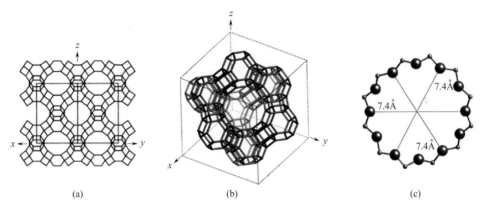

图2-1　FAU分子筛骨架结构［（a）(110)俯视；（b）(111)；（c）(111)孔径］
1Å=0.1nm，下同

根据骨架硅铝比的差异，FAU型分子筛具体可分为X型分子筛和Y型分子筛。习惯上将骨架硅铝比（Si/Al，以SAR表示）为1～1.5的FAU型分子筛称为X型分子筛，硅铝比（Si/Al）大于1.5的称为Y型分子筛[2]。低骨架硅铝比的X型分子筛具有大量可交换的骨架外金属阳离子，从而赋予X型分子筛较强的离子交换能力，通常用作离子交换剂、吸附剂等（详见第九章）；同时也由于其低骨架硅铝比，X型分子筛结构不稳定，难以应用于催化领域。相比之下，具有较高硅铝比的Y型分子筛虽然其酸量仅为X型分子筛的一半乃至更低，但是其较为稳定的骨架结构使其在催化领域有着广泛应用，是催化裂化以及加氢裂化等重要石油加工过程所用催化剂的主要活性组分，成为工业催化用量最大的分子筛[3-5]。

不同于X型分子筛固定范围的低硅铝比，Y型分子筛的骨架硅铝比可以通过合成方法的改进以及一些后处理手段进行大范围调变。对于硅铝比（Si/Al）为6或者更高的Y型分子筛，硅铝比的提高使得分子筛骨架的热稳定性与水热稳定性增强，因而被称为超稳Y型分子筛（ultrastable Y，USY）。此外，随着硅铝比（Si/Al）的提高，Y型分子筛酸中心强度增加、酸密度降低，不仅有利于减少反应过程中的积炭，而且能够提高催化剂的反应活性以及抗金属污染能力，使得高附加值产品选择性提高。

自20世纪60年代开发至今，Y型分子筛的制备方法以及结构性质表征等方面得到了广泛的研究，应用领域不断拓展，除了在石油加工领域外，在生物质转化、煤化工、新能源行业以及环保等领域也有广泛应用。本章首先简要概述Y

型分子筛合成，以及在催化裂化、加氢裂化等方面的应用，最后着重介绍 Y 型分子筛在多乙苯烷基转移、重整生成油催化脱烯烃等石油化工技术中的研究与应用。

第一节
Y型分子筛的合成

常规 Y 型分子筛的合成体系较为简单，往往包含硅源、铝源、碱源以及水，配方经常按照氧化物比例进行表述，比如 $xSiO_2:Al_2O_3:yNa_2O:zH_2O$。按照配比将原料混合均匀，置于密闭的晶化釜中，在 40～120℃、自生压力下晶化 0.1～3d，产物经分离、烘干、高温焙烧后即得到 Y 型分子筛。调变合成体系中原料种类、组成的比例（SiO_2/Al_2O_3 摩尔比，Na_2O/SiO_2 摩尔比）以及晶化条件（时间、温度）等能够制备具有不同形貌、颗粒尺寸以及组成的 Y 型分子筛[6]。譬如，以高分散硅酸钠溶液作为硅源，以硫酸铝溶液作为铝源，在高碱度条件下，高温晶化后合成的 Y 型分子筛结晶度高，分子筛颗粒以球形团聚体的形式存在，尺寸为 2～4μm［图 2-2（a）］。在此条件下合成的 Y 型分子筛结晶度高［图 2-3（a）］、微孔结构丰富，但是由于颗粒尺寸较大，反应物料在分子筛孔道内扩散效率低，对反应不利。合成纳米尺度的 Y 型分子筛可缩短分子扩散路径，从而大大提高传质效率。

1. 纳米 Y 型分子筛

合成纳米 Y 型分子筛最简便、直接的方法，是调变合成体系物料比例、成胶以及晶化条件，从而控制分子筛成核 - 晶体生长动力学速率。众所周知，分子筛的合成可以分为成核与晶化两个过程，其中，在成核过程中会形成一种介稳相（晶核），在此介稳相的基础上进一步发生无定形相向晶体相转变的动力学过程，最终形成长程有序的晶体结构[7]。有效控制成核过程，提高晶核数目能够有效减小分子筛颗粒尺寸。S.Mintova 等人[8]选择偏铝酸钠溶液作为铝源，硅溶胶溶解于氢氧化钠后形成的溶液（硅酸钠）作为硅源，在低温（4℃）下混合硅源和铝源，尽可能减缓硅铝酸盐聚合速率，控制分子筛前驱体（无定形相）尺寸。经短时间内高温（120℃）晶化，合成了颗粒尺寸 70nm 左右的 Y 型分子筛。此外，低温下长时间陈化，同样能够提高分子筛晶核数目，减小 Y 型分子筛晶体尺寸[9-10]。

Y 型分子筛晶核数目的提高，还可以通过在合成过程中添加无机导向胶（晶种）来实现。无机导向胶是将部分硅源、铝源以及碱源混合，低温陈化后形成的

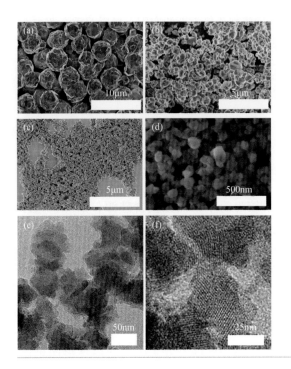

图2-2 Y型分子筛样品SEM和TEM图

一种含有分子筛晶体结构单元或者晶体结构碎片的无定形的胶体。在分子筛合成过程中，加入无机导向胶能够有效提高分子筛晶化速率，减小分子筛晶体尺寸。本书著者团队在实验中发现，通过加入无机导向胶并调控分子筛晶化温度与时间，能够制备具有较高结晶度，并且颗粒尺寸为50～500nm的Y型分子筛[图2-2(b)～(f)]。由图2-3中可以发现，与微米Y型分子筛[图2-3(a)]相比，纳米Y型分子筛粉末X射线衍射图谱中的衍射峰变宽[图2-3(b)]。

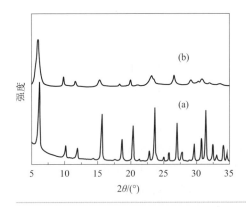

图2-3 Y型分子筛样品XRD图谱

在合成体系中添加有机结构导向剂同样能够制备纳米 Y 型分子筛。其中，最常用的有机结构导向剂有四甲基氢氧化铵（TMAOH）以及四甲基溴化铵（TMABr）。而与无机导向胶辅助导向合成多相凝胶体系不同，采用有机结构导向剂的合成体系往往是澄清的均相溶液。比如，O.Terasaki 等人[11]将硅源（正硅酸乙酯 TEOS）和铝源（铝粉）溶解于 TMAOH 溶液中，得到澄清溶液，陈化 2d 后于 100℃条件下晶化 14d，制备了颗粒尺寸 80nm 的 Y 型分子筛。与多相胶体合成体系不同，在含有有机结构导向剂的均相合成体系中，溶液中硅铝团聚形成的高分散纳米无定形聚集体是纳米 Y 型分子筛晶化的物质基础。在晶化过程中，分子筛成核首先在硅铝无定形凝胶团聚体 - 溶液界面发生，硅铝凝胶团聚体边缘是分子筛成核的前驱体，随着硅铝团聚体由边缘向中心转晶，分子筛晶体结构逐渐变得完整[12]。

纳米 Y 型分子筛结晶完整，晶体尺寸小，传质效率高，但是高分散的纳米颗粒难以分离与收集。虽然采用有机硅烷化试剂（TPHAC）作为软模板剂以及采用无机金属离子（Zn^{2+}、Li^+）辅助诱导能够合成 FAU 型分子筛的纳米片聚集体，解决了纳米分子筛的分离问题，但是分子筛硅铝比总体不高[13-14]，限制了其在催化领域的应用。因此，需要开发更高硅铝比的 Y 型分子筛的合成方法。

2. 高硅 Y 型分子筛

通过常规的合成方法制备的 Y 型分子筛骨架硅铝比（Si/Al）在 2.6 左右，通过模拟计算发现，合成硅铝比（Si/Al）为 4～14 的 Y 型分子筛在热力学上可行，但受晶化动力学限制，能够获得的 Y 型分子筛硅铝比（Si/Al）上限约为 6[15]；因此，研究者们通过降低凝胶体系碱度、分步晶化、采用低温导向剂、提高晶化温度、加入添加剂等方式实现硅铝比的提高[16-25]。无机体系合成高硅 Y 型分子筛工艺流程简单，成本低且环境污染小，但仅通过对体系的调变，所合成的 Y 型分子筛产品骨架硅铝比提高程度有限。

在分子筛合成历史中，有机模板剂法使得高硅乃至全硅分子筛骨架的形成成为可能。合成高硅 Y 型分子筛所用的有机模板剂主要分为含氧有机化合物与含氮有机化合物两类，前者以冠醚和多元醇为主，后者则主要集中在有机胺/铵盐。氢氧化物形式的模板剂更有利于分子筛骨架硅铝比的提高，归因于氢氧根的存在可以降低氢氧化钠的投入量，体系中较低的 Na^+ 含量有利于硅进入分子筛骨架。值得一提的是，尽管引入有机模板剂后结晶产品相较于无机合成体系骨架硅铝比有所提升，但是提升幅度仍然十分有限。为了突破这一瓶颈，大连化物所刘中民团队[26]将添加高分散的 FAU 晶核溶液、使用大尺寸有机模板剂（烷基季铵离子）及降低凝胶碱度三者相结合，利用高分散的 FAU 晶核解决有机模板剂低电荷密度以及低碱度凝胶体系不易成核的问题，利用大体积有机模板剂在碱性离子 Na^+ 协助下引导 FAU 晶体的生长，最终实现高硅 Y 型分子筛［硅铝比（Si/Al）=15.6］的一步合成。

通过直接合成的方法，虽然能够制备具有较高硅铝比的 Y 型分子筛，但是合成体系较为复杂，硅铝比提高程度有限。后处理改性分子筛脱铝补硅，是提高 Y 型分子筛骨架硅铝比简单而又有效的方法。1968 年 McDaniel 等首次提出在高温水蒸气条件下将 Y 型分子筛骨架铝进行水解脱除。在高温水蒸气作用下，分子筛骨架硅与铝均与 H_2O 反应形成 $Si(OH)_4$ 和 $Al(OH)_3$，$Si(OH)_4$ 因自身移动性与不稳定性，部分重新进入脱铝空位中，与骨架羟基脱水完成补硅过程，形成富硅骨架，以上即是超稳化工艺[27]。高温水蒸气处理的方法脱除的铝会以骨架外铝的形式，如 $[Al(OH)]^{2+}$、$[Al(OH)_2]^+$、$[AlO]^+$、Al^{3+}、$Al(OH)_3$、$AlOOH$、Al_2O_3 等，滞留在分子筛孔道内[28-29]，不仅造成孔道的堵塞，影响分子在微孔内的扩散与吸附，还会覆盖酸性位以及参与反应，引起副反应的发生。为了弥补高温水蒸气处理法所形成 USY 性质上的缺陷与不足，研究者们一方面用有机酸对非骨架铝进行清洗脱除，清空孔道，暴露酸性位；另一方面，不断开发新的超稳化手段，比如气相法、液相法、化学法等，取代高温水蒸气处理法实现对 Y 型分子筛骨架超稳化（表 2-1）。气相法脱铝补硅是在高温条件下，利用四氯化硅蒸气以及高温水蒸气同时处理脱水的 Y 型分子筛。在水蒸气的作用下，四氯化硅水解，形成的氯化氢气体能够脱除 Y 型分子筛骨架中的铝原子，从而形成缺陷位；而四氯化硅水解同步产生的硅物种对分子筛骨架因脱铝形成的缺陷位进行填补，从而达到脱铝补硅提高硅铝比的目的。液相脱铝补硅机理类似，不过处理过程是在水溶液中进行：在 Y 型分子筛的水溶液中，加入氟硅酸或者氟硅酸铵，在加热的条件下原位脱铝补硅。不管是气相法或者是液相法脱铝补硅过程，需要严格控制脱铝以及补硅的速率，只有达到速率匹配才能够确保硅铝比提高、分子筛骨架结构完整。另外，在脱铝补硅之前，大多需要对分子筛中骨架外 Na^+ 进行脱除，因为脱铝形成的 $Na[AlCl_4]$ 以及 Na_3AlF_6 盐不易被洗脱，堵塞分子筛孔道。化学法脱铝过程比较简单，通常采用酸、盐、螯合剂等直接在水溶液中与分子筛骨架中 Si—O—Al 键发生作用，脱除骨架铝原子。化学法脱铝无法进行原位补硅，处理过程中会导致分子筛骨架结构不同程度地坍塌。

表2-1　Y型分子筛骨架超稳化方法[8,13-15]

制备方法	步骤	原理	特点
水蒸气处理法	①NaY与NH_4^+盐溶液交换，置换75%~90%Na；②洗涤除残盐，水蒸气600~825℃焙烧去除NH_3，骨架稳定化；③根据需要进行二交二焙	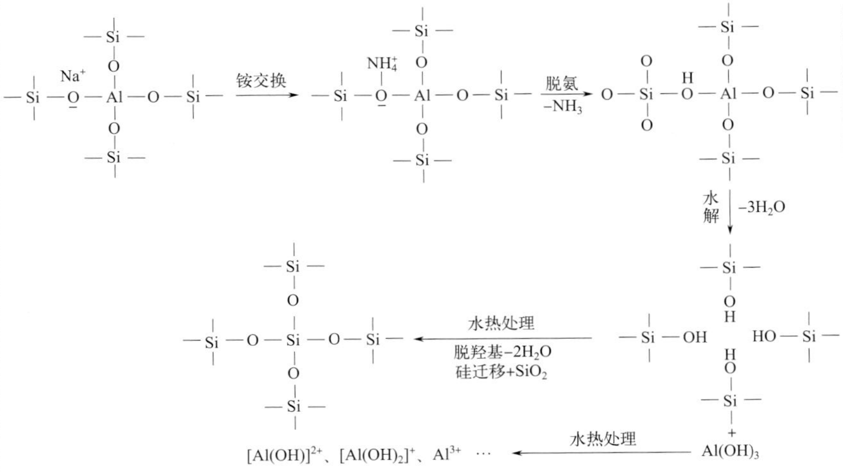 $$\text{—Si—O—Al—O—Si—} \xrightarrow[\text{铵交换}]{Na^+} \text{—Si—O—Al—O—Si—} \xrightarrow[-NH_3]{\text{脱氨}} \text{—Si—O—Al—O—Si—} \xrightarrow[\text{水解}]{-3H_2O}$$ $$\text{—Si—OH HO—Si—} \xrightarrow[\text{水热处理}]{Al(OH)_3} [Al(OH)_2]^+, [Al(OH)]^{2+}, Al^{3+}\cdots$$ $$\xrightarrow[\text{硅迁移}]{\text{脱羟基}-2H_2O+SiO_2} \text{骨架稳定化}$$	酸中心会减小或消失，与水热温度有关；存在晶格坍塌及稳定性较低的问题
液相同晶取代（氟硅酸铵改性）	分子筛与一定浓度氟硅酸铵溶液$(NH_4)_2[SiF_6]$混合，在一定pH、一定温度下稳定一定时间，洗涤烘干	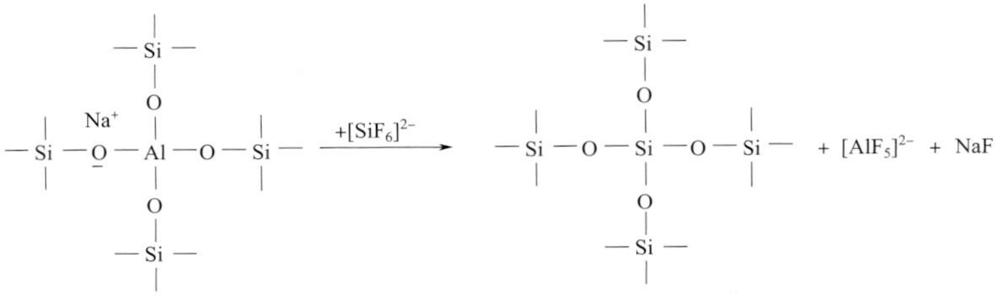 $$\text{—Si—O—Al—O—Si—} \xrightarrow{+[SiF_6]^{2-}} \text{—Si—O—Si—O—Si—} + [AlF_3]^{2-} + NaF$$	脱Al的同时，Na以NaF形式脱除；补硅过程缓慢，需控制脱铝速率（调整pH），以免脱铝过快补硅不及时骨架坍塌；产品结晶度高，脱铝集中在外表面，表面富硅；缺陷、二次孔少；脱铝产生的$Na_3[AlF_6]$及$(NH_4)_3[AlF_6]$难以用水脱除，影响催化性能

第二章　高硅FAU结构分子筛

续表

制备方法		步骤	原理	特点
高温气相法		①分子筛干燥脱水；②SiCl₄与水蒸气同时通入，由较低温度升至500~560℃维持2h；③热水洗涤，去除复合盐（如：Na[AlCl₄]）	—Si— —Si— —Si— —Si— | | | | O O O O | Na⁺ | +SiCl₄ | SiCl₃ | 同晶 —Si—O—Al—O—Si— ——→ —Si—O—Al—O—Si— ——→ 取代 | | | | | O O O O | | | | —Si— —Si— —Si— —Si— Na[AlCl₄] —Si— —Si— | | O O | | —Si—O—Si—O—Si— | | AlCl₃ O O | | —Si— —Si— NaCl	残留于分子筛孔道内脱铝产物复合盐物种需升华、洗涤去除；需严格控温反应；产品结晶度高，结构稳定性高，Al₂O₃碎片少；SiCl₄吸水性强，遇水极易生成盐酸，破坏分子筛结构，严重腐蚀设备，一旦泄漏造成环境污染
化学改性法	酸	分子筛与酸溶液混合，干一定温度下处理一定时间，洗涤烘干	—Si— —Si— —Si— —Si— | H⁺ | +4H⁺ | | —Si—O—Al—O—Si— ——→ —Si— —Si—O—H HO—Si— + Al³⁺ | | | | —Si— —Si— —Si— —Si—	残留的溶剂（如：氟化物、有机酸）影响分子筛稳定性，排放污染环境；酸浓度需适当，可将Na型转变为H型，并对骨架铝进行适当"抽提"；分子筛热稳定性下降
化学改性法	络合剂	分子筛与络合剂溶液混合，干一定温度下处理一定时间，洗涤烘干，焙烧	—Si— —Si— —Si— | Na⁺ | +H₄EDTA | HO—Si— 2[—Si—O—Al—O—Si—] ——→ 2[—Si—O—Si—] —Si—OH | | | —Si— —Si— —Si— 2H₂O + NaAlEDTA Al水解 —Si— H H —Si— ——→ | | | | +3H₂O —Si—O—Si— —Si—O—Si— | | Al(OH)₂⁺ Na₂H₂EDTA	适用于制备硅铝比（Si/Al）为3~10的Y型分子筛；pH为1~2的条件下，脱铝程度可加入的EDTA量成线性关系；脱铝程度应控制在30%以内；络合剂反应价格昂贵，不适用工业应用

第二节
高硅 Y 型分子筛在裂化技术中的研究与应用

一、在催化裂化技术中的应用

流化催化裂化（Fluid Catalytic Cracking，FCC）是重质石油烃类在催化剂的作用下反应生产液化气、汽油和柴油等轻质油品的主要过程，在汽油和柴油等轻质油品的生产中占有重要的地位，是我国最主要的重质油轻质化手段[30]。20 世纪 60 年代，Y 型分子筛催化剂应用于催化裂化技术中，因其具有更高的选择性、活性和稳定性，取代了无定形硅酸铝催化剂，成为催化裂化催化剂的主要活性组分。为配合高活性 Y 型分子筛催化剂，逐渐形成提升管反应器的流化催化裂化技术。该技术应用至今，在重质油轻质化方面发挥了非常重要的作用。

近年来，伴随着石油资源重质化、劣质化趋势日益严重，加之人们越来越重视环境问题，对催化裂化过程提高重质油加工深度、清洁燃料生产、调整产品结构的需求越来越迫切，对催化裂化的要求已经不再只是生产轻质油，而是需要同时实现过程脱硫、降烯烃、多产低碳烯烃等。在这样的背景下，催化裂化催化剂呈现快速多态发展趋势，Y 型分子筛的研究也呈现多方向发展。理想的重油大分子催化裂化催化剂应同时具备良好的水热稳定性、酸中心可接近性。

1. 稀土离子改性 Y 型分子筛

直接合成的 Y 型分子筛热/水热稳定性较差，根本原因在于分子筛骨架内铝原子位数目过高，在高温条件下，尤其是水蒸气存在的情况下，极易发生骨架脱铝从而导致分子筛结构破坏。有研究发现，当稀土（Rare Earth，RE）离子交换钠离子进入分子筛孔道后，可与骨架 Si—O—Al 键中的氧原子形成配合物，稳定铝原子，抑制分子筛在水热条件下的骨架脱铝，提升分子筛骨架热/水热稳定性。常规 REY 型分子筛是 NaY 型分子筛经过 RE^{3+} 交换处理制备而成，其简易流程如下：NaY 型分子筛→RE^{3+} 离子交换→高温焙烧→REY 型分子筛。一个 RE^{3+} 可将分子筛骨架内 3 个相邻的 Na^+ 置换下来，因此 RE^{3+} 所在位置的活性表面具有 Al 不易迁移、活性中心密度高等特点[31]。

另外，稀土离子的引入能够增强催化剂中分子筛抗有毒金属（钒、镍）的能力，从而提高催化剂稳定性。以有机质形式存在于原油中的钒物种随焦炭沉积在催化剂表面，在催化剂高温烧焦再生时，钒物种转化生成 V_2O_5，并且在水蒸气存在的条件下，最终形成具有中强酸性的 H_3VO_4。H_3VO_4 与 Y 型分子筛骨架铝发生作用，导致分子筛骨架脱铝，破坏分子筛晶格结构，降低催化剂活性。而与钒不同，沉积在催化剂表面的镍物种不易向分子筛骨架迁移，即使在高温水热条件下，对分子筛结构没有很大影响[32]。但是，沉积在催化剂表面的镍物种具有较强的脱氢性能，致使裂化过程中氢气产率增大，焦炭增加，裂化反应选择性变差，并且导致催化剂易积炭失活。经稀土改性后 Y 型分子筛孔道内的稀土一方面和钒发生反应生成稳定的 $REVO_4$，阻止钒与分子筛反应而对分子筛晶体结构造成破坏，达到钝钒的目的；另一方面，稀土能与镍元素生成稳定的 $RENiO_3$ 物种，降低了镍的还原度，使镍处于低脱氢活性的高价态，从而起到钝镍的作用。稀土元素中，经 La_2O_3、CeO_2 和 $LaPO_4$ 改性的 Y 型分子筛均表现出良好的抗钒性能，其中 $LaPO_4$ 的性能最优[33]。中国石化石油化工科学研究院开发的 CDC 重油深度转化催化剂从提高超笼利用率概念出发，通过一种液态结合稀土和 NaY 交换的方法制备 REHY 和 REY 催化剂，该方法制备的 CDY 分子筛可使稀土进入方纳石笼，分子筛具有高结晶度、大微孔比表面积，基本没有非骨架铝。工业应用表明，CDC 催化剂与其他常规催化剂相比，油浆产率降低 1.36%，轻质油收率提高 1.45%，液体收率提高 2.16%，表明该催化剂有较好的抗重金属能力和重油裂化能力[34]。采用离子交换法制备的 REY，稀土含量受交换平衡以及分子筛受载量的影响，往往需要较高的稀土投料质量比，离子交换结束后的外排滤液中则含有大量稀土离子（其量高达 2.56g/L），严重限制了稀土的利用率。此外，近年来，稀土价格居高不下，使得稀土交换 Y 型分子筛生产成本剧增，严重影响了企业的经济效益。

从节约资源以及节约成本双方面考虑，催化裂化催化剂中降低稀土 Y 型分子筛用量甚至避免使用稀土交换 Y 型分子筛，并维持催化剂稳定性以及裂化性能是研究者们面临的重要课题。W.R. Grace 公司针对不同性质的裂化底物开发出了一系列低稀土含量以及无稀土催化裂化催化剂，并且实现了工业应用[35]。

2．超稳 Y 型分子筛

具有高硅铝比的 Y 型分子筛，代替 REY 分子筛用于裂化催化剂中时，表现出较高的热/水热稳定性。目前工业催化裂化催化剂中所用高硅 Y 型分子筛大多是通过后处理方式制备，尤其是高温水蒸气处理过程。然而，单一方法提升催化剂稳定性具有一定的局限性，研究者们逐步尝试对已有方法进行优化以及将多种方法进行组合，以实现对 FCC 催化剂中 Y 型分子筛性质进行可控调变。20 世纪 90 年代，闵恩泽率先发明了一种新的超稳 Y 型分子筛制备方法，利用 $RE(OH)_3$-SiO_2-NH_4^+ 体系在高温水热处理条件下开展各种组分转换和迁移机理的研究[36]，在 Y 型分子筛上沉积无定形 SiO_2 来填补空穴，同时又沉积 $RE(OH)_3$，引入稀土金属离子。随后基于 NaY 型分子筛抽铝补硅的机理，开发了以化肥工业副产物氟硅酸代替氟硅酸铵作为抽铝剂制备骨架富硅 Y 型分子筛的方法，其催化裂化渣油性能进一步提升，汽柴油及液化气产率提高，而不利产物干气和焦炭产率下降。中国石化石油化工科学研究院开发了水热超稳分子筛的孔道清理改性新技术，将水热超稳分子筛制备的 2 次交换 2 次焙烧的常规流程变为 2 次交换 1 次焙烧，且在第二次交换中，采用不含氨氮的弱酸性交换介质替代传统铵盐，实现将水热脱铝过程中形成的非骨架铝碎片进行部分清理去除，孔道得以畅通，结构获得优化，且得到的分子筛结晶度及热稳定性提高[37-38]。

3．复合孔 Y 型分子筛

当前催化裂化催化剂中所用的通过高温水蒸气处理得到的 USY 分子筛，不仅具有较高的骨架硅铝比、完整的骨架结构，同时水蒸气处理过程中脱铝会在分子筛微孔结构的基础上形成一定的次级孔道结构（图 2-4）。多级孔道结构的引入一方面能够提高分子筛孔道内 B 酸性位的可接近性，另一方面，能够提高油品裂化过程中分子扩散效率，提高催化剂裂化性能。但是，由于高温水蒸气脱除骨架铝数量有限，因脱铝产生二次孔数量也存在一定局限性[39]。并且，通过该方法形成的二次孔往往孤立存在，连通性差，因此，即使具有较高的"介孔化指数"，催化效果也未必得到改善。有研究发现，骨架脱铝形成的二次孔并不一定能够改善 1,3,5-三异丙基苯大分子在 USY 分子筛晶内的扩散，主要归因于二次孔在分子筛晶体内部连通性差[40]。为了切实改善分子在分子筛体相内的扩散，人们致力于在分子筛晶体内部创建连续且相互贯通的孔，不仅促进反应物分子快速达到反应区提高反应速率，也可以实现产物分子快速离开反应区间，活性中心得以释放，避免了停留时间过长造成目标产物选择性下降，同时也提高了分子筛晶相内活性中心的利用效率。

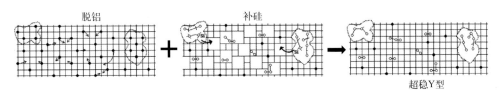

图2-4 水热过程中脱铝、缺陷产生和修复、二次孔产生示意图

采用碱处理脱硅亦是创建二次孔的重要手段之一。不同于酸处理或水热处理脱铝所造成的酸性位的缺失，硅的脱除并不会对酸中心数量产生直接影响。对 NaY 型分子筛首先实施碱处理预脱硅，并将其与随后的水热超稳化过程进行结

合，通过顺序脱除骨架硅（碱处理）、铝（水热处理）原子，最终可以实现增加二次孔以及骨架超稳化的双重目的[41-42]。

近年来，已有介孔USY型分子筛在工业催化裂化中得到成功应用。采用以表面活性剂为模板剂的后处理法对USY型分子筛进行改性，在分子筛晶体内引入贯通介孔结构，为分子扩散提供"分子高速通道（molecular highway）"，用于裂化过程中时可增加汽油和轻循环油收率，降低干气和焦炭产率，改善了产品分布[43]。以该介孔USY型分子筛为活性组分的FCC催化剂已被Rive公司于2011年在美国的两个炼厂进行工业应用。

催化裂化过程中，重油大分子第一步转化（预裂化）需要裂化催化剂提供较大孔道和相对较弱的酸性，而其裂化碎片的进一步裂化反应则需要较小的孔道提供一定的选择性和较强的酸性，即需要催化材料能够给重油分子提供由大到小的接力式的孔道结构，并配合从弱到强的酸中心分布。利用单一分子筛很难实现催化剂酸性能和孔结构的合理调节与控制，因为分子筛中仅存在固有的单一的微孔孔道结构，而且很难对单一分子筛的酸强度及分布、酸类型等进行大范围的调变。有研究将不同类型分子筛机械混合（ZSM-5/Y型分子筛[44]、Beta/USY型分子筛[45]、HUSY/HZSM-5型分子筛[46]），或者通过共结晶的方法制备不同结构的复合分子筛（FAU/BEA分子筛[47-48]、FAU/MCM-41型分子筛[49]、ZSM-5/Y型分子筛[50]），与单一分子筛相比，分子筛多组分复合引起孔道结构多级化使催化剂在裂化反应中表现出明显的协同作用。

 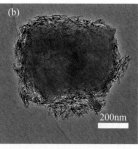

图2-5
USY型分子筛（a）以及USY@Al$_2$O$_3$核壳分子筛复合物（b）TEM照片

值得关注的是，在众多结构复合物中，具有介孔-微孔多级孔道结构的核壳分子筛复合物由于其梯度式酸性分布以及独特的多级孔道连通性，在催化裂化过程中表现出与共混复合物明显不同的催化性能。Meng等人[51]在NaY分子筛外表面包覆了介孔无定形硅铝凝胶，制备了具有多级孔道结构的Y/ASA复合材料，在裂化癸烷以及轻质柴油反应中表现出更高的转化效率。本书著者团队尝试将作为FCC催化剂添加剂的氧化铝提前包覆在USY型分子筛表面，从而形成具有多级孔道结构的 USY@Al$_2$O$_3$ 核壳分子筛复合物（图 2-5）。与共混物相比，USY@Al$_2$O$_3$ 核壳分子筛复合物具有更高的多级指数（HF，Hierarchy Factor，是描述多级孔材料多孔道结构的专有名词）以及更丰富的弱酸性位，在探针分子 1,3,5- 三异丙苯裂化反应中活性更高。另外，以 USY@Al$_2$O$_3$ 核壳分子筛复合物作为活性组分成型 FCC 催化剂，催化剂内连通的等级孔道结构以及梯度分布的酸性位有效促进了重油大分子预裂化，裂化产物汽油组分收率提高，LPG 副产物降低[52]。

二、在加氢裂化技术中的应用

1. 加氢裂化技术概述

现代炼油技术中"加氢裂化"是指在高温、高压、临氢及催化剂存在下通过加氢反应使原料中 15% 及以上的分子变小的工艺。按照工艺流程、加工原料、压力等级和转化深度的不同有多种分类方式[53]。根据用户需求和所加工原料不同，加氢裂化装置采用不同的催化剂体系和操作方案，可以有选择性地生产液化石油气、石脑油、喷气燃料以及柴油等多种优质产品，加氢裂化尾油是生产优质润滑油基础油和蒸汽裂解制乙烯的原料。

现代加氢裂化技术起源于第二次世界大战以前德国出现的"煤和煤焦油的高压加氢液化技术"[54-55]。20 世纪 50 年代，随着汽油需求量的大幅增长，对柴油和燃料油的需求量下降，而热裂化、催化裂化和延迟焦化等二次加工技术所生产的汽油质量不能满足车用汽油提高辛烷值的要求。在这种情况下，许多石油公司根据催化裂化催化剂的开发经验和德国煤焦油高压加氢生产汽柴油的经验，研究开发出馏分油固定床加氢裂化技术。1959 年美国 Chevron 公司首先宣布开发出了 Isocracking 加氢裂化技术，开启了现代加氢裂化技术应用之路。

我国是世界上最早掌握现代加氢裂化技术的少数几个国家之一。20 世纪 50 年代初，抚顺石油三厂（研究所）研制出硫化钼 - 白土 3511 和 3521 催化剂，以酸碱精制页岩轻柴油为原料，通过加氢裂化生产出车用汽油和灯用煤油，并解决了国内加氢裂化工业装置初次开工的关键技术问题，为我国现代加氢裂化技术的发展奠定了基础。1966 年抚顺石油研究所与中国科学院大连化学物理研究所合作开发了氧化钨 - 氧化镍 - 氧化硅 - 氧化铝的 3652 催化剂，应用于大庆石油化工总厂 400kt/a 加氢裂化装置上。该装置是我国自行开发、设计和建造的第一套现代单段加氢裂化工业装置，标志着中国现代加氢裂化技术的发展与国外基本同步[56]。

随着国民经济的快速发展和环保法规的日益严格，国内对优质清洁燃料和石油化工原料的需求量大幅增长，我国炼油企业大力发展加氢裂化技术，并通过科技工作者的努力攻关，开发拥有自主知识产权的加氢裂化技术。从 20 世纪 80 年代初开始，中国石化大连（抚顺）石油化工研究院（FRIPP）首先研制成功超稳Y型分子筛，继而开发了灵活型 3824 与轻油型 3825 以及用于缓和加氢裂化的 3882 三种分子筛型催化剂，并先后在工业装置上成功应用，为我国高压加氢裂化装置长周期稳定运行提供了技术支撑，填补了国内空白，打破了国外公司对中国市场同类催化剂的垄断。此后 FRIPP 在加氢裂化领域的开发进入了蓬勃发展阶段，开发出系列加氢裂化催化剂和工艺技术[57-58]。1985 年以后，中国石化石油化工科学研究院（RIPP）先后开发了 RHC-1、RHC-5 等加氢裂化催化剂和中压加氢改质、中压加氢裂化技术，1992 年首次在大庆石油化工总厂进行工业应用[59]。

进入 21 世纪，随着我国经济高速发展，进口原油重质化、劣质化趋势加重，加之市场对清洁油品和优质化工原料需求的增长，我国加氢裂化技术应用进入了高速发展阶段，目前我国高压加氢裂化装置（以蜡油为原料）套数超过 60 套，加氢裂化加工能力超过 120Mt/a，约占一次原油加工能力的 13.3%，远超世界平均水平。在此期间以中国石化为代表开发并大规模应用 FC 和 RHC 系列加氢裂化催化剂及工艺技术，镇海炼化建设的加氢裂化装置规模达到了 400 万吨/年，代表着中国炼油工业加氢裂化技术水平达到世界先进水平。

2. 催化剂的开发及应用

加氢裂化技术的核心是加氢裂化催化剂。加氢裂化催化剂是由加氢组分和裂化组分构成的双功能催化剂，其中，加氢功能一般由 Ⅷ 族过渡金属元素或以 Ni、Co 硫化物助催化的 Mo、W 硫化物提供，裂化功能主要由分子筛、无定形硅铝载体的酸性中心提供。其中，Y 型分子筛由于有较高的催化活性、易调节的酸性能以及良好的开环能力和开环选择性，成为了加氢裂化催化剂中使用最多的分子筛。我国从 20 世纪 60 年代起就对 Y 型分子筛改性进行了研究，迄今已开发出了多种改性 Y 型分子筛用于工业加氢裂化催化剂。比如，超稳 Y 型分子筛（USY）、含稀土脱铝 Y 型分子筛（REDAY）、硅取代的 Y 型分子筛（SSY）、耐氮性 Y 型分子筛（NTY）等。

经过几代人六十多年的努力，针对加工不同原料油及生产不同目标产品的需求，FRIPP 已开发出了种类齐全的系列化加氢裂化催化剂（如图 2-6），满足了不同时期我国石油化工工业发展和产品质量升级的要求[60]。根据加氢裂化所生产的主要目标产品，加氢裂化催化剂可以分为轻油型加氢裂化催化剂、灵活型加氢裂化催化剂和中油型加氢裂化催化剂。

（1）轻油型加氢裂化催化剂的工业应用　轻油型加氢裂化催化剂主要用于最大量生产石脑油产品，以供作生产芳烃或高辛烷值汽油的催化重整进料。这类催化剂要求具有强的裂化活性和相对较弱的加氢活性，以满足产生必要的二次裂化以及提高开环选择性和在石脑油馏分中富集单环烃类的能力。因此，加氢组分通常选用钼-镍非贵金属组合，裂化组分通常选用活性较高的改性 Y 型分子筛，并且分子筛的含量较高，一般在 50% 以上。

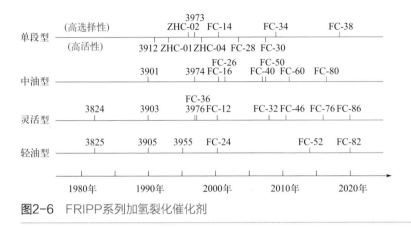

图2-6　FRIPP系列加氢裂化催化剂

中石油辽阳石化分公司 130 万吨/年加氢裂化装置选用 FMC 多产化工原料加氢裂化技术，采用单段串联一次通过流程多产重石脑油作为重整原料。2016 年 8 月更换 FRIPP 轻油型加氢裂化催化剂，重石脑油收率达 47.10%，满足了企业提质增效的生产需求。

中国石化扬子石化 1# 加氢裂化装置采用 FRIPP 开发的 FMC 多产化工原料加氢裂化技术及轻油型加氢裂化催化剂，生产过程中通过调整裂化反应器反应温度，灵活控制重石脑油收率在 35%～40% 之间，其芳潜含量均大于 55%，是优质的催化重整原料；通过调整裂化反应器反应温度及分馏塔操作条件，航煤馏分最大收率可以提高至 21.19%，具备灵活调整重石脑油及航煤的生产能力。在将柴油馏分压入加氢尾油的情况下，加氢尾油的 BMCI（芳烃指数）值仅为 13.5，是优质的蒸汽裂解制乙烯原料。

（2）灵活型加氢裂化催化剂的工业应用　灵活型加氢裂化催化剂主要用于灵活生产中间馏分油产品、石脑油产品和加氢裂化尾油，温度敏感性大，通过改变反应温度，可显著改变产品分布，以适应市场需求的变化。这类催化剂要求具有较强的裂化活性和加氢活性，并且这两种活性要相互较为平衡。因此，加氢组分通常选用钨-镍或钼-镍非贵金属组合，裂化组分通常选用活性适宜的改性 Y 型分子筛，并加入特种氧化铝等以改善催化剂的孔结构和金属组分与载体间的相互作用。

中国石化上海石化高压加氢裂化装置采用 FHC 灵活生产化工原料和中间馏分油加氢裂化技术，处理直馏蜡油生产轻重石脑油、煤油、柴油以及尾油产品，同时对主要产品的性质与收率提出相应要求。2017年该装置使用FRIPP自主研发的FF-66加氢精制催化剂和FC-76加氢裂化催化剂，标定结果表明FF-66催化剂加氢脱氮活性高，可以在略低的反应温度下达到良好的精制效果，活性及选择性好，加氢裂化主要目的产品分布及其主要性质均能满足企业生产需求。与此同时，基于FC-76催化剂的反应选择性和操作灵活性的提高，在提高液体产品收率、优化产品结构、尾油产品质量提升及节能降耗方面获得了明显的进步。产品分布方面，液体产品收率提高0.19个百分点，在控制裂化反应深度相当的情况下，轻重石脑油总收率提高5.94个百分点，其中重石脑油收率提高3.15个百分点；航煤产品收率提高5.61个百分点；柴油收率降低6.27个百分点，达到了压减柴油、增产航煤和重石脑油的产品方案需求。

中国石化天津石化分公司2#加氢裂化装置采用灵活生产化工原料和中间馏分油加氢裂化技术，选用FC-32灵活型加氢裂化催化剂，可生产出高芳烃含量的重石脑油作为重整进料、链烷烃含量高的尾油作为乙烯进料以及优质超低硫清洁柴油。

（3）中油型加氢裂化催化剂的工业应用　中油型加氢裂化催化剂主要用于最大量生产中间馏分油产品和加氢裂化尾油。这类催化剂要求具有相对较弱的裂化活性和强的加氢活性。因此，加氢组分通常选用钨-镍非贵金属组合，裂化组分通常选用活性较低的改性Y型分子筛、无定形硅铝或它们的复合物，并且分子筛的含量较低，一般在20%以下，同时加入特种氧化铝等以改善催化剂的孔结构和金属组分与载体间的相互作用。

中国石化金陵分公司2#加氢裂化装置选用FRIPP开发的FDC单段两剂多产中间馏分油加氢裂化技术及配套FF-16加氢精制催化剂和FC-14加氢裂化催化剂，采用单段全循环工艺流程。该装置处理能力为1.5Mt/a，加工减压蜡油或减压蜡油与焦化蜡油混合原料，典型的工业应用结果显示其轻石脑油收率约3.86%，重石脑油收率约13.77%，中间馏分油收率达到78.99%，其中航煤收率为36.73%，是优质的3#喷气燃料；柴油收率42.26%，可作为清洁柴油的调和组分。

中国石化镇海炼化Ⅰ套加氢裂化装置采用FRIPP开发的加氢裂化装置扩能改造及产品质量提升应用技术，其中加氢裂化催化剂采用中油型FC-50催化剂。装置标定结果显示，>370℃单程转化率约为69%，FC-50催化剂平均反应温度为385℃，表明催化剂活性优异，可以满足装置长周期运行要求。加氢裂化产品分布中干气、液化气及轻石脑油等低价值产品收率很低，装置氢耗低；重石脑油收率为21.75%，芳潜为56.65%，硫、氮含量均小于0.5mg/kg，是优质的催化重整装置原料；航煤收率为21.59%，烟点为28.6mm，是优质的3#喷气燃料；加氢裂化尾油收率为30.76%，BMCI值为9.6，是优质的蒸汽裂解制乙烯原料。工业应用结果表明FC-50催化剂加氢性能好、目标产品选择性高、气体产率低、产品质量优，可以满足装置扩能后氢气用量不增加和多产优质蒸汽裂解制乙烯原料的需求。

第三节
高硅Y型分子筛在多乙苯烷基转移技术中的研究与应用

苯与乙烯烷基化反应制备乙苯的过程，不论是通过气相烷基化还是液相烷基化，产物乙苯与乙烯均不可避免地继续发生烷基化反应生成二乙苯、三乙苯等多乙苯[61]。乙苯工业生产过程中，为了提高乙苯产品的收率，需要将多乙苯与苯进行烷基转移反应生成乙苯。

多乙苯和苯烷基转移反应可生成乙苯，以下为烷基转移主反应的化学方程式：

$$C_6H_6 + C_6H_4(C_2H_5)_2 \longrightarrow 2C_6H_5C_2H_5$$
　　苯　　　二乙苯　　　　　乙苯

$$2C_6H_6 + C_6H_3(C_2H_5)_3 \longrightarrow 3C_6H_5C_2H_5$$
　　苯　　　三乙苯　　　　　乙苯

$$3C_6H_6 + C_6H_2(C_2H_5)_4 \longrightarrow 4C_6H_5C_2H_5$$
　　苯　　　四乙苯　　　　　乙苯

烷基转移反应进行的速率比烷基化反应慢，并且受化学平衡的限制。烷基转移反应的焓变（$\Delta H_R^\ominus$）接近于零，不会导致明显的温度变化。理论上，所有的多取代烷基苯化合物都能发生烷基转移。在实际操作中，只有接近四乙苯（包括四乙苯）的化合物能经过精馏区循环到烷基转移反应器。

与烷基化反应类似，烷基转移反应也发生在分子筛催化剂的酸性活性中心上。烷基转移反应的同时，也会发生一些副反应，主要为产生二苯基化合物的氢转移反应。副反应会增加重组分残油量，使乙苯收率下降。通常情况下，可通过以下手段提高乙苯的收率：反应物在催化剂床层较长的停留时间；较高的反应温度；较高的苯/多乙苯投料比以及较低的水含量。

烷基转移反应通常使用过量的苯，以获得较高的转化率和乙苯选择性。与烷基化反应类似，在烷基转移反应器中，原料中的溶解水与反应物在催化剂活性中心上发生竞争吸附，会降低催化剂活性。因此，原料应预先进行脱水处理。此外，由于催化剂是一种固体酸，含氮、含硫、碱金属等碱性物质均会造成催化剂中毒，应在进入反应器前脱除，严格控制其在原料中的含量。

烷基转移反应的温度非常关键。较高的温度增加重组分残油的生成，从而降低产率；而较低的温度会降低多乙苯的转化率。实际操作中，烷基转移反应器的操作原则在于，在能够提供足够的转化率使精馏区的多乙苯总量保持不变的前提下，尽可能在较低的温度下反应，以节省能耗。

1. 催化剂的开发

作为烷基转移技术发展的核心，催化剂一直备受关注。其中，催化新材料的研究开发则是烷基转移催化剂乃至新工艺技术发展的关键，在过去的数十年间被 Exxon Mobil、UOP 等国外公司所垄断。因此，对于国内的研究机构而言，掌握新型烷基转移催化剂制备技术具有重要的战略意义。UOP 公司开发的 EBOne 乙苯生产工艺以及 Exxon Mobil 公司开发的 EBMax 乙苯生产工艺均采用 Y 型分子筛为烷基转移催化剂，在液相条件下催化多乙苯和苯烷基转移生成乙苯，并可以通过调节温度、苯与多乙苯质量比和空速以达到所需的多乙苯转化率，有效地增加乙苯的收率。EBOne 工艺的烷基转移催化剂的牌号为 EBZ-100，根据其专利报道推测为 Y 型分子筛[62]。该分子筛具有丰富的微孔结构，但其介孔量较少，在烷基转移反应中限制反应分子的内扩散环境，从而导致分子筛的失活。EBMax 工艺的烷基转移催化剂据报道是一种深度超稳化的 USY 型分子筛[63]，介孔丰富，扩散性能好，但硅铝比过高，催化剂活性较低，需要在较高的反应温度下操作，不利于催化剂的长周期运行和装置节能。对于烷基转移催化剂而言，提高分子筛的有效活性位数量和扩散性能通常不可兼得，是其研发的最大难点。

此外，在烷基转移反应过程中，分子筛的酸性质，包括酸强度、酸量及其分布是重要的参数，也起着决定性的作用。有研究发现，分子筛中除了 B 酸中心的数量和强度分布外，L 酸性位对催化剂的性能也有重要影响[64]。因此，对其酸性质进行控制是提升改性 USY 分子筛性能的重要方法。

本书著者团队对烷基转移反应催化剂进行了深入的考察[25,65-66]。首先，以 MCM-22、MCM-56、ZSM-5、丝光沸石、Y 和 Beta 分子筛为活性组分，考察了不同催化剂在烷基转移反应中的催化活性，发现 Y 型分子筛活性最高，是最适合烷基转移反应的催化活性组分。通过引入骨架杂原子硼（B）加缺陷位的新方案，在 NaY 的合成中添加硼元素，合成出了高硅铝比、高结晶度 B-NaY，再经过超稳化改性与成型方法等研究，确定了烷基转移催化剂的配方及制备流程，制备了贯通多级孔 USY 型分子筛。利用上述制备流程中独创性的 USY 型分子筛改性方法，可以制备贯通多级孔 USY 型分子筛，在保护骨架铝的同时，产生更多的具有贯通性质的多级孔。分子筛的 TEM 照片（图 2-7）显示，分子筛微观晶粒具有非常丰富的多级孔，有利于增加其可接近 B 酸中心数量，提高扩散性能，而在常规的 USY 型分子筛中无法观察到这些多级孔。

图2-7
贯通多级孔USY分子筛的TEM照片

将贯通多级孔 USY 型分子筛与黏结剂、助挤剂等混合并挤条为条状催化剂，经过烘干、焙烧、改性处理 2，最后制成成品催化剂，牌号命名为 EBC-2（如图 2-8）。采用不含贯通多级孔的常规 USY 型分子筛制备的催化剂作为对比。利用氮气吸附法获得贯通多级孔 USY 与参比催化剂样品的比表面积、孔体积和孔分布等物理性质，结果如表 2-2 所示。贯通多级孔 USY 的 BET 比表面积为 650 m^2/g，外比表面积为 159 m^2/g，孔体积为 0.51 cm^3/g，均大于参比催化剂；此外，贯通多级孔 USY 的微孔孔体积占总孔体积的比例也小于参比催化剂，表明贯通多级孔 USY 的介孔结构丰富，在很大程度上改善了 Y 型分子筛的晶内扩散效率，从而提高了活性中心的可接近性。

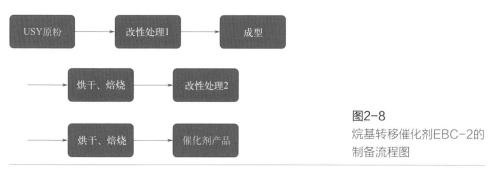

图2-8
烷基转移催化剂EBC-2的制备流程图

表2-2　EBC-2和参比催化剂的比表面积、孔体积数据

样品	比表面积/(m^2/g)		孔体积/(cm^3/g)	
	BET	外表面	总体	微孔
EBC-2	650	159	0.51	0.23
参比催化剂	553	131	0.30	0.20

为了进一步揭示 EBC-2 与参比催化剂的活性位性质，采用 NH_3-TPD 表征研究了其酸强度和酸量。EBC-2 样品的脱附峰峰强度较大（见图 2-9），表明其具有较大的中强酸量。

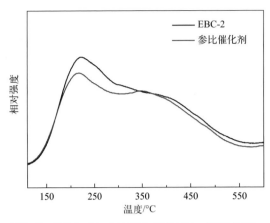

图2-9 EBC-2与参比催化剂的NH_3-TPD谱图

烷基转移反应活性取决于强B酸中心的数目和强度。为了得到催化剂的酸分布性质，以吡啶作为化学探针分子，采用吡啶吸附-红外光谱法对EBC-2和参比催化剂进行表征。表2-3列出了200℃和400℃下各催化剂的B酸（1540cm^{-1}）和L酸（1450cm^{-1}）的酸量数据。一般认为，200℃脱附后测得样品的L酸量和B酸量为不同酸强度的总酸量，400℃脱附后样品的L酸量和B酸量为中强酸量与强酸酸量之和。从表2-3可以看出，两种催化剂均含有B酸中心和L酸中心。其中，EBC-2的强B酸中心的数目显著高于参比催化剂。由前述可知，EBC-2催化剂微孔孔体积更大，结晶保留度高，B酸中心较多，所含强B酸中心比例高达1.94。EBC-2催化剂较多的强B酸中心为反应提供比较充足的活性位，这与NH_3-TPD的表征结果相一致。

表2-3 EBC-2和参比催化剂的酸量表征

样品	200℃				400℃			
	B/(μmol/g)	L/(μmol/g)	B+L/(μmol/g)	B/L	B/(μmol/g)	L/(μmol/g)	B+L/(μmol/g)	B/L
EBC-2	226	202	428	1.12	204	105	309	1.94
参比催化剂	193	222	415	0.87	161	146	307	1.10

2．EBC-2催化剂烷基转移性能

在反应温度160～210℃、反应压力3.0MPa、苯与多乙苯质量比2.0、质量空速为3.3h^{-1}条件下，考察了EBC-2催化剂与参比催化剂苯与多乙苯烷基转移催化反应性能，结果见图2-10。

由图2-10结果可见，EBC-2催化剂对苯与多乙苯烷基转移反应具有较优的催化性能，二乙苯转化率和三乙苯转化率在低温反应区具有明显的优势，在苯与多乙苯质量比2.0、温度175℃的条件下，二乙苯转化率和三乙苯转化率分别在

60%和55%以上，满足工业装置对于转化率的基本要求。

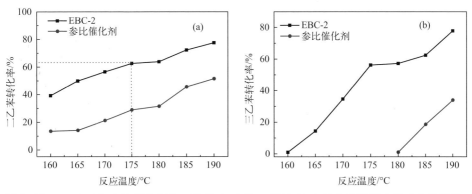

图2-10　EBC-2和参比催化剂的二乙苯（a）和三乙苯（b）转化率随反应温度变化规律

烷基转移反应的路径一般为多烷基苯先形成碳正离子，碳正离子进攻苯环上的双键形成新的产物。碳正离子的形成与催化剂酸性密切相关，强B酸中心是烷基转移反应的活性位。EBC-2催化剂与参比催化剂相比具有较多的强B酸，可为反应提供更充足的活性位。此外，EBC-2催化剂较大的孔道一方面使大分子反应物多乙苯进入孔道的扩散阻力较小，易达到酸性位进行反应，同时较大的比表面积提供更多的可接近酸性位；另一方面使反应产物乙苯容易从孔道内扩散出去，提高了选择性，抑制了副反应的发生，其产生的重组分含量也明显低于参比催化剂（图2-11）。

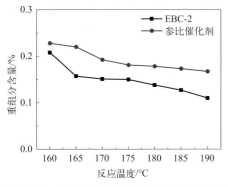

图2-11　EBC-2和参比催化剂重组分产生量随反应温度变化规律

在模拟工业装置的反应工艺条件下（反应温度175℃，总空速3.3h^{-1}，苯和二乙苯质量比2∶1，反应压力3.0MPa），对EBC-2催化剂进行了2000h连续寿命实验，考察催化剂的稳定性，结果如图2-12所示。结果表明，在2000h反应时间内EBC-2催化剂的二乙苯转化率维持在62%左右、三乙苯转化率维持在58%左右，乙苯选择性达到99%以上，在考察的反应时间内活性没有明显下降的趋势，表明其具有良好的稳定性。

如前所述，EBC-2催化剂较大的比表面积和介孔量提高了活性位的可接近性和大分子的扩散能力，较多的强B酸为烷基转移反应提供了比较充足的活性位。因此，两者的协同作用降低了副反应的发生，从而降低了催化剂积炭失活的速率。

液相烷基转移反应的温度较低，副反应少，催化剂的失活主要是重组分沉积在催化剂表面使催化剂逐渐失去活性，产生积炭的C/H较高。通过空气焙烧的方法可以除去催化剂表面的积炭，使催化剂的活性得以恢复。在反应温度230℃、压力3.0MPa、总空速6.67h^{-1}、苯和二乙苯质量比为2:1的条件下，评价了新鲜和再生的EBC-2催化剂的反应性能。图2-13结果表明，再生后催化剂的烷基转移性能可以恢复到新鲜催化剂的水平。

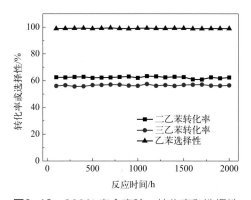

图2-12 2000h寿命实验，转化率和选择性随反应时间的变化规律

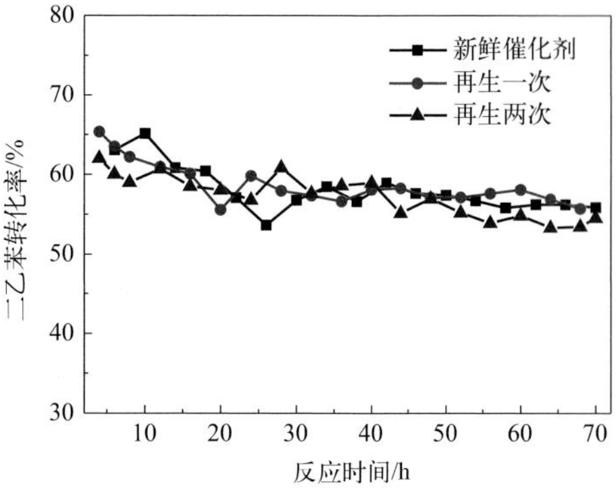

图2-13 EBC-2催化剂再生性能评价结果

3. EBC-2烷基转移催化剂工业侧线试验

基于贯通多级孔USY型分子筛开发的EBC-2液相烷基转移催化剂在国内某乙苯生产装置上开展了工业侧线试验，催化剂装填量为1.0t。在此期间进行了两次技术标定，其主要结果如表2-4所示。

表2-4 EBC-2在工业装置上的标定数据

项目	运行6个月	运行13个月	运行18个月
反应温度/℃	179	196	197
反应压力/MPa	2.8	2.8	2.8
苯/多乙苯/(kg/kg)	5.1	2.2	2.1
总物料质量空速/h^{-1}	5.0	3.4	3.5
多乙苯转化率/%	61.3	71.4	70.5
乙苯选择性/%	102.1	101.2	102.5

注：原料未经脱氮和脱水处理。

结果表明，EBC-2 液相烷基转移制乙苯催化剂在较为苛刻的原料以及反应条件下稳定运行了 18 个月，多乙苯转化率大于 70%，乙苯选择性接近 100%，其主要技术指标均达到了技术协议的要求，工业试验效果良好。结果还表明，EBC-2 可以适应工业装置的运行要求。

根据实验研究以及工业装置运行情况，确定 EBC-2 液相烷基转移催化剂的反应工艺条件如下：反应温度 170～240℃，反应压力 2.5～4.0MPa，苯/多乙苯（质量比）≥1.7，总质量空速 3～5h^{-1}。性能保证值如下：多乙苯转化率≥65%，乙苯选择性≥99%，催化剂再生周期≥4 年，催化剂使用寿命≥10 年。

本书著者团队通过直接合成结合后处理的方法制备了具有贯通多级孔的 USY 型分子筛催化材料，该材料具有孔结构和酸性匹配度高的优点，可增强烷基转移催化剂的反应活性和选择性，优化产品分布，降低副反应的发生。以此材料制备低温高活性液相烷基转移催化剂，已完成工业侧线试验，并成功应用于淄博峻辰新材料 50 万吨/年苯乙烯乙苯装置和浙江石化 60 万吨/年乙苯工业装置。

第四节
高硅 Y 型分子筛在催化脱烯烃技术中的研究与应用

芳烃（特别是苯、甲苯、二甲苯）是重要的大宗化工原料，主要通过石脑油催化重整工艺生产。催化重整产物称为重整油或重整生成油，其中除了含有大量芳烃，还副产微量烯烃，包括链状类、苯乙烯类和茚类烯烃。这些烯烃较为活泼，不但容易聚合形成胶质污染芳烃产品，进入分离单元还会导致吸附剂失活，引起生产波动。另外，烯烃的存在也会影响芳烃产品的酸洗比色。

随着芳烃联合装置日益大型化，重整原料日趋劣质，操作工艺条件越来越苛刻，重整生成油中的烯烃含量越来越高。为保证芳烃产品的质量及下游工艺的稳定运行，一般设置精制工序将重整生成油中的烯烃脱除。

根据反应机理的不同，重整生成油脱烯烃工艺分为加氢精制工艺和非临氢精制工艺。根据催化材料的不同，非临氢精制剂主要是白土及各种分子筛，加氢精制剂通常为氧化铝负载的非贵金属或贵金属精制剂。

白土易失活，不可再生，需频繁更换，已无法满足工业生产要求。加氢精制技术具有催化剂寿命长的优势，但工艺复杂，催化剂成本高。分子筛催化技术具有流程简单、投资操作成本低、催化剂寿命较长且可再生的特点。

有研究将凹凸棒石黏土负载 AlCl$_3$ 后，催化剂的酸量和酸强度得到了提高，重复使用 6 次后，脱烯烃转化率仍有 50% 左右[67]。除此之外，有研究对比了 ZSM-5、MCM-22、Beta、Y 型分子筛在脱除重整生成油中微量烯烃反应中的性能，发现 ZSM-5 型分子筛孔径较小，只能用于小分子烯烃的烷基化过程；MCM-22 虽然脱烯烃性能较好，但价格昂贵；综合考虑了 Beta 和 Y 型分子筛的脱烯烃性能、价格和改性余地，认为 Y 型分子筛的性能虽然略低于 Beta 分子筛，但 Y 型分子筛价格较低、改性余地较大，更适合于脱烯烃反应[68]。在此基础上，有研究采用氟硅酸铵对 HY/凹凸棒土进行改性，催化剂相比改性前比表面积、孔体积和孔径更大，酸强度更强，酸分布中心呈现向强酸移动的趋势。此外，改性后的催化剂在微型间歇反应釜中进行脱烯烃实验评价结果表明，反应温度 170℃、反应压力 1.5MPa、催化剂占原料油 5%（质量分数）时，重整生成油中烯烃脱除率达到 83.4%；该催化剂重复使用 11 次后，烯烃脱除率仍达到 53.1%[69]。除了氟硅酸铵外，氟化铵同样可以用来改性 USY 型分子筛，并且改性后分子筛中会产生更多的介孔和大孔结构，改性后分子筛总酸量是改性前的 3 倍左右。在催化脱烯烃反应中，改性后的催化剂具有活性高、失活速率慢的优点[70]。除了含氟化合物处理外，酸处理 USY 分子筛同样能够影响分子筛脱烯烃的性能[71-72]。

中海油天津化工研究设计院以 Y 型分子筛、氧化铝为主要组分研制了 TCDTO-1 精制剂，并成功应用于惠州炼化、金陵石化等多家企业。据报道，其单程寿命为白土的 10～15 倍，再生性能稳定，相比使用白土固废生成量减少 85%～90%。吴青等[73]研究了使用大孔小晶粒分子筛制备 TCDTO-1 精制剂的优势，发现分子筛酸量为白土的 4.3 倍，且小晶粒分子筛能降低扩散限制，提高活性中心利用率。

一、催化剂的开发

本书著者团队以 USY 型分子筛为活性组分先后开发了 DOT-100 和 DOT-200 催化剂，且均实现了工业应用。其中，DOT-100 催化剂是将市售 USY 型分子筛（HUSY-1）、氧化铝等混捏、挤条、干燥、焙烧制得；将 HUSY-1 分子筛经酸处理两次、水蒸气处理 4h，再用硝酸镁-盐酸溶液处理得到 HUSY-2，将 HUSY-2、氧化铝等经混捏、挤条、干燥、焙烧得到 DOT-200 催化剂。

对 HUSY-1、HUSY-2 分子筛进行 XRD 表征，结果如图 2-14 所示。由图可知，XRD 谱图均符合典型的 Y 型分子筛衍射峰特征，表明在分子筛改性及催化剂制备过程中没有形成新的晶相，也没有氧化镁晶相。HUSY-2 分子筛的结晶度相当于 HUSY-1 的 70%。根据 XRD 结果计算晶胞参数 a_0，以经验公式 $Si/Al=(2.5935-a_0)/(a_0-2.4212)$ 计算分子筛骨架硅铝比[74]，结果表明 HUSY-2 分子筛的骨架硅铝比（Si/Al）为 9.2，HUSY-1 分子筛的骨架硅铝比（Si/Al）为 5.3。改性处理提高分子筛硅铝比可以显著改善催化剂的酸性质，从而提高催化剂的稳定性。

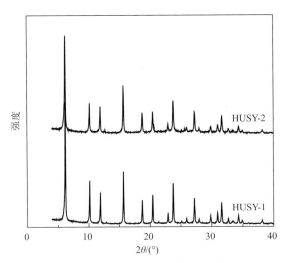

图2-14　HUSY-1和HUSY-2的XRD图

(a) HUSY-1

(b) HUSY-2

图2-15　催化剂所用分子筛的SEM照片

图2-15分别为DOT-100和DOT-200催化剂所用分子筛HUSY-1、HUSY-2的SEM图。从图中可以明显看出，HUSY-1的表面较HUSY-2光洁规整，HUSY-2表面弥散分布大量坑穴，这与分子筛的二次孔构筑改性有关。

图2-16分别为HUSY-1和HUSY-2分子筛的TEM图。HUSY-1只含有少量不规则半开放式二次孔道，而HUSY-2的二次孔道较为丰富，且基本与表面坑穴相接，形成交互连通的二次孔结构。这表明HUSY-2具有更好的大分子扩散效果。

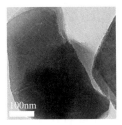
HUSY-1

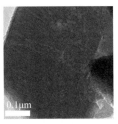
HUSY-1

HUSY-2

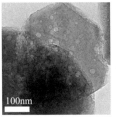
HUSY-2

图2-16　DOT-100和DOT-200催化剂所用分子筛的TEM照片

对 DOT-200 和 DOT-100 催化剂进行吡啶吸附红外表征，表征结果见表 2-5。将吡啶脱附温度在 100℃及以上的酸中心定义为总酸，吡啶脱附温度在 100～300℃的酸中心定义为弱酸，300～400℃的酸中心定义为中强酸，400℃及以上的酸中心定义为强酸，对表 2-5 中得到的表征结果进行解析。由表 2-6 可见，DOT-200 催化剂各种强度的酸中心均明显少于 DOT-100 催化剂，特别是 B 酸中心和强酸中心。二者的弱酸均以 L 酸为主，强酸以 B 酸为主。DOT-200 催化剂所用的 HUSY-2 分子筛硅铝比较高，因而酸量较少，负载 Mg 元素使酸性进一步减弱，强酸中心所占比例较低。一般认为强酸中心，特别是强的 B 酸中心是催化剂积炭的主要活性中心，以此来看，DOT-200 催化剂的抗积炭能力应优于 DOT-100 催化剂。

表2-5　DOT-200和DOT-100催化剂吡啶吸附红外表征结果

温度/℃	DOT-200		DOT-100	
	B酸（×10^{-2}）	L酸（×10^{-2}）	B酸（×10^{-2}）	L酸（×10^{-2}）
100	18.39	52.74	25.46	57.63
200	18.32	17.34	24.98	34.11
300	18.12	12.85	23.78	16.70
400	14.22	9.21	17.59	12.54

注：以峰面积与样品量的比值表示相应酸量，在计算 B 酸与 L 酸的比例时乘以校正因子 1.5 进行了校正。

表2-6　DOT-200和DOT-100催化剂吡啶吸附红外表征结果解析

项目	DOT-200			DOT-100		
	B酸（×10^{-2}）	L酸（×10^{-2}）	B/L	B酸（×10^{-2}）	L酸（×10^{-2}）	B/L
总酸	18.39	52.74	0.35	25.46	57.63	0.44
弱酸	0.27	39.89	0.01	1.68	40.93	0.04
中强酸	3.90	3.64	1.07	6.19	4.16	1.49
强酸	14.22	9.21	1.54	17.59	12.54	1.40

用 NH_3-TPD 对 DOT-100 和 DOT-200 催化剂的酸性分布进行表征，结果见图 2-17。由图中可以看出，两个催化剂的 NH_3-TPD 曲线都有明显的强酸和弱酸峰，中强酸峰不明显，温度低于 200℃时 DOT-200 与 DOT-100 催化剂的酸量基本相当；200～300℃前者的酸量略低；300℃以上时，前者的酸量显著降低。这表明 DOT-200 催化剂的酸中心更多地分布在弱酸范围，而 DOT-100 催化剂中的强酸中心量较大，这与吡啶吸附红外表征结果测得的酸性分布特征基本一致。催化脱烯烃反应过程对酸中心强度要求不高，弱酸和中强酸即能满足活性要求，过强的酸性中心上容易发生烷基转移、积炭等副反应。因此，DOT-200 催化剂的酸性分布更合理。

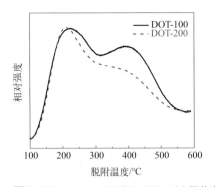

图2-17 DOT-200和DOT-100催化剂的 NH_3-TPD图谱

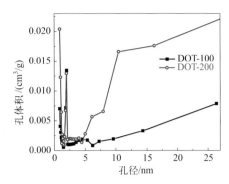

图2-18 DOT-200和DOT-100催化剂的BJH孔径分布图

图2-18是DOT-200和DOT-100催化剂的BJH孔径分布。DOT-200催化剂中0.8~1.2nm和4.0nm以上的孔道较为丰富，这显然更有利于反应原料和产物扩散，从而有效抑制结焦能力，延长使用寿命。

二、催化剂的应用

本书著者团队开发的DOT-100、DOT-200催化剂已在多家企业实现了工业应用。以下围绕典型应用结果进行介绍。

1. DOT-100在中石化天津分公司化工部的应用

工业运行中，采用白土与DOT-100催化剂串联运行的工艺模式，具体流程见图2-19。其中上游白土在整个使用周期中未做更换，运行后期通过提温来提高催化剂活性以保证产品质量合格。

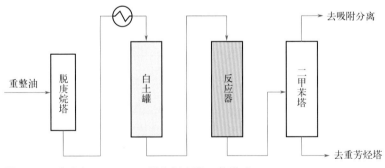

图2-19 白土与DOT-100催化剂串联工艺模式

DOT-100催化剂在天津分公司重整单元共进行了4个周期的工业运行，直接在现有白土精制工序中替代白土，未对装置进行改造，故工况与白土基本相当，其反应压力为1.1MPa，反应温度为157～185℃，运行质量空速为1.5～1.8h^{-1}。

在四个周期工业运行中，温度、压力和空速等条件基本稳定，但原料差异较大，溴指数最低为350mgBr/100g，最高达到1600mgBr/100g，胶质也随之变化，最高达52mg/100ml。

DOT-100催化剂的主要性能指标为单程寿命和总寿命。为便于讨论，以第2、3周期为重点观察对象。

DOT-100催化剂第2周期共在线运行115d，运行初期上游装置波动大，原料溴指数和胶质含量高；当原料稳定后，DOT-100催化剂出口溴指数稳定在较低水平，其运行结果见图2-20。

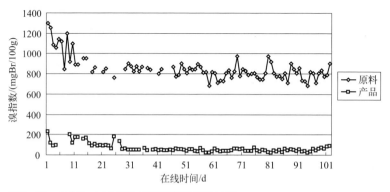

图2-20　DOT-100催化剂第2周期运行结果

DOT-100在四个周期的运行中均存在一个相同的规律，即产品溴指数在运行周期的大部分时间里维持在较低水平，增长缓慢，以烯烃脱除率（反应中减少的烯烃量占原料中烯烃量的百分比）来观察脱烯烃效率，具体结果见图2-21。在80%以上的运行周期内，DOT-100的烯烃脱除率高且稳定。

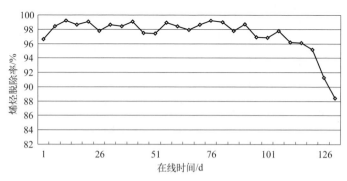

图2-21　DOT-100第3周期烯烃脱除情况

2. DOT-100 在中石化天津分公司炼油部的应用

天津分公司炼油部采用白土串联 DOT-100 催化剂的两器串联操作模式,其工艺流程如图 2-22 所示。两个白土反应器在流程上可以灵活调整为串联、并联、单独运行等模式,串联时两个反应器可以按需要切换在上游或下游,上游反应器装填白土,下游反应器装填 DOT-100 催化剂。DOT-100 催化剂正常运行期间,上游白土不更换。

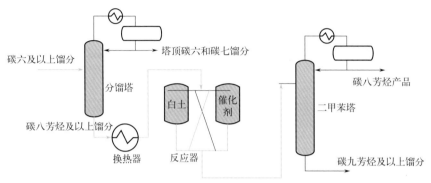

图2-22 白土串联DOT-100催化剂工业应用工艺流程

原料溴指数为 750～1500mg Br/100g,以二甲苯产品溴指数大于 50mg Br/100g 为失活标准,随催化剂活性降低逐步提高反应温度,直至 185℃。具体工艺参数见表 2-7。

表2-7 DOT-100催化剂应用工况

项目	工艺条件
反应器压力(G)/MPa	0.8
质量空速 /h^{-1}	0.75
反应温度/℃	130～185
原料溴指数/(mg Br/100g)	750～1500

DOT-100 催化剂投用初期反应温度为 130℃,产品溴指数长时间稳定在 10mg Br/100g 以下,运行中后期随产品溴指数升高逐步提高反应温度,控制二甲苯产品溴指数小于 50mg Br/100g。新鲜催化剂的应用结果见图 2-23。

图 2-23 中,SN-401 为原料溴指数,SN-408 为二甲苯产品溴指数。DOT-100 催化剂按常规模式运行 125d 后,改为催化剂单反应器运行模式,继续在线运行 32d。催化剂单反应器运行期间,通过逐步提温,产品溴指数仍能维持在 50mgBr/100g 以下,符合产品质量要求。

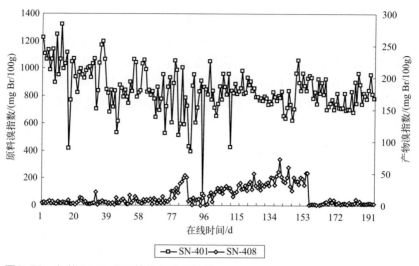

图2-23 新鲜DOT-100催化剂应用结果

在线运行157d后,将第一批DOT-100催化剂切至上游,投用第二批DOT-100催化剂,形成两批催化剂串联运行模式,产品溴指数在较长时间内保持在较低水平,运行效果良好。第一批催化剂第一周期共在线运行193d后,将其切出系统进行再生。

3. DOT-200在中石化镇海炼化的应用

中石化镇海炼化采用来自重整单元的脱庚烷塔釜料与少量外购碳八芳烃料混合后进入脱烯烃精制工序,精制工序为三塔流程,是在传统的两塔(R401A/B)流程基础上改造形成的,见图2-24。

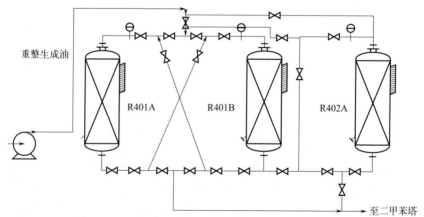

图2-24 芳烃联合装置脱烯烃精制工序工艺

DOT-200 催化剂装填在 R401B 中，R401A 中为颗粒白土。来自脱庚烷塔底的重整生成油先进入 R401A 进行浅度脱烯烃，再进入 R401B 进行深度脱烯烃，然后进入二甲苯塔进行精馏。

DOT-200 催化剂工业应用的工艺条件：反应温度 165～210℃；反应压力 2.0MPa；原料溴指数 800～1200mg Br/100g，质量空速 1.7～1.8h^{-1}，控制吸附进料溴指数小于 20mg Br/100g。DOT-200 催化剂运行期间，R401A 中白土不更换，随着催化剂活性逐步衰减，相应提高反应温度，直至工艺上限（210℃）。

DOT-200 催化剂在下游运行失活后，切至上游继续运行，最后切出系统进行卸剂再生，为该催化剂的第一运行周期。DOT-200 催化剂在下游运行期间的运行工况及运行效果分别见图 2-25 和图 2-26。可见，DOT-200 催化剂初期运行效果非常稳定，在近 100d 内稳定运行，随后进入提温操作阶段，其提温速度较为平稳，表现出较好的操作可预见性。DOT-200 催化剂第一周期共在线运行约 270d，其中在下游运行约 210d。运行期间控制吸附进料溴指数小于 20mg Br/100g，从而对吸附剂具有良好的保护效果。该芳烃装置在采用白土精制路线时，白土的更换周期为 15d，其中溴指数合格率约为 40%。以此计算，DOT-200 催化剂的寿命约相当于普通白土的 15 倍以上。

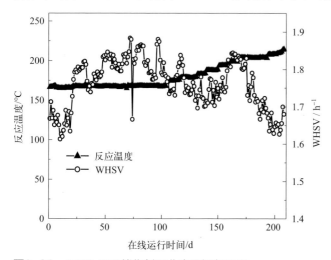

图2-25　DOT-200催化剂工业应用运行工况

在正常运行工况下对 DOT-200 催化剂的反应性能进行了 72h 连续标定。图 2-27 是标定期间 DOT-200 催化剂进出口物料中甲苯变化情况。从图中可以看出，反应前后甲苯增量大约为 0.10%～0.14%，小于 0.5% 的技术指标，表明该甲苯增量对后续工序影响较小。图 2-28 是标定期间 DOT-200 催化剂进出口物料中二甲苯变化情况。从图中可以看出，DOT-200 催化剂处理前后二甲苯变化幅度很小，相应的二甲苯增量也为 -0.02%～0.15%，在正常生产波动范围内，表明标定期间二甲苯无损失。

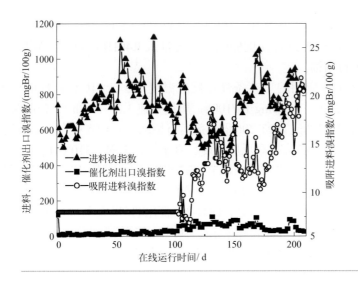

图2-26
DOT-200催化剂工业应用效果

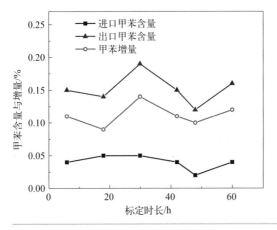

图2-27
DOT-200催化剂进出口物料中甲苯变化情况

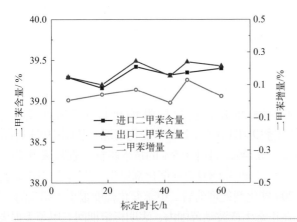

图2-28
DOT-200催化剂进出口物料中二甲苯变化情况

参考文献

[1] Baerlocher Ch, Meier W M, Olson D H. Atlas of zeolite framework types[M]. Fifth Revised Edition. Amsterdam: Elsevier, 2001:138-139.

[2] 徐如人，庞文琴，等. 分子筛与多孔材料化学 [M]. 北京：科学出版社，2004: 246-248.

[3] Camblor M A, Corma A, Martinez A, et al. Catalytic cracking of gasoil: Benefits in activity and selectivity of small Y zeolite crystallites stabilized by a higher silicon-to-aluminium ratio by synthesis[J]. Applied Catalysis, 1989, 55 (1): 65-74.

[4] Wang Q L, Giannetto G, Guisnet M. Dealumination of zeolites Ⅲ: Effect of extra-framework aluminum species on the activity, selectivity, and stability of Y zeolites in n-heptane cracking[J]. Journal of Catalysis, 1991, 130(2): 471-482.

[5] Corma A, Huber G W, Sauvanaud L, et al. Processing biomass-derived oxygenates in the oil refinery: Catalytic cracking (FCC) reaction pathways and role of catalyst[J]. Journal of Catalysis, 2007, 247(2): 307-327.

[6] Oleksiak M D, Rimer J D. Synthesis of zeolites in the absence of organic structure-directing agents: Factors governing crystal selection and polymorphism[J]. Reviews in Chemical Engineering, 2014, 30(1): 1-49.

[7] Oleksiak M D, Soltis J A, Conato M T, et al. Nucleation of FAU and LTA zeolites from heterogeneous aluminosilicate precursors[J]. Chemistry of Materials, 2016, 28(14): 4906-4916.

[8] Awala H, Gilson J P, Retoux R, et al. Template-free nanosized faujasite-type zeolites[J]. Nature Materials, 2015, 14: 447-451.

[9] Borel M, Dodin M, Daou T J, et al. SDA-free hydrothermal synthesis of high-silica ultra-nanosized zeolite Y[J]. Crystal Growth & Design, 2017, 17(3): 1173-1179.

[10] Köroğlu H J, Sarıoğlan A, Tatlıer M, et al. Effects of low-temperature gel aging on the synthesis of zeolite Y at different alkalinities[J]. Journal of Crystal Growth, 2002, 241(4): 481-488.

[11] Zhu G S, Qiu S L, Yu J H, et al. Synthesis and characterization of high-quality zeolite LTA and FAU single nanocrystals[J]. chemistry of materials, 1998, 10(6): 1483-1486.

[12] Mintova S, Olson N H, Bein T. Electron microscopy reveals the nucleation mechanism of zeolite Y from precursor colloids[J]. Angewandte Chemie International Edition, 1999, 38(21): 3201-3204.

[13] Inayat A, Knoke I, Spiecker E, et al. Assemblies of mesoporous FAU-type zeolite nanosheets[J]. Angewandte Chemie International Edition, 2012, 51(8): 1962-1965.

[14] Inayat A, Schneider C, Schwieger W. Organic-free synthesis of layer-like FAU-type zeolites[J]. Chemical Communications, 2015,51(2): 279-281.

[15] Oleksiak M D, Muraoka K, Hsieh M F, et al. Organic-free synthesis of a highly siliceous faujasite zeolite with spatially biased Q4(nAl) Si speciation[J]. Angewandte Chemie International Edition, 2017, 56(43): 13366-13371.

[16] 刘中清，何鸣元，李明罡，等. 一种 NaY 分子筛的制备方法：CN1267345C[P]. 2006-08-02.

[17] 陈辉，许锋，陆善祥，等. 一种高硅铝比 NaY 分子筛的制备方法：CN101254929B[P]. 2012-07-11.

[18] 申宝剑，主明烨，秦松，等. 一种高硅铝比 NaY 分子筛的制备方法：CN1012198950B[P]. 2013-03-27.

[19] 申宝剑，高雄厚，曾鹏晖，等. 一种高硅铝比小晶粒 NaY 分子筛的制备方法：CN100404418C[P]. 2008-07-23.

[20] 顾建峰，崔楼伟，王新星，等. 高硅铝比 NaY 分子筛的合成 [J]. 工业催化，2012, 20(1): 40-44.

[21] 徐如人，张建民. 沸石分子筛的生成机理与晶体生长（Ⅰ）：八面沸石导向剂结构的研究 [J]. 高等学校化学学报，1982, 3(3): 287-292.

[22] Zhao Y, Liu Z, Li W, et al. Synthesis, characterization, and catalytic performance of high-silica Y zeolites with

different crystallite size[J]. Micropor Mesopor Mater, 2013, 167: 102-108.

[23] 熊晓云，李彩今，于红，等. 高温合成 NaY 沸石 [J]. 高等学校化学学报，2007, 28(9): 1634-1636.

[24] Feng G, Cheng P, Yan W, et al. Accelerated crystallization of zeolites via hydroxyl free radicals[J]. Science, 2016, 351(6278): 1188-1191.

[25] 曹锋，郭冬冬，宦明耀，等. 高硅铝比 B-NaY 分子筛合成及催化二乙苯烷基转移性能 [J]. 化学反应工程与工艺，2017, 33(1): 21-28.

[26] Zhu D L, Wang L Y, Fan D, et al. A bottom-up strategy for the synthesis of highly siliceous faujasite-type zeolite[J]. Advanced Materials, 2020, 32(26): 2000272.

[27] McDaniel C V, Maher P K. Ultrastable from of faujasite [M]//Molecular sieves. London: Society for Chemical Industry, 1968: 186-195.

[28] 陈俊武. 催化裂化工艺与工程 [M]. 2 版. 北京：中国石化出版社，2005: 203.

[29] 覃正兴，申宝剑. 水热处理过程中 Y 分子筛的骨架脱铝、补硅及二次孔的形成 [J]. 化工学报，2016, 8: 3160-3169.

[30] 徐春明，杨朝合. 石油炼制工程 [M]. 4 版. 北京：石油工业出版社，2009: 294.

[31] Du X, Gao X, Zhang H, et al. Effect of cation location on the hydrothermal stability of rare earth-exchanged Y zeolites[J]. Catalysis Communications, 2013, 35: 17-22.

[32] 杜晓辉，张海涛，高雄厚，等. 镍、钒对 FCC 催化剂结构和反应性能的影响 [J]. 石油学报（石油加工），2015, 31: 1063-1068.

[33] Zhao Z K. Alkylation of α-methylnaphthalene with longchain olefins catalyzed by rare earth lanthanum modified HY zeolites[J]. Journal of Molecular Catalysis A-Chemical, 2006, 250: 50-56.

[34] 徐春明，杨朝合. 石油炼制工程 [M]. 4 版. 北京：石油工业出版社，2009: 324.

[35] Colwell R, Jergenson D, Hunt D, et al. Alternatives to rare earth in FCC operations[J]. Refinery Operations, 2012,3(4): 1-7.

[36] 何鸣元. 以催化技术创新贡献国民经济 50 年：记闵恩泽先生的主要科学技术成就和贡献 [J]. 催化学报，2013, 34(1): 10-21.

[37] 张逢来，周岩，杨凌，等. 分子筛孔道清理改性技术的工业应用 [J]. 石油学报（石油加工），2012(S1): 22-26.

[38] 中国石化石油化工科学研究院科研处. 中国石化石油化工科学研究院开发的高效超稳分子筛及催化剂制备技术助力中国石化绿色行动 [J]. 石油炼制与化工，2018, 49(8): 5.

[39] Van Donk S, Janssen A H, Bitter J H, et al. Generation, characterization, and impact of mesopores in zeolite catalysts[J]. Catalysis Reviews Science and Engineering, 2003, 45: 297-319.

[40] Kortunov P, Vasenkov S, Kärger J, et al. The role of mesopores in intracrystalline transport in USY zeolite: PFG NMR diffusion study on various length scales[J]. Journal of the American Chemical Society, 2005, 127: 13055-13059.

[41] Qin Z, Shen B, Yu Z, et al. A defect-based strategy for the preparation of mesoporous zeolite Y for high-performance catalytic cracking[J]. Journal of Catalysis, 2013, 298: 102-111.

[42] Qin Z, Shen B, Gao X, et al. Mesoporous Y zeolite with homogeneous aluminum distribution obtained by sequential desilication-dealumination and its performance in the catalytic cracking of cumene and 1, 3, 5-triisopropylbenzene[J]. Journal of Catalysis, 2011, 278: 266-275.

[43] 赵华. 多级孔结构 FAU 分子筛吸附扩散性能研究 [D]. 青岛：中国石油大学（华东），2016.

[44] 潘梦，刘宇键，郑家军，等. 基于 Y 型沸石的解聚制备 ZSM-5/Y 沸石催化材料 [J]. 石油学报（石油加工），2015,31(4): 535-541.

[45] 李丽, 潘惠芳, 李文兵, 等. β分子筛在烃类裂化催化剂中的应用[J]. 催化学报, 2002,23(1): 65-68.

[46] Dzikh I P, Lopes J M, Lemos F, et al. Mixting effect of USHY-HZSM-5 for different catalyst ratios on the n-heptane transformation[J]. Applied Catalysis A-General, 1999, 176(2): 239-250.

[47] Zhang J J, Zhang X W, Zhang Y Y, et al. Structural effects of hierarchical pores in zeolite composite[J]. Microporous and Mesoporous Materials, 2009, 122: 64-269.

[48] 曾清湖. 双相沸石复合物的合成及其性能研究[D]. 太原: 太原理工大学, 2011.

[49] Kloetstra K R, Zandbergen H W, Jansen J C, et al. Overgrowth of mesoporous MCM-41 on faujasite[J]. Microporous Materials, 1996, 6(5-6): 287-293.

[50] 陈洪林, 申宝剑, 潘惠芳. ZSM-5/Y复合分子筛的酸性及其重油催化裂化性能[J]. 催化学报, 2004, 25(9): 715-720.

[51] Meng Q L, Liu B J, Piao J P, et al. Synthesis of the composite material Y/ASA and its catalytic performance for the cracking of n-decane[J]. Journal of Catalysis, 2012, 290: 55-64.

[52] Jiao W Q, Wu X Z, Li G, et al. Core-shell zeolite Y@γ-Al_2O_3 nanorod composites: Optimized fluid catalytic cracking catalyst assembly for processing heavy oil[J]. Chem Cat Chem, 2017, 9(13): 2574-2583.

[53] Marilyn Radler. World oil demand rises despite higher prices as production struggles[J]. Oil and Gas Journal, 2000, 97(51): 45-90.

[54] David J J, Peter P P. Handbook of petroleum processing[M]. Dordrecht: Springer, 2006: 287-288.

[55] Pappal D A, Plantenga F L, Tracy W J, et al. Stellar improvements in hydroprocessing catalyst activitiy[C]// NPRA Annual Meeting, 2003: AM-03-59.

[56] 宋文模. 我国近代加氢裂化的30年[J]. 炼油设计, 1996, 26(4): 2-11.

[57] 顾国璋, 赵琰, 李运鹏. 生产中间馏分油的3824加氢裂化催化剂性能及工业应用[J]. 石油炼制与化工, 1998, 29(1): 8-14.

[58] 胡永康, 葛在贵, 丁连会, 等. 高活性中油型加氢裂化催化剂3903的性能及工业应用[J]. 炼油设计, 1995, 25(2): 1-5.

[59] Mao Y, Hong N, Li M, et al. Development and application of hydrocracking catalysts RHC-1/RHC-5 for maximizing high quality chemical raw materials yield[J]. China Petroleum Processing & Petrochemical Technology, 2018(2): 41-47.

[60] 杜艳泽, 王凤来, 孙晓艳, 等. FRIPP加氢裂化催化剂研发新进展[J]. 当代化工, 2011, 40(10): 1029-1033.

[61] Perego C, Ingallina P. Recent advances in the industrial alkylation of aromatics: New catalysts and new processes[J]. Catal Today, 2002, 73: 3-22.

[62] Opdorp P J V, Wood B M. Process for wet aromatic alkylation and dry aromatic transalkylation: US5177285A[P]. 1993-1-5.

[63] Eldon H D, Richardson L J, Andorew Z J, et al. Process for manufacturing ethylbenzene or cumene: EP0873291Al. 1998-10-28.

[64] 曾海生, 关乃佳, 刘述全. 甲苯和1,3,5-三甲苯在不同沸石分子筛上的烷基转移反应[J]. 精细石油化工, 2000,2:7-12.

[65] 宦明耀, 沈震浩, 张斌, 等. 改性Y型分子筛上苯与多乙基苯的液相烷基转移[J]. 化学反应工程与工艺, 2016, 32(3): 225-231.

[66] 郭冬冬, 杨为民, 曹锋, 等. 改性NaY分子筛上多乙苯和苯烷基转移反应性能[J]. 化学反应工程与工艺, 2016, 32(5): 423-431.

[67] 纪飞, 李为民, 姚超, 等. 凹凸棒石黏土负载$AlCl_3$催化剂脱烯烃的性能[J]. 精细石油化工, 2015,

32(2): 5-9.

[68] 侯章贵，吴青，秦会远，等. 脱除微量烯烃催化新材料的开发与应用 [J]. 石油化工，2014, 43(9): 1082-1086.

[69] 黄伟，纪飞，姚超，等. 氟硅酸铵改性 HY 分子筛 / 凹凸棒土催化剂的制备及其脱烯烃杂质催化性能 [J]. 石油学报 (石油加工)，2017, 33(6): 1097-1103.

[70] 孔德存，施力，王昕，等. 氟化铵改性 USY 分子筛及催化脱烯烃反应的研究 [J]. 石油炼制与化工，2020, 51(6): 6-11.

[71] 黄朝晖，刘乃旺，姚佳佳，等. USY 分子筛表面酸性的调变及其在催化脱除芳烃中烯烃的应用 [J]. 化工进展，2016, 35(1): 138-144.

[72] Pu X, Liu N, Shi L. Acid properties and catalysis of USY zeolite with different extra-framework aluminum concentration[J]. Microporous and Mesoporous Materials, 2015, 201: 17-23.

[73] 吴青，侯章贵，兰晓光，等. C_8^+ 重整混合芳烃精制催化剂 TCDTO-1 的研制 [J]. 现代化工，2014, 34(10): 99-102.

[74] 黄玮，储刚，丛玉凤. XRD 法测定沸石分子筛中硅铝比 [J]. 光谱实验室，2003, 20(3): 452-454.

第三章
MFI结构分子筛

第一节　ZSM-5 型分子筛的合成 / 083

第二节　ZSM-5 型分子筛在气相烷基化制乙苯技术中的应用 / 094

第三节　ZSM-5 型分子筛在烯烃催化裂解技术中的应用 / 104

第四节　在甲醇制芳烃技术中的应用 / 111

第五节　在轻烃芳构化技术中的应用 / 118

第六节　其他应用 / 126

在所有分子筛中，MFI 结构分子筛是目前最重要、应用也最广泛的成员之一。MFI 型分子筛具有独特的 10 元环（10-MR）孔道结构、丰富可调的骨架元素组成、良好的水热稳定性和优异的择形选择性，在很多有机反应中显示出优异的催化性能，因此一经问世便在化学工业中得到了广泛应用，成为多相催化领域中举足轻重的催化材料之一。

MFI 型分子筛具有两种类型的孔道，一种为椭圆形 10-MR 直孔道，孔径约为 0.53nm×0.56nm，另一种为正弦型孔道，孔径约为 0.51nm×0.55nm，两种孔道相互交叉形成独特的三维孔道体系（图 3-1）[1-2]。MFI 型分子筛的孔道体系中没有形成笼状结构，只在两种孔道相互交叉处形成直径大于 0.8nm 的空腔。

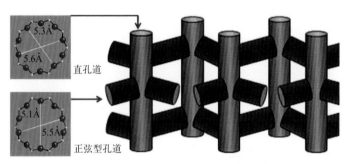

图 3-1 MFI 型分子筛的孔道结构示意图

MFI 型分子筛具有优异的择形催化性能[3-7]，其 10-MR 孔道开口（约 0.5～0.6nm）刚好与苯环（约 0.6nm）匹配，因此对苯环上基团的取代位置非常敏感，对位取代往往比邻位和间位更容易从孔道中扩散出来，并且分子筛孔径或者扩散分子直径的微小变化都会导致扩散行为的显著改变。由于 MFI 型分子筛对于对烷基苯类化合物的高度选择性，使其成为制备对二甲苯和对甲基乙基苯等对烷基苯的最主要的择形催化剂。

ZSM-5 是首个具有 MFI 型拓扑结构的分子筛，是由 Exxon Mobil 公司于 20 世纪 70 年代报道的[8-9]。ZSM-5 骨架元素为硅、铝，与炼油行业常用的 Y 型分子筛相比，ZSM-5 型分子筛的硅铝比（Si/Al）更高，可以根据需要在 10～1000 甚至更大尺度范围内实现连续可调，并且硅铝比的调整并不会破坏分子筛的结构完整性，这种骨架组成的可调节性赋予了 ZSM-5 型分子筛广阔的应用场景。

由于骨架中存在结构稳定的 5-MR，并且硅铝比高，因此 ZSM-5 型分子筛具有较高的热稳定性，甚至可耐受 800℃以上的高温，即便在强酸性或者蒸汽条件下，也只有部分铝原子被溶出或脱除，并不会破坏骨架的完整性，这种特性使其作为催化剂在经历再生的高温水蒸气环境后依然保持稳定。ZSM-5 型分子筛的高硅铝比带来的另一个影响是其表面电荷密度较小，因此其对水、氨等较强极性小分子的吸附量远低于 A 型、X 型分子筛，而对尺寸更大的有机物分子吸附量反而更高。

全硅的 MFI 型分子筛 Silicalite-1 是分子筛研究领域的又一个突破，由 UCC 公司在 1978 年首次合成得到[10]。这种纯硅分子筛在一些催化反应，例如环己酮肟贝克曼重排制己内酰胺等过程中显示出独特的性能优势[11]。MFI 型分子筛骨架中甚至可以加入杂原子，比如 Ti、Fe 等，由此形成的杂原子分子筛材料，如 TS-1 等，在选择催化氧化反应中展现出选择性高、安全环保等优点，推动了绿色催化氧化工艺的技术变革[12]。MFI 型分子筛表面也可以通过浸渍或离子交换等方式引入一些金属离子或金属氧化物，由此形成的金属/分子筛的双功能催化剂在芳构化、加氢裂化等反应中展示出优异的性能[13-14]。总之，MFI 型分子筛是一类在石油炼制、石油化工、煤化工和环保等领域具有广泛应用的重要催化材料。本章中将重点介绍应用最为广泛的 MFI 型分子筛——ZSM-5 的合成及其在气相法乙苯合成、烯烃裂解、甲醇制芳烃、轻烃芳构化等技术中的应用，简要介绍 ZSM-5 型分子筛在催化裂化、芳烃择形歧化、甲苯甲醇择形甲基化以及 TS-1 和 Silicalite-1 分子筛分别在选择氧化和己内酰胺生产中的应用。

第一节
ZSM-5 型分子筛的合成

由于 ZSM-5 型分子筛的重要性和广泛应用，研究人员对其合成工艺的探索和优化开展了大量的工作。与绝大多数分子筛合成路线相似，ZSM-5 型分子筛的制备也采用水热合成法[15]，即将硅源、铝源、碱源和模板剂等混合均匀制成溶胶/凝胶，经老化后再水热晶化和过滤即可。其中模板剂通常为各种季铵盐和有机胺等，并且水的使用量较大，通常这些有机物原料的价格和废水处理的成本高昂，随着应用端对分子筛绿色制备工艺和高效催化性能等方面要求的不断提升[16]，几十年来，人们在持续探索中相继开发了无有机模板法[15]、无溶剂[16]和二次晶化[16]等制备 ZSM-5 型分子筛的新路线，并合成了纳米晶、核壳/共晶结构、片状/棒状、多级孔、全结晶等具有不同组成、孔道和形貌特征的 ZSM-5 型分子筛，以满足不同工业过程需求，这大大丰富了分子筛的结构特征，也有效拓展了其应用范围。

一、组成调变

分子筛的组成调变是合成领域中的重点。骨架铝原子数量的提升有助于增加 ZSM-5 型分子筛的酸性位点密度及其催化活性中心数目，从而提升催化效率。理论上 ZSM-5 型分子筛单元晶胞中铝原子的数量可以在 0～27 之间调整，因此硅铝比可以在较宽范围内调变。目前高硅铝比或者不含铝的纯硅 MFI 型分子筛的制备工艺已经非常成熟，但是富铝 ZSM-5 型分子筛的制备依然面临挑战。其原因在于 Si—O 和 Al—O 键长不同，过量铝原子会导致分子筛的骨架结构稳定性变差，其亚稳态特性更易于形成 P 沸石（GIS 拓扑构型）等 8 元环小孔杂晶。至今为止，关于如何解决人工合成超富铝 ZSM-5 型分子筛（Si/Al＜10）过程中结晶度和产率低、伴生杂晶等问题依旧是公认的技术难题。此外，单一 ZSM-5 型分子筛在某些应用中难以满足多样复杂的需求，通过晶化控制在其表面再生长一层均匀但组成不同的 MFI 型分子筛壳层也是 ZSM-5 型分子筛组成调变的常用手段，得到的核壳结构分子筛可以通过调节壳层厚度和组成实现功能化调控，产生单一分子筛难以实现的新功能。

1．富铝 ZSM-5 型分子筛

从电荷平衡的角度考虑，低硅铝比分子筛的骨架负电荷多，需要利用与之匹配的阳离子来平衡骨架电荷，常规方法是采用碱金属离子，如 Na^+ 等高电荷密度的阳离子来平衡。在最近的研究中，肖丰收课题组通过向体系内加入晶种，成功合成得到硅铝比（Si/Al）低至 9.5 的纯相 ZSM-5 型分子筛，其中晶种的加入有助于抑制杂相的生成和获得更低硅铝比的分子筛材料[17]。在此基础上，本书著者团队以 TPA^+ 为模板剂，研究了晶种以及 Na^+ 加入量对于富铝 ZSM-5 型分子筛合成的影响，具体研究结果见表 3-1。从表中结果可以看到，随着碱金属量的增加，GIS 杂相会随之出现，通过控制 Na^+/SiO_2 以及 OH^-/SiO_2 成功合成得到纯相富铝 ZSM-5 型分子筛。

表3-1　不同合成条件下的晶化结果

样品	投料Si/Al	Na^+/SiO_2	OH^-/SiO_2	ZSM-5晶种（质量分数）/%	产物
A1	8	0.125	0.050	8	ZSM-5
A2	8	0.180	0.050	8	ZSM-5+GIS
A3	8	0.125	0.100	8	ZSM-5
B1	8	0.125	0.200	8	ZSM-5
B2	8	0.180	0.200	8	ZSM-5+GIS
B3	8	0.100	0.200	8	ZSM-5
B4	8	0.125	0.225	8	ZSM-5+GIS

除此之外，模板剂以及某些特定添加剂，对于富铝ZSM-5型分子筛的合成也有很大的影响。在已有研究中，Pereira等人[18]利用生物质介导的超分子方法制备了Si/Al=8±0.5的富铝ZSM-5型分子筛，但是该合成过程中所用的模板剂较难获得。在此基础上，本书著者团队以乙二胺（EDA）为模板剂，加入ZSM-5晶种后，成功合成得到富铝的ZSM-5型分子筛，经ICP-AES测定，Si/Al低至7.6，该合成配比范围为SiO_2/Al_2O_3=22～24，Na_2O/SiO_2=0.09，EDA/SiO_2=0.6～4.0，H_2O/SiO_2=15～30，1%～10%晶种。从图3-2可以发现，该合成方法得到的富铝ZSM-5型分子筛无骨架外铝，并存在介孔结构，有利于催化反应的进行。

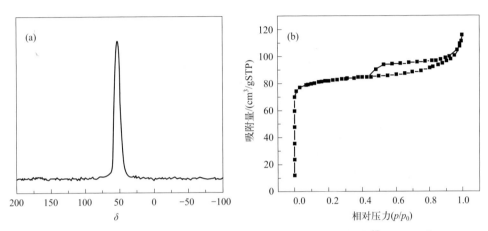

图3-2 以乙二胺为结构导向剂合成低硅铝比ZSM-5型分子筛的（a）^{27}Al NMR谱图和（b）N_2物理吸脱附等温线

另外，本书著者团队提出以四丙基氢氧化铵和18-冠醚-6为模板剂，成功制备得到Si/Al为6.7的超低硅铝比ZSM-5型分子筛，该材料晶相单一，具有较大比表面积和酸量。在最新的研究中，本书著者团队发现向合成体系中加入适量的L-赖氨酸或者L-谷氨酸对于抑制GIS相的生成，获得纯相富铝的ZSM-5型分子筛也有一定的作用。

2. 核壳结构ZSM-5型分子筛的合成

本书著者团队[19]以圆柱形ZSM-5为核，用柠檬酸对其外表面进行预处理，然后在含氟壳层晶化体系中二次生长合成核壳分子筛，表征结果表明产物为Silicalite-1纳米晶壳层包裹的复合微孔分子筛，全硅壳层的覆盖度约达97%，分子筛外表面酸位减少，孔内酸不受影响。柠檬酸预处理有效促进了Silicalite-1壳层的表面生长，致密的壳层则减缓了芳构化反应中的积炭失活。本书著者团队[20-21]将该方法拓展，控制多次生长壳层而获得多壳层ZSM-5@Silicalite-1，将壳层覆盖度提高至100%，外表面酸性位完全消失，因而获得更高的产物选择性。

此外，通过结晶动力学研究得出，核壳 ZSM-5 型分子筛的成核活化能和壳生长活化能分别为 51.5kJ/mol 和 26.5kJ/mol。

除了相同结构的 MFI 壳层，还有一些研究报道了不同组成结构壳层的核壳 ZSM-5 型分子筛催化剂，例如 SiO_2 壳[22]、纳米 Beta 分子筛壳[23]、负载金属的介孔材料壳层[24] 等。本书著者团队[23] 在小晶粒 ZSM-5 表面用聚二烯丙基二甲基氯化铵（PDDA）预处理后，与纳米 Beta 晶种结合并二次晶化获得 ZSM-5@nano-Beta 有序的核壳分子筛，以白炭黑为硅源生成的纳米 Beta 壳层更加致密，且具有丰富的壳层酸位点。本书著者团队[24] 以 CTAB 为表面活性剂，尿素作碱源，在环己烷和正戊烷组成的微乳体系中制备了树枝状介孔 SiO_2 多孔壳层包覆 ZSM-5 型分子筛核的核壳分子筛（图 3-3），进一步负载高分散的贵金属 Pt，得到的催化剂性能良好且循环稳定，该方法解决了常规介孔壳层孔壁较薄、热稳定性差、在反应过程中易发生结构坍塌的问题。

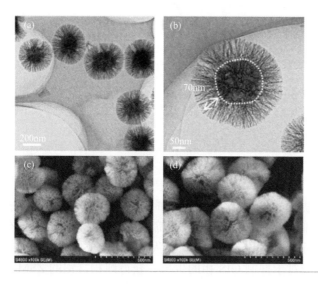

图 3-3
核壳结构 MFI 型分子筛[24]

二、多级孔ZSM-5型分子筛

多级孔 ZSM-5 型分子筛的设计合成是为解决催化应用中的扩散限制问题，在保留原有微孔的基础上，额外引入与微孔互通的介孔、大孔网络，从而有效缩短传质路径长度、提升扩散效率。

多级孔分子筛常用的合成方式是自上而下的后处理法和自下而上的直接合成法。后处理法包括酸处理[25-26]、碱处理[27] 和水蒸气处理[28-30] 等。酸处理分子筛是通过使用无机酸或有机酸处理以部分脱除分子筛骨架铝。少部分骨架铝原子的去除不会造成骨架的坍塌,却能够调变分子筛的孔结构及酸性分布,从而提高分子筛催化剂的催化活性和稳定性。碱溶液处理是在碱性环境中优先从分子筛骨架中脱去 Si 原子而产生介孔,同时保持其微孔特性和酸性不变[27]。水蒸气处理分子筛可以改变分子筛的酸性和酸量,是调变分子筛催化性能的常用方法之一[28-29]。水蒸气处理可以脱除分子筛的四面体铝,使分子筛的酸强度和酸性位数量降低,适度的水蒸气处理可以增加孔径和孔体积,使催化剂的抗积炭能力增强。

直接合成法一般也称为模板法[31-33],是指在母体分子筛合成过程中,采用一些特定性质的材料作为介孔的造孔剂,这些造孔剂又被称作为介孔模板。介孔模板可分为刚性的硬模板[31-32]和柔性的软模板[33-34]。硬模板通常是硬质的纳米材料,软模板则主要是柔性分子,能溶解于水或者在水中能较好地分散。不管是硬模板还是软模板,它们的共同之处在于模板的尺寸都在纳米范围内,并且能与沸石及其前驱物产生一定的物理或化学作用力,最后可以通过简单的方式将它们除去。

1. 直接合成法

本书著者团队[35]在纳米 Silicalite-1 晶种导向的无有机模板凝胶体系中添加聚氨酯泡沫作为硬模板,晶化制备了具有丰富可调大孔的 ZSM-5 型分子筛泡沫材料,聚氨酯泡沫在晶化过程中完全降解,制备的分子筛晶粒之间的交错生长使其整体具有较高的机械强度,更符合实际应用需求。工业过程中,造孔后牺牲的模板剂成本过高可能会限制多级孔 ZSM-5 的实际应用,本书著者团队[36]利用成本低廉的淀粉作为晶化过程中的共模板剂,一步直接合成了拥有两套孔体系的 ZSM-5 型分子筛,一种是分子筛特征微孔,另一种是 5~50nm 的介孔体系,在一定范围内调整淀粉的用量可获得不同介孔含量的多级孔 ZSM-5 型分子筛,其结晶度与常规 ZSM-5 相近,但比表面积和抗失活性能显著提高。

借助晶化过程的生长动力学规律,调控晶化条件,使不同形貌的纳米晶堆积排列,也能制备多级孔 ZSM-5 型分子筛。本书著者团队[37]利用蒸汽辅助的干胶转化方法直接获得含有丰富介孔结构的 ZSM-5 型分子筛(图3-4),表面酸中心和外表面积远高于常规分子筛,从而显著增加了邻二甲苯异构反应中的可接近活性位数量和传质效率。本书著者团队[38]采用超重力预混的方式得到均匀的凝胶,然后通过动态晶化或静态晶化均获得了具有丰富介孔结构的 ZSM-5,动态和静态晶化产物的比表面积分别高达 $482.5m^2/g$ 和 $427.8m^2/g$。研究认为老化凝胶过程强化传质传热可以产生大量的介孔结构,动态晶化法还能额外增加 5nm 左右的介孔。

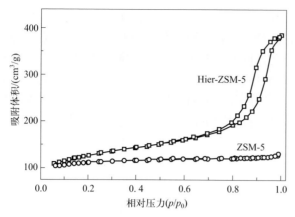

图3-4 常规ZSM-5和多级孔ZSM-5型分子筛（Hier-ZSM-5）的N_2吸附等温线[37]

2. 后处理法

本书著者团队[39]用不同浓度的NaOH溶液处理ZSM-5型分子筛，发现适当浓度的NaOH溶液没有破坏分子筛的完整骨架，但增加了其介孔结构和可接近表面。最佳NaOH浓度为0.4mol/L。该浓度下，无定形氧化铝和过多的强酸位被刻蚀，留下适当的酸量和丰富的介孔结构，显著提高其对碳四烯烃的裂解稳定性。在较温和的刻蚀条件下更容易控制形成多级孔以及保留原结晶性。本书著者团队[40]利用一种简单的弱碱溶液刻蚀的方法制备具有空心多级结构的ZSM-5型分子筛微球。刻蚀前后没有明显的结晶度下降，但原本沸石微球中形成了大小不等、形状各异的多孔网络，孔径分布变宽，这一般是刻蚀法处理后的分子筛的典型特征。刻蚀造孔具有孔道贯通相连的特征，因而多级孔沸石微球的吸附性能大幅提高。原位刻蚀技术是结合直接合成法开发的一步制备多级孔ZSM-5的方法，本书著者团队[41]利用高浓度模板剂强碱水热环境来原位刻蚀常规ZSM-5，150℃下水热4d获得多级孔ZSM-5型分子筛，其外比表面积达到$153m^2/g$，高于直接合成的组装型多级孔分子筛，说明其孔结构分布更多样化。本书著者团队[42]在NaOH溶液处理ZSM-5分子筛时，利用哌啶对分子筛骨架的保护作用，进行选择性刻蚀，制备了晶粒上含有内外贯通介孔的多级孔ZSM-5分子筛。

三、结构与形貌调控

分子筛晶粒的尺寸、形态和形貌的调控一直都是分子筛研究的重要方向，探索ZSM-5型分子筛尺寸和晶形变化，精确控制其晶粒尺寸和形貌，对催化性能的调控及提升具有重要的意义。纳米ZSM-5型分子筛是结构与形貌调控的重要研究方向，纳米颗粒因其扩散路径短、孔径分布丰富以及比表面积高等特点，在催化领域的应用中展现出广阔的前景。此外，ZSM-5 型分子筛在不同的晶面上的孔道分布差异巨大，不同形貌的 ZSM-5 分子筛具有不同的孔道比例，也造成了 ZSM-5 型分子筛材料在催化反应中的产物选择性、催化活性及稳定性等方面均随着形貌的不同而产生明显差异。

1. 纳米颗粒合成

合成纳米 ZSM-5 型分子筛的常用方法有水热合成法、有机溶剂热法、干胶转换法、限定空间法等。其中，水热合成法是最普遍的合成方法。该方法通常是将铝源、硅源、模板剂混合均匀后，在一定的温度和压力下晶化一段时间后得到。但该方法得到的纳米颗粒常常存在着结晶度低、颗粒大小分布不均一、粒径分布区间不可控等问题。为了解决上述问题，本书著者团队[43]提出一种两步润湿制备均匀纳米 ZSM-5 型分子筛新方法，先用模板剂、铝源和水制备前驱体母液，前驱体母液润湿硅溶胶表面后，再润湿晶种胶表面，制备得到分布均匀、粒径为 100～200nm 的 ZSM-5 纳米颗粒。考虑到模板剂以及合成体系的碱度会对分子筛晶化结果产生巨大影响，本书著者团队提出以对二苄溴为主要原料，设计合成了新型双季铵碱类化合物，以此作为模板剂，适当调节合成体系的碱度，最终成功制备了颗粒尺寸均一的纳米级 ZSM-5 型分子筛。在制备过程中，本书著者团队发现硅酸根在强碱性溶液中会以不同聚集态存在，通过控制体系硅溶解度及溶解后的聚合形态，可以调节晶种成核及后续生长，得到不同形貌及粒径的分子筛。图 3-5 显示在使用不同聚合度的正硅酸乙酯、硅溶胶及硅粉作为硅源时，可以得到粒径大小不同的 ZSM-5 型分子筛[44]。

硅溶胶　　　　　　　　　硅粉　　　　　　　　　正硅酸乙酯

图3-5 不同硅源所合成的ZSM-5型分子筛SEM照片[44]

此外，针对纳米颗粒在工业应用中液固分离困难的问题，本书著者团队还提出向合成体系中添加适当添加剂（如尿素等）或碱金属离子（如 K^+、Na^+ 等），一步加热晶化得到 ZSM-5 纳米颗粒团簇，纳米晶粒聚集成的团簇大小在 2μm 以上，该团簇含晶体粒径为 30～80nm 初级粒子，并且该 ZSM-5 纳米颗粒团簇在有机物转化反应中具有较好的活性、选择性和稳定性。

2. 形貌调控

通过控制分子筛形貌，可以有效控制反应物/产物分子在其孔道结构中的扩散路径，提升催化性能[45-49]。本书著者团队在工业催化剂开发中，发现 ZSM-5 型分子筛 (010) 晶面及直孔道暴露度随 c 轴长度的延长而逐渐增加，晶内扩散速率与直孔道暴露度成正比。

常规 ZSM-5 型分子筛在晶化过程中由于受 Oswald 熟化（Oswald-Ripening）及 Wulff 规则的限制，通常得到典型的"蹄槽（coffin）"形貌。Ryong Ryoo 等[50]合成出特殊的表面活性剂 C_{22}-C_6-C_6，利用其中的联氨基团作为沸石生长的结构导向剂，促进分子筛生长，同时利用疏水烷基长链形成的介孔胶束，抑制沸石轴向生长，得到厚度仅有 2nm 的单晶胞分子筛晶体。车顺爱等[51]利用具有较强有序自组装能力的刚性模板，通过 π-π 堆积稳定介孔结构，形成单晶 ZSM-5 型分子筛纳米片。肖丰收等[52]利用氟碳表面活性剂 FC-4 作为链接剂，裘式纶等[53]用阳离子聚合物 PDDA 为链接剂，唐颐等[54]利用微波辅助及限域效应，均可调控分子筛形貌。

本书著者团队利用自主开发的三维轴向吸附生长方法[55]，实现了晶体形貌、尺度大小及分布的精准可控，通过不同添加剂在 (100)、(010) 及 (101) 表面进行选择性吸附，成功实现 (010) 晶面择优生长的烯烃裂解工业催化剂的原创合成，提高了酸性位利用效率和扩散性能。

本书著者团队应用密度泛函方法，深入研究了 ZSM-5 型分子筛的微观原子层差异，建立了不同晶面上原子尺度排列模型（图 3-6），计算得出 MFI 型分子筛的 (100)、(010) 和 (101) 表面本征生成能分别为 $0.24eV/nm^2$、$0.29eV/nm^2$ 和 $0.14eV/nm^2$。可以看到，对于 (010) 和 (100) 晶面，其本征生成能虽有差别，但并

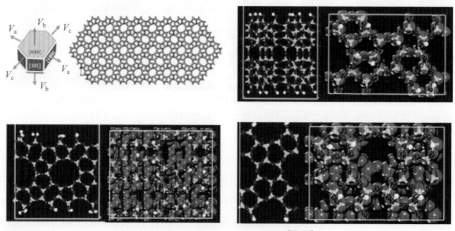

图3-6　ZSM-5型分子筛不同晶面上原子尺度排列模型[55-56]

不是非常明显，这说明在没有任何作用力条件下，ZSM-5 本征生长会导致短期内 (100) 晶面与 (010) 晶面生长速率基本相同，各个晶面间不存在各向异性。在此基础上，通过加入添加剂，使其本征生成能差异增大，可以有效地控制 ZSM-5 各个轴向的生长速率，得到不同形貌分子筛。

本书著者团队利用高通量系统，在不同凝胶组成和晶化条件下系统考察了不同添加剂对产品形貌的影响规律。结果表明极性过高或过低的添加剂都会导致 ZSM-5 合成失败，无法得到结晶度良好的 ZSM-5。只有加入高极性的含氮官能团分子，调控其在不同晶面上的吸附特性差异，才能有效改变 a、b、c 轴方向的生长速度，获得球状、片状及棒状形貌分子筛（图 3-7）。而在这三大类型的形貌中，通过调控分子筛的成核、生长及活化能垒，改变合成条件，可以进一步得到纳米级与微米级粒径大小分布不同、尺度可控的晶体[56]。

 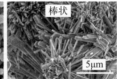 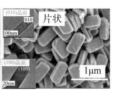

图3-7　不同形貌样品的SEM照片[55-56]

不同形貌样品对氮气的吸附和脱附曲线如图 3-8 所示。在 $p/p_0=0.2$ 的条件下，沸石的片状形貌呈现液晶相变，可能是由于片状 ZSM-5 倾向于经历这种转变。片状 ZSM-5 样品的原子力显微镜（AFM）表征进一步表明，b 轴方向的厚度约为 90nm。在红外光谱中，550cm^{-1} 处存在 5 元环对称伸缩振动吸收峰，证明了 MFI 结构的存在。片状 ZSM-5 的谱图中，由于纳米尺寸效应，5 元环的振动分裂为 555cm^{-1} 和 570cm^{-1} 两个峰，进一步证明了厚度小于 1μm 的片层结构的存在。ZSM-5 的 b 轴孔比 a 轴孔具有传质优势，片状形貌的分子筛直孔长度明显缩短，更有利于客体分子的扩散。

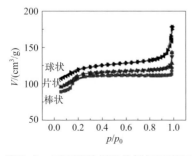 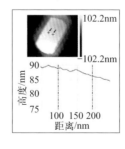 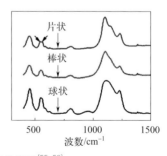

图3-8　不同形貌样品的氮气吸附和脱附曲线、AFM图片及红外谱图[55-56]

四、全结晶ZSM-5型分子筛催化剂

工业催化剂必须成型为具有一定外形和必要机械强度的宏观颗粒，以满足工业反应器中物料快速传质扩散的需求。成型过程需要使用大量的助剂，其中黏结剂是使用量最大的助剂之一，加入量甚至达到催化剂总质量的30%～70%。绝大部分黏结剂是高沸点、难烧结的金属/非金属氧化物，是催化过程中的惰性组分。黏结剂的加入一方面稀释了催化剂的有效活性组分，导致催化剂有效活性中心减少、活性降低；另一方面可能会挤占分子筛晶粒的晶间孔，甚至堵塞分子筛微孔孔口，阻碍物料在分子筛晶粒内的传输扩散，导致催化剂的活性、稳定性变差。

本书著者团队通过系统研究气固相转晶动力学，创新了气固相转晶方法，发展了全结晶分子筛的特色创新技术[57-59]。具体是通过二次晶化的方法来消除黏结剂的负面影响，把无定形的黏结剂完全转化为具有催化活性的分子筛晶体，同时保持高的机械强度（图3-9）。全结晶分子筛材料因为含有100%的分子筛活性组分，具有结晶度高、活性中心多、孔结构丰富以及扩散性能优异等特点。

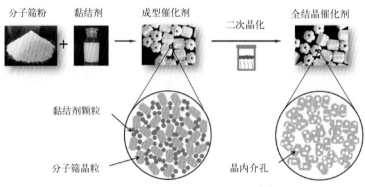

图3-9　全结晶ZSM-5型分子筛的制备流程示意图[57]

全结晶分子筛的结构特征首先体现在黏结剂颗粒的消失。本书著者团队对比了成型分子筛材料在二次晶化前后的微观结构特征，发现成型后黏结剂颗粒附着在分子筛晶粒周围，而在转晶后黏结剂颗粒基本消失。从电镜中可以看出全结晶分子筛的另一个典型特征是分子筛晶粒呈现出一定的取向生长，并且相互作用更加紧密（图3-10），这两者是黏结剂颗粒消失但是机械强度保持的重要原因。大量介孔孔道的出现（图3-10）是全结晶分子筛另一典型结构特征，分子筛在二次晶化前，晶粒表面光滑，几乎没有介孔特征出现。在二次晶化后，分子筛晶粒表

面不再光滑，开始出现丰富的晶内介孔。晶内介孔和微孔形成的多级孔结构是全结晶分子筛表现出扩散优势的主要原因。

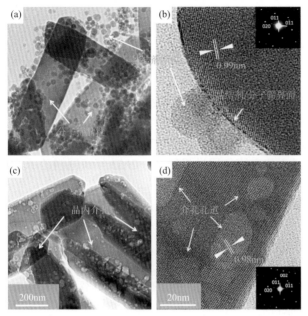

图3-10　常规成型ZSM-5分子筛［（a）和（b）］以及全结晶ZSM-5分子筛［（c）和（d）］的透射电镜图片[57]

此外，晶粒尺寸的增加也是全结晶分子筛的结构特征之一，本书著者团队统计了二次晶化前后100个分子筛晶粒的平均尺寸，发现二次晶化后，晶粒平均尺寸在a、b、c三个方向上均明显增大（图3-11），这些现象可以表明所制备材料的全结晶特征。

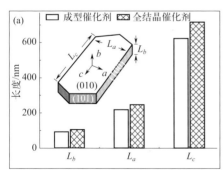
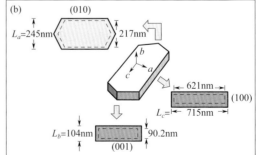

图3-11　二次晶化前后100个分子筛晶粒的尺寸变化情况[57]

第二节
ZSM-5型分子筛在气相烷基化制乙苯技术中的应用

一、概述

乙苯是一种重要的有机化工原料，其下游产品如工程塑料、合成树脂、合成橡胶等是建筑、汽车、电子及日用品等行业的重要原材料，用途非常广泛。近年来乙苯及其下游合成材料市场需求出现快速增长[60-63]，2022年，全球乙苯产能已超过5000万吨/年。我国乙苯产能位居世界第一，2022年底国内乙苯产能约2150万吨/年。

除少量乙苯通过C_8芳烃分离得到外，98%以上的乙苯都由苯和乙烯在酸性催化剂作用下通过烷基化反应获得。乙苯的生产技术经历了由传统$AlCl_3$催化工艺到分子筛清洁催化工艺的发展过程[64-66]。传统的$AlCl_3$法存在设备腐蚀、环境污染、维护费用高等缺点，已逐渐被淘汰。采用更加绿色环保的基于分子筛催化剂的工艺已成为乙苯生产的主流工艺，其根据反应类型不同可分为气相法和液相法两种。其中，气相法具有原料适用性广的特点，原料苯来源可以为石油苯或焦化苯，原料乙烯来源可以为纯乙烯、稀乙烯或乙醇，催化剂主要以改性ZSM-5分子筛作为活性组分。

苯与乙烯烷基化是强放热反应，其焓变为$\Delta_r H_m^\ominus$=-25.20kcal/mol（1cal=4.184J，下同，苯与乙醇烷基化反应的焓变为-51.16kcal/mol）。该反应是可逆的，但在烷基化反应条件下，正反应（烷基化）在热力学上的趋势远大于逆反应（脱烷基）；在动力学上，由于烷基化反应速率快、效率高，乙烯通常可以完全转化。一般可将苯与乙烯烷基化分为三个基元步骤：乙烯首先在酸中心被活化生成乙基碳正离子，其再进攻苯环形成σ络合物，最后σ络合物经质子离去生成乙苯，完成烷基化过程。

图3-12为苯与乙烯烷基化的反应网络图，主反应是苯与乙烯烷基化生成乙苯，副反应包括深度烷基化、乙烯低聚、裂解、异构化等。其中，深度烷基化指乙苯与乙烯进一步烷基化生成多乙苯（二乙苯、三乙苯等），多乙苯可以通过烷基转移反应转化为乙苯；乙烯低聚主要指乙烯与过程中形成的碳正离子发生链增长反应，其可进一步发生裂解、异构化形成轻质非芳烃副产物，若其进一步与苯发生烷基化则将形成重组分杂质；重组分杂质也可能来源于乙苯与苯脱氢烷基化过程（如二苯乙烷）。由于会覆盖分子筛的酸中心、堵塞孔道，重组分杂质是导致分子筛催化剂失活的主要原因。二甲苯是乙苯生产工艺中最重要的副产物，一

一般认为二甲苯主要来自乙苯异构、丙苯、丁苯等芳烃脱烷基、稠环芳烃转化及个别其他过程[67]。理论上，苯与乙烯烷基化的化学计量比为1∶1，但在工业装置上，出于保证乙烯完全转化、抑制多乙苯生成或其他副反应发生、吸收反应热等角度，苯是远远过量的。然而，过高的苯烯比致使苯循环量上升、能耗增加，降低苯烯比是乙苯技术的发展方向，而其关键在于高性能分子筛催化材料的开发。

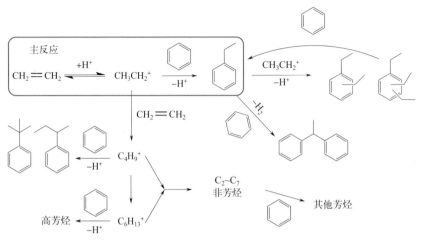

图3-12 苯与乙烯烷基化的反应网络图

20世纪80年代，世界上第一套由美国Mobil公司和Badger公司合作开发的Mobil/Badger气相烷基化制乙苯装置在美国试验成功，标志着乙苯生产技术的重大革新。该工艺采用固体酸ZSM-5分子筛作为催化剂、单一固定床反应器[68-69]，首次实现了多相催化制乙苯过程，解决了催化剂与反应物的分离问题，具有无腐蚀、无污染、流程简单、热量回收利用率高等优点。产物中副产的多乙苯返回反应器，与苯发生烷基转移反应生成乙苯。烷基化反应和烷基转移反应在同一个反应器中进行，催化剂单程寿命短，约45d，产品乙苯中二甲苯含量高于2000mg/kg。随后，Mobil和Badger通过技术升级，催化剂稳定性得到提升，单程寿命可达1年，二甲苯含量降至1000mg/kg[62]。Fina[70]、Cosden[71]、Dow[72]等公司也在这一领域有比较深入的研究，但未见工业化的报道。此后的十几年里，分子筛气相法生产乙苯工艺在全球乙苯技术市场迅速推广，最多的时候全球有30余套生产装置采用此工艺，其产能曾占据世界乙苯总产能的40%。

针对我国资源特点，本书著者团队先后开发了适应石油基、煤基及生物质基等多种原料的乙苯清洁生产技术，突破了催化剂原料适应性、反应分离工艺、大型化反应器等关键技术，开发了纯乙烯气相法、乙醇气相法和稀乙烯气相法制乙苯的催化剂及成套工艺技术。

二、催化剂的开发

苯与纯乙烯气相法制乙苯反应温度高,分子筛孔道中会发生深度烷基化、乙烯聚合等大量副反应。反应物或产物在普通微米级 ZSM-5 型分子筛中较长的停留时间会显著增大副反应的发生概率,加剧积炭生成[73]。减小催化剂粒径、制备纳米晶可提高分子筛的传质速率、有效抑制积炭生成并延长催化剂使用寿命。本书著者团队先后成功开发了以纯乙烯、乙醇或稀乙烯等作为反应原料来合成乙苯的技术,该类技术主要以改性 ZSM-5 型分子筛作为催化剂活性组分,催化剂具有催化活性高、乙苯选择性高、稳定性好等优点。

1. 纯乙烯气相法制乙苯催化剂

本书著者团队突破国外同类催化剂制备的传统思路,发明了 ZSM-5 型分子筛"形貌控制""孔道修饰""多级孔构建"等多项技术,创新了催化剂制造的工艺技术,实现了乙苯催化剂生产的高效率和低排放。

(1)抗结焦能力强的小晶粒 ZSM-5 型分子筛 在分子筛水热合成工艺方面,通过对小晶粒分子筛合成晶化动力学的研究,突破了小晶粒分子筛低温晶化的原有技术概念。采用分段晶化、动态晶化和导向晶化等合成技术,以廉价有机胺作为结构导向剂并在诱导期控制成核,开发了"晶化速度分级控制"方法,单釜水热合成时间由 96h 缩短到 48h,生产效率提高 1 倍,成功研制了具有适中酸强度、活性位多的抗结焦、纳米级 ZSM-5 分子筛[74-75]。针对亚微米小晶粒分子筛在过滤、交换及后处理过程中易造成产品损失的问题,优选出小晶粒絮凝剂和超细颗粒固液分离设备,解决了小晶粒分子筛回收的难题,固体产物回收率提高 20% 以上。针对亚微米小晶粒分子筛在离子交换中二次损失及离子交换母液排放量较大等问题,采用新的离子交换工艺,使离子交换废水排放减少 60%。所制备的小晶粒高硅 ZSM-5 型分子筛材料粒径为 0.3~0.8μm,分子筛的合成生产成本降低了 35% 以上。

得益于扩散路径的缩短,反应物和产物在孔内扩散效率提高,使齐聚、环化等副反应概率降低,有效抑制了催化剂失活,提高了催化剂的活性和稳定性。评价结果表明(表3-2),综合乙烯转化率、选择性及结焦率和失活速率等指标,粒径为 0.3~0.8μm 的球形 ZSM-5 型分子筛的催化性能最佳,其乙烯转化率较高,且结焦率较低。

表3-2 不同晶粒大小和形貌分子筛的催化性能对比

分子筛晶粒/μm	分子筛形貌	乙烯转化率/%	选择性/%	失活速率/(%/h)	结焦率/%
2.0~5.0	立方形	81.2	86.7	0.62	15.7
1.0~2.0	立方形	89.7	88.5	0.46	11.9
0.3~0.8	球形	95.4	98.2	0.32	5.4
0.05~0.3	球形	95.5	95.6	0.31	5.2

（2）复合孔催化剂成型工艺　催化剂成型中加入的普通氧化铝黏结剂会在一定程度上堵塞分子筛微孔,不利于充分发挥分子筛的催化性能[76]。本书著者团队在成型中采用两种具有不同孔体积的氧化铝材料分别作为造孔剂及黏结剂,创制了具有更大介孔的复合孔催化材料。如图3-13所示,未采用复合孔成型工艺的催化剂孔径主要集中在4.7nm,而采用复合孔成型工艺后,催化剂介孔孔径提高到6.4nm。从催化反应角度来看,催化剂的微孔提供了反应场所,而介孔为反应物吸附和产物扩散提供了通道。因此,复合孔成型工艺可大幅度改善催化剂的扩散性能,提高了活性位利用效率,同时抑制了副反应。从表3-3的催化剂反应性能来看,复合孔成型工艺可明显抑制催化剂的结焦,降低失活速率,对乙烯转化率和选择性也有一定程度的提升。

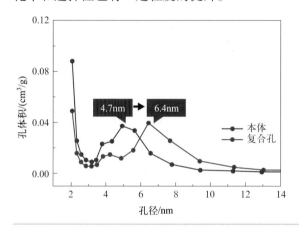

图3-13　不同催化剂的孔径分布

表3-3　复合孔成型工艺对反应性能的影响

催化剂	乙烯转化率/%	选择性/%	失活速率/(%/h)	结焦率/%
本体催化剂	95.2	98.1	0.33	5.5
复合孔催化剂	96.5	98.9	0.25	3.2

（3）催化剂酸性调变　除扩散外,分子筛自身酸性也是影响催化剂稳定性的重要因素,苯和乙烯烷基化反应中应尽量降低强酸占比以抑制结焦。本书著者团队结合水蒸气处理和有机酸络合开发了独特的分子筛改性工艺,进一步优化了分子筛催化剂的孔结构、酸种类和酸强度分布,改善了催化剂稳定性和再生性能。该工艺中分子筛首先经水蒸气处理脱除部分骨架铝,以降低强酸密度、提高催化剂选择性和稳定性;后续的有机酸络合处理可以清理水蒸气处理产生的非骨架铝,起到疏通分子筛孔道、增强催化剂容炭能力的作用。因此,水蒸气结合有机酸络合处理可以在维持催化剂孔体积的同时优化酸强度分布、暴露更多活性位。如表3-4所示,NH_3-TPD表征结果表明,水蒸气和有机酸络合处理使酸强度减弱

（弱酸峰从234℃降至215℃，强酸峰从445℃降至420℃），强酸比例也从原来的61.7%减少到53.6%。因此该工艺不仅提高了催化剂的活性，也可以延长催化剂的再生周期和使用寿命，更好地满足高负荷和长周期运转的工业生产要求。

表3-4 有机酸处理前后样品的NH_3-TPD数据

样品	弱酸		强酸	
	峰温/℃	（酸量/总酸量）/%	峰温/℃	（酸量/总酸量）/%
处理前	234	38.3	445	61.7
处理后	215	46.4	420	53.6

2. 乙醇气相法制乙苯催化剂

烷基化制备乙苯技术的原料乙烯和苯均来源于石油路线，受到石油资源日益减少和原油供应短缺的影响，各国竞相寻求替代石油的新能源，进而催化了生物乙醇开发和应用的热潮。与采用乙烯为原料相比，乙醇的储存和运输更加方便，使乙苯装置不必建在乙烯原料产地，便于装置的选址和建造。以生物乙醇为烷基来源的烷基化技术开辟了乙苯制备的新途径，但乙醇与苯发生烷基化反应中会产生大量水蒸气，导致催化剂活性中心损失和装置运行稳定性下降，乙醇在酸性位上的强吸附也导致了一系列其他问题。为提高苯与生物乙醇烷基化反应催化剂的性能，需要提升催化剂的总酸量和水热稳定性。

（1）全结晶分子筛催化剂　在乙苯生产的烷基化反应中，催化剂稳定性至关重要。增加催化剂酸性中心数量是提高催化剂稳定性的重要方法之一，全结晶技术可以在不改变酸密度的前提下增加催化剂活性位的数量[59]。通过研究ZSM-5结构分子筛的固相结晶机理并发展催化剂二次转晶技术（图3-14），书本著者团队利用有机胺蒸气对含有黏结剂的成型催化剂进行水热处理，将硅溶胶等黏结剂也晶化为具有活性的分子筛组分，提高了催化剂整体结晶度，在保持高硅分子筛酸密度的同时，催化剂酸中心数量增加了30%～40%，同时增强了催化活性、处理能力和稳定性（表3-5）。

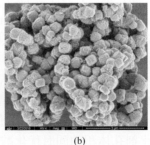

(a)　　　　　　　　　(b)

图3-14　二次转晶前后的扫描电镜照片［（a）转晶前；（b）转晶后］[59]

表3-5 二次转晶前后催化剂物理性能及催化性能对比

催化剂	物理性能			催化性能		
	比表面积/（m²/g）	相对结晶度	平均孔径/nm	乙醇空速/h⁻¹	乙醇转化率/%	相对活性
二次转晶前	331	61	4.26	6.6	53.9	100
二次转晶后	415	100	2.66	6.6	71.2	132

（2）稳定分子筛酸中心的磷改性技术 苯与乙醇烷基化反应中，一方面积炭会造成孔道堵塞和活性位覆盖，另一方面乙醇与苯反应生成的大量水会在高温条件下导致分子筛骨架铝的脱除，两个因素共同加剧了催化剂的失活。因此分子筛酸中心稳定化也是催化剂开发所面临的关键挑战之一。

通过研究分子筛杂原子组分的引入对骨架硅铝酸中心结构性质的影响，发展了在水热处理和有机酸络合改性基础上的定向磷修饰方法，使部分骨架铝产生不饱和价键，诱导改性磷组分与骨架铝进行锚定，从而形成超稳化类SAPO中心结构（图3-15）[77]。吡啶吸附红外表明，超稳化催化剂的水热稳定性提高了10倍（表3-6），在苯和乙醇烷基化反应中的寿命也大幅延长。

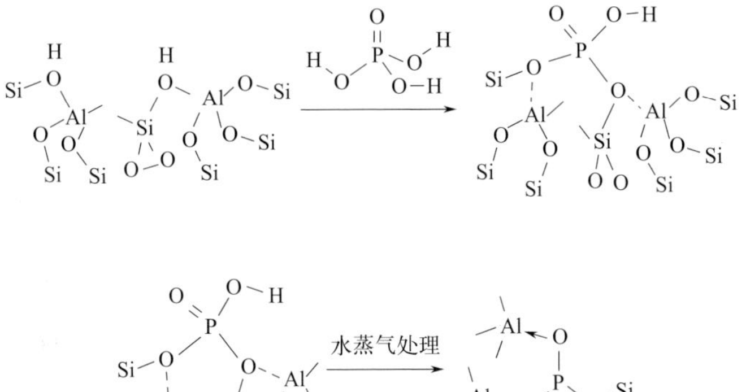

图3-15 类SAPO超稳酸中心结构模型[77]

表3-6 磷锚定修饰催化剂抗水性能比较

催化剂	B酸量/（mmol/gcat）		B酸相对保留度/%
	水蒸气处理前	水蒸气处理后	
本体催化剂	0.350	0.028	8.0
磷锚定修饰催化剂	0.331	0.302	91.2

3. 稀乙烯气相法制乙苯催化剂

近年来，随着市场对乙苯需求量的持续增加，如何扩展生产原料的来源成为乙苯技术开发的关键。炼油尾气，如催化裂化干气中的乙烯浓度高达10%～30%，但长期以来这些资源只能经火炬燃烧，这不仅浪费了资源，也排放了大量二氧化碳。与纯乙烯相比，以稀乙烯／干气中的乙烯作为制备乙苯的原料可以节省13%～15%的成本，经济优势明显[78-79]。为此，Mobil和Badger公司首先开发了干气制乙苯技术，并于1991年在英国Stanlow建成了世界上第一套干气制乙苯装置（年产16万吨）[68]，但是该技术流程复杂、乙烯的预精制投资占比高，其经济性大打折扣。中国科学院大连化学物理研究所以高硅ZSM-5/ZSM-11共生分子筛为催化剂活性组分[80-81]，从20世纪90年代开始相继开发了三代气相法干气制乙苯工艺技术，采取原料干气杂质脱除和工艺流程优化等措施，大幅提高了催化剂稳定性，同时降低了能耗、物耗和产品中二甲苯含量[82-83]。相对纯乙烯与苯的烷基化反应，稀乙烯中乙烯含量低，反应接触时间短，所以对催化剂的活性要求更高；另外稀乙烯杂质复杂，易导致催化剂积炭失活。因此，烷基化催化剂仍然是稀乙烯高效转化制乙苯工艺的核心技术[84]。

本书著者团队系统研究了分子筛扩散性能对烷基化反应的影响规律，提出了通过控制分子筛晶面取向促进扩散，以提高催化剂活性中心利用率和稳定性的方法，发展了形貌可控的纳米分子筛合成技术，先后创制了纳米球状（直径200nm）ZSM-5型分子筛[图3-16（a）]和纳米片状ZSM-5型分子筛[图3-16（b）]，此类分子筛催化材料可接近的活性位较多、容炭能力强、反应活性和稳定性高。其中，纳米球状ZSM-5型分子筛可通过添加适当的生长抑制剂制备，对应的高稳定稀乙烯烷基化催化剂（SEB-08）可以在苯烯比为6.1的条件下实现97%～99%的乙烯转化率，>99%的乙基选择性，催化剂再生周期为12～14个月。

纳米片状ZSM-5型分子筛相对于球状分子筛的优势在于可以暴露更多的（010）晶面，该晶面为MFI结构直形孔道的出口，扩散速率是正弦孔道的8倍以上。球状分子筛晶体（010）晶面暴露度为33%，而片状分子筛可定向暴露50%以上的（010）晶面，能进一步提高反应活性和稳定性，并降低苯烯比。然而MFI型分子筛为正交／单斜晶系，其典型形貌为"蹄槽（coffin）"形貌，通常很难合成片状形貌。本书著者团队通过高通量实验筛选了能定向吸附在（010）晶面的生长修饰剂，有效调变了分子筛不同晶面的相对生长速度，成功合成了b轴方向厚度为100nm的片状ZSM-5型分子筛[图3-16（b）]。

与纳米球状分子筛相比，纳米片状分子筛在低苯烯比条件下，转化率、选择性、稳定性明显提高，据此开发了低苯烯比的稀乙烯烷基化催化剂（SEB-12）。工业应用结果表明，当苯烯比为5.2时，片状ZSM-5型分子筛催化剂上乙烯转化率>99%，乙基选择性>99%，催化剂再生周期为17个月，各项技术指标明显优于同类技术（见表3-7）。

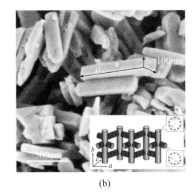

图3-16　纳米球状（a）与纳米片状（b）MFI分子筛的扫描电镜照片

表3-7　稀乙烯烷基化制乙苯催化剂的反应性能对比

催化剂[①]	苯烯比 /(mol/mol)	乙烯转化率 /%	乙基选择性 /%	再生周期 /个月
SEB-08（纳米球状）	6.1	99.4	99.6	12
SEB-12（纳米片状）	5.2	99.6	99.5	17

①国内同一工业装置运行结果（平均值）。

三、催化剂的应用

自1994年，本书著者团队就开始致力于分子筛催化的气相乙苯技术开发，经过近30年的发展，开发的气相法制乙苯催化剂及工艺技术已成功应用于20余套乙苯装置，取得良好的社会效益及经济效益，有力地推动了我国乙苯技术的发展。

1. 纯乙烯气相法制乙苯催化剂

表3-8列举了AB系列纯乙烯制乙苯催化剂工业应用情况，其中，AB-96苯与纯乙烯气相烷基化制乙苯催化剂于1999年首次工业化应用[84-86]；以AB-97为烷基化催化剂和AB-97-T为烷基转移催化剂的成套工艺技术于2000年应用于江苏丹华集团有限公司，首次实现气相烷基化制乙苯清洁技术的国产化，消除了设备腐蚀和环境污染问题[87]。2015年，AB-12催化剂在台湾化学纤维股份有限公司35万吨/年纯乙烯气相烷基化制乙苯装置进行工业应用，与使用进口催化剂相比，装置负荷提高10%，副产物二甲苯含量降低20%，乙苯纯度提高0.4个百

分点,每吨乙苯产品的苯单耗和乙烯单耗分别下降 2.2kg 和 2.0kg。至今,AB 系列纯乙烯制乙苯催化剂已应用于 8 套装置(表 3-8),催化剂在国内市场占有率 100%。

表3-8 AB系列纯乙烯制乙苯催化剂工业应用情况

装置位置	工艺技术	装置规模/(万吨/年)	应用年份
辽宁省	Badger	6.0	1999
黑龙江省	Badger	6.0	2002
广东省	Badger	8.0	2002
江苏省	中石化	1.5	2003
江苏省	中石化	16.0	2007
山东省	中石化	21.5	2015
台湾省	Badger	35.0	2015
台湾省	Badger	25.0	2016

2. 乙醇气相法制乙苯催化剂

本书著作团队在苯与纯乙烯气相烷基化制乙苯工艺的基础上,制备了水热稳定性好和抗杂质能力强的 DF-AS 系列苯与乙醇气相烷基化制乙苯催化剂,发明了高效除水和杂质分离的耦合工艺,开发了苯与乙醇气相烷基化制乙苯成套工艺技术[88],乙醇转化率≥99%,催化剂再生周期 1 年以上,寿命 2～3 年。2007 年在江苏镇江建成首套以生物乙醇为原料的 1.5 万吨/年乙苯工业示范装置。2010 年,烷基化催化剂 DF-AS 和烷基转移催化剂 DF-AS-T 应用于山东菏泽玉皇化工有限公司的 21.5 万吨/年乙苯装置,乙醇转化率≥99.0%,乙基选择性≥99.0%,催化剂再生周期≥12 个月,催化剂寿命 2～3 年,产品纯度≥99.70%。考虑到乙烯不便于长距离运输的现状和国家大力支持可持续能源、生物能源发展的政策倾向,苯与乙醇气相法制乙苯工艺及其催化剂在未来具有更好的应用前景。

3. 稀乙烯气相法制乙苯催化剂

本书著作团队采用 ZSM-5 型分子筛为催化剂活性组分,通过后处理改性制得 SEB 系列苯与稀乙烯气相烷基化制乙苯催化剂,具有乙烯转化率高、产品选择性好、二甲苯含量低和抗工艺波动能力强等特点。2009 年 8 月,第一代 SEB-08 催化剂首次在海南实华嘉盛化工有限公司 8.5 万吨/年乙苯装置实现工业应用,乙烯转化率≥95%,二甲苯含量＜800mg/kg,产品纯度≥99.8%,催化剂再生周期≥12 个月,寿命 2～3 年[89-90]。在 SEB-08 烷基化催化剂成功应用的基础上,本书著者团队联合洛阳工程公司、中国石化石油化工科学研究院和青岛炼油化工有限公司开发了 SGEB 苯与稀乙烯气相烷基化制乙苯成套工艺技术,采用该技建成的中国石化青岛炼油化工有限公司9万吨/年乙苯装置于2011年8月开车成功。2011年底，中国石化广州分公司8.5万吨/年乙苯装置成功投产，运转负荷最高达130%。失活催化剂经再生后，在125.9%的运转负荷下，性能可以恢复到新鲜催化剂水平。2014年，本书著作团队开发了适用于更低苯烯比的SEB-12气相烷基化制乙苯催化剂，并应用于海南实华嘉盛化工有限公司8.5万吨/年乙苯装置[91]，长周期运行结果表明，乙烯转化率99.41%，乙苯纯度99.88%，二甲苯含量小于600mg/kg，能耗降低17.61kg标油/t乙苯，技术指标先进。2022年在中国石化茂名分公司建成投产42万吨/年稀乙烯制乙苯装置，该装置采用乙烷裂解气为原料，本书著者团队为其配套研制了新一代SEB-18催化剂。2023年在中国石化安庆分公司建成投产以DCC裂解气为原料，规模42万吨/年稀乙烯制乙苯装置。

至今，SEB系列稀乙烯制乙苯催化剂已广泛应用于中石化、中石油、中海油、中国化工以及民营企业的18套装置（表3-9），稀乙烯高效转化制乙苯成套技术已许可11套，催化剂国内市场占有率超过80%，赢得良好的市场口碑。

表3-9　SEB系列稀乙烯制乙苯催化剂工业应用情况

装置位置	所属企业	装置规模(万吨/年)	应用年份
海南省	中石化	8.5	2009
山东省	中石化	9.0	2011
广东省	中石化	8.5	2011
湖南省	中石化	12.7	2012
安徽省	中石化	10.6	2013
黑龙江省	中石油	10.6	2013
广东省	中石化	6.4	2013
山东省	民营	2.0	2014
海南省	中海油	12.7	2015
山东省	民营	4.0	2015
浙江省	中海油	30.0	2016
江西省	中石化	8.5	2017
山东省	中国化工	8.5	2017
山东省	民营	6.5	2018
甘肃省	中石油	6.5	2018
河南省	中石化	12.7	2022
广东省	中石化	42.0	2022
安徽省	中石化	42.0	2023

第三节
ZSM-5型分子筛在烯烃催化裂解技术中的应用

一、概述

烯烃催化裂解是利用ZSM-5型分子筛催化剂,将碳四、碳五烯烃高选择性地转化为丙烯和乙烯的技术。近年来随着石油化工、煤化工技术的快速发展,炼厂催化裂化、乙烯蒸汽裂解以及甲醇制烯烃(MTO)装置副产的C_4/C_5烯烃数量越来越多。高效利用这部分C_4/C_5烯烃,将其转化为高附加值的丙烯、乙烯将显著提高相关企业的经济效益[92],并能为炼厂转型升级、建设化工型炼厂提供解决方案。

ZSM-5型分子筛用于碳四及以上烯烃裂解的报道始见于20世纪90年代,该技术不需要对原料进行预处理,催化剂抗中毒能力强、工艺简单、投资低,因此引起了广泛关注。目前已经实现工业转化的烯烃催化裂解工艺主要包括:日本旭化成化学公司开发的Omega工艺[93]、AtoFina和UOP公司联合开发的OCP(Olefin Cracking Process)工艺[94]、Arco公司(目前该技术的许可权属于KBR公司)开发的Superflex工艺和中国石化开发的烯烃催化裂解(OCC)工艺[95]。

Omega工艺采用ZSM-5型分子筛催化剂,其Si/Al(摩尔比)为100~2500,含有至少一种选自元素周期表ⅠB族的金属(如Ag),并且负载有碱金属或碱土金属。以乙烯厂的C_4抽余液为原料,反应器类型为绝热固定床反应器,反应温度530~600℃,压力0.1~0.5MPa,丙烯收率可达47.3%,每2~3天需要进行催化剂再生。2006年6月,Omega首套工艺装置在旭化成化学公司的水岛基地投产,年产能为5万吨丙烯。到目前为止,未见到有后续Omega工业装置建成的报道。

OCP工艺使用硅铝比(Si/Al)大于180的ZSM-5型分子筛催化剂,以C_4或C_4以上烯烃为原料,采用两台固定床反应器,反应温度550~600℃,反应压力0.1MPa。产物中丙烯与乙烯的比值为3.5~4.5,丙烯收率为30%~50%,催化剂再生周期为2~3d。惠生(南京)清洁能源有限公司采用OCP技术建成7万吨/年工业装置,并于2013年开车成功。目前,OCP技术已在国内实现多套技术许可。

Superflex工艺使用基于ZSM-5型分子筛的专有催化剂,采用流化床提升管反应器,以C_4~C_8烯烃为原料,在反应温度500~700℃、反应压力0.1~0.2MPa的条件下进行裂解反应。为了提高原料的总转化率,对未转化的产物进行循环,最终的丙烯和乙烯总收率在50%~70%之间。2006年,第一套Superflex工业装置在南非的Sasol投入运行,丙烯产能约为25万吨/年。

本书著者团队基于全结晶复合孔催化材料的概念,开发出全结晶复合孔ZSM-5

型分子筛催化剂和烯烃催化裂解（OCC）成套工艺技术，2009年首次实现工业转化应用于中原石化6万吨/年碳四烯烃催化裂解工业装置。此后，分别在中天合创能源有限公司、中安联合煤化有限公司建成20万吨/年和10万吨/年烯烃催化裂解装置。以上几套装置均采用了第一代OCC技术。随后本书著者团队开发成功了第二代高收率OCC技术，并采用该成套新技术在联泓新材料科技股份有限公司建成9万吨/年工业装置，2020年投料开车，装置实现了满负荷、高水平运行。

二、催化剂的开发

烯烃是性质活泼的烃类，一般认为，在固体酸催化剂上，烃类的催化裂解遵循碳正离子、β键断裂的反应机理。但对于碳四烯烃而言，直接通过碳正离子、β键断裂进行反应的可能性很小，产物分布不支持这一机理。通过对烯烃裂解反应进行研究，提出了碳四烯烃催化裂解反应网络[96]，发现丁烯在固体酸催化剂上首先进行异构化反应，并快速建立动态平衡，同时两个丁烯分子聚合生成C_8中间体，这一步是各种反应发生的基础，存在于整个反应温度区间内。然后C_8中间体再遵循碳正离子、β键断裂机理进行分解反应。可见，该反应涉及的反应过程复杂、产物众多，要得到目标产物丙烯和乙烯，高选择性催化剂开发是烯烃催化裂解技术的核心。另外，由于形成的积炭堵塞催化剂孔道，导致催化剂失活，因此，高稳定性也是烯烃裂解催化剂开发的关键之一。

OCC工艺以ZSM-5型分子筛为催化剂，采用了高硅铝比[97-98]、小晶粒[97]、全结晶[57-58]的技术方案，开发出全结晶复合孔分子筛催化剂，解决了催化剂稳定性差、丙烯和乙烯选择性低的关键技术问题，创新了绿色高效的催化剂制造技术，实现了全结晶分子筛催化新材料从实验室合成到工厂规模化生产的跨越。

1．分子筛酸性调控新技术

分子筛骨架中铝原子的分布显著影响烯烃裂解产物的分布，是决定分子筛催化性能的重要因素之一。在ZSM-5型分子筛骨架中存在两种铝[图3-17（a）]，一种是相隔较远的Al，形成[AlO—(Si—O)$_n$—Al]（$n \geq 3$）结构，称为"孤立铝"；另一种是相隔较近的Al，形成[AlO—(Si—O)$_n$—Al]（$n=1,2$）结构，称为"铝对"。在烯烃催化裂解反应中，"孤立铝"有利于裂解反应，丙烯和乙烯的选择性高；"铝对"更有利于发生氢转移、聚合等副反应，丙烯和乙烯的选择性较低。本书著者团队通过强化模板效应、调控硅铝比，成功制备出"孤立铝"含量高的ZSM-5分子筛，有效地抑制了氢转移、芳构化等副反应，提高了目标产物的选择性。

利用动力学蒙特卡洛（KMC）方法和简化的分子筛模型，模拟了分子筛形貌与分子扩散性能的关系[图3-17（b）]。结果显示，分子筛晶粒越小，扩散性能越好，为确定小晶粒分子筛的研发方向提供了理论支持。通过强化模板效应和晶化反应的成核过程，成功制备出具有高分散活性中心、亚微米尺度的小晶粒ZSM-5型分子筛[97]，结合磷改性技术，有效地抑制了氢转移、芳构化等副反应[58]，提高了丙烯的选择性[99]。同时，小晶粒分子筛的孔口不易被积炭完全堵塞，容炭能力强；并且孔道短，有利于产物快速扩散，催化剂的稳定性显著提高。

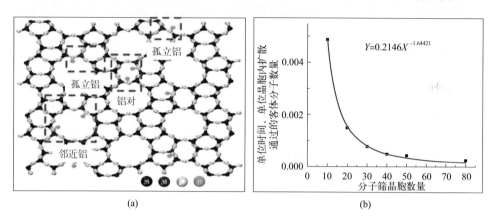

图3-17　分子筛中的Al物种示意图（a）和扩散出网格模型的分子个数与立方体模型尺寸大小之间的关系（b）[97]

磷改性是一种调控分子筛酸性、提高分子筛骨架水热稳定性的有效方法，本书著者团队制备了一系列不同浓度磷改性的HZSM-5催化剂并且对其进行了较为详细的表征，发现磷改性基本不会破坏HZSM-5催化剂的骨架结构，但会造成HZSM-5分子筛骨架铝（TFAL）的部分脱除（图3-18），从而削弱其酸性强度（表3-10），这有助于提高其在碳四烯烃裂解反应中的丙烯选择性和催化剂稳定性[98]。

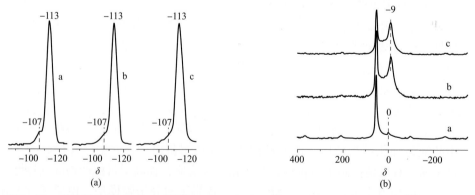

图3-18　磷改性前后HZSM-5的^{29}Si MAS（a）和^{27}Al MAS（b）NMR谱图[98]
（a—HZ；b—1.5PZ；c—2.1PZ）

表3-10　磷改性前后HZSM-5的吡啶吸附红外表征结果

脱附温度/℃	B酸相对酸量			L酸相对酸量		
	HZ	1.5PZ	2.1PZ	HZ	1.5PZ	2.1PZ
100	1.10	0.71	0.41	0.69	0.24	0.23
150	1.06	0.30	0.22	0.39	0.09	0.07
200	1.01	0.19	0.14	0.32	0.04	0.04
250	0.96	0.14	0.04	0.28	—	—
300	0.82	0.10	—	0.24	—	—

磷改性前后 HZSM-5 的 ^{29}Si MAS NMR 图谱［图 3-18（a）］表明，随着磷负载量的增加，化学位移在 -107 处 Si（3Si，1Al）物种明显减少，说明含磷基团与骨架铝发生了作用使得硅氧四面体邻近的 AlO_4^- 结构减少，亦即分子筛发生了骨架脱铝。^{27}Al MAS NMR 表征结果［图 3-18(b)］表明，HZ 催化剂经磷改性后，出现了与磷结合的八面体非骨架铝物种，同时，化学位移在 53 处骨架铝的信号峰强度有所减弱，进一步证明磷改性过程造成了分子筛骨架脱铝。

同本体 HZSM-5 相比，经磷修饰后的催化剂在同一脱附温度下其酸性位无论是 B 酸还是 L 酸酸量都显著降低，随着磷的负载量增加，催化剂酸量降低更加明显。

2．全结晶复合孔分子筛催化剂制备技术

本书著者团队通过对气固相转晶动力学的系统研究，创新了气固相转晶新方法，通过晶核诱导、消除浓度梯度解决了转晶速率慢、结晶度低的关键问题，实现了无定形的黏结剂完全晶化为具有催化活性的分子筛晶体。由于催化剂整体都是有效组分，因此具有更多的有效活性中心，催化剂的活性显著高于常规催化剂[58]。表 3-11 的结果表明，与常规含黏结剂分子筛催化剂相比，全结晶分子筛催化剂的结晶度提高了 30%，强酸量提高了 33.9%，BET 比表面积提高了 26.4%。扫描电镜照片（图 3-19）进一步证实了上述结果，在常规催化剂上可以明显看到无定形黏结剂的存在，而全结晶分子筛催化剂上无定形的黏结剂完全消失，催化剂整体都是完全晶化的分子筛。

表3-11　全结晶催化剂与常规催化剂理化性质对比

指标	常规催化剂	全结晶催化剂	提高幅度
相对结晶度/%	100	130	30%
强酸量/（mmol/g）	0.062	0.083	33.9%
BET比表面积/（m^2/g）	277	350	26.4%

全结晶分子筛催化剂制备技术突破了分子筛催化剂组成的传统概念，使催化剂材料由混合物相转化为 ZSM-5 分子筛单一物相，催化效率大大提高。

图3-19　常规分子筛催化剂（a）和全结晶催化剂（b）扫描电镜照片[58]

微孔分子筛具有均一孔径和规整的孔道结构，在催化领域被广泛应用。但由于微孔分子筛孔径小，不利于大分子的扩散和反应。提高催化剂效率，关键要提高催化剂扩散性能，最有效的方法是构建多级复合孔。

研究者开发了"凝胶控制相分离-高分子模板-固相转晶"组合的复合孔分子筛催化剂制备方法，通过引入高分子模板和硅源，调整晶化温度和pH值，控制溶胶、凝胶和相分离过程，制造出大孔；通过固相转晶，制造出介孔，从而创制出具有微孔-介孔-大孔三级复合孔道结构的分子筛催化材料[99]。微孔提供反应区域，介孔和大孔提供反应物和中间物的快速扩散通道，产物在催化剂上的停留时间显著缩短，减少了副反应和结焦的发生，催化剂稳定性大幅提高。

孔分布表征结果（图3-20）表明，全结晶复合孔分子筛催化剂具有显著区别于常规分子筛催化剂的孔结构，与常规分子筛催化剂相比，微孔体积提高了47.8%，介孔、大孔的孔体积分别提高了78.8%和9.4%。

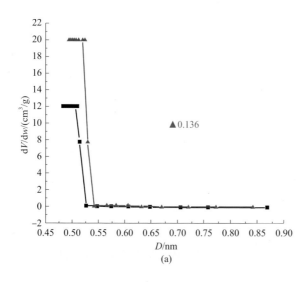

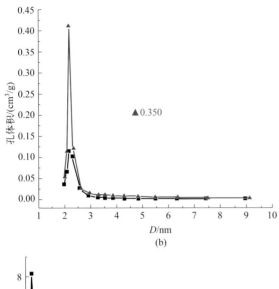

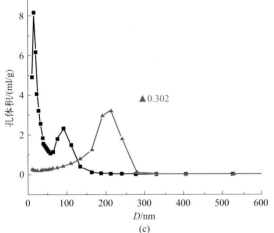

图3-20 全结晶复合孔催化剂（▲）与常规催化剂（■）的孔分布对比[58]

3. 催化剂的绿色高效制造技术

滕加伟等创新了绿色高效的全结晶复合孔 ZSM-5 型分子筛催化剂制造技术：①通过对临界相区分子筛水热合成晶化动力学的研究，实现了对分子筛晶体成核和生长过程的精确控制，晶化时间由常规的 3～5d 缩短到 20h 以内，生产效率显著提高；②发明了超浓体系分子筛合成新方法，使单釜产量提高 1 倍，合成废水显著减少；③开发了低模板剂含量下的杂晶控制新技术，模板剂用量降低 65%，减少了污染，催化剂生产成本大幅降低；④开发了异形催化剂成型技术（图 3-21），通透的宏观孔道有利于消除反应的内扩散，催化剂的堆密度由

0.75kg/L 下降到 0.58kg/L，反应器床层压降显著降低。

图3-21
全结晶ZSM-5型分子筛
催化剂宏观形貌[58]

三、催化剂的工业应用

2009 年 11 月，采用全结晶分子筛催化新材料及成套工艺技术，在中原石化建成 6 万吨/年 OCC 工业示范装置，并一次开车成功，这是中国首套、世界第二套同类装置。2010 年 5 月，对该装置进行了 72h 的考核标定，标定结果表明，在反应器进口温度 549～554℃、混合碳四空速 31h^{-1}、装置满负荷的工艺条件下，丙烯、乙烯的单程收率分别为 28.1% 和 8.0%，未转化的丁烯部分循环利用后，丙烯和乙烯的双烯收率达到 45.3%。催化剂的再生周期为 5～7d，最长再生周期可达 20d。分别采用炼厂、乙烯厂和 MTO 装置的 C_4/C_5 原料，烯烃的含量在 40%～90% 变化，硫含量最高超过 50mg/kg，OCC 装置运行正常、平稳，表现出优异的原料适应性，验证了实验室研究成果。

2011 年，中原石化的 OCC 装置与 MTO 装置进行了集成，把 MTO 产生的 C_4、C_5 烯烃进一步转化为丙烯和乙烯，使 MTO 技术的总双烯收率增加 5～7 个百分点，这是世界上首套实现工业转化的高收率的 MTO 工业装置，显著提高了 MTO 装置的技术水平和经济性。从 2009 年至今，中原石化 OCC 装置一直稳定运行。2016 年 11 月，中天合创能源有限责任公司 20 万吨/年烯烃催化裂解装置建成开车；2019 年 8 月，中安联合煤化有限责任公司 10 万吨/年烯烃催化裂解装置建成开车。以上三套装置均采用了 OCC 第一代催化剂及成套工艺技术。

在第一代 OCC 技术开发成功的基础上，本书著者团队开发了高收率的第二代 OCC 催化剂及工艺技术[100]。催化剂经过精准的酸性调控，能够表现出更高的双烯选择性以及更好的催化稳定性；创新了反应工艺，通过选择性加氢装置，将烯烃原料中的二烯烃转化为单烯烃，进一步优化了原料组成。2020 年 10 月，采用第二代 OCC 成套技术建设的联泓新科 9 万吨/年 OCC 装置开车成功，2020

年 12 月完成装置标定，在满负荷的条件下，72h 双烯平均收率达到 81.3%（基于原料中单烯烃的总量），装置实现了满负荷、高水平运行。第二代高收率的 OCC 技术与 MTO 装置集成，将后者的醇耗（t 甲醇/t 烯烃）由 2.90 降低到 2.58，领先于国内外已建成的二十多套同类装置。

新一代高收率 OCC 成套技术推广取得良好进展，目前，除了正在运行的四套工业装置，仍有多套装置在建或进行工艺包设计。特别是 2021 年，9 万吨/年 OCC 成套技术成功出口"一带一路"国家，许可乌兹别克斯坦吉扎克石油公司使用。2021 年，OCC 技术获全球烃加工工业界最具权威的美国《烃加工》最佳石化技术奖，成为我国首次获得该奖的技术，形成重要的国际影响力。

第四节
在甲醇制芳烃技术中的应用

一、概述

芳烃，尤其是 BTX（苯、甲苯和二甲苯），是重要的有机化工原料，目前主要来源于石油化工路线[101-103]。我国缺油富煤的资源禀赋决定了开发出原料多样化生产芳烃的新工艺路线具有重要的现实意义。甲醇是煤化工中主要的产品之一，目前国内以甲醇为转化平台的诸多石油路线替代工艺已经或正在实现工业化[104]，发展非石油路线的煤基甲醇制芳烃（MTA）技术，可以丰富新型煤化工产业链，对保障国家能源安全和助力经济可持续发展具有重要的战略意义。

MTA 最早起源于甲醇制汽油（MTG）[105]。MTG 技术的目标产物为富含异构烷烃与一定含量芳烃的高辛烷值汽油组分[106]，产物中非芳烃的烷烃组分含量通常高达 40%～60%。而 MTA 过程的目标产品是芳烃，液体产品中的非芳烃组分含量一般小于 20%，液体产品中占主导地位的是芳烃，尤其是高附加值的 BTX。

关于 MTA 反应机理的研究已经开展了几十年[107]。一般认为，MTA 反应历程主要包括三步[108]：第一步，甲醇分子间脱水生成二甲醚；第二步，二甲醚/甲醇催化转化生成低碳烯烃，即第一个 C=C 键的形成；第三步，低碳烯烃发生环化、氢转移等反应生成芳烃，同时副产烯烃和烷烃等其他烃类[109]。

目前对于甲醇转化为烯烃（MTO 与 MTP）的中间体以及具体的中间过程还需要更多的理论和实验证据支持，但是在甲醇转化为烯烃后，烯烃通过甲基化或聚合实现链增长转化为高级烯烃，并进一步通过环化反应转化为环烷烃，这一过程通常被认为是芳构化的必经途径。对于环烷烃转化为芳烃的过程，目前一致认为有氢转移和脱氢两种方式。在氢转移的方式中，芳烃的碳基选择性只有 50% 左右。而在负载脱氢组分的双功能催化剂上，环烷烃可以通过脱氢转化为芳烃，产物只有氢气和芳烃，碳基选择性远高于氢转移路线。因此，在双功能催化剂上，通过脱氢路线生成芳烃，是实现甲醇高选择性生成芳烃的优选方式[110]。

目前，以芳烃为主要目标产品的 MTA 工艺还未见到工业化报道。MTA 的主流工艺有以下两种：固定床工艺、流化床工艺。国外的 Mobil、Philips、Sabic 以及国内的中国科学院山西煤炭化学研究所、清华大学、大连化学物理研究所等公司与研究机构，均开展了对 MTA 催化剂及工艺技术的研发。其中完成中试或者工业试验的技术有清华大学的流化床 FMTA 工艺、中国科学院山西煤炭化学研究所的两段式固定床工艺和中国石化的流化床+固定床 SMTA 技术等。

固定床工艺由美国 Mobil 公司开发，主要包括以下单元：甲醇预热器、甲醇蒸发器、甲醇过热器、脱水反应器、甲醇转化反应器、热交换器及气液分离器[111-112]。反应过程主要如下：将原料甲醇蒸气送入脱水反应器中，甲醇首先被转化生成二甲醚；二甲醚及部分未转化的甲醇进一步送入 MTA/MTG 反应器中，在分子筛催化剂的作用下，转化生成烃类分子；最后烃类产物经热交换器及气液分离器分离后，形成气态烃、水及液态烃。固定床工艺的优点是甲醇转化率高，工艺路线成熟，对催化剂成型要求较低；缺点是工艺流程复杂，能耗高，不能及时移除反应热等。

多段式固定床工艺由德国鲁奇公司与 Mobil 合作开发，与经典固定床工艺的总体流程大致相同，不同之处在于用一个列管式反应器将甲醇一步转化为烃类产品，省去了原有的脱水反应器[111-112]。同时，甲醇汽化所需的热量主要通过与列管式反应器生成的高温烃类产物进行热交换获得。气液分离后的循环气由压缩机循环回转化工序，进行进一步的芳构化反应。该工艺最大的优势在于很好地控制了反应温度及热量转移。中国科学院山西煤炭化学研究所开发了两段固定床反应器工艺，在第一段固定床反应器中将甲醇进行催化转化[113]，再将产物中的气相烃类送入第二段反应器中进行芳构化反应，将两段反应器中的液相产物混合、萃取后得到芳烃。

MTA 反应是一个强放热的过程，催化剂易快速结焦失活。采用固定床反应器，需要进行频繁的反应及再生切换，操作成本高。流化床反应器具有温度分布均匀、反应热移出方便、催化剂可连续再生等优势。流化床工艺最早由 Mobil 公司提出[114]，后与德国 URBK 公司合作开发。该工艺用流化床反应器替代了原有的固定床反应器，并且增加了外部冷却系统和催化剂再生系统。通过将反应热及时除去，防止反应器局部温升过高，并且催化剂再生系统可以快速消除催化剂积炭，很好地解决了催化剂的积炭失活问题。

多级流化床工艺可以利用 MTA 反应不同步骤的特点，实现反应分区和过程强化的目的。Chen 等[115-116]提出了通过流化床反应器区域功能化，强化甲醇向芳烃的三步转化策略：第一阶段位于流化床下端，为甲醇的芳构化区域；第二阶段位于流化床中部，为 C_3～C_5 烷烃的芳构化区域；第三阶段位于流化床上端，为 C_2～C_4 烯烃的芳构化区域，三个阶段的温度分别为 470℃、550℃和 470℃，经过三阶段反应分区，出口芳烃收率比第一阶段高出 8.0%～15.0%。

清华大学开发了流化床 FMTA 技术，联合华电煤业集团公司于 2012 年 9 月在陕西榆林煤化工基地建成了万吨级流化床甲醇制芳烃全流程工业试验装置，并于 2013 年 1 月完成了世界首套 3 万吨/年 MTA 技术工业试验[117]。运行结果显示：甲醇单程转化率为 99.99%，芳烃碳基收率为 74.47%（折 3.07t 甲醇/t 芳烃），连续运行 443h。2014 年，华电煤业集团规划了在陕西榆林煤化工基地建设 120 万吨/年煤制甲醇、60 万吨/年甲醇制芳烃、55.5 万吨/年对二甲苯、70 万吨/年精对苯二甲酸的上下游一体化项目，并由清华大学、华电煤业集团和中国石油化工设计院联合编制完成了 60 万吨/年流化床甲醇制芳烃工艺包。

2017 年 10 月，中国科学院山西煤炭化学研究所成功完成百吨级甲醇制芳烃（MTA）中试试验[118]，采用两个固定床反应器串联的形式，第一芳构化反应器的气相组分进入第二反应器继续进行芳构化。试验结果表明，甲醇转化率接近 100%，液相烃收率 31%（折算），芳烃选择性 83%，中试装置连续运转超过 500h。

此外，中国科学院大连化学物理研究所、青岛大学、北京化工大学和河南煤化集团研究院等一些高校与研究机构都开展了相关研究，但目前尚处于实验室研究阶段。

二、催化剂的开发

MTA 工艺的核心在于高性能催化剂，其需要兼具优异的水热稳定性、高 BTX 选择性以及活性。高选择性的金属-分子筛双功能甲醇芳构化催化剂由酸性组分与脱氢组分两部分所构成，其中酸性组分主要由具有择形功能的 ZSM-5 分子筛构成。

1．分子筛的酸性和孔道调控

MTA 反应是一个典型的酸催化反应，弱酸位上只能实现甲醇脱水至二甲醚的转化过程，强酸位才能催化甲醇制烃（MTH）反应。钟炳等人[119]采用吡啶毒化的催化剂进行甲醇-TPD（程序升温脱附）实验，结果显示，脱附物中未检测到芳烃，由此推测在 MTH 反应的 C—C 键以及芳烃的生成过程中，主要是 B 酸位在起作用。

ZSM-5 分子筛硅铝比对 MTH 产物分布有一定影响[120]，随着硅铝比降低，芳烃选择性逐渐增加，产物中的芳烃浓度随着强酸位数目增多而增大[121]。甲醇转化同样需要一定量的强酸位[122]，芳烃产率随强酸位数量增加而逐渐增加。

分子筛的晶粒尺寸与孔结构也是影响 MTA 催化剂活性、选择性与稳定性的重要因素。小晶粒分子筛或多级孔分子筛，扩散路径都相对较短，减少了反应物和产物的扩散限制；另外，介孔结构具有更大的容炭能力，可以在一定结焦量下维持足够的可接近酸性中心。因此如何通过原位合成或后处理制得富含多级孔的分子筛，以获得高的产物选择性和良好的催化剂稳定性是 MTA 催化剂研究的热点之一。

2．分子筛的金属改性

通过引入金属或者非金属对催化剂进行改性，可以对 ZSM-5 分子筛的酸性、比表面积和孔体积进行有效的调控，从而显著提高 MTA 反应甲醇的转化率以及芳烃产物的选择性。

Conte 等[123] 比较了负载多种金属组分对催化剂芳构化性能的影响，发现 Ag、Cu 以及 Ni 有助于提高甲醇芳构化的选择性，并将其归因于金属组分与烯烃活性中间物种之间具有很好的缔合作用，其中 Ni 基催化剂对萘系芳烃及衍生物具有高选择性，Cu 基催化剂对 $C_9 \sim C_{11}$ 芳烃的选择性高，而 Ag 基催化剂对 $C_6 \sim C_8$ 芳烃显示出高选择性。Zaidi 等[124] 发现负载具有脱氢功能的 CuO、ZnO 组分，催化剂的芳构化性能有了明显提高。综合考虑价格、性能等因素，ZnO 负载的双功能催化剂是 MTA 反应的优选催化剂。

3．MTA 催化剂失活与再生

MTA 催化剂失活的主要原因是反应过程中催化剂的表面积炭引起的暂时性失活或反应/再生过程中分子筛骨架脱铝而导致的永久性失活[125]。除此之外，脱氢组分的聚集[126]、烧结，甚至流失以及催化剂上引入的骨架元素的脱除[127]，也可能是 MTA 催化剂失活的重要因素。

反应过程中影响 MTA 催化剂积炭的因素包括：反应物与产物分子的尺寸、反应温度、催化剂表面酸性以及分子筛形貌等。催化剂上的 Al 分布是影响催化剂积炭的重要因素[128]，通过脱铝或者大分子毒物选择性脱除或毒化[129-130]、覆盖催化剂外表面的酸性中心[131]，可一定程度上抑制催化剂的积炭失活。

MTA 产物中的芳烃与烯烃缩合环化生成稠环芳烃，在催化剂上产生大量积炭，也是导致催化剂快速积炭失活的重要因素。刘维桥等[132] 发现直接浸渍制备的 ZnO/ZSM-5 催化剂的积炭量明显高于直接原位合成的催化剂的积炭量，因为水热原位合成引入的 ZnO 可以较为均匀地分布在催化剂的表面上，而直接浸渍过程可能导致氧化锌占据或堵塞催化剂的孔道，使催化剂更容易积炭。虽然 MTA 催化剂因为积炭而失活严重，但是这部分积炭可以通过循环流化床的再生系统烧除，催化剂再生后活性可以基本恢复。

4. S-MTA 催化剂开发

本书著者团队开发了 Zn 负载的 ZSM-5 型分子筛作为 MTA 高性能催化剂,并发现甲醇制芳烃催化剂的快速失活是制约其长周期稳定运行的关键因素。从已有的研究报道来看,双功能芳构化催化剂失活原因可能来自两方面:①脱氢组分聚集长大;②在反应或再生的水热气氛下,分子筛发生骨架脱铝,催化剂酸性衰减。

对于 MTA 催化剂来说,无论是在反应还是再生过程中,都不可避免地处于水热气氛中,高温水蒸气气氛下发生的骨架脱铝是导致 MTA 催化剂永久性失活的重要原因。因此,如何稳定催化剂酸性中心,使得催化剂能经受水蒸气对骨架的破坏作用,是该催化剂能否工业化的关键核心技术之一。磷具有稳定分子筛骨架铝的作用。图 3-22 给出了未修饰催化剂水热处理前后的样品的 ^{27}Al NMR 谱图。图中化学位移为 53 处的谱峰归属为四面体的骨架铝,化学位移为 0 处的谱峰代表八面体的非骨架铝。水热处理前的催化剂除了含有高含量的骨架四面体铝外,还含有少量的非骨架八面体铝。水热处理后位于 53 的峰强度大幅度衰减,意味着水热处理导致催化剂骨架 Al 大量脱除,而 28 与 0 处的谱峰的峰强度大幅度增加,意味着五面体与八面体的非骨架铝大幅度增加。

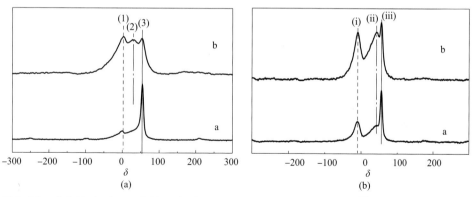

图3-22 未修饰(a)和P修饰后(b)MTA催化剂的水热处理前后的 ^{27}Al NMR
(a—水热处理前;b—水热处理后)

图 3-22(b)为磷修饰的催化剂水热处理前后 ^{27}Al NMR 谱图。水热处理前,与未修饰的催化剂相比,可以发现磷修饰的催化剂位于 53 处的谱峰(对应于骨架四面体 Al 物种)的峰强度明显降低,而位于 -9 处的谱峰(对应于八面体的非骨架 Al 物种)的峰强度明显增加。这一结果表明,负载修饰物种后催化剂发生骨架 Al 部分被脱除,转化为非骨架的八面体铝物种。同时,在化学位移为 40 处,出现了一个新的谱峰,这可归属为弯曲的骨架四面体或者五面体类骨架 Al 物种。该 Al 物种类似于 SAPO 分子筛中的骨架 Al 物种。对比未经磷修饰的催化剂水热

处理后的谱图可以发现，修饰催化剂水热处理后对应于骨架铝的 53 处的谱峰强度降低幅度更小，说明磷的引入可以保护骨架铝，降低水热过程骨架铝的脱除程度。

通过对磷的引入方式、加入量以及制备方法的优化，制备出水热稳定性高、催化性能好的 MTA 催化剂。图 3-23 给出了磷改性后的 MTA 催化剂的反应-再生稳定性能。催化剂历经反应-再生 30 次后，催化剂的主要性能指标基本保持恒定。与未修饰的催化剂相比，反应-再生性能有了大幅度的改善。

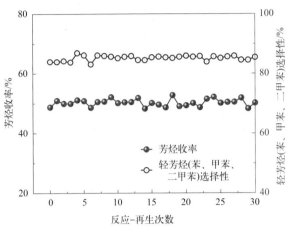

图3-23　磷改性MTA催化剂的反应-再生稳定性[62]

三、催化剂的应用

本书著者团队在成功开发出性能优良、稳定性高的 MTA 催化剂的基础上，通过对工艺条件的优化，开发了高效反应-再生循环流化床工艺。在此基础上，完成了万吨级 S-MTA 工业试验。

1. 工艺条件优化

MTA 属于连续顺序反应体系，不同转化深度下产物分布差异很大。因此，如何通过控制温度、空速、压力等反应条件调控转化深度是获得高 BTX 选择性、高芳烃收率的关键所在。

反应温度是影响 MTA 芳烃收率的重要因素[133]。升温可以促进甲醇转化为轻烃、轻烃环化脱氢为芳烃以及轻烃裂解反应，当反应温度过高时，轻烃发生裂解反应的比例大于芳构化反应，芳烃和 BTX 收率降低，$C_1 \sim C_2$ 收率增加[134]。高温也使轻质芳烃更容易缩合成 C_9^+ 重质芳烃和焦炭。鉴于此，从保证高 BTX 收率方面考虑，适宜的反应温度在 480～520℃之间。

气固接触时间在 MTA 反应中是十分重要的工艺参数[135]。接触时间过短，甲醇生成的轻烃来不及转化为芳烃就被带出反应体系，会导致芳烃收率降低。因此，要获得较高的芳烃收率，MTA 反应需要反应物和催化剂活性中心能够充分接触并保持足够长的接触时间。但接触时间过长会促进氢转移、异构化等反应，导致丙烷收率增加、PX 选择性降低。

反应压力同样对 MTA 反应有着重要的影响。提高反应压力，反应体系中的双分子反应（氢转移反应）、减分子数的反应（聚合反应、烷基化反应等）明显被强化，而脱氢反应、裂解反应等被抑制。所以升高反应压力会导致芳烃和 BTX 收率降低、丙烷收率增加，而 PX、MX 和 OX 的比例关系和反应压力的关系不大。在适宜的接触时间下，低反应压力更利于获得高芳烃收率。

2．S-MTA 万吨级工业试验

本书著者团队自 2010 年起开始 MTA 技术研究，经过十余年持续创新，在分子筛催化材料、流化床反应-再生技术、副产物高效转化等方面取得突破，形成了 S-MTA 技术，并联合中石化工程建设有限公司、燕山分公司完成了 3.6 万吨/年 S-MTA 工业试验研究。

S-MTA 技术包括 MTA 单元和轻烃芳构化单元，工业试验装置流程示意图如图 3-24 所示。MTA 单元采用流化床工艺，其副产的轻烃进入固定床轻烃芳构化单元进一步转化为芳烃。与流化床工艺相比，固定床轻烃芳构化工艺具有反应器结构简单、投资少、无催化剂跑损、工艺条件调整灵活、对 MTA 主反应系统无影响等优势。

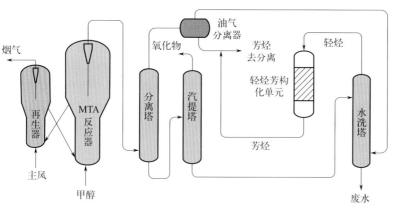

图3-24 S-MTA工业试验流程示意图[104]

2021 年 8 月，万吨级 S-MTA 工业试验装置一次投料成功，完成 720 余小时连续稳定运行试验。工业试验过程中，MTA 单元反应-再生系统操作参数达到试验要求，轻烃芳构化单元装置及其他主要设备均运行平稳，催化剂循环稳定，催化剂跑损量少（约 0.2kg/t 甲醇），验证了 MTA 催化剂性能优异性和长周期稳定性。开展了 MTA 反应 - 再生工艺条件优化,为更大规模 S-MTA 装置工艺设计和工艺包编制提供了技术依据。72h 满负荷标定结果表明,甲醇转化率大于 99.9%,芳烃碳基收率为 78.69%(折合醇耗为 2.90t 纯甲醇 /t 芳烃),BTX 在总芳烃中的含量为 83.14%,PX 在 X(二甲苯)中的含量为 70.30%。

3. MTA 技术的发展展望

我国"缺油、少气、富煤"的能源结构特点决定了发展新型煤化工技术(MTO、MTP、MTA 等)是保障国家能源安全、实现煤炭资源高效利用的重要途径。经过二十余年的发展,MTA 技术已经趋于成熟,目前尚未产业化更多是因为市场和经济方面的原因,而技术本身的继续提升也是改善技术经济性的重要举措。通过持续的技术进步与科技创新解决以上问题,是未来包括 MTA 技术在内的新型煤化工技术获得可持续发展的必由之路。

MTA 催化剂方面,需要深入研究多个反应的竞争机理,利用分子筛表面修饰和孔口调控技术,更精确调变表面酸量、类型以及孔口尺寸,调控反应网络,抑制氢转移和轻芳烃深度烷基化等副反应,减少低碳烷烃和重芳烃等副产物生成量。反应 - 再生工艺方面,重点开发流化床 MTA 技术,尤其是开发高效反应 - 再生工艺,紧密贴合反应进程,实现流化床反应器内甲醇转化与中间产物芳构化的功能分区和有机耦合。

适应不同市场需求,开发芳烃最大化、PX 最大化、烯烃和芳烃联产等产品方案灵活可调整的 MTA 技术是未来的发展方向之一。MTA 装置的建设还可以依托乙烯装置、芳烃联合装置和催化裂化装置等,作为石油基芳烃的补充,实现 MTA 产品分离与其他装置分离流程的高效整合。

总的来说,煤基 MTA 技术是一项重要的国家战略储备技术,是现代煤化工科技领域的重要组成部分,对于煤炭价格(坑口)低、石油基芳烃发展受限、芳烃需求量大的西部特定区域,MTA 技术提供了一种芳烃生产的路线选择,形成"煤气化 - 甲醇和乙二醇 - 芳烃 - 对苯二甲酸 - 聚酯"产业链。

第五节
在轻烃芳构化技术中的应用

一、概述

轻烃芳构化技术是一种利用碳数为三及以上的低碳烃资源生产芳烃的技术。

这些轻烃资源可以来自于炼化企业的副产和油田开采的伴生气。在我国,除提取轻烃里面的部分烯烃作为化工原料外,大部分的轻烃资源都用作燃料。将轻烃资源转化为芳烃,是提高其利用价值的有效途径。

目前我国芳烃主要来源于以石脑油、凝析油、裂解汽油、焦化汽油等为原料的催化重整技术。催化重整对原料的芳潜值(芳潜值是指原料中含有的能够全部转化为芳烃的烷烃的百分含量)要求比较高,而高芳潜值的原料比较短缺,所以通过重整工艺提供芳烃受到很大限制。与催化重整技术相比,轻烃芳构化技术对原料的要求比较低,碳三以上的烷烃和烯烃都可以作为原料,没有芳潜值的要求。轻烃芳构化技术中所使用的催化剂不含贵金属,成本低廉,环境友好。

目前成熟的轻烃芳构化技术主要有BP/UOP的移动床芳构化Cyclar工艺、Mobil的固定床M2-Forming工艺、Mitsubishi和Chiyoda的Z-forming工艺、Asahi和Sanyo的固定床Alpha工艺等[136-137]。国内的大连理工齐旺达化工有限公司、中国石化洛阳工程公司、中国石化石油科学研究院也各自开发了自己的芳构化技术。

本书著者团队从2009年开始芳构化技术的研究,采用固定床工艺,先后完成实验室小试和扩试研究,并在2021年完成了中试试验。

二、反应机理

轻烃在芳构化催化剂的作用下,会发生裂解、齐聚、氢转移、环化、异构化、脱氢等多个复杂的反应步骤,同时伴随有烷基化、歧化等反应。深入认识轻烃芳构化的反应机理,对指导催化剂的制备以及结构设计具有重要意义。

1. 烯烃芳构化

图3-25列出了乙烯和丙烯等小分子烯烃在分子筛上转化为芳烃的反应路径。乙烯和丙烯在分子筛的催化作用下首先发生齐聚反应生成长链的$C_4 \sim C_{10}$烯烃,随后,$C_4 \sim C_{10}$烯烃通过氢转移反应生成相应的二烯烃和烷烃。$C_4 \sim C_{10}$的长链二烯烃通过环化反应生成环烯烃,随后环烯烃通过多次氢转移反应,最终生成芳烃和烷烃。在此路线中,由于存在大量的氢转移反应,导致副产较多小分子烷烃,因此只使用分子筛作为催化剂,产物中的芳烃选择性较低,而干气含量高[138]。

对于高碳数的烃类分子,在反应初期会发生裂解反应,生成低碳烯烃($C_2^= \sim C_5^=$),后续的反应过程与上述乙烯和丙烯等小分子烯烃生成芳烃的过程类似。

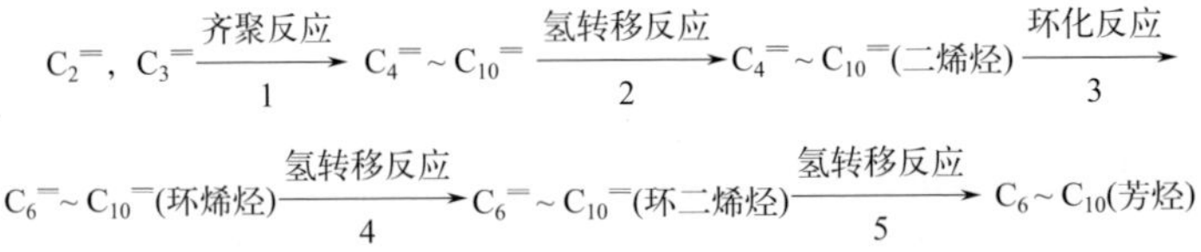

$$C_2^=, C_3^= \xrightarrow[1]{\text{齐聚反应}} C_4^= \sim C_{10}^= \xrightarrow[2]{\text{氢转移反应}} C_4^= \sim C_{10}^= (\text{二烯烃}) \xrightarrow[3]{\text{环化反应}}$$

$$C_6^= \sim C_{10}^= (\text{环烯烃}) \xrightarrow[4]{\text{氢转移反应}} C_6^= \sim C_{10}^= (\text{环二烯烃}) \xrightarrow[5]{\text{氢转移反应}} C_6 \sim C_{10} (\text{芳烃})$$

图3-25 烯烃生成芳烃的过程[138]

采用活性金属改性的 ZSM-5 型分子筛，使催化剂具有酸催化和脱氢的双功能活性，在不同活性位点的协同作用下，双功能催化剂具有更高的芳构化能力。图 3-26 为丙烯分子在金属/ZSM-5 型催化剂上的芳构化反应过程[139]。脱氢金属能促进芳构化过程中的脱氢反应，副产物主要是氢气，因此芳烃和氢气的选择性大幅度提高。另外，金属组分的引入降低了分子筛的酸密度，抑制了氢转移反应，从而进一步降低了小分子烷烃的生成，因此金属组分对提升催化剂的芳构化能力有着重要的作用。

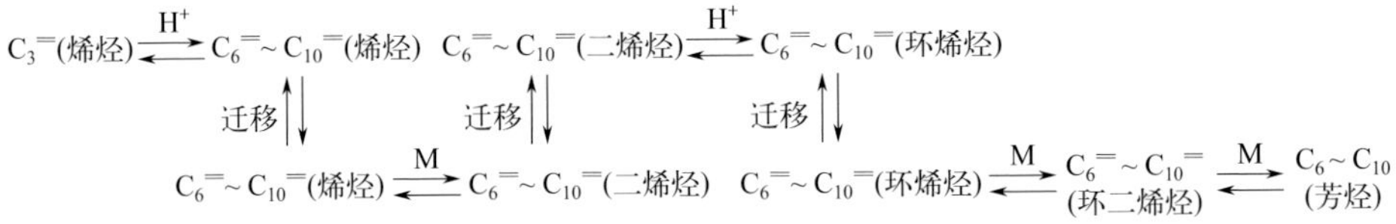

$$C_3^= (\text{烯烃}) \xrightleftharpoons{H^+} C_6^= \sim C_{10}^= (\text{烯烃}) \quad C_6^= \sim C_{10}^= (\text{二烯烃}) \xrightleftharpoons{H^+} C_6^= \sim C_{10}^= (\text{环烯烃})$$

$$\updownarrow \text{迁移} \qquad \updownarrow \text{迁移} \qquad \updownarrow \text{迁移}$$

$$C_6^= \sim C_{10}^= (\text{烯烃}) \xrightleftharpoons{M} C_6^= \sim C_{10}^= (\text{二烯烃}) \xrightleftharpoons{} C_6^= \sim C_{10}^= (\text{环烯烃}) \xrightleftharpoons{M} C_6^= \sim C_{10}^= (\text{环二烯烃}) \xrightleftharpoons{M} C_6 \sim C_{10} (\text{芳烃})$$

图3-26 丙烯在金属改性ZSM-5型分子筛催化剂上生成芳烃的过程[139]
（H^+—酸性点，M—脱氢金属）

2. 烷烃芳构化

与烯烃相比，烷烃的活化相对困难，需要的活化能更高。烷烃分子中的C—C键和C—H键的键能分别为 332kJ/mol 和 414kJ/mol，键能较低的 C—C 键在质子的进攻下更容易裂解[140]，因此烷烃在分子筛催化剂上主要是发生 C—C 键断裂，生成大量的小分子烷烃。

一般认为烷烃在 HZSM-5 型分子筛上的活化，主要是通过分子筛的 Brønsted 酸性（B酸）位点来进行，遵循碳正离子机理[141]。如图 3-27 所示，烷烃在分子筛的 B 酸作用下，形成碳正离子中间体。一种途径是碳正离子中间体分解成氢气和新的碳正离子，随后碳正离子通过释放质子，形成烯烃，然后按照烯烃芳构化的反应机理生成芳烃。另一种途径是碳正离子中间体通过氢转移反应，形成新的碳正离子和烷烃，再通过 β-裂变形成烯烃和新的碳原子数较少的碳正离子，然后碳正离子通过释放质子，形成烯烃，最后经烯烃芳构化路径生成芳烃。

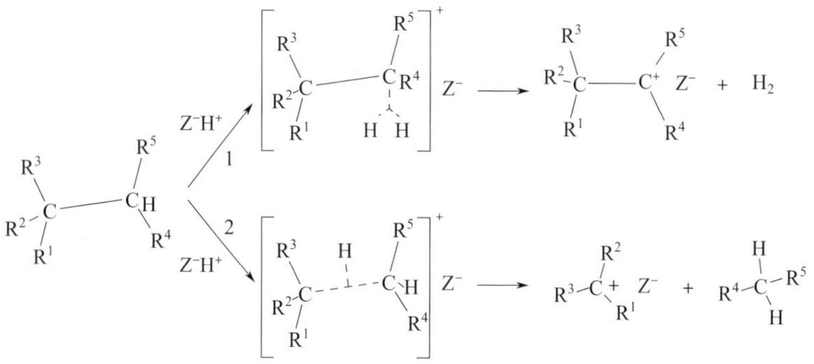

图3-27 烷烃芳构化的碳正离子机理[141]

为了提高芳烃的选择性，必须抑制芳构化反应过程中的氢转移反应，增强脱氢反应。在金属改性的 HZSM-5 型分子筛催化剂上，金属物种与 HZSM-5 型分子筛之间发生相互作用会形成一些新的脱氢活性点，促进烷烃分子的脱氢活化。Gnep 等[142] 使用 Ga 改性的 ZSM-5 型分子筛来催化丙烷制芳烃，发现引入 Ga 物种后，二烯烃和芳烃的含量大幅度增加。Pidko 等[143] 认为分子筛中的金属极化作用会促进烷烃分子 C—H 键的断裂，因此抑制了烷烃裂解反应和氢转移反应。

三、催化剂的开发

国内外的芳构化催化剂均采用锌或者镓改性的 ZSM-5 分子筛，以富含烯烃的液化石油气等为原料时，芳烃收率在 60% 左右，以烷烃为原料时，芳烃收率较低，约 30%。除了 BP/UOP 的 Cyclar 芳构化工艺采用移动床反应器外，其余工艺均采用固定床切换再生的生产方式。除了芳烃收率较低外，目前芳构化反应存在的主要问题是催化剂在反应过程中易积炭，单程寿命较短。

在目前已知的分子筛当中，金属改性的 ZSM-5 型分子筛催化剂被证明最适合将轻烃催化转化为芳烃[144-147]。ZSM-5 型分子筛的 10-MR 孔道直径与苯分子直径大小相当，能选择性地将轻烃转化为苯、甲苯和二甲苯等轻质芳烃，并且抑制大分子烃类的生成，减缓积炭速率，从而提高了催化剂的稳定性。

除孔道结构外，HZSM-5 型分子筛在轻烃芳构化反应中的催化性能与其硅铝比、粒径等因素也密切相关。分子筛的铝含量低会导致酸量不足，降低催化活性，例如在丙烷芳构化反应中，随着硅铝比（Si/Al）的提高，分子筛的酸量下降，丙烷的转化率明显下降。分子筛的粒径也显著影响着催化剂的芳构化性能。小晶粒的 HZSM-5 分子筛由于具有更大的外表面积，抗积炭能力更强，有利于金属物种的分散和反应物分子的扩散，往往具有更高的催化活性和芳烃选择性。

1. 金属改性的分子筛催化剂开发

多种过渡金属都能提高分子筛催化剂在芳构化反应中的催化性能[148-150]，其中以 Zn 和 Ga 的芳构化性能最为明显。以 Zn 为例，其化学状态对催化剂的芳构化能力有显著的影响。目前普遍认为 Zn 在 HZSM-5 型分子筛上可能是以一种或多种状态存在，如 ZnO、Zn^{2+}、$[ZnOH]^+$ 或 $[Zn-O-Zn]^{2+}$[151-153]。通常分子筛骨架外的 ZnO 在烷烃转化为芳烃的反应过程中没有活性[152]。但在高温条件下，ZnO 与分子筛载体之间会发生离子交换，产生 Zn^{2+} 物种。芳构化过程中产生的 H_2 在高温条件下可以将 ZnO 转化为高活性的 $[ZnOH]^+$ 物种，如图 3-28，这些物质可以从 HZSM-5 分子筛的外表面迁移到孔道中，产生一些新的 Lewis 酸性点，拥有较强的脱氢能力。

采用离子交换法制备的含锌 HZSM-5 催化剂中，大部分的 Zn 物种是以 $[ZnOH]^+$ 的形式存在。在较低的 Zn 负载量下，$[ZnOH]^+$ 物种与分子筛的 Al—OH 基团之间发生脱水反应形成 $[O^--Zn^{2+}-O^-]$ 结构。在高 Zn 负载量下，两个 $[ZnOH]^+$ 之间会发生脱水反应形成 $[Zn-O-Zn]^{2+}$ 物质，如图 3-28 所示，这些都是具有脱氢活性的 Lewis 酸。

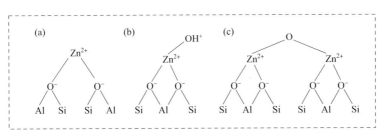

图3-28 Zn/HZSM-5催化剂中Zn不同的化学态：（a）Zn^{2+}；（b）$[ZnOH]^+$；（c）$[Zn-O-Zn]^{2+}$ [151-153]

Ga 元素在分子筛上的状态也跟催化剂的制备方法有关[154-156]。例如在水热合成分子筛的过程中引入 Ga 元素，就会有一部分 Ga 原子存在于 ZSM-5 型分子筛的骨架中。在高温还原气氛下，Ga/HZSM-5 催化剂中的 Ga_2O_3 的化学状态会发生改变，一部分 Ga_2O_3 会被氢气还原为 Ga_2O，并与分子筛的 B 酸相互作用，形成还原性的 Ga^+。Ga^+ 可以继续与分子筛的 B 酸作用形成 $[GaH_2]^+$、$[GaH]^{2+}$ 等物种，如图 3-29 所示。

采用双金属或多金属改性的 ZSM-5 型分子筛催化剂的性能通常优于单金属改性的 ZSM-5 型分子筛催化剂，这是由于不同金属组分之间具有协同效应，而且新引入的第三组分能提高活性金属的分散度。Mikhailov 等人[157]通过 DFT（密度泛函理论）计算研究了催化剂的活性位结构和反应性能之间的关系，发现将 Pt 组分引入 Ga/HZSM-5 催化剂中，提高了活性位的稳定性，并且降低了烃类分子的脱氢活化能。Hoang 等人[158]提出在催化剂中引入第二金属组分,能提高原金属组分的分散度、稀释活性中心,从而提高催化剂的活性并延缓催化剂的失活。

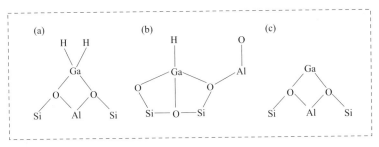

图3-29 Ga/HZSM-5催化剂中Ga不同的化学态[154-156]:(a)$[GaH_2]^+$;(b)$[GaH]^{2+}$;(c)$[Ga]^+$

总之,金属改性能提高分子筛催化剂的芳构化性能,但过量的金属负载会堵塞催化剂的孔道,严重降低催化剂的催化性能;并且金属组分与分子筛的 B 酸发生相互作用,会改变催化剂的酸性。因此需要采用合适的引入方法并控制金属组分的负载量,才能使催化剂具有良好的芳构化性能。

本书著者团队从 2009 年开始开展轻烃芳构化催化剂的研究工作,先后成功开发了碳四烯烃和烷烃芳构化催化剂。烷烃芳构化技术存在以下问题:①反应温度高,活化困难;②芳烃的选择性比较低,副产低碳烷烃多;③催化剂易失活。针对这些问题,本书著者团队通过制备多级孔分子筛和选择性脱除及钝化外表面铝,提高了催化剂的扩散性能,并优化了分子筛的酸性分布,结合多金属组分改性,提高了催化剂在高温条件下的催化性能,得到了活性组成分布合理、结构优化的催化剂。

2. 反应条件的影响

反应条件会显著影响烃类分子的转化率,一般情况下,提高反应温度和压力或降低原料空速时,烃类的转化率会显著升高。此外,反应条件还会影响芳烃产品的组成分布。随着反应温度的升高,产品中苯和甲苯的含量增加。反应压力和原料空速也会影响 BTX 的选择性。反应压力增加,芳烃减少,碳一到碳三的轻烃组分增多;而原料空速增大,芳烃选择性降低,低碳烯烃增加。

本书著者团队以丙烷为原料,研究了反应条件对丙烷芳构化性能的影响,如图 3-30 所示。首先在反应温度为 550℃、质量空速为 $1h^{-1}$ 的条件下,研究了反应压力的影响。发现提高反应压力,丙烷的转化率也大幅增加。当压力为 $0.5kgf/cm^2$(1kgf=9.80665N,下同)时,丙烷的转化率只有 28%,当压力升到 $4.0kgf/cm^2$ 时,丙烷的转化率达到 40%。但芳烃的选择性却随着压力的增加而降低,当压力从 $0.5kgf/cm^2$ 升高到 $4.0kgf/cm^2$ 时,芳烃的选择性从 65% 降低到 50%。

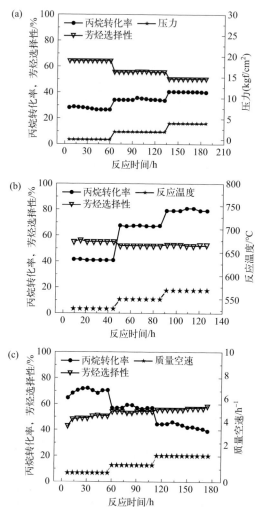

图3-30 反应条件对丙烷芳构化性能的影响：(a)压力；(b)温度；(c)质量空速

随后，在反应压力为2kgf/cm^2、质量空速为1h^{-1}的条件下，研究了反应温度的影响。结果表明，提高反应温度，丙烷转化率大幅度提高。在530℃时，丙烷的转化率为40%，当温度升高到570℃时，丙烷的转化率为80%，但芳烃选择性随温度的升高，变化不大。

最后，在反应压力为2kgf/cm^2、温度为550℃的条件下，研究了反应空速的影响。结果表明，提高原料空速，丙烷的转化率大幅降低。在空速为0.7h^{-1}时，丙烷的转化率为70%，当空速提高到2.0h^{-1}时，丙烷的转化率为40%左右。芳烃的选择性随着空速的增加而增加，当空速从0.7h^{-1}提高到2.0h^{-1}时，芳烃选择性从49%增加到57%。

3. 原料适应性的研究

在反应温度 480～530℃、常压、原料质量空速为 $0.5h^{-1}$ 的条件下，研究了不同原料的芳构化反应，结果表明，催化剂对原料有较强的适应性。总的来说，以烯烃为原料，转化率大于 90%，芳烃选择性大于 70%；以烷烃为原料，转化率大于 50%，芳烃选择性约为 60%。表 3-12 列出了催化剂对各种烃类原料的芳构化反应结果。

表3-12 不同轻烃原料的芳构化产物分布

原料种类	产品分布（质量分数）/%					
	乙烯	丙烷	丙烯	丁烷	戊烷	己烷
H_2	—	3.2	—	4.2	4.2	4.4
C_1～C_2	4.2	16.4	8.7	21.6	21.2	16.5
$C_2^=$～$C_4^=$	8.3	0.4	8.2	5.7	5.8	3.6
C_3～C_5	18.1	49.5	10.6	17.8	12.1	11.6
苯	10.6	11.1	13.1	14.5	15.2	15.5
甲苯	30.6	11.7	32.9	21.1	23.3	26.2
二甲苯	19.8	5.2	20.8	10.4	12.4	15.6
C_9^+芳烃	8.4	2.5	5.7	4.7	5.8	6.6
原料转化率/%	91.7	50.5	93.2	89.2	94.5	98.8
芳烃选择性/%	75.7	60.4	77.8	58.0	60.0	64.7

4. 催化剂的再生性能

以丁烷转化率和芳烃收率为指标，考察了催化剂在芳构化反应中的再生性能（表 3-13）。在反应温度为 530℃、常压、丁烷质量空速为 $0.5h^{-1}$ 的条件下进行催化剂的再生性能考察，当芳烃收率降低到 40%，进行催化剂的再生，再生周期约为 30d。催化剂的再生情况如表 3-13 所示，新鲜催化剂的丁烷转化率为 93.5%，芳烃收率为 55.2%，经历 6 次再生后，丁烷转化率为 90.2%，芳烃收率为 54.1%，说明芳构化催化剂再生性能稳定。

表3-13 芳构化催化剂的再生性能

催化剂	丁烷转化率（质量分数）/%	芳烃收率（质量分数）/%
新鲜催化剂	93.5	55.2
1次再生	93.0	55.1
2次再生	92.6	54.8
3次再生	91.8	54.6
4次再生	91.3	54.5
5次再生	90.7	54.3
6次再生	90.2	54.1

四、催化剂的应用

2021年，采用本书著者团队开发的轻烃芳构化催化剂及固定床反应工艺，在北京燕山石化进行了中试试验。以甲醇制芳烃装置的副产轻烃为原料[烯烃占40%（质量分数），其余为烷烃]，在反温度为522~523℃、反应压力为0.08MPa条件下，72h标定结果表明，原料单程转化率为79.37%，芳烃收率为67.39%（质量分数），氢气收率4.44%，BTX在液相产品中的含量为83.33%（质量分数）。在整个试验期间，装置运行平稳，显示出催化剂具有良好的催化活性和稳定性，如图3-31所示。

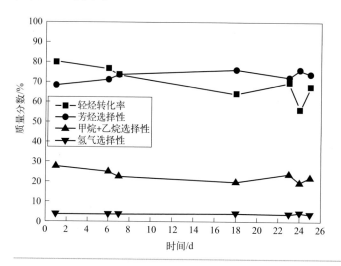

图3-31 轻烃芳构化中试运行结果

第六节 其他应用

一、在催化裂化中的应用

催化裂化（FCC）是炼厂最重要的二次加工工艺之一，是石油化工行业中汽油、柴油和丙烯的重要生产来源。ZSM-5型分子筛被广泛用作FCC催化剂增产丙烯添加剂的活性组分，是一种灵活、高效提高产品气中丙烯收率和汽油辛烷值的优选方案[159-160]。ZSM-5型分子筛增产丙烯的主要原因是其拥有10元环的三维交叉孔道结构并具有择形催化的优点，可以将 FCC 汽油中的直链烃催化裂解为以丙烯为主的 $C_2 \sim C_4$ 的轻质烯烃[161]。

随着原料日趋重质化，FCC 工艺条件的苛刻度不断加深，这对催化剂的性能也提出了更高的要求，因此增产丙烯助剂的性能也需要进一步提升。目前的有效手段主要包括调变 ZSM-5 型分子筛的酸度、优化晶粒与孔结构和提高水热稳定性等[162]。

ZSM-5 型分子筛的酸强度和强弱酸比例是影响丙烯选择性的重要因素[163]。过渡金属改性是调变 ZSM-5 型分子筛酸性质的一种有效方法，过渡金属可以在 ZSM-5 型分子筛中产生新的 L 酸中心，其与 B 酸中心相互协同，使催化裂解高碳烯烃原料的脱氢功能得到增强，有助于增产轻烯烃[164]。碱性金属的引入也可以调变 ZSM-5 型分子筛的酸性性能，有助于减少酸性位或减弱酸强度，抑制氢转移反应，同样可以提高轻烯烃收率。然而，引入碱性金属产生的副作用是强碱溶液会破坏分子筛的晶体结构，从而导致其催化性能的降低[165]。

分子筛晶粒和孔结构的优化主要是为了提升扩散传质性能，缩短扩散路径长度来缩短产物停留的时间，对 FCC 工艺中提升丙烯产率非常重要[166-167]。因此，在保证催化性能和结晶度的前提下，增加分子筛的介孔或大孔数量，可以减少产物发生氢转移、焦化和烯烃相互转化等不良反应的发生，提升产品中丙烯的收率[168-169]。小晶粒分子筛在 FCC 过程中表现出较高的烯烃收率和稳定的活性，但是过度地减小晶粒尺寸或者增加介孔含量，可能导致水热稳定性的下降，引起催化性能的下降[170]。

FCC 反应和再生过程都是高温水热环境，通过改性的方法提高 ZSM-5 型分子筛催化剂的水热稳定性是必不可少的一步。磷改性是目前提高 ZSM-5 型分子筛稳定性最常用的方法[171-172]，不仅有助于稳定分子筛中的骨架铝，抑制骨架铝的脱除[173-174]，而且在苛刻的水热条件下能保留大量的酸性活性中心，提升催化裂化产物中丙烯的选择性和产率[174]。

二、在芳烃择形歧化中的应用

对二甲苯是一种用途非常广泛的基本有机化工原料，主要用于聚酯合成等领域。对二乙苯也是一种重要的芳烃产品，其主要用途是在对二甲苯生产中吸附分离单元作为异构体分离解吸剂，此外它的脱氢产品二乙烯苯是一种重要的共聚物单体。烷基苯通过歧化反应生成二烷基苯是石油化工的重要反应[175-176]，其中最常见的是甲苯和乙苯在沸石分子筛上歧化分别生成二甲苯和二乙基苯。ZSM-5 型分子筛的孔径和二甲苯或者二乙苯的直径相近，经过择形催化生成的对位产物含量很高，但是这些对位的烷基苯非常容易在外表面酸中心上发生二次异构化，生成的最终产物依然是或者接近热力学平衡组成。在择形歧化反应中，为提高对位烷基苯的选择性，必须对 ZSM-5 型分子筛的孔道与酸性进行修饰改性。最常用的两种策略是：①通过改性调变孔径或孔道曲折度强化不同二甲苯分子的扩散速率差；②通过除去不具有择形性的外表面酸中心，使扩散至外表面的对二甲苯不再发生异构化反应。目前工业上常采用化学气相沉积（CVD）硅改性的方法制备 ZSM-5 型分子筛歧化催化剂[176]，此外选择性脱除沸石外表面铝、预积炭、覆盖硼碳硅烷高聚物或表面生长全硅的 ZSM-5 型分子筛、负载磷或者镁氧化物等也是常用的方法[177-178]，这些方法通过消除分子筛外表面酸性位和缩小分子筛孔径，实现提高对位烷基苯选择性的目的。

三、在甲苯甲醇择形甲基化中的应用

甲苯甲醇烷基化是以甲苯、甲醇为原料，将甲醇中的甲基植入甲苯苯环上的烷基化过程[179]。该方法拓展了甲基来源，开辟了将新型煤化工接入芳烃产业的新路线。但是常规甲苯甲醇甲基化制二甲苯（MTX）过程的产物中二甲苯的组成是热力学平衡浓度，对二甲苯（PX）含量低于 25%，产品分离难度大、能耗高[180]。因此经择形催化直接制对二甲苯的甲苯甲醇择形甲基化制对二甲苯（MTPX）技术的重要性日益凸显[181]。

为了提高对位选择性，通常需要对分子筛进行表面改性，最常用的策略是通过调节酸中心性质抑制副反应发生和增加孔道扩散阻力来增大对二甲苯与其同分异构体之间的扩散差异[182-184]。大量的研究表明，抑制强酸中心、钝化外表面酸性位以及缩小孔径均可以提高催化剂的对位选择性。2001 年，美国 GTC 公司与印度石油化工公司（IPCL）联合开发了 GT-ToIAIKSM 技术[185]，产物二甲苯中的 PX 选择性达到 85%。国内中国科学院大连化学物理研究所采用经硅氧烷基化合物修饰改性的分子筛为催化剂，开展了甲苯甲醇烷基化制对二甲苯和低碳烯烃的研究[186]。2017 年 5 月，其甲醇甲苯烷基化制对二甲苯联产烯烃技术通过鉴定，乙烯、丙烯、丁烯和对二甲苯选择性达到 79.2%，二甲苯中对二甲苯的选择性达到 93.2%。本书著者团队[187-188]采用多段层式固定床工艺，二甲苯选择性达到 65.9%，二甲苯中 PX 选择性达到 94.1%。2012 年，我国首套 20 万吨 / 年甲苯甲醇甲基化装置在扬子石化建成，并完成了工业试验，各项技术指标均优于设计值。

四、在选择氧化中的应用

环氧化物是重要的有机合成中间体，主要包括环氧丙烷、环氧乙烷、环氧氯丙烷。由烯烃合成环氧化合物一般采用包括过酸法、卤醇法和间接氧化法等在内的均相法，但这些方法普遍存在副产物较多、设备腐蚀严重、环境污染和安全隐患等问题。骨架含钛的 MFI 型分子筛的创制是该领域的一个具有里程碑意义的突破[189-190]。TS-1 分子筛具有 MFI 型拓扑结构，其骨架中含有硅、钛和氧三种元素，钛氧四面体（TiO_4）与硅氧四面体（SiO_4）经氧桥连成的 5 元环为基本的结构单元，再进一步形成链状结构和三维骨架结构[191]。以钛硅分子筛 TS-1 为催化剂、双氧水为氧化剂进行烯烃环氧化具有合成路线短、原子利用率高、对环境友好的优点，符合绿色化学理念，应用前景广阔。该方法选择性好，原子经济性高，并且对环境友好，是一种绿色环保、安全、高效的合成工艺。

TS-1 的孔径与 ZSM-5 型分子筛基本一致，仅为 0.5～0.6nm，因此长链烯烃在其中的扩散会受阻。此外，TS-1 表面具有一定的亲水性，对于烯烃等有机分子的亲和性差，催化性能难以提高，且催化剂表面的酸性会引发副反应。对 TS-1 进行改性可提高其催化性能：通过表面硅烷化改性可提高其表面的憎水性，减少外表面引起的副反应的发生[192]；通过酸改性去除 TS-1 型分子筛的非骨架钛[193]，可以提高 H_2O_2 利用率和催化活性；通过碱改性去除一定量的硅[194]，不仅能降低 TS-1 表面的酸性，还可以在 TS-1 晶体内产生二次孔道，强化底物的传质性能，延长催化剂使用寿命。

展望未来，通过研究 TS-1 型分子筛的改性及失活机理，探索不同再生方法对 TS-1 分子筛复活的原理和影响规律，从而根据底物特征选择适宜的方法对 TS-1 分子筛进行改性，以增强其选择性并延长其寿命，同时将再生与反应工艺结合，使 TS-1 分子筛具有更广泛的工业应用场景。

五、在己内酰胺生产中的应用

己内酰胺是一种重要的基本有机化工原料，其聚合所生产的尼龙 -6 是一种性能优异的工程塑料。目前，环己酮肟的贝克曼重排反应是己内酰胺工业生产中的关键一步，而常规的液相贝克曼重排技术存在低价值副产多、液体酸易腐蚀设备和环境污染严重等难题[195]。Silicalite-1 属于全硅骨架的 MFI 型分子筛（骨架不含铝元素），具有丰富的微孔结构和规整均匀的三维孔道以及良好的热稳定性。此外，因为骨架不含铝，其表面具有独特的强疏水性，这也使其具有独特的吸附和脱附能力。研究发现，Silicalite-1 在环己酮肟的气相贝克曼重排反应中表现出高活性和产物选择性，同时还具有不副产硫铵、无设备腐蚀和原子经济性好等优势[196]。气相重排产物可以采用结晶精制方式，比现有液相重排采用的萃取/蒸发的精制方式具有更好的杂质脱除能力，产品质量更高。因此，气相重排技术是一项绿色、节能、环境友好的新工艺。

目前，日本住友公司已经实现了己内酰胺全产业链的工业化，其中基于

Silicalite-1 的环己酮肟贝克曼重排反应是非常重要的一环[197-198]。中国石化石油科学研究院和中国石化巴陵石化公司采用沸石分子筛 RBS-1 作催化剂、固定床反应工艺[199]和结晶精制工艺，共同开发了 10 万吨/年环己酮肟气相贝克曼重排成套技术。

参考文献

[1] Ramasamy K, Zhang H, Sun J, et al. Conversion of ethanol to hydrocarbons on hierarchical HZSM-5 zeolites [J]. Catalysis Today, 2014, 238: 103-110.

[2] Sang S, Chang F, Liu Z, et al. Difference of ZSM-5 zeolites synthesized with various templates [J]. Catalysis Today, 2004, 93: 729-734.

[3] Weisz P, Frilette V. Intracrystalline and molecular-shape-selective catalysis by zeolite salts [J]. The Journal of Physical Chemistry, 1960, 64 (3): 382.

[4] Chen N, Kaeding W, Dwyer F. Para-directed aromatic reactions over shape-selective molecular sieve zeolite catalysts [J]. Journal of the American Chemical Society, 1979, 101 (22): 6783-6784.

[5] Kaeding W, Chu C, Young L, et al. Shape-selective reactions with zeolite catalysts: Ⅱ. Selective disproportionation of toluene to produce benzene and *p*-xylene [J]. Journal of Catalysis, 1981, 69: 392-398.

[6] Kaeding W, Young L, Chu C. Shape-selective reactions with zeolite catalysts: Ⅳ. Alkylation of toluene with ethylene to produce *p*-ethyltoluene [J]. Journal of Catalysis, 1984, 89: 267-273.

[7] Kaeding W. Shape-selective reactions with zeolite catalysts: Ⅴ. Alkylation or disproportionation of ethylbenzene to produce *p*-diethylbenzene[J]. Journal of Catalysis, 1985, 95: 512-519.

[8] Argauer R J, Olson D H, Landolt G R. GB 1161974 [P]. 1969-08-20.

[9] 徐如人，庞文琴，于吉红，等. 无机合成与制备化学 [M]. 北京：高等教育出版社，2001.

[10] Baerlocher C, Mccusker L B, Olson D H. Atlas of zeolite framework types. Amsterdam: Elsevier, 2007: 212-213.

[11] 陶伟川，毛东森，陈庆龄，等. Silicalite-1 的后处理对其催化环己酮肟气相 Beckmann 重排反应性能的影响 [J]. 催化学报，2005, 5: 417-422.

[12] Thangaraj A, Sivasanker S, Ratnasamy P. Catalytic properties of crystalline titanium silicalites Ⅲ ammoximation of cyclohexanone [J]. Journal of Catalysis, 1991, 131(2): 394-400.

[13] 汪哲明，陈希强，许烽，等. 甲醇制芳烃催化剂研究进展 [J]. 化工进展，2016, 35(5): 1433-1439.

[14] 李静，宋春敏，李辉，等. Pd/ZSM-5 催化剂加氢裂化性能研究 [J]. 石油炼制与化工，2013, 44 (12): 51-55.

[15] 孟祥举，谢彬，肖丰收. 无有机模板剂条件下合成沸石催化材料 [J]. 催化学报，2009, 30(9): 965-971.

[16] 王达锐，孙洪敏，杨为民. 化工进展 [J]. 2021, 40(4): 1837-1848.

[17] Zhang H, Wang L, Zhang D, et al. Mesoporous and Al-rich MFI crystals assembled with aligned nanorods in the absence of organic templates[J]. Microporous and Mesoporous Materials, 2016, 233: 133-139.

[18] Pereira M M, Gomes S E, Silva V A, Biomass-mediated ZSM-5 zeolite synthesis: When self-assembly allows to cross the Si/Al lower limit[J]. Chemical Science, 2018, 9: 6532-6539.

[19] 童伟益，孔德金，刘志成，等. ZSM-5/Silicalite-1 核壳分子筛含氟水热体系的合成及表征 [J]. 催化学报，2008, 29(12): 1247-1252.

[20] 孔德金, 邹薇, 等. MFI/MFI核壳分子筛合成的影响因素及结晶动力学 [J]. 物理化学学报, 2009, 25(9): 1921-1927.

[21] 贾银娟, 刘志成, 高焕新. ZSM-5/Silicalite-1核壳分子筛的合成与择形催化性能 [J]. 化学反应工程与工艺, 2012, 28(6): 519-524.

[22] 邹薇, 杨德琴, 孔德金, 等. 硅改性HZSM-5沸石上甲苯与甲醇选择性甲基化的研究 [J]. 化学反应工程与工艺, 2006, 22(4): 305-309.

[23] 童伟益, 刘志成, 孔德金, 等. 核壳型复合分子筛ZSM-5/Nano-β的合成与表征 [J]. 高等学校化学学报, 2009, 30(5): 959-964.

[24] 王达锐, 王振东, 张斌, 等. 贵金属负载型核壳结构催化剂的制备及其催化性能 [J]. 化学反应工程与工艺, 2017, 33(4): 289-297.

[25] 刘红梅, 申文杰, 刘秀梅, 等. 分子筛的酸处理对Mo/HZSM-5催化甲烷无氧芳构化反应性能的影响 [J]. 催化学报, 2004, 25(9): 688-692.

[26] 王文静, 武光, 吴伟, 等. 纳米ZSM-5分子筛的酸脱铝改性及其催化萘和甲醇的烷基化反应性能 [J]. 石油学报(石油加工), 2014, 30(4): 620-628.

[27] Mei C, Liu Z, Wen P, et al. Regular HZSM-5 microboxes prepared via a mild alkaline treatment [J]. Journal of Materials Chemistry, 2008, 18(29): 3496-3500.

[28] Triantafillidis C, Vlessidis A, Nalbandian L, et al. Effect of the degree and type of the dealumination method on the structural, compositional and acidiccharacteristics of H-ZSM-5 zeolites [J]. Microporous and Mesoporous Materials, 2001, 47(2): 369-388.

[29] Datka J, Marschmeyer S, Neubauer T, et al. Physicochemical and catalytic properties of HZSM-5 zeolites dealuminated by the treatment with steam [J]. The Journal of Physical Chemistry, 1996, 100(34): 14451-14456.

[30] 郭春垒, 于海斌, 王银斌, 等. 水热处理对纳米HZSM-5分子筛催化甲醇制汽油性能的影响 [J]. 石油学报(石油加工), 2014, 30(4): 602-610.

[31] Jacobsen C, Madsen C, Schmidt I, et al. Mesoporous zeolite single crystals [J]. Journal of the American Chemical Society, 2000, 122(29): 7116-7117.

[32] Tao Y, Kanoh H, Kaneko K. ZSM-5 monolith of uniform mesoporous channels [J]. Journal of the American Chemical Society, 2003, 125(20): 6044-6045.

[33] Wang H, Pinnavaia T. MFI zeolite with small and uniform intracrystal mesopores [J]. Angewandte Chemie International Edition, 2006, 45(45): 7603-7606.

[34] Choi M, Cho H, Srivastava R, et al. Amphiphilic organosilane-directed synthesis of crystalline zeolite with tunable mesoporosity [J]. Nature Materials, 2006, 5(9): 718-723.

[35] 王德举, 朱桂波, 张亚红, 等. 无模板二次生长法制备可调大孔的沸石泡沫 [J]. 无机材料学报, 2005, 20(3): 635-640.

[36] 刘志成, 孔德金, 王仰东, 等. 淀粉模板法合成介孔ZSM-5分子筛 [J]. 石油学报(石油加工), 2008, B10: 124-126.

[37] Zhou J, Liu Z, Li L, et al. Hierarchical mesoporous ZSM-5 zeolite with increased external surface acid sites and high catalytic performance in *o*-xylene isomerization [J]. Chinese Journal of Catalysis, 2013, 34: 1429-1433.

[38] 齐婷婷, 滕加伟, 史静, 等. 超重力预混+动态水热法制备ZSM-5分子筛: 水热过程影响机制 [J]. 化工进展, 2021, 40(11): 6228-6234.

[39] 金文清, 赵国良, 滕加伟, 等. 氢氧化钠改性ZSM-5分子筛的碳四烯烃催化裂解性能 [J]. 化学反应工程与工艺, 2007, 23(3): 193-199.

[40] Zhou J, Hua Z, Wu W, et al. Hollow mesoporous zeolite microspheres: Hierarchical macro-/meso-/microporous structure and exceptionally enhanced adsorption properties [J]. Dalton Transactions, 2011, 40: 12667-12669.

[41] 童伟益, 宋家庆, 赵昱. 原位合成球花形貌多级孔 ZSM-5 及其催化甲醇制丙烯性能 [J]. 化学反应工程与工艺, 2021, 37(6): 505-512.

[42] Wang D, Sun H, Liu W, et al. Hierarchical ZSM-5 zeolite with radial mesopores: Preparation, formation mechanism and application for benzene alkylation[J]. Frontiers of Chemical Science and Engineering, 2020, 14: 248-257.

[43] 沈少春, 袁志庆, 杨为民, 等. 新型双子季铵碱模板剂的合成及纳米 ZSM-5 分子筛的制备 [J]. 工业催化, 2015, 23(10): 763-766.

[44] 史静, 赵国良, 滕加伟. 不同形貌 ZSM-5 分子筛合成及烯烃裂解反应性能 [J]. 工业催化, 2020, 28(5): 51-55.

[45] 申伟, 郭成玉, 申宝剑. 沸石形貌调控及相关应用的研究进展 [J]. 应用化工, 2011, 40(10):1816-1822,1852.

[46] Firoozi M, Baghalha M, Asadi M. The effect of micro and nano particle sizes of H-ZSM-5 on the selectivity of MTP reaction [J]. Catalysis Communication, 2009, 10(12):1582-1585.

[47] 王锋, 贾鑫龙, 胡津仙, 等. 形貌、晶粒大小不同的 ZSM-5 分子筛的表征及催化性能的研究 [J]. 分子催化, 2003, 17(2): 140-145.

[48] 葛欣, 王文月, 沈俭一. 改性 ZSM-5 分子筛催化甲苯、甲醇苯环烷基化反应的研究进展 [J]. 无机化学学报, 2001, 17(1): 17-26.

[49] Liu X, Shi J, Yang G, et al. A diffusion anisotropy descriptor links morphology effects of H-ZSM-5 zeolites to their catalytic cracking performance [J]. Communications Chemistry, 2021, 4:107-117.

[50] Choi M, Na K, Kim J, et al. Stable single-unit-cell nanosheets of zeolite MFI as active and long-lived catalysts[J]. Nature, 2009, 461: 246.

[51] Xu D D, Ma Y H, Jing Francis, et al. π-π interaction of aromatic groups in amphiphilic molecules directing for single crystalline mesostructured zeolite nanosheets[J]. Nature Communications, 2014 (5): 426211-426217.

[52] Shan Z, Wang H, Meng X, et al. Designed synthesis of TS-1 crystals with controllable b-oriented length [J]. Chem Commun, 2011, 47(3): 1048-1050.

[53] 邵长路, 李晓天, 裘式纶, 等. 邻苯二酚作螯合剂合成全硅方钠石 (Si-SOD) 和全硅 ZSM-5(Si-ZSM-5) 分子筛大单晶 [J]. 高等学校化学学报, 1999, 20(11): 1667-1670.

[54] Hu Y, Liu C, Zhang Y H, et al. Microwave-assisted hydrothermal synthesis of nanozeolites with controllable size [J]. Microporous and Mesoporous Materials, 2009, 119: 306-314.

[55] Shi J, Du Y, He W, et al. Insights into the effect of the adsorption preference of additives on the anisotropic growth of ZSM-5 zeolite [J]. Chemistry-A European Journal, 2022, 28(58): e202201781.

[56] Shi J, Zhao G, Teng J, et al. Morphology control of ZSM-5 zeolites and their application in cracking reaction of C_4 olefin [J]. Inorganic Chemistry Frontiers, 2018, 5(11): 2734-2738.

[57] Zhou J, Teng J, Ren L, et al. Full-crystalline hierarchical monolithic ZSM-5 zeolites as superiorly active and long-lived practical catalysts in methanol-to-hydrocarbons reaction [J]. Journal of Catalysis, 2016, 340: 166-176.

[58] 滕加伟, 谢在库. 无黏结剂复合孔分子筛催化烯烃裂解制丙烯技术 [J]. 中国科学：化学, 2015, 45(5): 533-540.

[59] 马翀玮, 沈震浩, 蔡焕焕, 等. MgO 改性无粘结剂 ZSM-5 分子筛制备及催化苯与乙烯烷基化反应性能 [J]. 化学反应工程与工艺, 2020, 36(4): 289-296.

[60] Degnan Jr T, Smith C, Venkat C. Alkylation of aromatics with ethylene and propylene: Recent developments in commercial processes [J]. Applied Catalysis A: General, 2001, 221(1/2): 283-294.

[61] Yang W, Wang Z, Sun H, et al. Advances in development and industrial applications of ethylbenzene processes [J]. Chinese Journal of Catalysis, 2016, 37(1): 16-26.

[62] 戴厚良. 芳烃技术 [M]. 北京：中国石化出版社，2014.

[63] 张丽君，王振东，孙洪敏，等. 气相法乙苯清洁生产工艺技术进展 [J]. 工业催化，2016, 24(5): 1-7.

[64] 高滋. 沸石催化和分离技术 [M]. 北京：中国石化出版社，2009.

[65] 王玉庆. 乙苯/苯乙烯的技术现状及发展 [J]. 石油化工，2001, 30(6): 479-485.

[66] 张春宇，周玮，马中义，等. 乙苯工艺技术及催化剂的应用研究进展 [J]. 化工科技，2012, 30(3): 71-74.

[67] 陆铭，郭燏，朱子彬，等. AB-97 型分子筛催化剂上苯与乙烯烷基化：Ⅱ. 副产物二甲苯的生成规律 [J]. 石油化工，2001, 30(4): 270-274.

[68] 黄望旗. 乙苯生产技术进展 [J]. 精细石油化工进展，2005, 6(7): 43-49.

[69] Chen N, Garwood W. Industrial application of shape selective catalysis [J]. Catalysis Reviews Science and Engineering, 1986, 28(2/3): 185-264.

[70] Waguespack J N, Butler J R. Process for ethylbenzene production: US4922053[P]. 1990-05-01.

[71] Butler J R, Forward C H, Robison T W. Ethylbenzene production employing tea-silicate catalysts: US4400570[P]. 1983-08-23.

[72] Murchison C B, Stowe R A, Weiss R L. Integrated Fischer-Tropsch and aromatic alkylation process: US4447664[P]. 1984-05-08.

[73] 杨为民，孙洪敏，杨书江，等. 苯和乙烯气相烷基化制乙苯型沸石催化剂的研究 [J]. 上海化工，2002, 9: 16-18.

[74] 杨为民，孙洪敏，杨书江. ZSM-5 沸石催化剂上苯与二乙苯气相烷基转移反应条件研究 [J]. 现代化工，2002, 22: 98-100.

[75] 孙洪敏，杨为民，廖星，等. AB-97 型气相烷基化制乙苯催化剂的研制及工业应用 [J]. 化学反应工程与工艺，2006, 22(3): 206-211.

[76] 杨为民，孙洪敏，杨书江，等. 二乙苯烷基转移 Pentasil 型沸石催化剂的研究 [J]. 石油化工，2001, 30: 222-224.

[77] 杨为民，孙洪敏，陈庆龄，等. 苯与乙烯气相烷基化制乙苯用分子筛催化剂的研制 [J]. 精细石油化工进展，2002, 3(4): 12-14.

[78] 钱伯章. 采用稀乙烯可大幅度降低苯乙烯生产费用 [J]. 石油与天然气化工，2005, 34(1): 31.

[79] 何祚云，李建新，朱青. 炼厂催化干气稀乙烯制取乙苯/苯乙烯利用方案分析 [J]. 当代石油石化，2005, 13(3): 35-37.

[80] 王清遐，蔡光宇，黄祖贤，等. 低浓度乙烯气或催化裂化干气制取乙苯 [J]. 石油化工，1989, 18(7): 421-425.

[81] Xu L, Liu J, Wang Q, et al. Coking kinetics on the catalyst during alkylation of FCC off-gas with benzene to ethylbenzene [J]. Applied Catalysis A: General, 2004, 258(1): 47-53.

[82] 高淑清. 催化干气与苯烷基化制乙苯第三代技术的工业应用 [J]. 天然气化工，2010, 35(4): 55-58.

[83] 李建伟，王嘉，刘学玲，等. 催化干气制乙苯第三代技术的工业应用 [J]. 化工进展，2010, 29(9): 1790-1795.

[84] 孙洪敏，杨为民，陈庆龄. 在 AB-96 沸石催化剂上苯与乙烯气相烷基化反应工艺条件的研究 [J]. 石油炼制与化工，2001, 32(5): 10-12.

[85] 孙洪敏，杨为民，陈庆龄，等. AB-96 型乙苯催化剂的试生产和工业应用 [J]. 工业催化，2001, 9(5): 23-28.

[86] 孙洪敏，杨为民，陈庆龄，等. AB-96 型乙苯催化剂的工业应用 [J]. 精细石油化工进展，2003, 4(3): 28-30.

[87] 孙洪敏，杨为民，关海延，等. AB-97-T 型气相烷基转移制乙苯催化剂的工业应用 [J]. 工业催化，2005, 13 (9) : 17-19.

[88] Yang W, Sun H, Liu W, et al. Processes for synthesizing ethylbenzene from ethanol and benzene: US8519208[P]. 2013-08-27.

[89] 张英，田勤江，马献波. 新型稀乙烯制乙苯烷基化催化剂的工业应用 [J]. 炼油技术与工程，2012, 42 (10) : 59-61.

[90] 苟均龙. SEB-08 催化剂在干气制乙苯装置的工业应用 [J]. 工业催化，2014, 22(5) : 397-399.

[91] 董震. 低苯烯比烷基化催化剂 SEB-12 的工业应用 [J]. 炼油技术与工程，2015, 45(6) : 47-50.

[92] 白尔铮，胡云光. 四种增产丙烯催化工艺的技术经济比较 [J]. 工业催化，2003, 11(5): 7-12.

[93] Sekiguchi M, Takamatsu Y. Process for producing propylene and aromatic hydrocarbons, and producing apparatus therefor: US20100022810A1[P]. 2010-01-28.

[94] Voskoboynikov T, Pelekh A, Senetar J. OCP catalyst with improved steam tolerance: US20110143919A1[P]. 2011-06-16.

[95] Teng J, Xie Z. OCC process for propylene production[J]. Hydrocarb Asia, 2006, 16: 26-32.

[96] 赵国良，何万仁，袁志庆，等. ZSM-5 分子筛的碳四裂解性能及积碳研究 [J]. 石油化工，2013, 42(11): 1207-1212.

[97] 滕加伟，赵国良，谢在库，等. ZSM-5 分子筛晶粒尺寸对 C_4 烯烃催化裂解制丙烯的影响 [J]. 催化学报，2004, 25(8): 602-606.

[98] Zhao G, Teng J, Xie Z, et al. Effect of phosphorus on HZSM-5 catalyst for C_4-olefin cracking reactions to produce propylene [J]. Journal of Catalysis, 2007, 248: 29-37.

[99] 谢在库. 新结构高性能多孔催化材料 [M]. 北京：中国石化出版社，2010: 284-286.

[100] 王志喜，王亚东，张睿，等. 催化裂解制低碳烯烃技术研究进展 [J]. 化工进展，2013, 32: 1818-1824.

[101] Vermeiren W, Gilson J. Impact of zeolites on the petroleum and petrochemical industry [J]. Topics in Catalysis, 2009, 52: 1131-1161.

[102] 孔德金，祁晓岚. 对二甲苯生产技术及市场 [J]. 石油化工快报：有机原料，2016(6): 9.

[103] Shi J, Wang Y, Yang W, et al. Recent advances of pore system construction in zeolite-catalyzed chemical industry processes [J]. Chemical Society Reviews, 2015, 44: 8877-8903.

[104] 陈庆龄，杨为民，滕加伟. 中国石化煤化工技术最新进展 [J]. 催化学报，2013, 34(1): 217-224.

[105] Mobil Oil Corporation. Conversion of methanol to gasoline components: USP3931349 [P]. 1976-01-06.

[106] 尹丽夏. 甲醇制汽油 (MTG) 技术应用实践介绍 [J]. 广州化工，2011, 39(14): 142-144.

[107] Keil F. Methanol-to-hydrocarbons: Process technology [J]. Microporous and Mesoporous Materials, 1999, 29(1): 49-66.

[108] Stocker M. Methanol-to-hydrocarbons: Catalytic materials and their behavior [J]. Microporous and Mesoporous Materials, 1999, 29(1): 3-48.

[109] Wang C, Wang Y, Du Y, et al. Computational insights into the reaction mechanism of methanol-to-olefins conversion in H-ZSM-5: Nature of hydrocarbon pool [J]. Catalysis Science and Technology, 2016, 6: 3279-3288.

[110] Ono Y, Adachi H, Senoda Y. Selective conversion of methanol into aromatic hydrocarbons over zinc-exchanged ZSM-5 zeolites [J]. Journal of the Chemical Society Faraday Transactions, 1988, 84(4): 1091-1099.

[111] 唐宏青. 现代煤化工甲醇制汽油 (MTG) 工艺新技术 [M]. 北京：化学工业出版社，2016: 333-335.

[112] 张间璜. 甲醇制烃 [M]. 北京：化学工业出版社，1986: 71-79.

[113] 李政杭. ZSM-5 负载 Zn 催化剂的合成和 MTA 催化性能 [D]. 大连：大连理工大学，2019.

[114] Chang C, Jacob S, Silvestri A J, et al. Conversion of liquid alcohols and ethers with a fluid mass of ZSM-5 type catalyst: US04138440A[P]. 1979-02-06.

[115] Chen Z, Hou Y, Yang Y, et al. A multi-stage fluidized bed strategy for the enhanced conversion of methanol into aromatics [J]. Chemical Engineering Science, 2019, 204: 1-8.

[116] Chen Z, Hou Y, Song W, et al. High-yield production of aromatics from methanol using a temperature-shifting multi-stage fluidized bed reactor technology [J]. Chemical Engineering Journal, 2019, 371(1): 639-646.

[117] 黄晓凡，汤效平，崔宇，等．由煤炭制取芳烃技术进展 [J]．当代化工，2020, 49 (11)：2615-2620.

[118] 山西煤炭化学研究所开发的百吨级甲醇制芳烃技术完成中试 [J]．石油炼制与化工，2018（2）：89.

[119] 钟炳，罗庆云，肖有燮，等．甲醇在 HZSM-5 上转化为烃类的催化反应机理 [J]．燃料化学学报，1986, 14(1): 9-16.

[120] Chang C, Chu C, Socha R. The conversion of methanol to olefins: The effect of temperature and zeolite SiO_2/Al_2O_3 [J]. Journal of Catalysis, 1984, 86(2): 289-296.

[121] Choudhary V, Nayak V. Conversion of alcohols to aromatics on H-ZSM-5: Influence of silicon/aluminum ratio and degree of cation exchange on product distribution [J]. Zeolites, 1985, 5: 325-328.

[122] Choudhary V, Kinage A. Methanol-to-aromatics conversion over H-gallosilicate (MFI): Influence of Si/Ga ratio, degree of H^+ exchange, pretreatment conditions, and poisoning of strong acid sites [J]. Zeolites, 1995, 15: 732-738.

[123] Conte M, Lopez-Sanchez J, He Q, et al. Modified zeolite ZSM-5 for the methanol to aromatics reaction [J]. Catalysis Science & Technology, 2012, 2(1): 105-112.

[124] Zaidi H, Pant K. Catalytic conversion of methanol to gasoline range hydrocarbons [J]. Catal Today, 2004, 96 (1): 155-160.

[125] Bibby D, Howe R, McLellan G. Coke formation in high-silica zeolites original [J]. Appl Catal A: Gen, 1992, 93(1): 1-34.

[126] 田涛，骞伟中，汤效平，等．甲醇芳构化反应中 Ag/ZSM-5 催化剂的失活特性 [J]．物理化学学报，2010, 26(12): 3305-3309.

[127] Mentzel U, Hohjolt K, Holm M S. Conversion of methanol to hydrocarbons over conventional and mesoporous H-ZSM-5 and H-Ga-MFI: Major differences in deactivation behavior [J]. Applied Catalysis A: General, 2012，417-418：290-297.

[128] Bibby D, McLellan G, Howe R. Effects of coke formation and removal on the acidity of ZSM-5 [J]. Studies in Surface Science and Catalysis, 1987, 34: 651-658.

[129] Chang C D. De-aluminization of aluminosilicates: US04273753A[P]. 1981-06-16.

[130] Kovach S. Process for selective hydrogenation of olefins with deactivated zeolite catalyst: US3404192[P]. 1968.

[131] Frenken P. Crystalline silicate catalysts with deactivated external surface, and process for its deactivation: EP19830200221[P]. 1983.

[132] 刘维桥，雷卫宁，尚通明，等．Zn 对 HZSM-5 分子筛催化剂甲醇芳构化催化反应性能影响 [J]．化工进展，2011, 30(9)：1967-1976.

[133] 张娜，徐亚荣，徐新良，等．Zn/HZSM-5 催化剂上甲醇制芳烃反应条件研究 [J]．天然气化工（C_1 化学与化工），2015, 40(2): 5-9.

[134] 季洪强，张强，杨杰，等．磷改性 HZSM-5 催化剂甲醇芳构化反应条件研究 [J]．石化技术与应用，2014, (32)5: 385-389.

[135] 王金英，李文怀，胡津仙．ZnHZSM-5 上甲醇芳构化反应的研究 [J]．燃料化学学报，2009, 37(5): 607-612.

[136] Gosling C D, Wilcher F P, Sullivan L, et al. Process LPG to BTX products[J]. Hydrocarbon Process, 1991, 70:

69-72.

[137] 何英华, 朱丽娜, 詹海容, 等. C_4烃资源利用途径 [J]. 化工技术与开发, 2016, 45(12): 25-29.

[138] Lukyanov D, Gnep N, Guisnet M. Kinetic modeling of propane aromatization reaction over HZSM-5 and GaHZSM-5 [J]. Industrial & Engineering Chemistry Research, 1995, 34: 516-523.

[139] Caeiro G, Carvalho R, Wang X, et al. Activation of C_2-C_4 alkanes over acid and bifunctional zeolite catalysts [J]. Journal of Molecular Catalysis A:Chemistry, 2006, 255: 131-158.

[140] Narbeshuber T, Brait A, Seshan K, et al. The influence of extraframework aluminum on H-FAU catalyzed cracking of light alkanes [J]. Applied Catalysis A:General, 1996, 146: 119-129.

[141] Cheung T, Lange F, Gates B. Propane conversion in the presence of iron-promoted and manganese-promoted sulfated zirconia - evidence of Olah carbocation chemistry [J]. Catalysis Letter, 1995, 34: 351-358.

[142] Guisnet M, Gnep N. Aromatization of propane over GaHMFI catalysts. Reaction scheme, nature of the dehydrogenating species and mode of coke formation [J]. Catalysis Today, 1996, 31: 275-292.

[143] Pidko E, van Santen R. Activation of light alkanes over Cd^{2+} ions in ZSM-5 zeolite: A theoretical study [J]. Mendeleev Communication, 2007, 17: 68-70.

[144] Saito H, Sekine Y. Catalytic conversion of ethane to valuable products through non-oxidative dehydrogenation and dehydroaromatization [J]. Rsc Advances 2020, 10: 21427-21453.

[145] Kanitkar S, Carter J, Hutchings, et al. Low temperature direct conversion of methane using a solid superacid [J]. Chem Cat Chem 2018, 10: 5033-5038.

[146] Guisnet M, Gnep N, Alario F. Aromatization of short chain alkanes on zeolite catalysts [J]. Applied Catalysis A: General, 1992, 89: 1-30.

[147] Anunziata O, Eimer G, Pierella L. Catalytic activity of ZSM-11 zeolites modified with metal cations for the ethane conversion [J]. Catalysis Letter, 2001, 75: 93-97.

[148] He P, Jarvis J, Liu L, et al. The promoting effect of Pt on the co-aromatization of pentane with methane and propane over Zn-Pt/HZSM-5 [J]. Fuel, 2019, 239: 946-954.

[149] Ihm S, Yi K, Park Y. Aromatization of N-pentane over Ni-ZSM-5 catalysts[J], Studies in Surface Science & Catalysis, 1994, 84: 1765-1772.

[150] Ono Y, Osako K, Kim G, et al. Ag-ZSM-5 as a catalyst for aromatization of alkanes, alkenes, and methanol [J]. Zeolites and Related Microporous Materials: State of the Art, 199, 84: 1773-1780.

[151] Gao J, Wei C, Dong M, et al. Evolution of Zn species on Zn/HZSM-5 catalyst under H_2 pretreated and its effect on ethylene aromatization [J]. Chem Cat Chem, 2019, 11: 3892-3902.

[152] Smieskova A, Rojasova E, Hudec P, et al. Influence of the amount and the type of Zn species in ZSM-5 on the aromatization of n-hexane [J]. Study of Surface Science Catalysis, 2002, 142: 855-862.

[153] El-Malki E, van Santen R, Sachtler W. Introduction of Zn, Ga, and Fe into HZSM-5 cavities by sublimation: Identification of acid sites [J]. Journal of Physical Chemistry B, 1999, 103: 4611-4622.

[154] Nowak I, Quartararo J, Derouane E, et al. Effect of H_2-O_2 pre-treatments on the state of gallium in Ga/H-ZSM-5 propane aromatisation catalysts [J]. Applied Catalysis A: General, 2003, 251: 107-120.

[155] Ausavasukhi A, Sooknoi T. Tunable activity of [Ga]HZSM-5 with H_2 treatment: Ethane dehydrogenation [J]. Catalysis Communications, 2014, 45: 63-68.

[156] Dooley K, Chang C, Price G. Effects of pretreatments on state of gallium and aromatization activity of gallium ZSM-5 catalysts [J]. Applied Catalysis A: General, 1992, 84: 17-30.

[157] Mikhailov M, Mishin I, Kustov L, et al. Structure and reactivity of Pt/GaZSM-5 aromatization catalyst [J].

Microporous Mesoporous Materials, 2007, 104: 145-150.

[158] Hoang D, Farrage S, Radnik J, et al. A comparative study of zirconia and alumina supported Pt and Pt-Sn catalysts used for dehydrocyclization of n-octane [J]. Applied Catalysis A: General 2007, 333: 67-77.

[159] 张忠东，柳召永，高雄厚，等. 催化裂化装置平衡剂复配丙烯助剂的制备与性能 [J]. 石化技术与应用, 2020, 38(5): 304-308.

[160] 吕鹏刚，刘涛，叶行，等. FCC 工艺中提升增产丙烯助剂性能研究进展 [J]. 化工进展，2022, 41（1）: 210-220.

[161] Husain A, Aitani A, Kubu M, et al. Catalytic cracking of Arabian light VGO over novel zeolites as FCC catalyst additives for maximizing propylene yield [J]. Fuel, 2016, 167: 226-239.

[162] Corma A, Corresa E, Mathieu Y, et al. Crude oil to chemicals: Light olefins from crude oil [J]. Catalysis Science & Technology, 2017, 7(1): 12-46.

[163] Lin L, Zhao S, Zhang D, et al. Acid strength controlled reaction pathways for the catalytic cracking of 1-pentene to propene over ZSM-5 [J]. ACS Catalysis, 2015, 5(7): 4048-4059.

[164] Rane N, Kersbulck M, van Santen R, et al. Cracking of n-heptane over Brønsted acid sites and Lewis acid Ga sites in ZSM-5 zeolite [J]. Microporous and Mesoporous Materials, 2008, 110(2/3): 279-291.

[165] Jung J, Pak J, Seo G. Catalytic cracking of n-octane over alkali-treated MFI zeolites [J]. Applied Catalysis A: General, 2005, 288(1/2): 149-157.

[166] Schneider D, Mehlhorn D, Zeigermann P, et al. Transport properties of hierarchical micro-mesoporous materials [J]. Chemical Society Reviews, 2016, 45(12): 3439-3467.

[167] Vogt E, Weckhuysen B. Fluid catalytic cracking: Recent developments on the grand old lady of zeolite catalysis [J]. Chemical Society Reviews, 2015, 44(20): 7342-7370.

[168] Siddiqui M, Aitani A, Saeed M R, et al. Enhancing the production of light olefins by catalytic cracking of FCC naphtha over mesoporous ZSM-5 catalyst [J]. Topics in Catalysis, 2010, 53(19/20): 1387-1393.

[169] Konno H, Ohanaka R, Nishimura J I, et al. Kinetics of the catalytic cracking of naphtha over ZSM-5 zeolite: Effect of reduced crystal size on the reaction of naphthenes [J]. Catalysis Science & Technology, 2014, 4(12): 4265-4273.

[170] Konno H, Okamura T, Nakasaka Y, et al. Effects of crystal size and Si/Al ratio of MFI-type zeolite catalyst on n-hexane cracking for light olefin synthesis [J]. Journal of the Japan Petroleum Institute, 2012, 55(4): 267-274.

[171] Lv J, Hua Z, Ge T, et al. Phosphorus modified hierarchically structured ZSM-5 zeolites for enhanced hydrothermal stability and intensified propylene production from 1-butene cracking [J]. Microporous and Mesoporous Materials, 2017, 247(15): 31-37.

[172] Xue N, Olindo R, Lercher J. Impact of forming and modification with phosphoric acid on the acid sites of HZSM-5 [J]. Journal of Physical Chemistry C, 2010, 114(37): 15763-15770.

[173] Zhuang J, Ma D, Yang G, et al. Solid-state MAS NMR studies on the hydrothermal stability of the zeolite catalysts for residual oil selective catalytic cracking [J]. Journal of Catalysis, 2004, 228(1): 234-242.

[174] van der Bij H, Weckhuysen B. Phosphorus promotion and poisoning in zeolite-based materials: Synthesis, characterisation and catalysis [J]. Chemical Society Reviews, 2015, 44(20): 7406-7428.

[175] Babu G P, Santra M, Shiralkar V P, et al. Catalytic transformation of C_8 aromatics over ZSM-5 zeolites [J]. Journal of Catalysis, 1986, 100: 458-465.

[176] John N, John C, Joseph C. Combined catalytic and infrared study of the modification of H-ZSM-5 [J]. Journal of Catalysis, 1984, 87: 77-85.

[177] Kaeding W, Chu C, Young L, et al. Selective alkylation of toluene with methanol to produce para-xylene [J].

Journal of Catalysis, 1981, 67: 159-174.

[178] Wang I, Ay C, Lee B, et al. Para-selectivity of dialkylbenzenes over modified HZSM-5 by vapour phase deposition of silica [J]. Applied Catalysis, 1989, 54: 257.

[179] Svelle S, Visur M, Olsbye U, et al. Mechanistic aspects of the zeolite catalyzed methylation of alkenes and aromatics with methanol: A review [J]. Topics in Catalysis, 2011, 54: 897-906.

[180] Bi Y, Wang Y, Liu Z, et al. Improved selectivity toward light olefins in the reaction of toluene with methanol over the modified HZSM-5 catalyst [J]. Chem Cat Chem, 2014, 6: 713-718.

[181] Young L, Butte S, Kaeding W. shape selective reactions with zeolite catalysts [J]. Journal of Catalysis, 1982, 76: 418-432.

[182] Zheng S, Jentys A, Lercher J A. Xylene isomerization with surface-modified HZSM-5 zeolite catalysts: An in situ IR study [J]. Journal of Catalysis, 2006, 241: 304-311.

[183] Llopis F, Sastre G, Corma A. Xylene isomerization and aromatic alkylation in zeolites NU-87, SSZ-33, β, and ZSM-5: Molecular dynamics and catalytic studies [J]. Journal of Catalysis, 2004, 227: 227-241.

[184] John H, Kolvenbach R, Neudeck C, et al. Tailoring mesoscopically structured H-ZSM5 zeolites for toluene methylation [J]. Journal of Catalysis, 2014, 311: 271-280.

[185] Hibino T, Niva M, Murakami Y. Shape-selectivity over HZSM-5 modified by chemical vapor deposition of silicon alkoxide [J]. Journal of Catalysis, 1991, 128(5): 551-558.

[186] 许磊, 刘中民, 张新志, 等. 一种甲苯甲醇烷基化制对二甲苯和低碳烯烃移动床催化剂: CN101417235[P]. 2009-04-29.

[187] 祁晓岚, 孔德金. 甲苯甲醇烷基化生产 PX 技术与工业化应用 [J]. 石化技术, 2019, 26(2): 131-132.

[188] 王雨勃, 孔德金, 夏建超, 等. 苯和甲醇或二甲醚制二甲苯的方法: CN102746098[P]. 2012-10-24.

[189] Chen N. Industrial application of shape selective catalysis[J]. Studies in Surface Science and Catalysis, 1988, 38: 153-163.

[190] Taramasso M, Perrgo G, Notari B. Preparation of porous crystalline synthetic material comprised of silicon and titanium oxides: US4410501[P]. 1983-10-18.

[191] Cundy C, Cox P. The hydrothermal synthesis of zeolites: History and development from the earliest days to the present time [J]. Chemical Reviews, 2003, 103(3): 663-702.

[192] Wei Y, Li G, Su R M, et al. Ti-sites environment-mediated hierarchical TS-1 catalyzing the solvent-free epoxidation: The remarkably promoting role of alcohol modification [J]. Applied Catalysis A: General, 2019, 582: 117108.

[193] Nur H, Prasetyoko D, Ramli Z, et al. Sulfation: A simple method to enhance the catalytic activity of TS-1 in epoxidation of 1-octene with aqueous hydrogen peroxide [J]. Catalysis Communications, 2004, 5(12): 725-728.

[194] TSai S, Chao P, Tsai T, et al. Effects of pore structure of post-treated TS-1 on phenol hydroxylation [J]. Catalysis Today, 2009, 148(1/2): 174-178.

[195] 杨立新, 魏运方. 催化环己酮肟贝克曼重排反应研究进展 [J]. 化工进展, 2005, 24(1): 96-105.

[196] Ichihashi H, Ishida M, Shiga A, et al. The catalysis of vapor-phase Beckmann rearrangement for the production of ε-caprolactam [J]. Catalysis Surveys from Asia, 2003, 7(4): 261-270.

[197] Kitamura M, Shimazu Y, Yako M. Process for producing epsilon-caprolactam: EP1028108A1[P]. 2000-08-16.

[198] Okuvo T, Suzuki Y, Matsushita T, et al. Method for producing epsilon-caprolactam and method for producing pentasil type zeolite: US2010105893A1[P]. 2010-04-29.

[199] 程时标, 汪顺祖, 吴巍. 环己酮肟在 RBS-1 催化剂上的气相 Beckmann 重排反应 [J]. 石油炼制与化工, 2002, 33(11): 1-4.

第四章
MOR结构分子筛

第一节　丝光沸石的合成 / 141

第二节　在甲苯歧化与烷基转移技术中的应用 / 148

第三节　在二甲醚羰化制醋酸甲酯技术中的应用 / 157

第四节　在选择催化氧化技术中的应用 / 161

MOR 结构分子筛的典型材料是丝光沸石（mordenite），是人类最早认识的沸石之一，分为天然和人工合成两类。天然丝光沸石于 1864 年在加拿大莫登社区发现[1]，由于杂质较多，理化性质个体差异较大。我国浙江、山东、河南、河北、黑龙江等省区都有天然丝光沸石资源分布。1948 年，Barrer[2] 以碳酸钠为矿化剂，将硅酸凝胶与铝酸钠水溶液在 538～568K 下水热晶化，首次人工合成出硅铝比（SiO_2/Al_2O_3）为 9～11 的丝光沸石。丝光沸石不仅具有优良的耐热、耐酸和水热稳定性，还富含 Brønsted 和 Lewis 酸中心以及较高的孔体积和比表面积。这些独特的结构和性质使得人们对于丝光沸石合成、物性表征和应用的研究一直未曾消减[3-5]。

利用其独特的微孔孔道与固体酸中心[6-7]，丝光沸石在工业中被广泛应用。在化学化工方面，用于吸附分离、CO_2 吸附/转化、储氢以及催化裂化、重整、异构化、烷基化、歧化、烷基转移、脱蜡降凝和甲醇胺化等催化反应，并且在二甲醚和一氧化碳的羰基化制醋酸甲酯催化反应中也实现了工业化[8-9]。此外，对 12 元环（12-Membered Ring，12-MR）孔道内的酸中心进行选择性消除，所获得的丝光沸石与氧化物偶合的双功能 OX-ZEO 催化体系对合成气制低碳烯烃显示出独特选择性，其中乙烯的选择性高达 80%[10]。丝光沸石与氧化物催化剂有机结合形成的新型接力催化体系实现了合成气定向转化，高选择性制备乙酸乙酯和乙酸等含氧化学品[11]。此外，深度脱铝的高硅丝光沸石催化甲醇制烯烃（MTO）反应的丙烯选择性可达 63%[12]。此外，丝光沸石还有一些潜在的应用有待于探索，如塑料热解、NO_x 去除、多元醇转化为碳氢化合物等[13]，未来，丝光沸石在工业上的应用有望进一步得到拓展。

丝光沸石属正交晶系，空间群为 $Cmcm$，其典型的晶胞参数为 a=18.3Å，b=20.5Å，c=7.5Å，典型的化学组成为 $Na_8Al_8Si_{40}O_{96}(H_2O)_{24}$。其结构中有大量的 5-MR，两个 5-MR 共边成对联结，然后再与另一对 5-MR 通过氧桥联结，中间形成 4-MR。由一串 5-MR 和 4-MR 组成的链状结构又围成平行的 8-MR 和 12-MR 微孔孔道[14-15]，因此丝光沸石属于二维（2D）孔道沸石，其中 12-MR 在同方向上平行排列，因此易形成阵列式形貌。其结构如图 4-1 所示。

丝光沸石的 a 轴和 b 轴在纸平面上，12-MR 主孔道与 c 轴平行，与纸平面垂直。丝光沸石的单位晶胞中，4、5、6 和 8-MR 的数目分别是 4、48、16 和 16，其中，5-MR 的数目最多，这是丝光沸石骨架的显著特点[16]。丝光沸石的主孔道为 12-MR，孔口呈椭圆形，尺寸约为 0.65nm×0.70nm，8-MR 孔道位于主孔道之间，其尺寸约为 0.26nm×0.57nm[17]。

钠型丝光沸石中，单位晶胞有 8 个 Na^+，其中 4 个位于主通道周围的 8-MR 通道中，另外 4 个 Na^+ 和水分子位置不固定。天然丝光沸石具有比较固定的钠含量，约相当于单位晶胞 4 个 $Na^{+[16]}$。在丝光沸石的结构中，有 4 种不等效的四配位位点，称为4个T位点（T可以为Si原子或者Al原子），通常将它们分别标记为T1、T2、T3以及T4位点，如图4-2所示。T1和T2位点位于5-MR中，而T3和T4位点位于4-MR中，并且T1位点同时位于12-MR主孔道和8-MR上，T2和T4位于12-MR和8-MR侧袋的交界处，T3位点仅位于8-MR孔道上。除此之外，MOR的结构中还存在10种不等效的晶体氧位点，分别标记为O1～O10，如图4-2所示[18]。

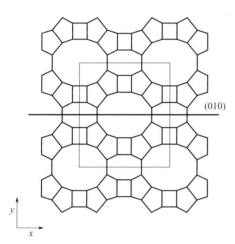

图4-1 MOR结构示意图［沿（001）方向看过去的一个剪切面］

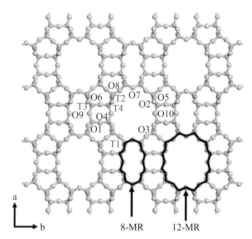

图4-2 沿c轴方向观察的MOR沸石结构（其中T1～T4及O1～O10代表晶体中不在等效位置上的四类Si或Al位点和十类O位点）[18]

第一节
丝光沸石的合成

沸石通常使用水热法合成[4,19]。文献中对丝光沸石的合成进展已有详细的评述[4,13,20]。丝光沸石骨架中的4-MR基本结构单元的键角小、张力大，从能量角度而言更适合被半径更大的铝离子占据，尤其是当2个铝原子占据4-MR对角位时结构最为稳定[21]。这一结构特点导致人工合成的丝光沸石更适合形成硅铝比较低的结晶型硅铝酸盐。长期以来，人工合成丝光沸石的硅铝比较低，在使用中易发生骨架脱铝，导致结构坍塌、孔道堵塞而失活。

一、影响因素

1. 原料配比的影响

原料配比通常可用钠硅比（Na_2O/SiO_2）、水硅比（H_2O/SiO_2）和硅铝比（SiO_2/Al_2O_3）等的形式来表示。在 $aNa_2O:Al_2O_3:nSiO_2:wH_2O$ 体系中，硅铝比（摩尔比）n 值是决定所得沸石种类及其产率的决定因素，在一定的反应条件下，$n=4\sim5$ 时得到方沸石，$n=8$ 左右开始出现丝光沸石，n 接近 12 时观察到石英生成。研究 $Na_2O\text{-}Al_2O_3\text{-}H_2O\text{-}NH_3$ 合成体系时发现，原料硅铝比（SiO_2/Al_2O_3）20 时产物是丝光沸石，硅铝比（SiO_2/Al_2O_3）$50\sim400$ 时为 ZSM-5[22]。在无定形硅胶直接合成高硅丝光沸石的研究中，原料硅铝比（SiO_2/Al_2O_3）为 $11.5\sim22.9$，得到产物的硅铝比应为 $10.2\sim19.1$，表明高硅铝比原料可以合成高硅铝比的丝光沸石，以较低的钠硅比得到的丝光沸石硅铝比较高[23]。

2. 晶化温度的影响

随着晶化温度的提高，丝光沸石晶化的诱导期缩短，如图 4-3 所示[24]。晶化温度为 135℃、150℃ 和 165℃ 时诱导期分别为 14h、10h 和 7h。对任一种晶化体系，随着温度的提高晶化曲线斜率增大，即丝光沸石结晶速率提高，晶化时间缩短，其他文献[25]也获得类似结果。

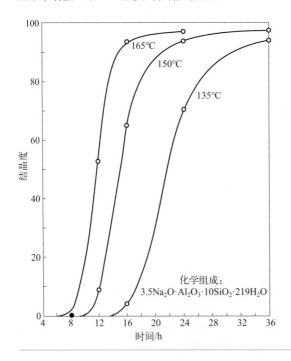

图4-3 不同温度下丝光沸石的结晶曲线图[24]

温度太低得到无定形产物，温度过高容易形成方沸石。这种趋势表明，不稳定相较稳定相容易成核，符合 Ostwald 连续转移定律。大量实验表明，结晶过程的控制步骤是成核过程，一旦结晶开始，无定形物种迅速晶化为丝光沸石[26]。

3．晶化时间的影响

当温度和原料配比一定时，随着晶化时间延长，晶相转化的顺序是无定形→丝光沸石→方沸石，方沸石是最稳定的相。

研究结果表明，在 $2.4Na_2O:11SiO_2:Al_2O_3:219H_2O$ 体系下，丝光沸石结晶度随时间变化是典型的 S 形晶化曲线。随着结晶的进行，确实存在诱导期（0.5～8h），大约 50h 以后结晶度达到最大，表明结晶过程已经完成。根据扫描电镜照片，在诱导期内，原始的无定形固相部分溶解，而后出现丝光沸石晶粒，24～48h 无定形物种逐渐被消耗，68h 得到纯相丝光沸石。晶化时间过长时（280h）出现稳定的方沸石和 SiO_2 多晶，与丝光沸石共存[27]。

二、高硅丝光沸石

通常采用脱铝来获得较高硅铝比的丝光沸石，但其可控性差，成本较高，且脱铝所得丝光沸石的结晶度相比于直接合成样品大幅下降[28-31]。因而，直接合成高硅丝光沸石一直是所追求的目标。随着骨架上铝含量的减少，硅取代 4-MR 中铝的位置导致晶胞收缩，结构变得不稳定，难以水热合成高硅丝光沸石。目前，硅铝比（Si/Al）30 以上的丝光沸石在合成中仍需借助有机模板剂[32]。采用氟化物、双结构导向剂等方法在一定程度上有效地提高了丝光沸石的骨架硅铝比（Si/Al=40 左右）[33-35]，但合成更低骨架铝含量的丝光沸石依然较为困难[36]，因此高硅铝比丝光沸石的合成成为分子筛合成研究的重要方向之一[20,37-38]。

以水玻璃、铝盐或铝酸盐等为原料，在液氨或液氨-氯化钠存在下可直接合成硅铝比（Si/Al）为 15～30 的高硅丝光沸石，合成成本低、重复性好，避免了使用有机胺模板剂对环境造成的污染。氯化钠在合成过程中发挥了重要的结构导向作用，有利于高硅铝比骨架的形成[39]。

无论是在自然形态下形成沸石的过程中，还是在人工条件下水热合成沸石，氢氧根离子通常起到了矿化剂的作用。Barrer 等[3]首次发现了氟离子在沸石合成过程中作为矿化剂的作用。祁晓岚等[40]采用无胺法，在含氟无胺体系下，以工业水玻璃为硅源、硫酸铝为铝源，通过控制晶化条件，可直接合成出硅铝比（SiO_2/Al_2O_3）为 14～55 的高硅丝光沸石。氟离子是生成丝光沸石的结构导向剂，其不仅可扩大丝光沸石生成的相区，而且有利于生成高硅丝光沸石，抑制石英相生成。研究还发现，在氟离子存在下，四乙基氢氧化铵为模板剂，硝酸铵的加入抑制了 ZSM-5 和石英相的形成，骨架缺陷位也较少。

在有机胺的存在下合成沸石的方法，简称有机胺法。传统的模板剂包括四丙基氢氧化铵、四丙基溴化铵和对苯二胺等。鲁保旺等使用四乙基氢氧化铵为模板剂，添加了氟化钠、晶种及铵盐等，合成出硅铝比（Si/Al）34 以上的高结晶度丝光沸石[41-43]。龙英才等以小分子含氧有机物乙醚代替毒性较大的含氮有机碱为模板剂，在 413～453K 下，水热合成了硅铝比（Si/Al）30 左右的高硅丝光沸石。研究发现，乙醚与反应物胶体中硅铝比和碱度的协同作用，有效促进了丝光沸石的结晶，提高了分子筛的结晶度[38]。

三、纳米丝光沸石

纳米沸石具有较大的外比表面积，同时缩短了反应物分子的扩散距离，使更多的活性中心易于接近，因而能提高催化剂活性中心的利用率，同时产物更容易逸出，因此能有效降低催化剂的结焦失活速率等。

以苯二胺作为合成高硅丝光沸石的模板剂，分别合成了硅铝比（Si/Al）为 19 和 30 的高硅丝光沸石纳米晶（<50nm），研究者认为钠硅比和硅铝比是重要的影响因素[44]。项寿鹤等研究了不同合成条件、不同添加剂及动态水热晶化条件下，纳米丝光沸石的合成，结果表明，反应物中较高的碱度、较低的晶化温度、NaCl 和 Na_2SO_4 成核助剂的添加，均有利于纳米丝光沸石的合成[45]。

在纳米丝光沸石的合成中，初始阶段大量晶核的形成是必要的，通过加入丝光沸石的晶核可显著缩短诱导期，结晶时间由几天缩短为几个小时。Hincapie 等也发现加入适量的晶种，采用较低的晶化温度，以及较低的硅铝比均有利于纳米丝光沸石的合成[26]。Itabashi 和 Zhang 等人利用 Beta、ZSM-5 和 ZSM-11 的晶种异晶导向合成了纳米丝光沸石，他们发现这三类分子筛的结构中都包含丝光沸石的组成结构单元，因此能够进一步生长成为丝光沸石的晶体结构[18]。

添加醇类物质和微波加热方式也可实现纳米丝光沸石的合成[46]，微波合成方法可得粒径为 40nm 的丝光沸石，添加醇类并在常规水热条件下可得到粒径为 88nm 的丝光沸石。

四、丝光沸石的理化性质

1. 结构表征

XRD 常用以表征丝光沸石的结构信息。低硅和高硅丝光沸石的 X 射线特征衍射数据如图 4-4 所示[20]，与典型低硅铝比丝光沸石相比，高硅丝光沸石的衍射峰位置发生偏移，说明晶胞参数和晶胞体积存在差异。

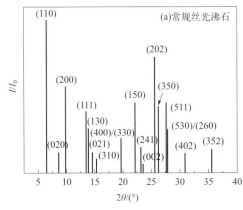
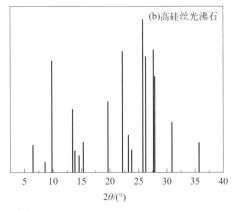

图4-4 常规低硅和高硅丝光沸石的X射线衍射谱图[20]

丝光沸石的骨架红外光谱中，540～620cm^{-1}处的吸收峰归属沸石结构单元5-MR的结构振动，620cm^{-1}吸收峰位置及强度不随硅铝比的改变而变动，反映两个5-MR共用一条边的特点[47-49]。544cm^{-1}谱带则随硅铝比的提高而增强且锐化；近450cm^{-1}处的谱带是T—O弯曲振动的贡献，随着丝光沸石硅铝比由14增至55，434cm^{-1}处的谱带位移到450cm^{-1}处，且强度加强，应是Si—O键长(0.161nm)短于Al—O键长（0.175nm）导致T—O振动增强的结果。720cm^{-1}处的谱带对应沸石AlO$_4$四面体面内对称伸缩振动，随硅铝比增大，720cm^{-1}处的谱带强度减弱是普遍现象，硅铝比由14经41增大到55，该谱带逐渐变弱且宽化直至完全消失[50]。

2．酸性质

分子筛中Si—OH—Al结构的活性质子是其Brønsted酸性产生的位点，而分子筛中不同化学环境的Al位点都有可能成为表面的L酸性位，包括骨架外的Al位点、骨架相关的配位不饱和Al位点以及骨架中配位不饱和的Al位点[51]。在实际应用中，分子筛的B酸位点和L酸位点都对其反应性能具有重要的影响，而这两种酸性位的产生都与Al原子在分子筛中的分布密切相关[52]。

Al原子以骨架铝或非骨架铝的形式存在于丝光沸石中，通过^{27}Al MAS NMR表征可区别四配位骨架铝（化学位移55附近的特征峰）和非骨架铝（化学位移0附近的特征峰）。在特定的处理条件下，丝光沸石骨架上会产生在化学位移30左右的吸收信号，通常认为这与五配位铝的生成和扭曲的四配位铝的存在有关[53-54]。研究表明，酸量和骨架铝含量之间存在一种火山型曲线对应关系，铝含量在1.65mmol/g时酸量达到极大值，低于或高于此值都会造成总酸量的降低[55]。所以，低硅铝比丝光沸石经过适度脱铝处理可提高其酸强度。

如前所述，丝光沸石的结构为 MOR，骨架中具有四种不同的 T 位点，其中 T1 位点同时位于 12-MR 主孔道和 8-MR 上，T2 和 T4 位于 12-MR 和 8-MR 侧袋的交界处，T3 位于 8-MR 孔道上，人们研究发现 Al 会优先落位于 T3 和 T4 位点[56]。Liu 等人设计了一种低分压四氯化硅的处理策略，从而实现了 Al 原子在骨架中 T3 位点上的富集，并且以高场 ^{27}Al MAS NMR 结合酸性变化规律确定了精确位置，确定在最优条件下，约 73% 的 Al 落位于 T3 位点上，有效酸性位的增加使得该方法改性后的样品在二甲醚羰基化反应中显著提升了二甲醚的转化率和催化剂稳定性[9]。该团队还利用吡啶吸附红外光谱研究了不同硅铝比样品酸性位的可接近性，结果表明高硅丝光沸石吡啶能够吸附在几乎所有的 B 酸位点，而在低硅丝光沸石中，吡啶并不能够接触到所有的 B 酸位点，研究表明这与不同 Si/Al 分子筛的缺陷含量以及局部酸密度较高造成的扩散阻力相关[57]。因此，目前能够通过红外光谱、固体核磁共振技术等对丝光沸石表面的 Al 分布及其酸性质进行表征以期望建立丝光沸石骨架结构、表面性质与催化性能间的构效关系，从而指导高效催化剂的设计合成[54,58-62]。

五、丝光沸石的改性

1．脱铝

丝光沸石的脱铝改性对高硅丝光沸石的制备具有重要的意义[63-67]，可以降低过高的酸强度和酸密度，抑制积炭物种快速生成，避免催化剂快速失活[68-69]。

在水蒸气处理丝光沸石的方法中，平衡沸石电荷的阳离子种类对处理结果有很大影响，例如在 Na-MOR 上脱铝程度比在 H-MOR 上相对温和。由于 12 元环通道中骨架铝比 8 元环通道中的更容易脱除，因此导致水蒸气处理后的丝光沸石在 8 元环通道中拥有更多的酸位。反应性能表明，水蒸气处理 Na-MOR 是提高二甲醚羰基化反应催化性能的有效途径[70]。

利用 HNO_3 对丝光沸石进行部分脱铝，在提高骨架硅铝比的同时，改性后沸石的比表面积和孔体积较母体显著增加，因而有利于间二甲苯的扩散，促进了间二甲苯的异构化[71]。

采用水蒸气脱铝和酸洗相结合的方法脱铝，造成介孔结构增加和亲水性减弱，可显著提升线型烷基苯合成反应的转化率[72]。

2．脱硅

碱处理是一种操作简便的介孔引入方法[73-75]。骨架硅原子抽离后，提高了 B 酸中心和 L 酸中心的强度[76]，分子筛晶内介孔-微孔相互贯通，提高了反应物传质，改善了分子筛的容炭能力，降低催化剂的失活速率，延长催化剂寿命[77-85]。

目前公认的脱硅机理认为，当带有末端羟基的硅原子受到 OH⁻ 攻击时，OH⁻ 吸附在硅原子上，同时阳离子平衡周围电荷，在脱去两个水分子发生硅的水解后，生成可溶性硅，形成缺陷位[84-87]。随着脱硅过程的深入，分子筛晶体中形成的缺陷位增多并扩张，在合适的溶硅条件下缺陷位的可控扩展，形成了大小合适的介孔结构[88]。碱处理对分子筛骨架影响过程[89]如图 4-5 所示。

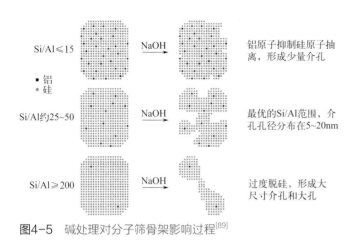

图4-5 碱处理对分子筛骨架影响过程[89]

碱溶液浓度相同时，H-MOR 比 Na-MOR 更易脱硅产生介孔，这可能是由于在焙烧过程中有部分骨架铝发生迁移产生了骨架外铝，从而在骨架上产生空穴[90]。低 Si/Al 丝光沸石碱处理后几乎没有多级孔产生，相反具有较高 Si/Al 的丝光沸石则产生了相当数量的多级孔[91]。

3．金属离子浸渍

金属离子浸渍改性是一种常规的改性方法，可以有效调变沸石孔径，优化扩散性能，提高选择性；还可以调节晶体内的电场和表面酸量，从而影响吸附性能和催化特性。高价金属阳离子取代沸石中平衡电荷的离子后，由于水合金属离子的解离作用，使吸附水发生极化而离解，从而使分子筛获得更加稳定的电荷分布。本书著者团队通过添加助催化剂对丝光沸石进行改性和修饰，提高了催化剂的活性和稳定性，成功研制了 HAT 系列甲苯歧化与烷基转移催化剂。

引入助催化剂会使催化剂的酸性和催化活性都有显著提高。图 4-6 为添加助催化剂后催化剂的 B 酸中心数量和助催化剂含量的关系。可以看出，随着助催化剂相对添加量的逐渐升高，催化剂表面 B 酸中心量增加；当添加量达到一定值时，催化剂 B 酸量达到最大值。继续增加助催化剂用量，催化剂 B 酸量逐渐降低。显然，助催化剂的加入能有效地调节催化剂表面酸性，助催化剂含量对催化剂B酸中心有直接影响。适量助催化剂的存在使催化剂B酸量增加，过量助催化剂的存在则降低催化剂B酸量。进一步通过吡啶吸附红外研究发现，当进行适量助催化剂改性后，催化剂总酸量，特别是B酸量显著增加。在甲苯与碳九芳烃烷基转移反应中，改性丝光沸石催化剂上的甲苯转化率明显提高。通过改性，提高了催化剂的酸度，增加了催化活性中心，提高了抗杂质、抗积炭能力，强化了烷基转移功能，实现了高空速、高转化率、高选择性和高稳定性[92]。

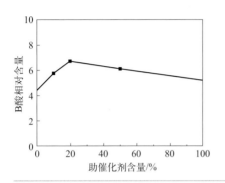

图4-6
催化剂B酸中心和助催化剂含量的关系曲线[92]

第二节
在甲苯歧化与烷基转移技术中的应用

甲苯歧化与烷基转移技术以甲苯和C_9^+芳烃为原料生产苯和混合二甲苯，常用催化剂的活性组分以丝光沸石为主。歧化单元是芳烃联合装置的关键反应单元，其混合二甲苯的产量约占整个芳烃联合装置产量的一半。

一、反应机理

甲苯歧化与烷基转移反应的实质是芳烃侧链烷基在芳环之间的移动和重排[93-95]，其主反应包括甲苯歧化反应、甲苯与C_9^+A烷基转移反应及C_9^+A侧链脱烷基反应，如图4-7所示。

甲苯歧化反应是指两分子甲苯间发生甲基转移反应，生成一分子苯和一分子二甲苯，该过程是吸热量极微的可逆反应。烷基转移反应通常是指甲苯与C_9/C_{10}芳烃之间的甲基转移反应，如甲苯与三甲苯反应生成两分子二甲苯，通过烷基转移反应可实现甲基的重排,最大量生产二甲苯,此反应亦为吸热量很小的可逆反应。重芳烃脱侧链烷基反应主要是指脱除侧链乙基、丙基及丁基,生成苯、甲苯及二甲苯产物。从反应表观活化能来看,脱甲基反应较难进行,而烷基转移反应最容易进行[96]。

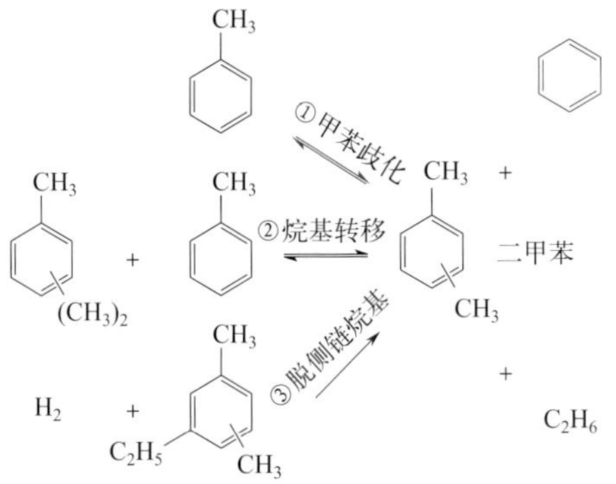

图4-7
甲苯歧化与烷基转移反应网络示意图

此外,甲苯歧化与烷基转移过程的副反应主要有芳烃脱甲基反应及芳烃加氢裂解(开环)反应。甲基苯加氢脱甲基生成苯和甲烷,而加氢裂解产物主要有乙烷、丙烷、丁烷等,这是放热量较大的反应;在较高反应温度下,芳烃还会发生缩合反应生成稠环芳烃。上述主反应及副反应选择性与催化剂的酸性、孔结构及反应工艺条件密切相关。

一般认为,甲苯歧化与烷基转移反应为酸催化反应过程,遵循碳正离子机理。下面以甲苯歧化反应为例进行烷基转移反应机理的阐释[97]。早期人们提出了一种单分子反应机理,即甲基迁移理论,如图4-8(a)所示,该机理认为甲苯分子首先在催化剂的B酸位点上吸附与活化,生成碳正离子,在酸性位点的作用下,活化后甲苯分子上的甲基转移至另外一个甲苯分子上形成一分子苯和一分子二甲苯碳正离子,二甲苯碳正离子进一步脱去质子,生成二甲苯。

也有研究人员提出另外一种双分子反应机理,如图4-8(b)所示。该机理认为,甲苯首先与分子筛上的B酸位点相结合后进行活化生成甲苯碳正离子,接着,其与吸附在相邻B酸位点上的甲苯反应生成二苯烷基碳正离子过渡态,基于该过渡态,进一步发生C—C键的断裂,生成一分子苯和一分子二甲苯碳正离子,后者再与一分子甲苯反应生成二甲苯和甲苯碳正离子,该甲苯碳正离子进入下一循环继续发生反应。

比较两种机理可知,单分子反应机理中所涉及的反应物以及反应中间体都较小，因此可认为该反应机理下分子筛孔结构的大小对于反应的选择性影响较小，反应过程主要受酸性影响。而双分子反应机理中，涉及形成较大尺寸的反应中间体，如二苯烷基碳正离子，这能够较好地解释分子筛孔道对反应选择性的调控与影响[98-99]。

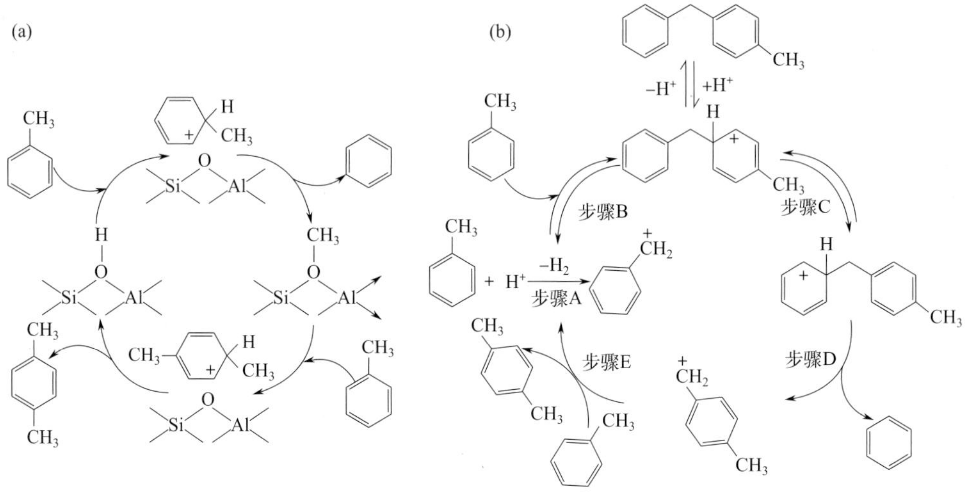

图4-8 甲苯歧化反应机理[97]
（a）单分子反应机理；（b）双分子反应机理

甲苯歧化反应的化学平衡常数较小，甲苯与三甲苯间的烷基转移反应平衡常数相对较大，说明烷基转移反应比甲苯歧化反应更易于发生。根据热力学平衡值的测定，甲苯歧化反应的平衡转化率约为58%，在工业生产实际操作中，转化率控制在平衡转化率的80%左右，因为单程转化率越高副反应越多，芳烃裂解损失亦越多，因此，在过高的转化率下操作并不经济[100-102]。

二、在纯甲苯歧化反应中的应用

纯甲苯歧化指仅利用甲苯作原料转化为苯和二甲苯，常用的催化剂为金属改性的分子筛材料，并且氢气和甲苯共同进料，以抑制催化剂结焦[103-104]。反应过程中存在的副反应包括二甲苯歧化生成 C_9 芳烃、烷基苯脱烷基以及苯环加氢裂解生成轻烃等[66,103-104]。丝光沸石和ZSM-5型分子筛是目前应用最广的纯甲苯歧化催化材料。

甲苯歧化反应活性与分子筛的孔道结构和酸性质密切相关。在相同的反应条件下，低硅丝光沸石虽然有较高的甲苯歧化反应活性，但来源于二甲苯歧化副反应的 C_9 芳烃选择性比 ZSM-5 更高，这说明孔径减小有利于抑制二甲苯歧化反应。相比低硅丝光沸石，酸性弱一些的高硅丝光沸石在保持较高甲苯歧化反应活性的同时，更能抑制生成 C_9 芳烃的副反应，从而提高产物中二甲苯的选择性[105]。

粒径为 20～40nm 的纳米片状丝光沸石，有效地缩短了主孔道长度，提高了分子筛的扩散性能（图4-9）[106]。在相同的反应条件下，纳米片状丝光沸石的甲苯转化率以及稳定性要远高于微米块状丝光沸石（图4-10）[107]，这是因为纳米片状结构能够抑制二甲苯歧化副反应，减少了三甲苯的生成。

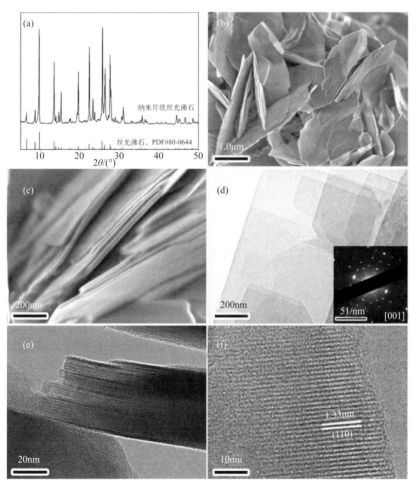

图4-9　短主孔道的纳米片状丝光沸石

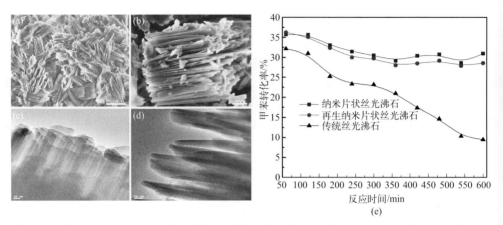

图4-10 通过亚纳米晶体与有机模板的自组装合成片状MOR分子筛及其在纯甲苯歧化反应中的应用

三、在烷基转移反应中的应用

取硅铝比相近的 ZSM-5、丝光沸石、Beta、USY 型分子筛为催化剂，采用甲苯与 1,2,4- 三甲苯为原料（两者摩尔比为 1∶1），考察各分子筛上甲苯与三甲苯烷基转移反应性能，结果见图 4-11。可以看出，在相同的反应条件下，仅改变催化剂中活性组分即分子筛的种类，其反应结果完全不同。对于所有分子筛，其三甲苯转化率较甲苯转化率高，主要与其苯环/甲基物质的量有关。在上述分子筛中，甲苯初始转化率最高的是丝光沸石，而 1,2,4- 三甲苯初始转化率最高的是 ZSM-5 型分子筛。ZSM-5 型分子筛由于具有较小的 10 元环孔道[108-109]，可能将

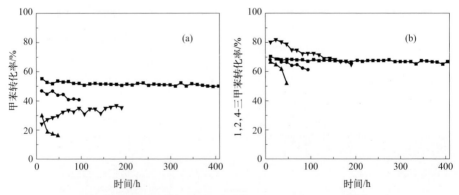

图4-11 不同分子筛催化甲苯与三甲苯烷基转移反应的转化率变化[110]
MOR(■), Beta(●), USY(▲), ZSM-5(▼)

具有较大尺寸的1,2,4-三甲苯紧密地束缚在其内部，增大了其与活性位的接触时间，使其初始转化率较高。此外，受到较小孔道尺寸的限制，1,2,4-三甲苯分子不易于与甲苯通过双分子中间体机理进行烷基转移反应，而是更多地发生单分子裂解反应和甲苯歧化反应，最终导致甲苯转化率低。

甲苯和1,2,4-三甲苯烷基转移反应网络复杂，二甲苯可以通过甲苯和1,2,4-三甲苯烷基转移、甲苯歧化、三甲苯歧化以及脱烷基反应得到[111-113]。在ZSM-5上二甲苯选择性约20%，而在MOR、Beta和USY上，二甲苯选择性可达到50%左右。这是由于分子筛的孔道尺寸决定了反应物分子在晶体内的扩散性能，并对反应活性和选择性产生影响[114]。对二甲苯的动力学直径为0.585nm，间、邻二甲苯的直径为0.68nm，1,2,4-三甲苯的直径为0.76nm，1,2,3-三甲苯的直径为0.81nm，1,3,5-三甲苯的直径为0.86nm[115]。Beta型分子筛具有12元环直线型孔道，有利于分子的扩散，可使三甲苯分子进入沸石晶内进行反应，丝光沸石、Beta和USY等大孔分子筛不仅易于反应物的快速扩散，也为双分子中间体物种的生成和分解提供了足够的空间，因此反应物在其孔道内更多地通过烷基转移反应进行转化，生成更多的二甲苯。而由于孔径较小，ZSM-5晶内的扩散受到抑制，阻碍了烷基苯分子进入孔道，因此只在孔口发生脱甲基反应，同时抑制产物中大分子的生成和积累，且只允许小过渡态分子反应的存在[96,116]，因此具有较大孔径的分子筛更适合该反应。丝光沸石的孔道交叉处呈现椭圆形笼状结构，由于尺寸的限制，反应主要发生在12元环孔道及椭圆形笼内。由于相对较大的孔径，烷基转移初始活性较高，相比于Beta和USY分子筛上的产物分布，丝光沸石具有更高的目的产物二甲苯选择性（见表4-1），且在该反应中MOR型分子筛具有最高的反应稳定性。因此，一般采用丝光沸石作为芳烃烷基转移催化剂的主要活性组分[117]。

表4-1　不同结构分子筛催化甲苯与三甲苯烷基转移反应产物分布[110]

（反应条件：T=450℃，WHSV=4g/(gcat·h)，H_2/HC=4mol/mol，p=3.0MPa）

分子筛	产物分布（质量分数）/%				
	二甲苯	苯	C_1~C_4	C_9	C_{10}
ZSM-5	52.70	15.65	14.75	11.61	1.74
mordenite	67.12	5.28	2.10	16.28	7.75
Beta	65.75	5.48	2.14	16.12	8.52
USY	62.34	2.35	0.74	20.91	12.11

四、在重芳烃轻质化过程中的应用

在石油炼制和化工生产过程中，通常会副产大量高芳烃含量的重质组分。随着油品结构调整及升级要求，迫切需要开发能把副产的劣质重芳烃组分转化为其他高价值产品的技术。目前，国内芳烃联合装置副产重芳烃的利用主要是通过歧化与烷基转移反应转化为 BTX 轻质芳烃[118]。芳烃联合装置副产的 C_9A 可全部通过歧化与烷基转移过程进行转化，而 C_{10}^+A 中的稠环芳烃因会加速催化剂积炭，在歧化与烷基转移反应原料中有所限制。如本书著者团队开发的 HAT-099 催化剂可处理一定量的重芳烃原料，但其原料中 C_{10}^+A 含量一般要求不超过 20%（质量分数），萘系物含量要求不超过 0.3%（质量分数）。

重芳烃轻质化反应网络中，除了单环芳烃的烷基转移、歧化以及脱烷基反应外，还涉及稠环芳烃的选择性加氢裂解，包括萘系物选择性加氢生成四氢萘系物和四氢萘系物选择性加氢裂解成轻质单环芳烃[119]，如图 4-12 所示。因此，催化剂的设计过程中，需要重点考虑稠环芳烃的转化行为，提高催化剂对稠环中芳烃的耐受度。

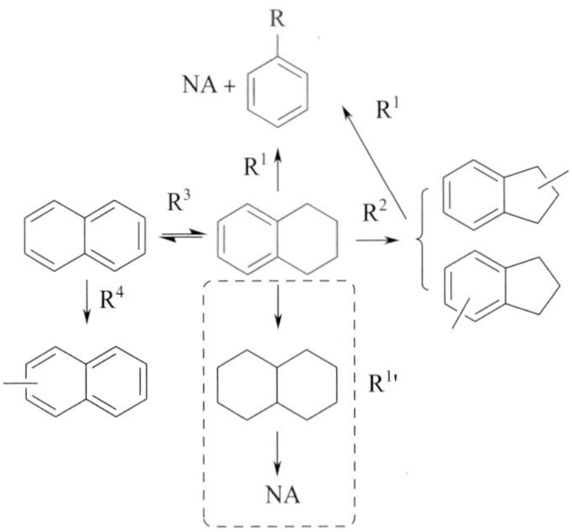

图4-12
稠环重芳烃轻质化反应示意图

以四氢萘系物作为稠环芳烃轻质化的模型原料，研究其加氢裂化对重芳烃轻质化催化剂的开发具有重要意义。选择三种 Si/Al 相近、不同类型的分子筛对四氢萘在分子筛上的加氢裂解反应行为进行探究，反应结果如表 4-2 所示。ZSM-5 型分子筛上四氢萘转化率仅为 29.4%，MOR 型沸石和 Beta 型分子筛上的四氢萘转化率则分别达 39.0% 和 52.1%。对比三种分子筛酸性不难发现，分子筛的四氢萘转化率与其酸量并不能进行简单的关联，这说明孔道扩散阻力对四氢萘的转化有重要的影响。具有 10 元环孔道的 ZSM-5 型分子筛扩散阻力较大，不利于四氢萘及反应产物在分子筛孔道内的扩散[120]，其活性远低于 12 元环孔道的 MOR 型沸石和 Beta 型分子筛；而具有三维孔道的 Beta 型分子筛活性高于具有一维 12-MR 孔道的 MOR 型沸石。此外，不同分子筛上四氢萘反应产物分布也有所差异，ZSM-5 分子筛上各反应选择性从高到低的顺序为加氢裂解（41.4%）、异构化（32.5%）、烷基化（21.7%）和氢转移（3.1%），说明ZSM-5型分子筛的孔道择形效应有利于四氢萘裂解开环及异构化等单分子反应。MOR型沸石上各反应选择性从高到低的顺序为异构化（40.0%）、加氢裂解（22.3%）、氢转移（17.2%）和烷基化（18.2%），MOR型分子筛上以异构化和加氢裂化为主，同时氢转移和烷基化反应选择性也有所提高，这可能是因为MOR型沸石裂解能力较ZSM-5低[121]。相比之下，Beta型分子筛上四氢萘转化方向较为分散，加氢裂解（27.2%）、异构化（31.3%）、氢转移（11.1%）和烷基化（28.6%），其加氢裂解和异构化选择性最低，而烷基化生成重质组分的反应选择性增大，这与其孔径较大及酸性较弱有关[122]。综上所述，可知分子筛孔道结构及酸性对四氢萘裂解反应行为都有重要影响。具有开放孔隙及较强酸性的分子筛材料是提高反应转解率以及异构化和裂解反应选择性的关键因素。

表4-2　不同分子筛的四氢萘加氢裂解反应性能

分子筛种类	催化剂性能				
	四氢萘转化率/%	加氢裂解选择性/%	异构化选择性/%	氢转移选择性/%	烷基化选择性/%
ZSM-5	29.4	41.4	32.5	3.1	21.7
丝光沸石	39.0	22.3	40.0	17.2	18.2
Beta沸石	52.1	27.2	31.3	11.1	28.6

注：反应条件：$T=370℃$、$WHSV=3.0g/(gcat·h)$、$p=3.0MPa$、$H_2/HC=3.0mol/mol$。

表4-3为负载金属的不同分子筛上，重芳烃轻质化的反应产物比较。ZSM-5上重芳烃转化活性较低，其较小的孔道尺寸约束了重芳烃的扩散及对活性位的可接近性，较高的$C_1\sim C_5$轻烃生成量体现了其较高的裂解性能，这与其较高的酸性强度有关。Beta型分子筛上由于其较低的酸性强度，裂解性能较弱，因而轻烃含量低，但由于其具有三维交叉的孔道，因而重芳烃转化率能力较强，尤其是萘系物的转化。丝光沸石上，重芳烃的转化率最高，说明其酸性及孔道对重芳烃的轻质化反应较为合适[123]。因此在这三种分子筛中，丝光沸石是四氢萘加氢裂解反应乃至重芳烃轻质化反应的理想催化剂选择，因此重芳烃轻质化催化剂的活性组分主要集中在丝光沸石，其工业用催化剂的制备方式与芳烃烷基转移催化剂的制备过程相似。

表4-3　负载金属的不同分子筛上重芳烃轻质化反应性能[①]

组分名称	进料组成（质量分数）/%	ZSM-5上产物组成（质量分数）/%	丝光沸石上产物组成（质量分数）/%	Beta上产物组成（质量分数）/%
$C_1\sim C_5$	0.00	2.14	2.01	1.54
$C_5\sim C_6$非芳烃	0.00	3.31	4.49	9.38
Bz	0.18	1.55	2.23	1.61
T	0.05	9.13	15.35	12.34

续表

组分名称	进料组成（质量分数）/%	ZSM-5上产物组成（质量分数）/%	丝光沸石上产物组成（质量分数）/%	Beta上产物组成（质量分数）/%
EB	0.01	0.22	0.91	1.25
X	0.04	27.25	33.85	30.32
IND	0.90	0.10	0.04	0.02
C_9A	79.21	40.12	31.68	31.84
C_{10}^+A	19.61	16.18	9.44	11.70
萘系物	7.85	4.56	0.32	0.21

①催化剂及反应条件：M 金属负载量 3%，T=370℃，WHSV=3.0g/(gcat·h)，p=3.0MPa，H_2/HC=3.0mol/mol。C_{10}^+A 包含了萘系物。

五、催化剂的工业化应用

1. 歧化与烷基转移催化剂

本书著者团队开发了以丝光沸石为活性组分的系列工业催化剂，已实现工业应用 80 余次。表 4-4 为芳烃烷基转移催化剂典型工业运行数据[124]。从工业应用数据上可以看出，HAT 系列甲苯歧化与烷基转移催化剂具有较强的处理能力，因此它可通过高效转化重质芳烃来提高重质芳烃资源的有效利用，从而达到增产和增效的目的。

表 4-4　HAT 系列芳烃烷基转移催化剂典型运行数据

	参数	运行数据
原料组成（质量分数）/%	T	50.1
	C_9A	43.2
	C_{10}^+A	6.1
	其他	0.6
工艺参数	重时空速/[g进料/(g催化剂·h)]	2.5
	氢烃比/(mol/mol)	4.0
	反应压力(G)/MPa	2.8
	反应温度/℃	350
反应性能	总转化率（质量分数）/%	48.6
	选择性（质量分数）/%	88.3
	苯产品结晶点/℃	5.45

2. 重质芳烃轻质化催化剂

在重质芳烃轻质化工艺中，$C_6 \sim C_7$ 芳烃作为循环料与新鲜重整重质芳烃原料混合后进入反应器。在反应过程中，真正转化的是重质芳烃，$C_6 \sim C_7$ 芳烃进出料浓度相近，达到平衡。表 4-5 为某企业的工业运行数据，采用本书著者团队开发的 HAP 系列重质芳烃轻质化催化剂。该工艺为新型重质芳烃处理工艺，稳定性数据待长周期运转后得出。

表4-5 HAP系列重质芳烃轻质化催化剂典型组成及运行数据

参数		运行数据
原料组成（质量分数）/%	IND	1.3
	C_9A	81.2
	C_{10}^+A	17.5
	萘系物	2.5
工艺参数	重时空速/[g进料/（g催化剂·h）]	2.5
	氢烃比/(mol/mol)	3.0
	反应压力(G)/MPa	3.0
	反应温度/℃	350
反应性能	总转化率（质量分数）/%	56.2
	萘系物转化率（质量分数）/%	35.4

注：C_{10}^+A 包含了萘系物。

未来重质芳烃利用技术的发展重点是开发能处理含一定量萘系物及稠环化合物的重质芳烃的新型催化剂，并基于新型轻质化催化剂对传统芳烃装置流程进行重构，进一步降低芳烃联合装置的分离能耗、提高装置经济效益。

第三节
在二甲醚羰化制醋酸甲酯技术中的应用

醋酸甲酯（MA）又名乙酸甲酯，是目前应用最广泛的脂肪酸酯之一，在纺织、香料、医药和食品等行业是一种重要的有机溶剂和原料，可用于合成乙醇、醋酸、醋酐、丙烯酸甲酯等化工产品。乙醇作为其中一种重要的下游产品，在我国的需求量巨大，传统乙醇生产方式包括粮食发酵和石油基乙烯水合法，为避免"与人争粮"并降低对石油的依赖，开创燃料乙醇供应多元化的新局面，对维护我国能源安全具有重大意义。

大连化学物理研究所刘中民团队提出以煤基合成气为原料，经二甲醚（DME）羰基化，加氢合成乙醇，这是一条绿色且经济的乙醇合成路线。该技术于2017年成功实现工业化，开启了煤基乙醇工业化的先河。值得一提的是，二甲醚羰化反应作为其中关键一环，采用以 H-MOR 型分子筛为主要活性组分的高活性、高稳定性羰基化催化剂，具有反应条件温和、催化剂成本低和催化剂易分离等优势，因此成为煤制乙醇化工过程中最为重要的一步。

一、MOR型分子筛催化二甲醚羰化

早期二甲醚羰化反应催化剂体系是以贵金属 Rh、Ir 负载于杂多酸上为研究重点。Sardesai 等[125]将Ⅷ族金属（含 Rh、Ru、Ir 等）的磷酸盐用于催化二甲醚羰化制 MA，在 220℃、0.1MPa、空速为 0.15g/(gcat·h) 时，二甲醚转化率＞40%，MA 选择性＞90%。Shikada 等[126]开发了活性炭负载金属镍的催化剂，在 220℃、4.0MPa 时，能实现二甲醚转化率＞30% 和 MA 选择性＞80%，该催化剂跳出了传统贵金属羰化催化剂体系，但须添加卤素作为助剂。DME 羰化是典型的孔道择形反应，Iglesia 等[127]比较了不同类型的酸性分子筛对 DME 羰化反应的催化作用，证明了 H-MOR 等酸性分子筛作多相催化材料能实现非贵金属、无卤的羰基化合成历程，为其实现工业化应用开辟了新道路。当前，在 DME 羰化制 MA 反应领域，MOR 型分子筛作为最有研究价值和最具工业应用前景的羰化催化剂获得了最广泛的关注和研究。

研究发现，MOR 型分子筛中的 8-MR 孔结构对 DME 羰化反应具有择形催化作用[128]，能定向促进 MA 生成。同样含 8-MR 的 EU-12（ETL）[129]和斜发沸石（HEU）[130]分子筛在 DME 羰化反应中也被验证具有一定的催化活性和较强的稳定性，表明该反应是典型的孔道择形反应。但是，同样含 8-MR 孔道的 CHA 型[131]分子筛的催化羰化性能较差，可能是丝光沸石的 8-MR 的酸强度或孔道构型更适于活化 DME 分子或容纳中间体。

MOR 型分子筛的催化羰化性能优异，与 FER 型分子筛的一维 8-MR 孔道（2.6Å×5.7Å）相比，MOR 的 8-MR（4.2Å×5.4Å）的尺寸较小，更有利于中间体乙酰基的稳定，165℃时的催化羰化活性比 FER 型分子筛高一个数量级[128]。从稳定性角度来看，MOR 的 12-MR（6.5Å×7.0Å）孔较大，与 FER 相比更利于物质传输。在 150～190℃下，MOR 催化反应速率远高于其他含 8-MR 的分子筛，且对 MA 的选择性＞99%，这与其中 12-MR 孔道传质速度更快紧密相关[128]。

DME 在 MOR 型分子筛上羰化生成 MA 的反应机制一直是研究热点，大量研究借助多种手段，如动力学和同位素取代实验、红外表征、固体核磁技术以及理论计算等基本揭示了 DME 羰化反应在 MOR 催化剂上的反应路径。Iglesia 等[127]研究发现，MA 生成速率与 DME 分压无关，而与 CO 分压成正比，提出速控步可能涉及 CO 与 DME 衍生物的吸附或气相反应。在后续的研究中[132]，该体系涉及的反应路径逐渐统一并被普遍接受：反应初始阶段，二甲醚分子与 8-MR 孔道中的 B 酸位作用生成表面甲基和水。分子筛表面的 B 酸位甲基化过程为该反应的诱导期，当分子筛表面被表面甲基物种全覆盖时，即达到了稳定状态[133]：

$$CH_3OCH_3 + [SiO(H)Al] \rightleftharpoons [SiO(CH_3)Al] + CH_3OH \quad (4-1)$$

$$CH_3OH + [SiO(H)Al] \rightleftharpoons [SiO(CH_3)Al] + H_2O \quad (4-2)$$

随后，吸附态的 CO 分子与表面甲基反应形成表面乙酰基，乙酰基再和另一个二甲醚分子反应生成产物醋酸甲酯，同时形成新的表面甲基。理论计算结果表明，MOR 的 8-MR 孔道中 T3-O33 位置对甲氧基具有独特的空间取向性，可以降低 CO 插入形成乙酰基所需的能量势垒，对生成的表面乙酰基具有高度选择性，同时该步骤也是反应的速控步骤[134]：

$$CO + [SiO(CH_3)Al] \longrightarrow [SiO(CH_3CO)Al] \quad (4-3)$$

$$CH_3OCH_3 + [SiO(CH_3CO)Al] \longrightarrow [SiO(CH_3)Al] + CH_3COOCH_3 \quad (4-4)$$

DME 羰化反应过程发生的场所也是机理研究的另一重点，MOR 型分子筛包含的 8-MR 侧袋比 12-MR 主孔道小，能限制反应中间体的尺寸，具有择形性，有利于促进反应定向进行[135]。Iglesia 等[136]研究验证了 8-MR 孔道中的 B 酸数量和 MA 生成速率存在线性关系，揭示了 8-MR 孔道中的 B 酸位是催化活性中心。有研究[137]通过原位红外技术证实了 B 酸位是催化活性中心，并在反应过程中观测到 B 酸位上出现了甲氧基和乙酰基物种，推测出两者为合成 MA 的中间体。邓风等[138]利用原位固体核磁技术分别研究了 8-MR 和 12-MR 孔道中 CO 参与的 DME 羰化反应过程，发现 MA 在不同孔道内的产生路径也不同，8-MR 因甲氧基具有独特的空间取向性对生成 MA 有高度选择性，而 12-MR 孔道是积炭发生的主要场所。进一步表征监测到 MA 在 8-MR 孔道中生成后会迁移到 12-MR 孔道中[139]，此外，分子动力学方法[140]和 ^{129}Xe 固体核磁表征[141]结果显示反应物分子需要通过 12-MR 才能接触到 8-MR 中的活性位，证明了 12-MR 孔道具有物质传输的重要作用。综上，MOR 型分子筛中 8-MR 和 12-MR 孔道在二甲醚羰化反应中具有不同作用。

基本已经证实中间体乙酰基是在 8-MR 的 T3-O33 位置上形成，但对于 MA 的主要生成场所，以及 MOR 中两种孔道的具体作用还存在争议[132,139]。随着表征技术的发展，有研究[142]建立在分子动力学基础上，结合固体核磁共振和二维相关快速扫描红外谱学方法提出了新的 MOR 分子筛催化 DME 羰化制 MA 的反应机理（见图 4-13），即表面乙酰基在 8-MR 中形成后，会转化成乙酰基正离子，以该形式通过侧袋迁移至 12-MR 中与甲醇或 DME 反应生成产物 MA。计算发现这一新机理比表面乙酰基直接在 8-MR 中反应形成 MA 的机理在能量上更具有优势。原位红外光谱在 12-MR 中的 B 酸位点和硅羟基上检测到吸附的产物 MA。未来随着表征手段的进步和吸附-扩散动力学的完善，MOR 型分子筛的不同类型孔道在二甲醚羰化反应中的角色会逐渐明确，而相关的研究成果会为高性能羰基化分子筛催化剂设计和反应条件优化提供指导[143]。

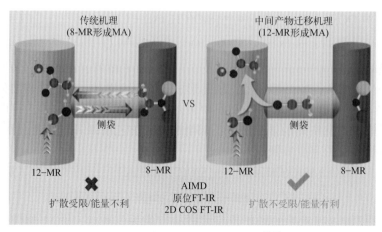

图4-13 新MOR分子筛催化二甲醚羰化反应过程[142]

二、催化剂的设计和制备

DME 羰化制 MA 反应是典型的空间限域催化反应，MOR 分子筛的催化性能主要受酸中心分布和传质过程双重影响。有研究提出[140-141]MOR 中的 12-MR 孔道在羰化反应中起到将反应物 DME 和 CO 传输至 8-MR 中的活性位，以及将生成的 MA 从 8-MR 孔道运输出去的作用。12-MR 中的 B 酸位会催化 MA 聚合、含氧中间体团聚等副反应进行，副产物会堵住孔道或覆盖活性位，造成催化剂失活。因此，12-MR 孔道内的 B 酸位是导致积炭形成的主要活性位[144]。有研究[145-146]发现催化性能更好的 MOR 型分子筛的失活速度更快，这可能与中间体乙酰基、乙烯酮等以及插入的 CO 有关，由此提出 8-MR 内的部分 B 酸位也是积炭形成的活性位，由此可见，积炭的形成机理还要依赖于更先进的表征手段和密度泛函理论计算。

通过"造孔"和"酸中心调控"可进一步提升 MOR 型分子筛反应活性和稳定性。在合成过程中通过控制溶胶-凝胶组成、选择不同的结构导向剂等措施提高分子筛的结晶度、孔径和 8-MR 中 B 酸位数量等，提高催化活性[147-148]。通过离子交换和浸渍等方法，在 MOR 上负载 Fe、Co、Ni、Ag、Pt、Cu 等金属，可提供第二活性中心或者增强 B 酸位催化羰化性能。过渡金属（Cu、Co、Zn、Ni 和 Ag 等）因对 CO 具有强稳定吸附和活化能力，可以促进 CO 插入到甲氧基上，提升 MOR 型分子筛的催化羰化性能；而金属 Fe 等则能通过降低 12-MR 孔道中的酸强度提升产物选择性[135,149]。

快速失活是限制 MOR 型分子筛催化羰化反应实现工业化应用的最大阻碍，

MOR 型分子筛在 DME 羰化反应过程中活性会快速下降，寿命一般不超过 50h。受空间位阻影响，12-MR 中的酸性位是积炭的活性中心，因此缩短 12-MR 通道的长度、构建多级孔结构以及选择性弱化 12-MR 中的 B 酸位是提升稳定性的有效策略。采用模板剂[150]或在原位合成过程中调节凝胶浓度[151]，可合成出纳米尺寸的 MOR 型分子筛，使传质通道缩短，有效抑制硬焦炭沉积。亦可采用 NH_4F 等物质刻蚀，在对酸性影响较小的情况下，适当引入介孔，促进中间体的传质过程，提高催化剂寿命[152]。高温水蒸气处理 MOR 型分子筛，对 12-MR 中 Al 含量的影响相较于 8-MR 更大，在活性受影响不大的情况下增强稳定性，但该工艺还不够成熟[153-154]。本书著者团队曾报道用碱金属修饰强酸位可以调整孔道中的酸分布，提高催化剂稳定性[155]。吡啶分子尺寸大于 8-MR 孔径但与 12-MR 孔径接近，预先采用吡啶处理 MOR 型分子筛，能定向吸附并毒化 12-MR 孔道中的酸性位，显著降低羰化反应中分子筛的失活速率[156-157]。然而该方法不可避免也会毒化 8-MR 和 12-MR 孔道交叉处的部分 B 酸位，使反应活性略有下降[158]。总体来说，根据分子筛中的孔道限域效应，选择合适尺寸的吡啶等其他碱性物质，用于钝化 MOR 型分子筛 12-MR 中的酸性位是目前改性效果最佳的手段。

第四节
在选择催化氧化技术中的应用

意大利埃尼公司的 Taramasso 等[159]通过在 MFI 结构全硅分子筛的晶化体系中直接添加钛源，原位水热合成了第一代钛硅分子筛 TS-1。其骨架上高度孤立分散的四配位钛活性中心可以在温和的液相条件下活化双氧水，构筑了水为唯一或主要副产物、富有环境友好特点的烃类高效选择氧化催化体系。TS-1/H_2O_2 催化体系先后在苯酚羟基化制苯二酚、环己酮氨氧化制环己酮肟以及丙烯环氧化制环氧丙烷等重要化工过程实现了规模化工业应用，将沸石的催化应用由传统的硅铝分子筛作为固体酸催化剂带入了选择氧化催化领域。

丝光沸石也被期待作为钛硅分子筛催化剂在选择氧化反应中发挥同样重要的作用。然而，硅铝 MOR 的合成体系限制了含钛丝光沸石分子筛的水热合成以及骨架钛物种的状态与含量，迄今尚无直接合成高活性含钛丝光沸石分子筛的报道[160-161]。硅铝丝光沸石具有高度的水热和耐酸稳定性，经骨架深度脱铝并结合后处理骨架同晶取代补钛的二次合成法，可有效实现 Ti-MOR 钛硅分子筛的可控制备，为钛硅分子筛催化以及拓展 MOR 沸石的应用带来新的契机。

一、同晶取代法制备Ti-MOR型分子筛

至今尚未开发出类似TS-1分子筛的无碱金属和骨架Al直接水热合成Ti-MOR的体系或方法。与原位水热合成不同，同晶取代后处理合成法基本不受母体分子筛晶化体系的影响，成为普遍应用于多种拓扑结构钛硅分子筛的合成策略。1993年，Kim等[160]对H-MOR进行盐酸脱铝处理、高温下与$TiCl_4$蒸气同晶取代制备了硅铝比为64、硅钛比为39的Ti-deAl-MOR型分子筛。与原位水热合成的富铝Ti-Al-MOR相比，后处理法合成的催化剂具备更高钛负载量和更多四配位钛物种，在苯的羟基化反应和已烷氧化反应中表现出更高活性。

随后，Wu等详细开展了深度脱铝MOR型分子筛-气相补钛过程的研究[162]，提出了骨架脱铝空缺位中插入四配位钛后处理合成Ti-MOR钛硅分子筛的"原子种植（atom-planting）"机理。不同处理阶段样品的羟基振动区红外光谱的变化表明，高温焙烧结合硝酸处理大量脱除丝光沸石分子筛中的骨架铝形成了硅羟基巢缺陷位，在惰性气体氛围下$TiCl_4$蒸气分子与之接触后将钛原子植入骨架（图4-14）。$TiCl_4$蒸气与分子筛之间的气固相反应过程中，骨架上钛的引入并非是与骨架硅的同晶取代引起，而是与脱铝空缺位的巢式羟基之间化学作用导致的结果。

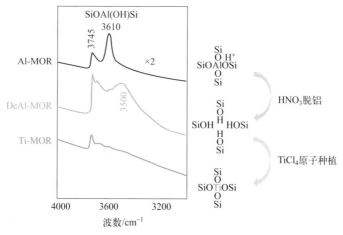

图4-14 MOR拓扑结构分子筛脱铝-补钛过程中IR光谱的变化

Wu等[162]发现$TiCl_4$蒸气处理温度对所制得Ti-MOR型分子筛中钛的配位状态影响显著。当处理温度为773K和873K时，Ti-MOR与原位合成的TS-1相似，钛呈闭合的四配位状态（图4-15，结构1）；当处理温度为673K甚至更低时，出现开放状态的骨架钛物种（图4-15，结构2），且其比例随处理温度降低而升高。经气固相原子植入法制备的Ti-MOR分子筛在紫外可见光谱中仅在220nm处出

现归属于骨架四配位钛物种的特征吸收峰［图4-16（a）］，表明钛物种与直接水热合成得到的TS-1类似，以孤立四配位状态存在于骨架中，而不是以锐钛矿氧化物或负载的聚集钛物种形式存在。另外，在骨架振动区红外光谱中［图4-16（b）］，Ti-MOR分子筛在963cm^{-1}处出现强度随TiCl$_4$处理时间延长而增强的归属为Si—O—Ti或与Ti紧密相邻的Si—O⋯Ti的伸缩振动峰[163]。与Ti键连的氧原子因Ti—O键比Si—O键更长、结合能更低，可与客体氧容易发生交换，Ti-MOR型分子筛固体经与^{18}O同位素气体C^{18}O$_2$交换后该峰红移至928cm^{-1}，再经C^{16}O$_2$交换后可逆位移到963cm^{-1}［图4-16（c）］。

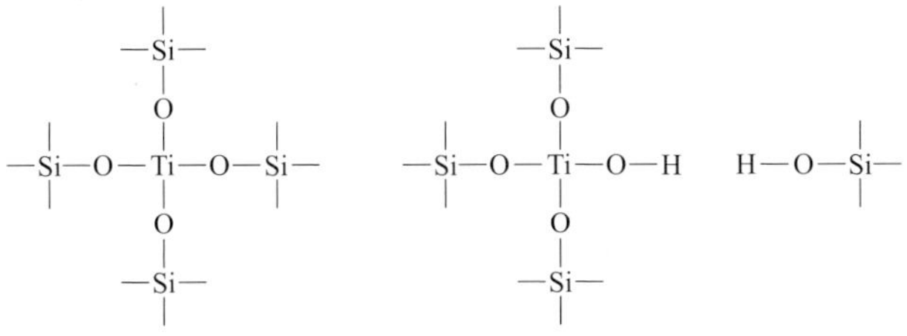

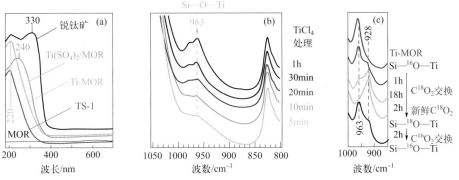

图4-15　Ti-MOR分子筛中骨架钛物种的结构示意图

图4-16　不同钛硅酸盐的漫反射紫外可见光谱[164]（a），不同TiCl$_4$处理时间[163]（b）和不同C^{18}O$_2$/C^{16}O$_2$交换程度的Ti-MOR型分子筛的骨架振动区红外光谱[162]（c）

除了脱铝处理和TiCl$_4$蒸气处理条件之外，MOR型分子筛的12元环孔道长度亦能通过影响客体分子（如酸、TiCl$_4$等）的扩散传质对脱铝程度和同晶取代植入的钛量产生影响。Yang等[165]通过结合调控MOR晶体形貌和同晶取代植入钛的方法制备了c轴长度分别为110～5160nm的五种Ti-MOR型分子筛，元素分析结果表明，铝的脱除量和钛的植入量与c轴长度息息相关。沿c轴为纳米尺寸晶体的硅铝比超过200，硅钛比为73～77；而微米尺寸晶体的硅铝比约150，硅钛比为116～138，表明缩短12元环孔道长度有利于酸、脱除的铝物种及 $TiCl_4$ 的扩散。

由同晶取代后处理法制备 Ti-MOR 型分子筛能可控地移除铝物种、调控缺陷位浓度，并实现钛原子在骨架中的有效植入。尽管在制备过程中涉及酸液脱铝与高温反应，存在环境污染、高能耗等缺点，Ti-MOR 型分子筛的合成可避免结构导向剂的使用，有效降低了生产成本，同时克服了使用有机物带来的环保问题。此外，Ti-MOR 型分子筛的12元环大微孔有利于减少孔道对扩散传质的限制，适合大尺寸分子反应的催化转化，增强其在催化液相氧化反应中的应用优势。

二、Ti-MOR型分子筛催化液相氧化反应

Ti-MOR 型分子筛具有一维 12-MR 大孔道结构，具备优于10元环孔道结构的 TS-1、Ti-MWW 分子筛的扩散、传质性能，在醛酮类氨氧化反应及芳香族化合物的羟基化反应中表现出优异的催化性能（图4-17）。

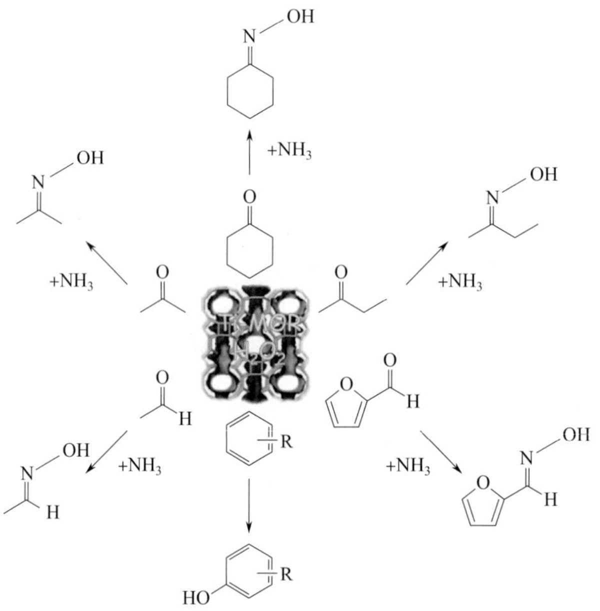

图4-17
Ti-MOR/H_2O_2体系催化的液相氧化反应网络图

1. 芳香族化合物羟基化反应

酚类化合物为重要的化工中间体，被广泛应用于生产医药、染料、添加剂等。基于异丙苯法的酚类生产工艺于20世纪50年代初期在美国工业化，在我国

也长期占据酚类生产的主导地位。该法存在反应器腐蚀严重、产生的不稳定的过氧化氢异丙苯易剧烈分解等弊端。钛硅分子筛/H_2O_2羟基化反应体系有希望取代异丙苯工艺，实现清洁生产酚类的目标。

在低温液相反应介质中，苯以及含不同取代基的芳烃相对于微孔分子筛而言属于尺寸较大的环状分子，它们在分子筛孔道内的扩散传质问题更加明显，因此芳烃与双氧水的羟基化反应需要孔径更大的高效钛硅分子筛催化剂。另外，钛硅分子筛的催化过程首先由骨架钛与双氧水形成Ti—OOH过氧物种，该物种往往与水等质子性溶剂分子结合形成体积更大的5-MR中间体，进而将活化的氧传递给底物分子得到相应的含氧产物分子。孔道内具有立体位阻的5-MR中间体的形成导致了对钛硅分子筛尺寸更高的要求，分子筛孔道容易对反应物分子产生明显的择形性。

为了阐明钛硅分子筛在H_2O_2液相羟基化反应中择形效应的性质和来源以及孔道尺寸和骨架钛在反应介质中对底物分子扩散的影响，Wu等[166]详细研究了不同芳香族化合物吸附质分子在MFI和MOR结构分子筛上的液相扩散行为（表4-6）。无论体系中是否存在H_2O_2，芳烃在上述两种钛硅分子筛中均表现出扩散速率随底物分子尺寸增大而递减的规律。值得注意的是，H_2O_2的加入使底物在Ti-MOR和TS-1分子筛中的表观扩散系数降低一个数量级，且10元环孔道的TS-1呈现出较12元环孔道的Ti-MOR更大的下降幅度。另外，体系中的H_2O_2对底物在不含钛的全硅沸石Silicalite-1 (S-1)和脱铝高硅MOR（硅铝比为300）沸石中的表观扩散速率无明显影响。以上结果表明H_2O_2在钛位点上形成可能具有5-MR结构的大尺寸过氧化钛物种，该物种的形成导致10-MR中孔TS-1分子筛与12-MR大孔Ti-MOR相比更容易对芳烃底物分子产生择形效应和空间限制作用。为此，针对芳烃羟基化反应，设计合成具有更大微孔的钛硅分子筛，从而消除中微孔孔道对过渡态物种和反应物的扩散限制，有可能形成更高效的芳烃羟基化反应过程。

表4-6 在H_2O和H_2O_2存在时不同吸附质的表观扩散系数D/r^2（$10^{-5}s^{-1}$）[166]

吸附质	Ti-MOR		TS-1		无Ti MOR		无Ti S-1	
	H_2O	H_2O_2	H_2O	H_2O_2	H_2O	H_2O_2	H_2O	H_2O_2
苯	16.5	8.4	20.1	4.1				
甲苯	12.7	2.2	13.1	0.9	12.7	12.4	18.9	18.3
乙苯	7.3	0.9	6.5	0.3				
异丙苯	1.5	0.3	2.0	0.1				

Wu等[164]系统性地研究了相近硅钛摩尔比（约100）的Ti-MOR型分子筛与TS-1分子筛催化不同尺寸芳香烃羟基化反应的性能差异。结果表明（图4-18），液相羟基化反应呈现出明显的择形效应。当底物为分子尺寸小于上述两种沸石孔

口尺寸的苯，Ti-MOR 表现出与 TS-1 相近的催化氧化活性，每个钛上反应物的转化数（turnover number，TON）约为 40，而在催化更大尺寸芳香烃羟基化反应中，大孔道结构的 Ti-MOR 型分子筛明显优于 TS-1 分子筛。此外，Ti-MOR 型分子筛在催化甲苯羟基化反应中的催化性能优于底物尺寸更小的苯体系，表明当孔道尺寸足以容纳底物扩散和过渡态形成时，苯环上烷基的给电子诱导效应增加了苯环的电子云密度，促进亲电取代反应的进行。

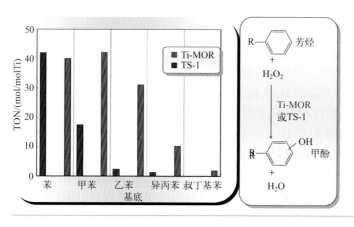

图4-18 TS-1和Ti-MOR分子筛催化不同尺寸芳烃羟基化反应性能[164]

2. 醛酮类氨氧化反应

肟类化学品是重要的有机中间体，通过还原、脱水、贝克曼重排、醚化等步骤可制备一系列目标化工产品，存在巨大的应用前景。操作条件温和、环境友好且原子经济性高的钛硅分子筛/H_2O_2 体系催化醛酮类液相氨氧化过程已逐渐取代基于羟胺盐的传统合成工艺，成为肟类化学品绿色化合成技术的必然选择。

生产尼龙-6 的初始原料己内酰胺市场需求量巨大，作为制备己内酰胺的重要中间体，环己酮肟的市场需求不断被带动。1997 年，Wu 等[167]首次将 Ti-MOR 型分子筛应用于催化环己酮液相氨氧化反应，考察了实验条件对催化性能的影响，对其催化液相氨氧化机理进行了系统性研究。在最优条件下，Ti-MOR 型分子筛催化环己酮转化率和环己酮肟选择性分别为 97.3% 和 99.7%，远超相同反应条件下的 TS-1 分子筛（转化率和选择性分别为 38.5% 和 92.8%）。

普遍认为，钛硅分子筛催化环己酮液相氨氧化过程的反应机理遵循两条不同路径：羟胺路径和亚胺路径（图 4-19）。针对在钛硅分子筛气相氨氧化过程中可能存在的亚胺中间体[168]，Wu 等[167]通过 Ti-MOR 型分子筛吸收不同反应物的 IR 光谱变化过程揭示了亚胺遇水不稳定易可逆回到酮，因而不能将气相的亚胺机理运用于液相氨氧化体系。除此之外，Ti-MOR 型分子筛在催化不同分子尺寸底物的氨肟化反应中没有明显的空间位阻和扩散限制[167]，且 Ti-MOR 型分子筛催化氨肟化反应速率与底物和羟胺非催化肟化的反应速率间存在良好的相关性，证实羟胺为反应中间体。由此推测，钛硅分子筛催化液相氨氧化反应路径为：H_2O_2 于钛位点上生成的活性中间体 Ti—OOH 与 NH_3 反应生成羟胺中间体，从钛位点上脱附后与孔道内醛/酮，或向外扩散与溶液中的醛/酮经非催化反应得到对应的产物肟。

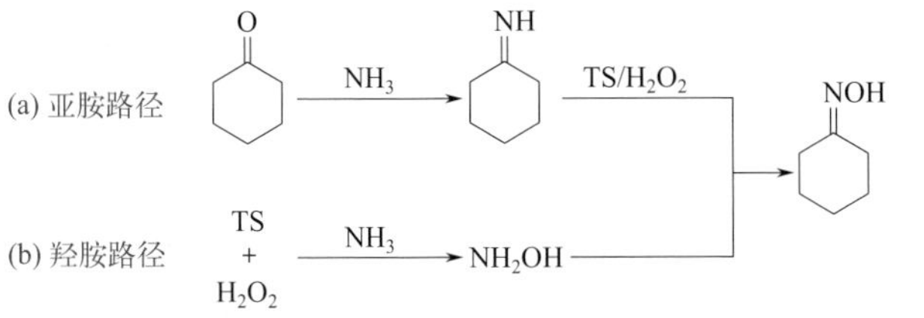

(a) 亚胺路径

(b) 羟胺路径

图4-19
钛硅分子筛催化环己酮液相氨肟化可能反应路径

基于羟胺机理，Xu 等[169]比较了 TS-1、Ti-MWW 和 Ti-MOR 型分子筛催化环己酮氨肟化反应及催化羟胺生成和分解反应的活性差异。结果表明，Ti-MOR 型分子筛无论是采用一次性注入还是逐滴加入 H_2O_2 的加料方式，均表现出优于 TS-1 和 Ti-MWW 的催化肟化性能。根据以羟胺为中间体的钛硅分子筛催化环己酮液相氨氧化反应路径（图 4-20），羟胺的催化生成与分解既是连续反应，也存在竞争关系。催化剂对羟胺生成反应的催化作用越强、对羟胺分解反应的催化作用越弱时，羟胺的绝对收率和催化表观活性越高。三种钛硅分子筛在催化羟胺生成反应中活性依次为 Ti-MOR＞TS-1＞Ti-MWW；在催化羟胺分解反应中活性顺序为 Ti-MWW＞TS-1＞Ti-MOR。催化羟胺生成和分解能力间的差异为三种拓扑结构钛硅分子筛在不同加料方式下的催化表现差异提供了一种合理的解释，也为围绕 Ti-MOR 分子筛构筑更高效的液相氨肟化体系提供了理论依据。

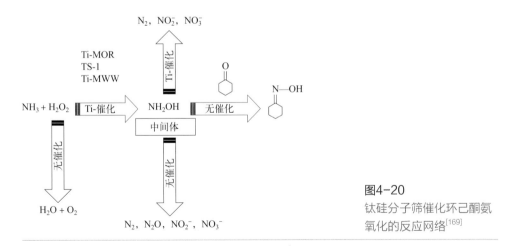

图4-20
钛硅分子筛催化环己酮氨氧化的反应网络[169]

研究工作者开发了制备其他高附加值的小分子肟类化学品，如丁酮肟、丙酮肟和乙醛肟的液相氨氧化绿色工艺。Ding 等[170]考察了釜式反应器和连续淤浆床反应器中 Ti-MOR 型分子筛催化丁酮氨肟化的效果与稳定性。在间歇式丁酮氨氧化反应中，Ti-MOR 型分子筛催化体系采用一次性加入 H_2O_2 的便捷投料方式即可达到理想的催化性能。在连续淤浆床反应器中，受益于 12 元环大孔道结构和适宜的氧化能力，Ti-MOR 型分子筛催化丁酮氨肟化反应的转化率及肟选择性分别可达 95% 和 99%（图 4-21），优于 10 元环中孔结构、氧化能力过强的 TS-1 型分子筛；且其抗积炭能力、稳定性等指标接近经结构重排改性的 Ti-MWW 型分子筛。对连续反应失活后催化剂进行物理化学性质分析，结果表明 Ti-MOR 型分子筛的失活原因既包括副产物结焦覆盖催化活性中心，也包括碱性反应介质对骨架硅的溶解和钛活性中心化学状态的变化。2014 年，Ti-MOR/H_2O_2 体系催化丁酮氨氧化制备丁酮肟反应已在中国湖北实现了首次工业化应用，年产量为 30000t。

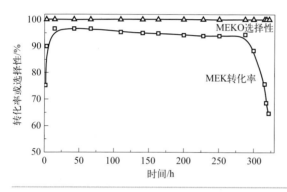

图 4-21
Ti-MOR 分子筛催化丁酮氨肟化反应的寿命[170]

Ti-MOR 型分子筛在化学性质更加活泼的丙酮和乙醛的氨肟化体系中同样表现出优异催化活性。在间歇式丙酮氨肟化反应中，Ti-MOR 在低催化剂用量时丙酮转化率和丙酮肟选择性分别高达 98.3% 和 99.2%，远远高于相同反应条件下的 TS-1（22.8%、78.8%）和 Ti-MWW（9.3%、28.9%）。在连续式淤浆床反应器中，Ti-MOR 型分子筛的催化寿命远超具备过强的氧化能力和限制扩散的中孔结构的 TS-1 型分子筛（4h）。此外，与 Ti-MWW 仅在高催化剂用量（3g）时具备较长催化寿命（120h）不同，Ti-MOR 型分子筛在 2g 催化剂用量时即可实现约 170h 的可观催化寿命，且丙酮肟选择性超过 99%，即 Ti-MOR 分子筛为液相氨氧化制备丙酮肟的适宜催化剂[171]。

2013 年，Ding 等[172]将 Ti-MOR 型分子筛制备被广泛应用于医药中间体和广谱杀虫剂灭多威和硫双威合成的乙醛肟。化学性质比丙酮更活泼的乙醛除了在常温下发生自身聚合生成三聚乙醛等副产物外，在反应过程中易大量生成亚氨基乙烷、乙酸等物质。与催化丁酮、丙酮氨氧化反应结果类似，由于适中的氧化能力和大孔道结构，Ti-MOR 型分子筛能实现超越 TS-1 和 Ti-MWW 型分子筛的氧化乙醛高效制备乙醛肟过程。在最优条件下，Ti-MOR 型催化乙醛转化率和乙醛肟选择性均高于 97%，远超 TS-1（87.2%、71.1%）和 Ti-MWW 催化体系（73.4%、77.9%），且加料方式对 Ti-MOR 催化乙醛氨肟化影响不大（表 4-7）。

表4-7 Ti-MOR分子筛催化乙醛氨肟化性能①

逐滴加入	转化率/%	选择性/%			w(trans)
		肟	AAA三聚体	乙酸	
②	99.5	98.3	0.7	1.0	0.42
NH$_3$	99.7	96.9	1.4	1.7	0.41
H$_2$O$_2$	99.4	93.6	2.0	4.4	0.43
CH$_3$CHO	91.4	99.1	0.5	0.4	0.43

①氨肟化条件：AA，10mmol；AA : H$_2$O$_2$: NH$_3$=1 : 1.2 : 1.2（摩尔比）；t-BuOH，3g；温度，333K；反应时间，1.5h。逐滴加入的过程中，反应物使用微进料器以恒定速率在 1h 内加入反应器中。
②所有反应物同时加入。

糠醛肟是重要的医药中间体，亦被广泛应用于农业生产[173-174]。传统生产糠醛肟工艺流程中需使用有毒的羟胺盐，并产生大量含有机铵盐和氮氧化物的废水。Lu 等[175] 首次将以 Ti-MOR 为代表的钛硅分子筛用于催化糠醛氨氧化绿色合成糠醛肟，并对糠醛氨肟化反应过程进行深入研究。结果表明，在以水为溶剂的最佳反应条件下，Ti-MOR 型分子筛催化糠醛的转化率和糠醛肟的选择性均在 97% 以上。与前文所述的醛/酮氨肟化过程不同，在糠醛氨肟化反应中，同时存在亚胺路径和羟胺路径，糠醛肟是通过羟胺路径产生的，而亚胺路径形成了副产物 2-糠酰胺和 2-糠酸。此外，羟胺动力学研究结果表明，Ti-MOR 型分子筛具有优异的催化糠醛氨氧化性能是因为其能够高效地产生羟胺，强化羟胺路径的发生；并且，产生的羟胺与糠醛快速发生非催化反应生成糠醛肟而不会在 Ti-MOR 上发生明显的分解。

综上所述，Ti-MOR 型分子筛具备高效催化制备种类丰富的高附加值肟类化学品的能力。基于 Ti-MOR 型分子筛更开阔的 12-MR 孔道结构、适宜的氧化能力、更强的催化羟胺生成能力和更弱的催化羟胺无效分解能力，Ti-MOR 型分子筛在催化醛酮类氨肟化反应体系中具备普遍优于 TS-1、Ti-MWW 分子筛更高的底物转化率和肟类选择性，并存在加料方式更便捷与在水溶剂中高活性的特点，使 Ti-MOR 分子筛作为催化剂在肟类化学品的生产上具备更强的竞争优势。

三、Ti-MOR型分子筛催化氧化性能提升

1．缓解传质阻力

温和条件下进行的液相催化氧化反应与高温气相反应相比往往存在更大的传

质阻力[166],造成大分子有机物的生成与结焦。对催化剂晶体形貌进行调控和在分子筛晶体内构建多级孔结构是缓解扩散限制的有效措施。

MOR 拓扑结构分子筛的 12-MR 孔道长度直接影响扩散性能与传质效率。Yang 等[165]发现,在正丁烷吸附实验中,吸附量随晶体沿 c 轴长度的增加而减小,而表观扩散率的变化以 c 轴长度为 1μm 产生分界,当晶体 c 轴长度由纳米尺度增加到微米尺度时,表观扩散率急剧下降。在环己酮的氨肟化和甲苯的羟基化反应中,转化率和 TON 值都随着晶体 c 轴长度的增加而降低。由于环己酮氨肟化反应在 12-MR 孔道内外均可发生,而甲苯羟基化反应只能在 12-MR 孔道内发生,因此随着 Ti-MOR 晶粒 c 轴尺寸增加,其催化甲苯羟基化反应的翻转数降低幅度较环己酮氨肟化反应更为明显。沿 c 轴方向为纳米尺寸的 Ti-MOR 催化剂呈现更低的积炭生成速率,在循环实验中表现出更稳定的催化性能。

将介孔引入微孔分子筛体系也是一种缓解扩散限制的有效策略,Xu 等[163]对硅铝比为 7.8 的 H-MOR 型分子筛进行交替的酸-碱处理以可控地脱铝并引入介孔结构,并采用进一步的气固相同晶取代策略制备了含晶内介孔的 Ti-Meso-MOR 分子筛。在维持晶体结晶度和保证钛物种配位状态的情况下,晶内介孔与 12 元环微孔相互连接既可有效地减小扩散限制,又能增强孔道内活性位点的可及性。基于此,Ti-Meso-MOR 型分子筛在催化甲苯羟基化反应中表现出优于微孔 Ti-MOR 和 TS-1 型分子筛的催化性能,且在间歇式和淤浆床连续式环己酮氨肟化反应中展现出更高的催化效率和更长的寿命。

2. 活性中心修饰

钛硅分子筛中骨架四配位钛活性中心能活化 H_2O_2 的根源是其具有不饱和孤对电子所表现出的 Lewis 酸性[176],对 Lewis 酸性的调控是增强其催化性能的有效方法。作为电负性最强的元素,氟(F)可以通过吸电子效应有效地增强相邻元素的正电性。Yang 等[177]通过氟化铵甲醇溶液水热处理法将 F^- 引入 Ti-MOR 型分子筛骨架中。高电负性的氟物种与 Si—OH 作用以 SiF_6 和 $SiO_{3/2}F$ 物种存在,后者的强拉电子效应可增强邻近 Ti 活性中心的正电性并提高其催化氧化能力(图 4-22)。然而,氟化处理后样品在液相氧化反应中催化性能差异显著,F-Ti-MOR 在氨肟化反应中催化酮类转化能力较原样提升超过 88%,而催化芳烃羟基化反应的表观活性却下降 80%~90%。由此可推测(图 4-23),F-Ti-MOR 型分子筛孔口沉积的 Si—F 基团对底物分子的扩散产生明显限制作用,而氨肟化反应中小分子中间体羟胺的生成和扩散未受影响。这表明氟化处理是通过增加钛活性中心的氧化能力提升 Ti-MOR 型分子筛催化醛酮类氨氧化反应性能的有效途径。

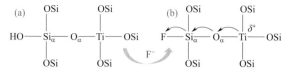

图4-22 SiO$_{3/2}$F物种的形成及其对钛活性中心的影响[177]

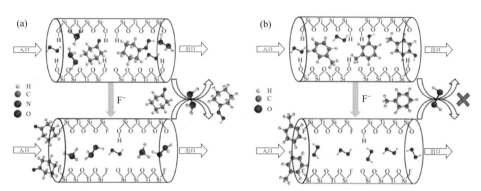

图4-23 氟化处理对钛丝光沸石催化剂在环己酮氨肟化（a）和甲苯羟基化（b）中传质的影响[177]

3．酸性位点调节

与经典的 TS-1 分子筛不同，Ti-MOR 型分子筛中的酸性位位点除硅羟基和钛羟基外，还存在与残留的铝物种相关的铝羟基和桥式羟基。在催化反应中酸性位点可能导致副反应的发生，如双氧水的无效分解、环氧化物的开环反应、羟胺和肟的深度氧化反应等[178]。此外，在氨氧化反应中酸性位点无疑会与扩散到孔道中的氨分子产生强烈的相互作用，使钛活性位点周围的氨浓度降低，进而影响羟胺的生成。针对以上问题，Xu 等[169]通过碱金属阳离子交换部分淬灭 Ti-MOR 型分子筛的羟基酸性位点，并考察了碱金属盐种类对交换效果的影响。结果表明，使用碱金属阳离子硝酸盐处理 Ti-MOR 可促进其催化羟胺生成，进而提升催化环己酮氨肟化性能，且交换后 Ti-MOR 的催化氨肟化性能随着使用的阳离子碱性增加而增加，即 $K^+ > Na^+ > Li^+$。随后，Xu 考察了一系列不同 pH 值的钠盐对交换效果的影响。根据催化性能及红外光谱推测，采用中性的碱金属盐与 Ti-MOR 分子筛进行交换选择性地淬灭桥式羟基与硅羟基，可以促进羟胺的生成而几乎不影响羟胺的分解，进而提高环己酮氨肟化反应的表观活性。然而，碱性的碱金属盐如碳酸钠在交换过程中非选择性地毒化 Ti-MOR 型分子筛中的酸性位点和钛位点，导致 Ti-MOR 型分子筛的不可逆失活（图 4-24）。

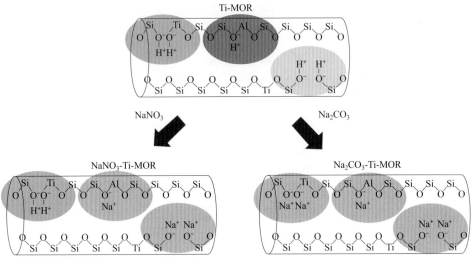

图4-24　Ti-MOR分子筛与不同种类钠盐交换示意图[178]

4. 提高抗溶硅性能

鉴于液相氨肟化反应介质的高碱度，由骨架溶硅和钛位点流失导致的化学失活是钛硅分子筛催化环己酮肟的清洁生产工艺中主要的失活原因。由于氨在水中电离程度远超有机溶剂体系，因此对于采用绿色环保以水为溶剂的体系生产肟类化学品来说，提升钛硅分子筛的耐碱腐蚀性是它必须解决的问题。最近，Peng等[179]设计了一种"铝化-钠交换"后处理策略对钛丝光沸石分子筛的化学组成和酸性质进行调控，制备了具有良好催化环己酮氨肟化活性和高抗碱腐蚀性的Al-Ti-M-Na。采用固体核磁、XPS刻蚀技术等对Al-Ti-M-Na中的铝物种的化学状态进行分析，结果表明，经铝化过程引入的铝物种部分植入晶体表层的骨架缺陷位中，部分以骨架外铝物种形式存在（图4-25）。由铝物种植入引入的酸性位点易加剧羟胺分解和环己酮肟水解过程，该不利影响可通过进一步的钠离子交换消除。此外，Peng建立模拟溶硅体系，研究比较了TS-1、Ti-MOR和铝化处理后的Al-Ti-M-Na的溶硅动力学行为，发现三种钛硅分子筛在3%（质量分数）氨水溶液中的溶硅反应活化能顺序为Al-Ti-M-Na（23.5kJ/mol）＞Ti-MOR（16.2kJ/mol）＞TS-1（10.1kJ/mol）。由于晶体富铝壳层良好的耐碱腐蚀性，Al-Ti-M-Na催化剂在模拟溶硅体系连续淤浆床反应器中展现出长达460h的催化肟化寿命，远超Ti-MOR原样和广泛用于环己酮氨肟化工业生产的TS-1催化剂。

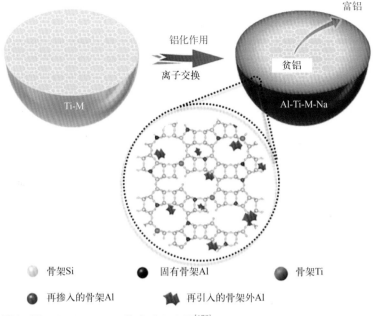

图4-25 Al-Ti-M-Na的合成示意图[179]

参考文献

[1] Gottardi G,Galli E. Natural zeolites[M]. Berlin: Springer, 2013.

[2] Barrer R M. Syntheses and reactions of mordenite[J]. Journal of the Chemical Society, 1948, 24: 2158-2163.

[3] Barrer R M,Reucroft P J. Inclusion of fluorine compounds in faujasite: I. The physical state of the occluded molecules[J]. Proceedings of the Royal Society of London- Series A. Mathematical and Physical Sciences, 1960, 258 (1295): 431-448.

[4] Bajpai P K. Synthesis of mordenite type zeolite[J]. Zeolites ,1986, 6 (1): 2-8.

[5] Itabashi K, Fukushima T, Igawa K. Synthesis and characteristic properties of siliceous mordenite[J]. Zeolites, 1986, 15:30-34.

[6] MargarV J,Osman M，Al-Khattaf S，et al. Control of the reaction mechanism of alkylaromatics transalkylation by means of molecular confinement effects associated to zeolite channel architecture[J]. ACS Catalysis, 2019, 9 (7):5935-5946.

[7] Tsaplin D E , Ostroumova V A , Gorbunov D N ,et al.Disproportionation of toluene on ZSM-12 Zeolites[J]. Russian Journal of Applied Chemistry, 2023, 95(12):1767-1775.

[8] Fujimoto K, Shikada T, Omata K, et al. Vapor phase carbonylation of methanol with solid acid catalysts [J]. Chemistry Letters, 2006, 13 (12):2047-2050.

[9] Liu R, Fan B, Zhang W, et al.Increasing the number of aluminum atoms in T3 sites of a mordenite zeolite by low-pressure $SiCl_4$ treatment to catalyze dimethyl ether carbonylation[J]. Angewandte Chemie, 2022, 61 (18):1-9.

[10] Jiao F, Pan X L, Ke G, et al. Shape-selective zeolites promote ethylene formation from syngas via a ketene intermediate[J]. Angewandte Chemie, 2018, 57 (17):4692-4696.

[11] Ye W,Wei Z,Jincan K,et al. Direct conversion of syngas into methyl acetate, ethanol, and ethylene by relay catalysis via the intermediate dimethyl ether[J]. Angewandte Chemie International Edition, 2018, 57: 12012-12016.

[12] Ren L,Wang B,Lu K,et al. Selective conversion of methanol to propylene over highly dealuminated mordenite: Al location and crystal morphology effects[J]. Chinese Journal of Catalysis, 2021, 42 (7): 1147-1159.

[13] Narayanan S,Tamizhdurai P, Mangesh V L,et al.Recent advances in the synthesis and applications of mordenite zeolite - review[J]. RSC Advances, 2020, 11:637-656.

[14] Meier W M. The crystal structure of mordenite (ptilolite)[J]. Zeitschrift für Kristallographie - Crystalline Materials, 1961, 115 (1-6): 439-450.

[15] Baerlocher C,Meier W M, Olson D H . Atlas of zeolite framework types[M]. 5 ed. Amsterdam:Elsevier, 2001.

[16] 徐如人. 分子筛与多孔材料化学 [M]. 北京：科学出版社 2004.

[17] Yuan Y,Wang L,Liu H,et al. Facile preparation of nanocrystal-assembled hierarchical mordenite zeolites with remarkable catalytic performance[J]. Chinese Journal of Catalysis, 2015, 36 (11): 1910-1919.

[18] Oumi Y,Kanai T,Lu B,et al. Structural and physico-chemical properties of high-silica mordenite[J]. Microporous and Mesoporous Materials, 2007, 101 (1):127-133.

[19] 程文才. 丝光沸石合成技术进展 [J]. 石油化工，1988, 8 (8): 56-62.

[20] 祁晓岚，刘希尧. 丝光沸石合成与表征的研究进展 [J]. 分子催化, 2002, 16 (4): 312-319.

[21] Shiokawa K,Ito M,Itabashi K. Crystal structure of synthetic mordenites[J]. Zeolites, 1989, 9 (3): 170-176.

[22] 王福生，程文才，张式. 无机铵型 ZSM 系高硅沸石的合成 [J]. 催化学报，1981(4):282-287.

[23] Hurem Z,Vučelić D,Marković V. Synthesis of mordenite with different SiO_2/Al_2O_3 ratios[J]. Zeolites ,1993, 13 (2): 145-148.

[24] Bajpai P K,Rao M S,Gokhale K V G K. Synthesis of mordenite type zeolites[J]. Industrial & Engineering Chemistry Product Research and Development, 1978, 17 (3): 223-227.

[25] Bajpai P K,Rao M S,Gokhale K V G K.Synthesis of mordenite type zeolite using silica from rice husk ash[J]. Industrial & Engineering Chemistry Product Research and Development, 1981, 20 (4):721-726.

[26] Hincapie B O,Garces L J,Zhang Q,et al.Synthesis of mordenite nanocrystals[J]. Microporous and Mesoporous Materials ,2004, 67 (1):19-26.

[27] Bodart P,Nagy J B,Deroijane E G,et al.Study of modernite crystallization: Ⅱ. Synthesis procedure from pyrex autoclaves[J]. Applied Catalysis, 1984, 12 (4):359-371.

[28] Meyers B L,Fleisch T H,Ray G J,et al. A multitechnique characterization of dealuminated mordenites[J]. Journal of Catalysis, 1988, 110 (1):82-95.

[29] 李邦银，高滋. 丝光沸石的液固相类质同晶取代 [J]. 催化学报，1990, 11 (6):454-461.

[30] 李邦银，高滋. 脱铝方法对富硅丝光沸石性质的影响 [J]. 物理化学学报，1991, 1 (1): 1-9.

[31] Wu P,Komatsu T,Yashima T. IR and MAS NMR studies on the incorporation of aluminum atoms into defect sites of dealuminated mordenites[J]. The Journal of Physical Chemistry, 1995, 99: 10923-10931.

[32] Cao K, Fan D, Zeng S M, et al. Organic-free synthesis of MOR nanoassemblies with excellent DME carbonylation performance[J]. Chinese Journal of Catalysis, 2021, 42: 1468-1477.

[33] Lu B,Oumi Y,Itabashi K,et al. Effect of ammonium salts on hydrothermal synthesis of high-silica mordenite[J]. Microporous & Mesoporous Materials, 2005, 81 (1-3):365-374.

[34] Lu B,Tsuda T,Oumi Y,et al. Direct synthesis of high-silica mordenite using seed crystals[J]. Microporous

Mesoporous Mater, 2004, 76 (1-3):1-7.

[35] Lv A,Xu H,Wu H,et al. Hydrothermal synthesis of high-silica mordenite by dual-templating method[J]. Microporous & Mesoporous Materials, 2011, 145 (1-3): 80-86.

[36] Pauling B L. The nature of the chemical bond and the structure of molecules and crystals[J]. Journal of Chemical Physics, 2018, 2 (8): 482-482.

[37] Kim G J,Ahn W S. Direct synthesis and characterization of high-SiO_2-content mordenites[J]. Zeolites, 1991, 11 (7): 745-750.

[38] 汪靖，程晓维，杨晓蔚，等. 含有乙醚的无胺无氟反应物体系中高硅丝光沸石的合成 [J]. 化学学报，2008, 66 (66): 769-774.

[39] 程文才，王福生，张诚，等. 高硅丝光沸石的合成 [P]: CN1050011A. 1991-03-20.

[40] 祁晓岚，李士杰，王战，等. 氟离子对无胺法合成高硅丝光沸石的结构导向作用 [J]. 催化学报，2003, 7 (7):535-538.

[41] Zhang Y,Xu Z,Chen Q. Synthesis of small crystal polycrystalline mordenite membrane[J]. Journal of Membrane Science, 2002, 210 (2):361-368.

[42] Hellring S D,Striebel R F. Synthesis of crystalline mordenite-type material[P]: US5219546A. 1993.

[43] Moretti E,Zamboni V,Raymond L V M,et al. Process for synthesizing zeolites having a mordenite structure and a high catalytic activity[P]: EP19820110280.1985.

[44] Mohamed M M,Salama T M,Othman I, et al. Synthesis of high silica mordenite nanocrystals using o-phenylenediamine template[J]. Microporous and Mesoporous Materials, 2005, 84 (1): 84-96.

[45] 邢淑建，程志林，于海斌，等. 纳米丝光沸石分子筛的合成及表征 [J]. 分子催化，2008, 2 (2):111-116.

[46] Shaneela Nosheen F G, Steven L Suib. Synthesis of mordenite aggregates of nanometer-sized crystallites[J]. Sci Adv Mater, 2009, 1 (1): 31-37.

[47] Qi X L , Liu X Y, Wang Z . Synthesis ofmordenite with high SiO_2/Al_2O_3 molar ratio from amine-free system[J]. Chinese Journal of Catalysis, 2000, 04:299-300.

[48] Derouane I I E. Introduction[J]. Studies in Surface Science & Catalysis, 1987, 33:3-44.

[49] Lee K H,Ha B H. Characterization of mordenites treated by HCl/steam or HF[J]. Microporous and Mesoporous Materials, 1998, 23 (3): 211-219.

[50] Chumbhale V R,Chandwadkar A J,Rao B S. Characterization of siliceous mordenite obtained by direct synthesis or by dealumination[J]. Zeolites, 1992, 12 (1): 63-69.

[51] Ravi M,Sushkevich V L,van Bokhoven J A. Towards a better understanding of Lewis acidic aluminium in zeolites[J]. Nature Materials, 2020, 19 (10):1047-1056.

[52] Lónyi F,Valyon J. A TPD and IR study of the surface species formed from ammonia on zeolite H-ZSM-5, H-mordenite and H-beta[J]. Thermochimica Acta, 2001, 373 (1): 53-57.

[53] Paul G,Bisio C,Braschi I,et al.Combined solid-state NMR, FT-IR and computational studies on layered and porous materials[J]. Chemical Society Reviews ,2018, 47 (15): 5684-5739.

[54] Chen T H,Wouters B H,Grobet P J. Aluminium coordinations in zeolite mordenite by ^{27}Al multiple quantum MAS NMR spectroscopy[J]. European Journal of Inorganic Chemistry, 2000 (2):281-285.

[55] Sawa M,Niwa M,Murakami Y. Relationship between acid amount and framework aluminum content in mordenite[J]. Zeolites, 1990, 10 (6): 532-538.

[56] Palčić A,Valtchev V. Analysis and control of acid sites in zeolites[J]. Applied Catalysis A: General ,2020, 606: 1-32.

[57] Cao K,Fan D,Li L,et al.Insights into the pyridine-modified MOR zeolite catalysts for DME carbonylation[J]. ACS Catalysis, 2020, 10 (5): 3372-3380.

[58] Xue Z Y, ZhuL M, LiQ Z, et al. Studies of acidity of HM by improved IR-TPD Technique[J]. Studies in Surface Science and Catalysis, 1989, 49:651-660.

[59] Li S,Lafon O,Wang W,et al. Recent advances of solid-state NMR spectroscopy for microporous materials[J]. Advanced Materials, 2020, 32 (44):2002879.

[60] Zheng A M,Liu S B,Deng F. ^{31}P NMR chemical shifts of phosphorus probes as reliable and practical acidity scales for solid and liquid catalysts[J]. Chemical Reviews ,2017, 117 (19): 12475-12531.

[61] Huo H,Peng L,Gan Z,et al. Solid-state MAS NMR studies of Brønsted acid sites in zeolite H-mordenite[J]. Journal of the American Chemical Society, 2012, 134 (23): 9708-9720.

[62] Martineau-Corcos C,Dědeček J,Taulelle F. ^{27}Al-^{27}Al double-quantum single-quantum MAS NMR: Applications to the structural characterization of microporous materials[J]. Solid State Nuclear Magnetic Resonance,2017, 84:65-72.

[63] 刘烨, 虞贤波, 王靖岱, 等. ZSM-5/MOR 混晶分子筛组成及其性能研究 [C]// 第五届全国化学工程与生物化工年会. 西安，2008：306.

[64] Groen J C,Moulijn J A,Pérez-Ramírez J. Decoupling mesoporosity formation and acidity modification in ZSM-5 zeolites by sequential desilication-dealumination[J]. Microporous and Mesoporous Materials, 2005, 87 (2):153-161.

[65] Wang F, Chu X,Wu F,et al.Producing BTX aromatics-enriched oil from biomass derived glycerol using dealuminated HZSM-5 by successive steaming and acid leaching as catalyst: Reactivity, acidity and product distribution[J]. Microporous and Mesoporous Materials ,2019, 277: 286-294.

[66] Knyazeva E E,Nikiforov A I,Zasukhin D A,et al.Dealumination of MOR zeolites with different crystal morphologies[J]. Petroleum Chemistry, 2019, 59 (8): 860-869.

[67] Silaghi M C, Chizallet C, Sauer J,et al. Dealumination mechanisms of zeolites and extra-framework aluminum confinement[J]. Journal of Catalysis, 2016, 339:242-255.

[68] Guisnet M,Costa L, Ribeiro F R.Prevention of zeolite deactivation by coking[J]. Journal of molecular catalysis A: Chemical ,2009, 305 (1/2): 69-83.

[69] 丁键，李经球，王良楷，等. MOR 沸石的骨架原子抽离及其对四氢萘裂解的影响 [J]. 化学反应工程与工艺，2021, 36:26-34.

[70] Xu F,Lv J,Chen C,et al. Effect of steam treatment on the properties of mordenite and its catalytic performance in a DME carbonylation reaction[J]. Industrial & Engineering Chemistry Research, 2022, 61: 1258-1266.

[71] Rz V,Khosravan M,Ka N. Dealumination of mordenite zeolite and its catalytic performance evaluation in m-xylene isomerization reaction[J]. Bulletin of the Chemical Society of Ethiopia ,2017, 31 (2): 281-289.

[72] Boveri M,Márquez-Álvarez C,Laborde M,et al. Steam and acid dealumination of mordenite: Characterization and influence on the catalytic performance in linear alkylbenzene synthesis[J]. Catalysis Today, 2006, 114 (2-3):217-225.

[73] Chaouati N,Soualah A,Hussein I, et al. Formation of weak and strong Brønsted acid sites during alkaline treatment on MOR zeolite[J]. Applied Catalysis A :General, 2016, 526: 95-104.

[74] Leng K,Sun Y. Ti-modified hierarchical mordenite as highly active catalyst for oxidative desulfurization of dibenzothiophene[J]. Fuel, 2016, 174: 9-16.

[75] Paixo V, Carvalho A P,Rocha J,et al.Modification of MOR by desilication treatments: Structural, textural and acidic characterization[J]. Microporous and Mesoporous Materials, 2010, 131 (1-3):350-357.

[76] Zhao F W,Zhang Q,Hui F,et al. Catalytic behavior of alkali treated H-MOR in selective synthesis of ethylenediamine via condensation amination of monoethanolamine[J]. Catalysts, 2020, 10 (4): 386-386.

[77] Yang C,Qiu M,Hu S,et al.Stable and efficient aromatic yield from methanol over alkali treated hierarchical Zn-containing HZSM-5 zeolites[J]. Microporous and Mesoporous Materials, 2016, 231:110-116.

[78] Wei Y,de Jongh P E,Bonati M L M,et al. Enhanced catalytic performance of zeolite ZSM-5 for conversion of methanol to dimethyl ether by combining alkaline treatment and partial activation[J]. Applied Catalysis A: General, 2015, 504: 211-219.

[79] Milina M,Mitchell S,Crivelli P,et al. Mesopore quality determines the lifetime of hierarchically structured zeolite catalysts[J]. Nature Communications ,2014, 5: 3922.

[80] Schmidt F,Lohe M R,Büchner B,et al. Improved catalytic performance of hierarchical ZSM-5 synthesized by desilication with surfactants[J]. Microporous and Mesoporous Materials, 2013, 165: 148-157.

[81] Abelló S,Bonilla A, Pérez-Ramírez J. Mesoporous ZSM-5 zeolite catalysts prepared by desilication with organic hydroxides and comparison with NaOH leaching[J]. Applied Catalysis A: General, 2009, 364 (1-2): 191-198.

[82] Groen J C,Peffer L A A,Moulijn J A,et al.Mesoporosity development in ZSM-5 zeolite upon optimized desilication conditions in alkaline medium[J]. Colloids and Surfaces A: Physicochemical and Engineering Aspects ,2004, 241 (1-3): 53-58.

[83] Bjørgen M,Joensen F,Spangsberg Holm M,et al. Methanol to gasoline over zeolite H-ZSM-5: Improved catalyst performance by treatment with NaOH[J]. Applied Catalysis A: General, 2008, 345 (1):43-50.

[84] Groen J C,Moulijn J A,Pérez-Ramírez J.Alkaline posttreatment of MFI zeolites. From accelerated screening to scale-up[J]. Industrial & Engineering Chemistry research ,2007, 46 (12):4193-4201.

[85] Groen J C,Peffer L A,Moulijn J A,et al.Mechanism of hierarchical porosity development in MFI zeolites by desilication: The role of aluminium as a pore-directing agent[J]. Chemistry-A European Journal, 2005, 11 (17): 4983-4994.

[86] Čižmek A,Subotić B,Aiello R,et al. Dissolution of high-silica zeolites in alkaline solutions: I. Dissolution of silicalite-1 and ZSM-5 with different aluminum content[J]. Microporous Materials, 1995, 4 (2): 159-168.

[87] Verboekend D,Mitchell S,Milina M,et al.Full compositional flexibility in the preparation of mesoporous MFI zeolites by desilication[J]. The Journal of Physical Chemistry C, 2011, 115 (29):14193-14203.

[88] Groen J C,Zhu W,Brouwer S,et al.Direct demonstration of enhanced diffusion in mesoporous ZSM-5 zeolite obtained via controlled desilication[J]. Journal of the American Chemical Society, 2007, 129 (2):355-360.

[89] Groen J C,Moulijn J A, Perez-Ramirez J. Desilication: On the controlled generation of mesoporosity in MFI zeolites[J]. Journal of Materials Chemistry, 2006, 16 (22):2121-2131.

[90] Laak A,Gosselink R W,Sagala S L,et al.Alkaline treatment on commercially available aluminum rich mordenite[J]. Applied Catalysis A :General, 2010, 382 (1):65-72.

[91] Groen J C,Sano T,Moulijn J A,et al.Alkaline-mediated mesoporous mordenite zeolites for acid-catalyzed conversions[J]. Journal of Catalysis, 2007, 251 (1):21-27.

[92] 杨德琴，孔德金，郭宏利．助催化剂对甲苯歧化与烷基转移催化剂性能的影响 [J]．化学反应工程与工艺，2005, 21 (5): 402-407.

[93] Tsai T C,Chen W H,Liu S B, et al. Metal zeolites for transalkylation of toluene and heavy aromatics[J]. Catalysis Today, 2002, 73:39-47.

[94] Krejci A,Al-Khattaf S,Ali M A,et al.Transalkylation of toluene with trimethylbenzenes over large-pore zeolites[J]. Applied Catalysis A: General, 2010, 377 (1-2): 99-106.

[95] 孔德金，杨为民．芳烃生产技术进展 [J]．化工进展，2011, 30 (1):16-25.

[96] 王岳，李凤艳，赵天波，等．纳米 ZSM-5 分子筛的合成、表征及甲苯歧化催化性能 [J]．石油化工高等学校学报，2005, 18 (4):20-23.

[97] Cejka J,Wichterlova B. Acid-catalyzed synthesis of mono-and dialkyl benzenes over zeolites: Active sites, zeolite topology, and reaction mechanisms [J]. Catalysis Reviews, 2002, 44 (3): 375-421.

[98] Csicsery S M. Shape-selective catalysis in zeolites[J]. Zeolites ,1984, 4 (3):202-213.

[99] Demuch T,Raybaud P,Lacombe S,et al.Effects of zeolite pore sizes on the mechanism and selectivity of xylene disproportionation-a DFT study[J]. Journal of Catalysis, 2004, 222 (2): 323-337.

[100] Waziri S M,Aitani A M,Al-Khattaf S. Transformation of toluene and 1,2,4-trimethylbenzene over ZSM-5 and Mordenite catalysts: A comprehensivekinetic model with reversibility[J]. Industrial & Engineering Chemistry Research, 2010, 49 (14):6376-6387.

[101] Al-Mubaiyedh U A,Ali S A,Al-Khattaf S S.Kinetic modeling of heavy reformate conversion into xylenes over mordenite-ZSM5 based catalysts[J]. Chemical Engineering Research & Design, 2012, 90 (11):1943-1955.

[102] 刘红星，谢在库，张成芳，等．甲苯歧化与三甲苯烷基转移反应体系的化学平衡 [J]．石油化工，2003，32 (1): 28-32.

[103] [日] 服部英，小野嘉夫．固体酸催化 [M]．高滋，乐英红，华伟明，译．上海：复旦大学出版社，2016.

[104] 周立雪．甲苯歧化催化剂研究进展 [J]．精细石油化工进展，2002, 3 (12):34-38.

[105] Odedairo T,Balasamy R J,Al-Khatta F S J I,et al.Toluene disproportionation and methylation over zeolites TNU-9, SSZ-33, ZSM-5, and Mordenite using different reactor systems[J]. Industrial & Engineering Chemistry Research,2011, 50 (6):3169-3183.

[106] Ma M,Huang X,Zhan E,et al. Synthesis of mordenite nanosheets with shortened channel lengths and enhanced catalytic activity[J]. Journal of Materials Chemistry A ,2017, 5: 8887-8891.

[107] Liu M,Jia W,Li J,et al. Catalytic properties of hierarchical mordenite nanosheets synthesized by self-assembly between subnanocrystals and organic templates[J] J Catalysis Letters, 2016, 146 (1):249-254.

[108] 杜迎春，潘崇华．β沸石催化剂上甲苯歧化及与1,2,4- 三甲苯烷基转移反应研究 [J]．工业催化，2003, 11 (11):8-25.

[109] 赵金保．甲苯歧化和甲苯与C_9芳烃转烷基反应催化剂的研究 [D]．天津：南开大学，1993.

[110] 李艳春．甲苯与三甲苯烷基转移制对二甲苯高性能催化剂制备及反应机理研究 [D]．北京：中国科学院大学，2015.

[111] Dumitriu E,Hulea V,Yousef K,et al.Transalkylation of toluene with trimethylbenzene: Ⅱ. Transalkylation of toluene with mesitylene over synthetic zeolites[J]. Revue Roumaine De Chimie, 1991, 36 (9-10):1185-1193.

[112] Dumitriu E,Guimon C,Hulea V,et al.Transalkylation of toluene with trimethylbenzenes catalyzed by various AFI catalysts[J]. Applied Catalysis A: General, 2002, 237 (1-2):211-221.

[113] Bursian N R,Shavandin Y A,Davydova Z A,et al.Production of xylenes by transalkylation of toluene with trimethylbenzenes[J]. Chemistry and Technology of Fuels and Oils, 1975, 11 (3):162-165.

[114] 曾海生，关乃佳，刘述全．甲苯和1,3,5- 三甲苯在不同沸石分子筛上的烷基转移反应 [J]．精细石油化工，2000, 2:7-12.

[115] 曾海生．甲苯和1,3,5- 三甲苯烷基转移反应的研究 [D]．天津：南开大学，1998.

[116] 刘涛．甲苯歧化催化剂积碳行为及其表面改性研究 [D]．沈阳：沈阳工业大学，2015.

[117] 赵晓峰．甲苯与三甲苯烷基转移催化剂制备及反应机理研究 [D]．北京：中国科学院大学，2017.

[118] 祁晓岚，陈雪梅，孔德金，等．介孔丝光沸石的制备及其对重芳烃转化反应的催化性能 [J]．催化学报，2009, 30 (12): 1197-1202.

[119] 李经球，石张平，孙承林，等．分子筛负载铂催化剂上四氢萘加氢裂解反应行为 [J]．化学反应工程与工艺，2019, 35 (4): 315-326.

[120] 唐津莲，许友好，汪燮卿，等. 四氢萘在分子筛催化剂上环烷环开环反应的研究[J]. 石油炼制与化工，2012, 43 (1):23-28.

[121] Aboul-Gheit A K, Abdel-Hamid S M, El-Desouki D S. Hydroisomerization of *n*-hexane using unloaded and low-platinum-loaded H-ZSM-5 and H-MOR catalysts[J]. Liquid Fuels Technology, 2010, 28 (6):582-593.

[122] 任亮，毛以朝，聂红. 分子筛孔结构和酸性对正癸烷加氢裂化反应性能的影响[J]. 石油炼制与化工，2009, 040 (3): 6-11.

[123] 吴雅楠，李经球，丁键，郭宏利；孔德金，分子筛类型对四氢萘加氢裂解反应性能的影响[J]. 工业催化，2022, 30 (005):34-39.

[124] 李良，祝飞雄，李华英.HAT-099 型催化剂的工业应用及优化调整[J]. 石油化工技术与经济，2018, 34 (3): 27-29.

[125] Sardesai A, Lee S, Tartamella T. Synthesis of methyl acetate from dimethyl ether using group Ⅷ metal salts of phosphotungstic acid[J]. Energy Sources, 2003, 24(4): 301-317.

[126] Shikada T, Fujimoto K, Miyauchi M, et al. Vapor-phase carbonylation of dimethyl ether and methyl acetate with nickel-active carbon catalysts[J]. Applied Catalysis, 1983, 7(3): 361-368.

[127] Cheung P, Bhan A, Sunley G J, et al. Selective carbonylation of dimethyl ether to methyl acetate catalyzed by acidic zeolites[J]. Angewandte Chemie International Edition, 2006, 45(10): 1617-1620.

[128] Cheung P, Iglesia E, Sunley J G, et al. Process for carbonylation of alkyl ethers[P]. US2006287551(A1). 2006-12-21.

[129] Feng X, Yao J, Li H, et al. A brand new zeolite catalyst for carbonylation reaction[J]. Chemical Communications, 2019, 55(8): 1048-1051.

[130] 樊卫斌，许静，闫文付，等. 一种二甲醚羰基化制备乙酸甲酯的方法 [P]: CN108586247(A). 2018-07-02.

[131] Iglesia E, Sunley J G, Law D J, et al. Process for carbonylation of aliphatic alcohols and/or reactive derivatives thereof[P]. WO2008073096(A1). 2008-06-19.

[132] Boronat M, Martínez C, Corma A. Mechanistic differences between methanol and dimethyl ether carbonylation in side pockets and large channels of mordenite[J]. Physical Chemistry Chemical Physics, 2011, 13(7): 2603-2612.

[133] Rasmussen D B, Christensen J M, Temel B, et al. Reaction mechanism of dimethyl ether carbonylation to methyl acetate over mordenite-a combined DFT/experimental study[J]. Catalysis Science & Technology, 2017, 7(5): 1141-1152.

[134] Boronat M, Martínez-Sánchez C, Law D, et al. Enzyme-like specificity in zeolites: A unique site position in mordenite for selective carbonylation of methanol and dimethyl ether with CO[J]. Journal of the American Chemical Society, 2008, 130(48): 16316-16323.

[135] Li Y, Huang S, Cheng Z, et al. Synergy between Cu and Brønsted acid sites in carbonylation of dimethyl ether over Cu/H-MOR[J]. Journal of Catalysis, 2018, 365: 440-449.

[136] Cheung P, Bhan A, Sunley G J, et al. Site requirements and elementary steps in dimethyl ether carbonylation catalyzed by acidic zeolites[J]. Journal of Catalysis, 2007, 245(1): 110-123.

[137] Bhan A, Allian A D, Sunley G J, et al. Specificity of sites within eight-membered ring zeolite channels for carbonylation of methyls to acetyls[J]. Journal of the American Chemical Society, 2007, 129(16): 4919-4924.

[138] Li B, Xu J, Han B, et al. Insight into dimethyl ether carbonylation reaction over mordenite zeolite from in-situ solid-state NMR spectroscopy[J]. The Journal of Physical Chemistry C, 2013, 117(11): 5840-5847.

[139] He T, Ren P, Liu X, et al. Direct observation of DME carbonylation in the different channels of H-MOR zeolite by continuous-flow solid-state NMR spectroscopy[J]. Chemical Communications, 2015, 51 (94): 16868-16870.

[140] Liu Z, Yi X, Wang G, et al. Roles of 8-ring and 12-ring channels in mordenite for carbonylation reaction: From

the perspective of molecular adsorption and diffusion[J]. Journal of Catalysis, 2019, 369: 335-344.

[141] He T, Liu X, Xu S, et al. Role of 12-Ring channels of mordenite in DME carbonylation investigated by solid-state NMR[J]. The Journal of Physical Chemistry C, 2016, 120(39): 22526-22531.

[142] Chen W, Tarach K A, Yi X, et al. Charge-separation driven mechanism via acylium ion intermediate migration during catalytic carbonylation in mordenite zeolite[J]. Nature Communications, 2022, 13(1): 1-13.

[143] Chen W, Li G, Yi X, et al. Molecular understanding of the catalytic consequence of ketene intermediates under confinement[J]. Journal of the American Chemical Society, 2021, 143(37): 15440-15452.

[144] Reule A A C, Sawada J A, Semagina N. Effect of selective 4-membered ring dealumination on mordenite-catalyzed dimethyl ether carbonylation[J]. Journal of Catalysis, 2017, 349: 98-109.

[145] Rasmussen D B, Christensen J M, Temel B, et al. Ketene as a reaction intermediate in the carbonylation of dimethyl ether to methyl acetate over mordenite[J]. Angewandte Chemie International Edition, 2015, 54(25): 7261-7264.

[146] Cheng Z, Huang S, Li Y, et al. Deactivation kinetics for the carbonylation of dimethyl ether to methyl acetate on H-MOR[J]. Industrial & Engineering Chemistry Research, 2017, 56(46): 13618-13627.

[147] Wang X, Li R, Yu C, et al. Influence of acid site distribution on dimethyl ether carbonylation over mordenite[J]. Industrial & Engineering Chemistry Research, 2019, 58(39): 18065-18072.

[148] Celik F E, Kim T J, Bell A T. Effect of zeolite framework type and Si/Al ratio on dimethoxymethane carbonylation[J]. Journal of Catalysis, 2010, 270(1): 185-195.

[149] Ma M, Zhan E, Huang X, et al. Carbonylation of dimethyl ether over Co-HMOR[J]. Catalysis Science & Technology, 2018, 8(8): 2124-2130.

[150] Xue H, Huang X, Ditzel E, et al. Coking on micrometer-and nanometer-sized mordenite during dimethyl ether carbonylation to methyl acetate[J]. Chinese Journal of Catalysis, 2013, 34(8): 1496-1503.

[151] Li Y, Li Z, Huang S, et al. Morphology-dependent catalytic performance of mordenite in carbonylation of dimethyl ether: Enhanced activity with high c/b ratio[J]. ACS Applied Materials & Interfaces, 2019, 11(27): 24000-24005.

[152] Liu S, Cheng Z, Li Y, et al. Improved catalytic performance in dimethyl ether carbonylation over hierarcjical mordenite by enhancing mass transfer [J]. Industrial & Engineering Chemistry Research, 2020, 59(31): 13861-13869.

[153] Nasser G, Kurniawan T, Miyake K, et al. Dimethyl ether to olefins over dealuminated mordenite (MOR) zeolites derived from natural minerals[J]. Journal of Natural Gas Science and Engineering, 2016, 28: 566-571.

[154] Xue H, Huang X, Zhan E, et al. Selective dealumination of mordenite for enhancing its stability in dimethyl ether carbonylation[J]. Catalysis Communications, 2013, 37: 75-79.

[155] 马宇春, 刘仲能, 王德举, 等. 改性丝光沸石催化二甲醚气相羰化的反应性能 [J]. 分子催化, 2014, 28(5): 460-465.

[156] Liu J, Xue H, Huang X, et al. Stability enhancement of H-mordenite in dimethyl ether carbonylation to methyl acetate by pre-adsorption of pyridine[J]. Chinese Journal of Catalysis, 2010, 31(7): 729-738.

[157] Zhou H, Zhu W, Shi L, et al. In situ DRIFT study of dimethyl ether carbonylation to methyl acetate on H-mordenite[J]. Journal of Molecular Catalysis A: Chemical, 2016, 417: 1-9.

[158] Li Y, Sun Q, Huang S, et al. Dimethyl ether carbonylation over pyridine-modified MOR: Enhanced stability influenced by acidity[J]. Catalysis Today, 2017, 311: 81-88.

[159] Taramasso M, Perego G, Notari B. Preparation of porous crystalline synthetic material comprised of silicon and titanium oxides[P]: US4410501.

[160] Kim G J, Cho B R, Kim J H. Structure modification of mordenite through isomorphous Ti substitution: Characterization and catalytic properties[J]. Catalysis Letters, 1993, 22(3): 259-270.

[161] Belhekar A A, Das T K, Chaudhari K, et al. Synthesis, characterization and catalytic properties of titanium containing mordenite[J].Studies in Surface Science and Catalysis, 1998, 113: 195-200.

[162] Wu P, Komatsu T, Yashima T. Characterization of titanium species incorporated into dealuminated mordenites by means of IR spectroscopy and ^{18}O-exchange technique[J]. The Journal of Physical Chemistry, 1996, 100(24): 10316-10322.

[163] Xu H, Zhang Y, Wu H, et al. Postsynthesis of mesoporous MOR-type titanosilicate and its unique catalytic properties in liquid-phase oxidations[J]. Journal of Catalysis, 2011, 281(2): 263-272.

[164] Wu P, Komatsu T, Yashima T. Preparation of titanosilicate with mordenite structure by atomplanting method and its catalytic properties for hydroxylation of aromatics [J]. Studies in Surface Science & Catalysis, 1997, 105: 663-670.

[165] Yang Y, Ding J, Xu C, et al. An insight into crystal morphology-dependent catalytic properties of MOR-type titanosilicate in liquid-phase selective oxidation[J]. Journal of Catalysis, 2015, 325: 101-110

[166] Wu P, Komatsu T, Yashima T. Hydroxylation of aromatics with hydrogen peroxide over titanosilicates with MOR and MFI structures: Effect of Ti peroxo species on the diffusion and hydroxylation activity[J]. The Journal of Physical Chemistry B, 1998, 102(46): 9297-9303.

[167] Wu P, Komatsu T, Yashima T. Ammoximation of ketones over titanium mordenite[J]. Journal of Catalysis, 1997, 168(2): 400-411

[168] Tvaruzkova Z, Petras M, Habersberger K, et al. Surface complexes of cyclohexanone and aqueous solution of NH_3 on Ti-silicalite in liquid phase[J]. Catalysis Letters, 1992, 13(1-2): 117-121.

[169] Xu L, Ding J, Yang Y, et al. Distinctions of hydroxylamine formation and decomposition in cyclohexanone ammoximation over microporous titanosilicates[J]. Journal of Catalysis, 2014, 309: 1-10.

[170] Ding J, Xu L, Xu H, et al. Highly efficient synthesis of methyl ethyl ketone oxime through ammoximation over Ti-MOR catalyst: Highly efficient synthesis of methyl ethyl ketone oxime through ammoximation over Ti-MOR catalyst[J]. Chinese Journal of Catalysis (Chinese version), 2014, 34(1): 243-250.

[171] Ding J, Wu P. Selective synthesis of dimethyl ketone oxime through ammoximation over Ti-MOR catalyst[J]. Applied Catalysis A: General, 2014, 488: 86-95.

[172] Ding J, Xu L, Yu Y, et al. Clean synthesis of acetaldehyde oxime through ammoximation on titanosilicate catalysts[J]. Catalysis Science & Technology, 2013, 3(10): 2587-2595.

[173] Chheda J N, Román-Leshkov Y, Dumesic J A. Production of 5-hydroxymethylfurfural and furfural by dehydration of biomass-derived mono- and poly-saccharides[J]. Green Chemistry, 2007, 9(4): 342-350.

[174] Datta A, Walia S, Parmar B S. Some furfural derivatives as nitrification inhibitors[J]. Journal of Agricultural and Food Chemistry, 2001, 49(10): 4726-4731.

[175] Lu X, Guan Y, Xu H, et al. Clean synthesis of furfural oxime through liquid-phase ammoximation of furfural over titanosilicate catalysts[J]. Green Chemistry, 2017, 19(20): 4871-4878.

[176] Zhuang J, Ma D, Yan Z, et al. Solid-state MAS NMR detection of the oxidation center in TS-1 zeolite by in situ probe reaction[J]. Journal of Catalysis, 2004, 221(2): 670-673.

[177] Yang Y, Ding J, Wang B, et al. Influences of fluorine implantation on catalytic performance and porosity of MOR-type titanosilicate[J]. Journal of Catalysis, 2014, 320: 160-169.

[178] Huybrechts D R C, Vaesen I, Li H X, et al. Factors influencing the catalytic activity of titanium silicalites in selective oxidations[J]. Catalysis Letters, 1991, 8(2-4): 237-244.

[179] Peng R, Wan Z, Lv H, et al. Al-Modified Ti-MOR as a robust catalyst for cyclohexanone ammoximation with enhanced anti-corrosion performance[J]. Catalysis Science & Technology, 2021, 11(22): 7287-7299.

第五章
FER结构分子筛

第一节　FER 结构分子筛的合成 / 185

第二节　在丁烯骨架异构化技术中的应用 / 193

第三节　其他应用 / 205

镁碱沸石（ferrierite）是一种具有层状FER结构的分子筛材料，属于正交晶系。其最常见的分子筛为镁碱沸石和ZSM-35，其他的同构体有Sr-D、FU-9、NU-23等[1]。该结构分子筛的一种典型化学组成为|Mg$_2$Na$_2$(H$_2$O)$_{18}$|[Al$_6$Si$_{30}$O$_{72}$]，晶胞参数为a=19.02Å、b=14.30Å、c=7.54Å，骨架密度为17.6T/1000Å^3。次级结构单元（Secondary Building Units, SBU）为5-1，即一个5元环和一个T原子。FER的骨架结构如图5-1所示，骨架结构中包括5元环、6元环、8元环和10元环。在8元环通道和6元环通道的交叉点，形成椭球形镁碱沸石笼。10元环直孔道（0.42nm×0.54nm）和8元环直孔道（0.35nm×0.48nm）相互交叉形成二维交叉孔道体系[2]。

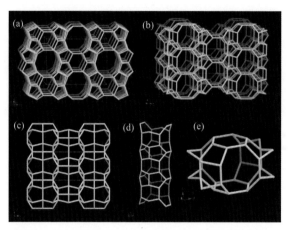

图5-1　FER拓扑沿（a）[001]轴、（b）[010]轴、（c）[100]轴骨架结构图，（d）沿z轴的10元环孔道，（e）镁碱沸石笼

FER沸石有四个不同的T位，它们被Si或Al原子占据，如图5-2。其中T1和T2位点位于10元环和8元环通道的交叉处，T3位点位于10元环通道内，T4位点位于8元环通道内。除此之外，FER结构中还存在八种不同的氧位点，分别标记为O1～O8，图5-2中也已标出。

由于镁碱沸石具有独特的孔道结构和良好的水热稳定性，在工业上应用广泛。其在丁烯骨架异构反应、戊烯骨架异构、二甲苯异构、丁烯齐聚、戊烯二聚、NO$_x$选择性氧化还原、甲醇制烯烃、甲醇脱水制二甲醚、二氧化碳加氢制二甲醚、二甲醚羰基化等反应中具有优异的催化性能。自20世纪60年代首次合成制备碱镁沸石以来，科学家们对FER型分子筛的合成和改性做出了许多努力。至今，采用不同的合成方法，成功制备了具有不同元素组成、形貌、多级孔、酸强度和催化性能的FER型分子筛。

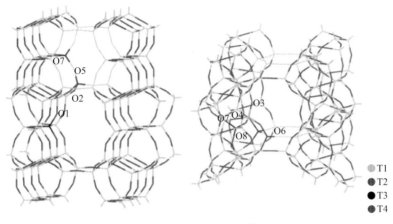

图5-2　FER沸石T位点示意图和氧位点示意图[2]

第一节
FER结构分子筛的合成

如前所述，FER结构分子筛骨架组成元素多样、孔道结构独特、工业应用广泛，本节将着重介绍它们的合成方法，以及在合成过程中对其形貌、酸性质和孔结构的调控手段。

一、合成方法

最早发现的具有FER结构的分子筛是镁碱沸石，它是一种天然矿物，它的首次人工合成是由Coombs等[3]在1959年偶然将钠钙混合矿物加热到330℃时实现的。随后Barrer和Marshall[4]合成了一种锶沸石，后来被鉴定为镁碱沸石[5]。1974年Kibby等[6]在300～325℃的水热条件下，合成了钠型和钠-四甲基铵镁碱沸石，并经离子交换得到氢型镁碱沸石。1977年，Plank等[7]采用有机结构导向剂（OSDA）诱导合成了具有FER拓扑结构的ZSM-35型沸石。1987年Gies等[8]在乙二胺作为OSDA的合成体系中制备得到了硅硼镁碱沸石。1994年Borade等[9]以三甲基十六烷基氢氧化铵为OSDA合成了ZSM-35沸石。1996年Kim等[10]利用三种不同类型的OSDA如1,4-二氨基丁烷、乙二胺和吡咯烷，在无机无离子介质中合成得到了镁碱沸石。之后，关于不同类型模板剂合成镁碱沸石及后处理的研究逐渐增多。

1. 水热合成

镁碱沸石常用的合成途径是水热合成。水热合成一般在高压密闭反应釜中，以水为溶剂，通过高温使釜内物质结晶成核并生长为晶体。Coombs等用Na^+-Ca^{2+}、Ca^{2+}-Sr^{2+}-Na^+或Na^+-四甲基铵等复合阳离子在高温（300℃以上）下进行水热合成[3,6]。随后采用十六烷基三甲基铵、二乙醇胺、吡咯烷或乙二胺等有机结构导向剂（OSDA），可将合成温度降至150℃左右[2]。

Wang等[11]以哌啶（PI）为OSDA、十六烷基三甲基溴化铵（CTAB）为辅助剂，建立了一种控制FER型分子筛粒径的直接水热合成方法，如图5-3所示。通过该方法得到的样品具有较高的结晶度，晶体尺寸在100nm～2μm之间。研究发现，CTAB的加入对FER型分子筛的形成有显著影响，CTAB的疏水尾部可以限制FER的过度生长，从而形成不同晶粒尺寸的高结晶度FER型分子筛。Chen等[12]在Na-乙二胺（Na-En）、Na-吡咯烷（Na-Py）和Na-K存在下合成了FER型分子筛，结晶时间在96～240h之间变化。将Na-En合成的FER作为晶种，可将结晶时间从240h缩短到30h。

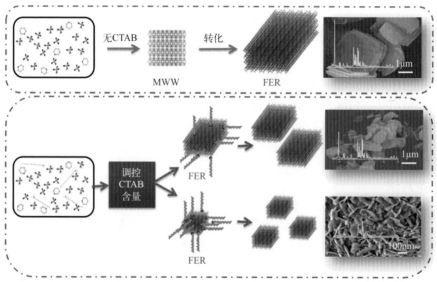

图5-3 CTAB调控FER分子筛粒径的直接水热合成法[11]

2. 非水体系合成

有机溶剂代替传统的水溶剂合成FER型分子筛的方法为溶剂热合成。Kuperman等[13]用非水溶剂代替了水溶剂来控制凝胶颗粒的溶解度，这种非水合成体系以三乙胺为溶剂、氢氟酸（HF）为矿化剂、四丙基溴化铵为有机模板剂，得到了晶体尺寸在 0.4～5.0mm 范围内的巨型硅酸铝 FER 单晶。

固态重结晶转化合成也是一种常见的 FER 型分子筛制备方法。Pál-Borbély 等[14]以哌啶为 OSDA，采用干态重结晶法合成高硅 FER 型分子筛（Si/Al= 15～18）。Pál-Borbély 等[15]通过固态重结晶法进一步降低了合成 FER 型分子筛的硅铝比（Si/Al=12～35），并研究了再结晶动力学机制。研究表明，固态重结晶法在 FER 型分子筛的结晶过程中不需要水溶剂。

徐文旸课题组[16-17]报道了在非水体系中通过起始固体原料（碱、模板剂、铝源和硅源）的混合，并于一定温度下先后合成 ZSM-35 以及其他分子筛（FU-9、方钠石、ZSM-5、ZSM-22、ZSM-48 等），为非水体系中固相转化合成奠定了基础。

3．通过层状前驱体的转变

FER 型沸石也可以通过层状前驱体的转变来获得。最早发现的 FER 沸石前驱体为 PRE-FER，最初是 1996 年由 Schreyeck 等[18]在含氟水溶液介质中使用 4-氨基-2,2,6,6-四甲基哌啶作为 OSDA 合成得到的，如图 5-4 所示。在 500℃左右焙烧后，PRE-FER 层会通过缩合反应连接在一起，从而转化为 FER 型沸石。

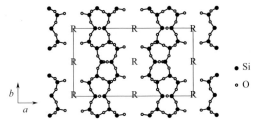

图5-4　PRE-FER层间缩聚成键[18]

Ruan 等[19]报道了一种 FER 型沸石合成的新方法，通过分子烷氧基化来扩展层状前驱体（Al-PLS-3）的结构，并研究了 FER 型沸石的形成原理。与刚性三维沸石结构不同，Al-PLS-3 具有可修改、可改变的层状结构[20]。在 550℃焙烧 6h 后，封闭的有机物质被去除，同时层间羟基缩合，从而使二维层状化合物转变为具有三维结构的 FER 分子筛，如图 5-5 所示。该合成体系中沸石结晶速度较快，一般在 5h 内就可以得到高结晶度的材料。

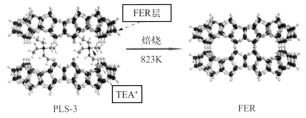

图5-5　层状前驱体合成FER沸石的拓扑转化示意图[16]

此后，通过不同的合成路线逐渐得到了 ICP-2 等许多其他层状 FER 型沸石前驱体[21-22]。Roth 等[21]实现了 CDO 层状前驱体 ZSM-55 在 FER 和 CDO 骨架之间的相互转换，通过在 CDO 前驱体 ZSM-55 中插入不同的有机化合物发生溶胀然后焙烧形成 FER 和 CDO 拓扑结构，如图 5-6。Gálvez 等[22]研究了新型 FER 前驱体 ICP-2 层状材料，其具有由 π–π 堆叠相互作用稳定的扩展层，其中有机阳离子通过形成超分子聚集体发挥双重结构作用。

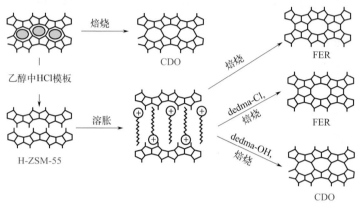

图5-6 ZSM-55向FER和CDO骨架转换示意图[21]

dedma⁺—二甲基二乙基阳离子

4. 其他合成方法

Matsukata 等[23]报道了一种气相输运合成（Vapor-Phase Transport, VPT）方法制备 FER 型沸石。以乙二胺、三乙胺和水为蒸气源，采用 VPT 法将干铝硅酸盐凝胶结晶成具有 MFI 和 FER 拓扑结构的分子筛材料，并研究了水和胺在结晶过程中的作用。当不加水时，干凝胶结晶为 FER 型分子筛。Cheng 等[24]报道了一种新型的 VPT 合成高硅 FER 沸石（Si/Al=9.8）的路线，在四氢呋喃和水的混合蒸气中，采用干铝硅酸盐凝胶自转变的方法制备了高硅 FER 型沸石。四氢呋喃在沸石的 FER 笼中起模板作用。FER 型沸石晶种和水促进沸石材料的结晶。

通过水热或溶剂热的方法合成 FER 型沸石的过程中会产生大量的污水，采用 VPT 路线和转化合成路线可以显著降低硅酸铝 FER 型沸石结晶过程中的溶剂含量[23-24]，更好地符合绿色化学的理念。然而，在 VPT 合成路线中，干凝胶的制备仍需要大量的水作为溶剂。Wei 等[25]报道了一种通过微波辅助方法快速合成硅酸铝 FER 型沸石的方法。与需要几天结晶时间的传统方法相比，该方法的结晶速度快、效率高，在无有机结构导向剂的情况下，仅在 2～3h 内就可以得到硅酸铝 FER 型沸石。

二、形貌调控

Xu 等[26]以 N,N-二乙基顺式-2,6-二甲基哌啶为原料，合成了 6～8nm 的超薄硅酸铝 FER 型分子筛纳米片，如图 5-7（a）、（b）。与常规分子筛相比，该分子筛纳米片具有更高的 1-丁烯骨架异构反应的转化率和选择性。Lee 等[27]用胆碱和钠离子作为结构导向剂合成了纳米针状的 FER 型沸石，如图 5-7（c）。与传统亚微米板状结构的 FER 型沸石相比，它对 1-丁烯的骨架异构化反应的催化性能更好。主要原因是针状结构的镁碱沸石强酸位点的密度更低，10 元环孔口的强酸密度更高。

图5-7 （a），（b）超薄FER型沸石纳米片的SEM照片[26]；（c）纳米针状FER型沸石的TEM照片[27]

Dai 等[28]在氟化铵（NH$_4$F）的辅助下，采用传统的 OSDA（吡咯烷），开发了一种直接合成纳米级棒状 FER 型分子筛的方法，如图 5-8 所示。所得的纳米棒状 FER 型沸石晶体大大缩短了沿 c 轴的扩散路径，相较于未添加 NH$_4$F 合成的微米级沸石，具有更大的外比表面积，酸性位点可接近性更佳，单位晶体表面孔口数量更多。

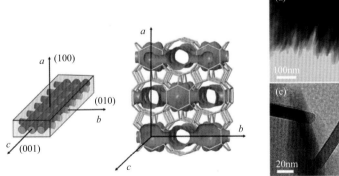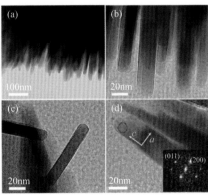

图5-8 纳米棒状FER沸石晶体孔道示意图和TEM照片[28]

Bolshakov 等[29]报道了在水热条件下,由甲基吡咯烷(NMP)和溴化十六烷基二甲基咪唑(C_{16}dMImz)为结构导向剂和介孔剂促使 FAU 前驱体转化成多级孔 FER 型分子筛。这种双模板方法可以通过改变介孔剂的浓度来调整介孔 FER 材料的形貌和织构性质。研究发现,未添加介孔剂时,FER-C 样品显示的晶体尺寸为 0.5~0.7μm,呈现片状团聚[图 5-9(a)]。少量 C_{16}dMImz 的存在导致晶体在 a 和 b 轴上的生长发生变化[图 5-9(b)、(c)],同时薄片的宽度从约 40nm 减小到约 25nm。C_{16}dMImz 进一步取代 NMP 的量达 10%,导致晶体尺寸在 a 和 b 轴方向进一步减小,形成宽度约为 120nm、厚度约为 9~15nm 的瓦片状颗粒[图 5-9(d)、(e)]。这可能是由于咪唑对位于 8 元环口或通道交叉处的 Al 物种具有较强的稳定作用。优化后的 FER 具有高介孔体积(0.19cm^3/g)、大外比表面积(约 120m^2/g)以及 a 轴和 c 轴晶体尺寸减小的特点,这意味着 10 元环通道中的扩散路径缩短。

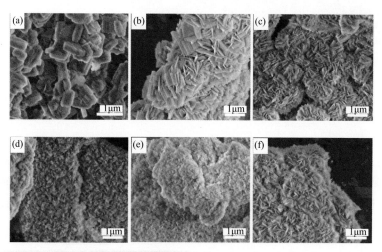

图 5-9　FER 分子筛的 SEM 照片:(a)FER-C;(b)FER-0.01;(c)FER-0.025;(d)FER-0.05;(e)FER-0.10;(f)FER-0.15[29]

三、酸性位点调控

镁碱沸石分子筛一般在含钠体系中合成,得到的 Na 型 FER 沸石没有酸性,通过离子交换才具有酸性[30]。根据需要采用不同的离子交换试剂可将钠型 FER 沸石交换成 H-FER 或 M-FER(M=Fe、Li、K 等)。最常用的是 H 型 FER 沸石,一般采用 NH_4Cl 或 NH_4NO_3 的水溶液交换分子筛骨架中的 Na^+,焙烧处理后形成酸性中心。而对于分解硝酸尾气处理中的 N_2O，则需要用到 $Fe(NO_3)_3$ 溶液交换得到的 Fe-FER 作为催化剂。可通过控制 NH_4^+ 交换程度，调节 FER 型沸石酸性位点的强度及分布。周峰等[31]的研究表明，随着 NH_4^+ 交换度的增加，FER 型沸石上 Lewis 酸位点数量基本不变，而 Brønsted 酸位点数量增加。FER 型沸石上弱、中强和强酸中心的形成均受交换度的影响，而沸石酸性中心的数量和分布是影响正丁烯骨架异构等反应性能的重要因素之一[32]。

Guo 等[33]通过乙二胺（EDA）、1,6-己二胺（DAH）、哌啶（PI）和吗啉（MORP）四种有机模板制备了不同类型的 FER 型沸石纳米片，通过改变 OSDA 可以有效调节 FER 骨架中强酸位点的位置，从而实现调控二甲醚羰基化反应中的催化性能。研究发现，FER 型沸石有四个不同的 T 位，FER-MORP 沸石在 T2+T4 位点的占据率（50.2%）明显高于 FER-EDA（46.1%）、FER-DAH（41.7%）和 FER-PI（39.0%），这说明吗啉能引导更多的 Al 原子或酸位点在 8 元环通道中而不是在 10 元环通道和交叉点。

有关后处理法对 FER 型沸石酸性位及孔道调控的研究也有很多，较为常见的有酸处理和碱处理。镁碱沸石分子筛的 Brønsted 酸和 Lewis 酸位点在催化反应中至关重要，酸处理可以脱除骨架铝，提高硅铝比，减少强的 Brønsted 酸中心。与 Y、Beta、ZSM-5 等分子筛相比，镁碱沸石分子筛中只存在游离的 Brønsted 酸质子，其骨架铝较难脱除，常用的脱铝方法有酸处理和水蒸气处理等。Rachwalik 等[34]采用盐酸溶液在不影响结晶度的前提下对镁碱沸石进行脱铝，可脱除 53% 的骨架铝。研究发现，10 元环的骨架铝优先脱除，Brønsted 酸与 Lewis 酸比值改变。Cañizares 等[35]采用氟硅酸铵对镁碱沸石进行脱铝，当氟硅酸铵用量较少时（0.2～1.0mmol/g），对硅铝比影响不大，酸性位点分布改变，结晶度不受影响；当氟硅酸铵用量增大后，结晶度、比表面积和孔体积均有下降。

四、孔道调控

可通过碱处理方法脱除分子筛中硅物种，在不改变微孔的情况下刻蚀出介孔。Khitev 等[36]在溴化十六烷基三甲铵存在下，在碱性溶液中将 FER 型分子筛脱硅并重结晶制备复合微/介孔分子筛催化剂，重结晶材料对 1-丁烯骨架异构化的催化性能比母体 FER 和仅碱处理的 FER 都有所提高。研究发现，脱硅过程导致沸石晶体中产生较大的介孔，且尺寸分布广泛。再结晶过程产生两种类型的介孔：沿晶体均匀分布的晶内介孔和覆盖在沸石晶体上的有序介孔层，提高了酸性位的可接近性，增强了扩散，抑制了积炭形成。

Verboekend 等[37]设计了一种后处理法，经过 $NaAlO_2$、HCl 和 NaOH 水溶液

三次处理，制备出具有介孔微孔复合结构的多级孔镁碱沸石。如图 5-10，$NaAlO_2$ 通过碱性刻蚀使部分沸石脱硅，但由于 $Al(OH)_3$ 在沸石表面沉淀，大部分刻蚀出的硅留在固体中形成纳米晶。随后 HCl 清洗去除含铝沉积物，形成了脱硅 FER 薄片和富硅纳米晶双重介孔网络结构。后者通过温和的 NaOH 洗涤选择性溶解。研究表明，适当的合成后处理步骤是调整多级孔沸石性质和功能的有效方法。

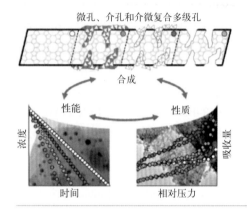

图5-10 后处理法制备多级孔镁碱沸石示意图[37]

Chen 等[12]以 Na-En 合成的 FER 为基体制备了多级孔 FER 型沸石，如图 5-11。采用不同 HF 浓度的 $HF-NH_4F$ 混合溶液对微米级的晶体进行室温蚀刻，可以得到多级孔 FER 分子筛。这种化学蚀刻导致形成由大的中孔和大孔所构成的次级孔道体系，其孔隙呈矩形，垂直于 (100) 晶面，因此为进入 10 元环和 8 元环孔道提供了更好的途径。这种分级孔道的 FER 具有与其母体相似的化学组成和酸性质。因此，可以设计出具有更好的活性位点可接近性和几乎保留其所有固有特性的沸石。

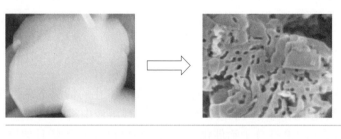

图5-11 $HF-NH_4F$ 溶液处理前后 FER 表面SEM照片[12]

近年来 FER 型分子筛的合成取得了较大的进展，实现 FER 材料的可持续合成路线具有重要意义，可采用无有机结构导向剂和无溶剂路线的组合策略，以及微波辅助合成和无溶剂合成的组合策略。此外，还应制定可持续有效的形貌控制策略和介孔引入策略。今后应在基础研究和工业生产两方面对 FER 型沸石的制备开展更多的研究工作。

第二节
在丁烯骨架异构化技术中的应用

异丁烯可用于生产甲基叔丁基醚（methyl *tert*-butyl ether, MTBE），后者是一种具有高辛烷值和抗污染性能的汽油添加剂[38]。我国优质汽油的需求量随着清洁汽油标准的深入推行逐年不断增加，MTBE 作为汽油添加剂，其需求近些年也在逐步增长。此外，异丁烯可用于生产丁基橡胶、叔丁醇、叔丁基苯酚以及提高润滑油黏度指数的低分子量的聚合物等。目前我国的 C_4 资源较丰富，但异丁烯短缺，正丁烯骨架异构化制异丁烯的工艺技术已经成为生产异丁烯的主要竞争技术之一，其应用前景广阔[39]。镁碱沸石由于其独特的孔道结构和可调变的酸性质，在丁烯骨架异构反应中表现出优异的催化性能，本节主要对这方面的应用做出阐述。

一、丁烯异构化技术

丁烯有 1-丁烯、顺-2-丁烯、反-2-丁烯、异丁烯四种异构体，丁烯的热力学平衡组成因温度不同而异，在常压下，丁烯在 27～727℃范围内的热力学平衡组成如表 5-1 所示，丁烯骨架异构化反应受到热力学限制，在 327～527℃下，异丁烯单程收率最高能够达到 44%～54%，同时丁烯骨架异构化反应在热力学上属放热反应，温度降低能促使丁烯异构反应正向进行。

表5-1　丁烯的热力学平衡组成（摩尔分数，%）

温度/℃	1-丁烯	顺-2-丁烯	反-2-丁烯	总的正丁烯	异丁烯
27	0.4	3.8	11.8	16.0	84.0
127	1.9	8.3	18.0	28.2	71.8
227	4.5	11.9	21.6	38.0	62.0
327	7.5	14.4	23.4	45.3	54.7
427	10.8	15.8	24.2	50.8	49.2
527	14.0	16.6	24.5	55.1	44.9
627	16.9	17.0	24.6	58.6	41.4
727	19.6	17.2	24.4	61.2	38.8

最初正丁烯异构化反应的催化剂为氧化铝[40-42]，随后研究人员发现中孔沸石可以作为异构化的有效催化剂。1997 年 Houžvička 等[43]研究了小孔道沸石（毛沸石、ZK-5、TMA-E、SAPO-34）、10 元环沸石（斜发沸石、FER、ZSM-22、

SAPO-11 和 ZSM-5)及 12 元环沸石（Ω沸石、L 沸石、Y 沸石、丝光沸石和 SAPO-5）等多种微孔材料的正丁烯异构化反应性能。研究发现，8 元环分子筛的孔径不利于异丁烯扩散，因此不适合正丁烯骨架异构化成异丁烯。12 元分子筛不会抑制碳质沉积物的形成，其孔隙迅速被堵塞。最合适的材料是孔径在 4.0～5.5Å 之间的催化剂，即 10 元环分子筛，10 元环孔道有利于异丁烯扩散，并且抑制中间产物二聚体和低聚体的形成，降低副反应。镁碱沸石在 623K 条件下丁烯异构反应中具有高活性，并且对异丁烯具有高选择性。有学者结合异构化机制，对选择性高的原因进行了研究[44]。可以将 FER 的 10 元环通道当作独立运行的纳米反应器，在质子位点较少的通道中，正丁烯通过自催化过程选择性异构化；在质子位点较多的通道中，则会形成丙烯、丁烯、戊烯的热力学平衡混合物，生成失活碳物种，而失活会导致异丁烯的选择性显著增加。正丁烯骨架异构反应研究始于 20 世纪 70 年代，1977 年 Snamprogetti 公司开发了 SISP-4 丁烯异构化工艺，反应温度 470℃，正丁烯转化率 30%～40%，异丁烯选择性 78%～85%，异丁烯单程收率为 23%～33%，所用的催化剂为正硅酸乙酯处理的氧化铝。

SKIP 正丁烯骨架异构化反应工艺是 Texas 烯烃公司和 Phillips 石油公司开发的氧化铝催化剂固定床反应工艺，1991 年建成了 8.2kt/a 装置，首次实现了该反应的商业化应用。SKIP 工艺的催化剂是经过处理的氧化铝，水蒸气和原料加热到 480～550℃，常压下进入固定床反应器，反应产物经冷却后压缩，精馏脱除杂质。反应器切换再生，要求原料中正丁烯含量高于 75%，一般收率为 25%～30%。原料中添加水蒸气主要是为了抑制结焦，延长催化剂使用周期，同时也有利于提高转化率和选择性，另外原料中二烯烃的含量也必须控制在 0.05% 以下。

由于氧化铝催化剂活性低、失活快[39]，且反应温度高，热力学上不利于异丁烯的生成，因此国外公司的研究工作集中于镁碱沸石催化剂。其中 ZSM-35 分子筛可以大幅度降低异构化反应温度，起始反应温度可以降低到 350℃ 左右。同时由于 ZSM-35 具有合适的孔道结构，能够有效地抑制二聚副产物的生成，不仅可以提高异丁烯的选择性，而且稳定性也大幅度提高，再生周期可达数百小时。这方面已经工业化的技术有 Lyondell/CDtech 的 ISOPLUS 工艺、Shell 的 ISOFIN 工艺、Texaco 的 ISOTEX 工艺等。正丁烯异构化技术对比见表 5-2 所示。从技术指标上看，Shell 和 Texaco 开发的 ISOFIN、ISOTEX 工艺收率在 40% 左右，采用的是 ZSM-35 催化剂。

表5-2 国内外正丁烯异构化工艺对比

技术	技术特征	性能指标	优势	技术开发商
SISP-4	使用固定床反应器，采用氧化铝催化工艺，反应温度 470℃	转化率：35% 选择性：81%	催化剂价廉易得	Snamprogetti

续表

技术	技术特征	性能指标	优势	技术开发商
ISO-4	使用移动床反应器,采用负载贵金属氧化铝催化剂,反应温度500℃	转化率：34% 选择性：94%	选择性高	IFP
SKIP	使用固定床反应器,采用氧化铝催化工艺,反应温度480~600℃,反应段为双反应器切换操作,进料采用纯的正丁烯	转化率：35% 选择性：85%	催化剂价廉易得	Texas/Phillips
BUTESOM	使用固定床反应器,采用SAPO-11为催化剂,反应温度340℃	转化率：47% 选择性：58%	催化剂活性与稳定性高	UOP
ISOPLUS	使用固定床反应器,采用FER分子筛催化剂,反应温度300~400℃	转化率：40% 选择性：90%	催化剂活性与选择性高,抗结焦能力强	Lyondell/CDtech
ISOTEX	使用固定床反应器,采用FER分子筛催化剂,反应温度420℃	转化率：49% 选择性：81%	催化剂活性与选择性高,抗结焦能力强	Texaco
ISOFIN	使用固定床反应器,采用FER分子筛催化剂,反应温度350~400℃	转化率：51% 选择性：81%	催化剂活性与选择性高,抗结焦能力强	Shell
S-BSI	使用固定床反应器,使用新型全结晶分子筛催化剂,反应温度280~380℃	转化率：45% 选择性：90%	催化剂转化率与选择性高,单程寿命长	Sinopec

本书著者团队对正丁烯骨架异构化技术的研究开始于2004年,成功开发了新型全结晶 ZSM-35 型沸石催化剂 S-BSI,该催化剂不含黏结剂,催化活性高；裂解副产物以及聚合副产物少,异丁烯选择性高；副产 C_5^+ 油少,原料利用率高,装置整体经济效益显著；对双烯等杂质耐受性好,原料不必预处理。目前 S-BSI 丁烯骨架异构化催化剂已成功应用于多套正丁烯异构化工业装置,反应温度 280～380℃,质量空速 1～6h^{-1},异丁烯单程收率≥40%,副产油小于 3%,催化剂稳定性强,催化剂单程寿命可达到 100d 以上,总寿命可达 2 年以上[45]。

二、丁烯骨架异构化工艺流程及反应机制

丁烯骨架异构化工艺流程简图如图 5-12 所示,正丁烯原料经换热器预热、加热炉加热后,进入异构化反应装置,异构化产物排出,经换热器冷却后,可进入分离塔,将各组分分离纯化。

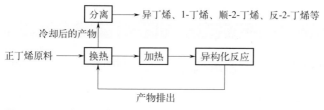

图5-12 丁烯骨架异构化流程简图

新鲜的 H-FER 催化剂上异丁烯的初始选择性低,但随着反应时间的增加,选择性逐渐提高。Guisnet 等[46]提出了一种二聚-异构化-裂解机理,如图 5-13 所示,丁烯二聚形成 $C_8^=$ 碳正离子,$C_8^=$ 碳正离子发生异构化或裂解生成其他产物。由于碳正离子的稳定性差异以及支链二聚体在狭窄 H-FER 型沸石孔道的扩散受限,二聚步骤的反应速率比异构化及裂解步骤慢得多。H-FER 型孔道的择形性也限制了异丁烯生成丙烯、戊烯和异丁烷。这是 H-FER 型沸石在丁烯骨架异构化反应中体现出明显优势的原因。

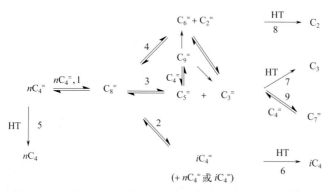

图5-13 新鲜H-FER催化剂上正丁烯转化机理示意图[46]

三、催化剂的开发

1. 全结晶 ZSM-35 型催化剂

分子筛催化剂在成型的过程中,需要加入一定量的黏结剂,黏结剂一般占催化剂总质量的 30%~40%。黏结剂作为惰性组分,将"稀释"分子筛活性中心,降低催化剂活性,同时黏结剂堵塞分子筛孔道,产生扩散限制。全结晶分子筛催化剂是指催化剂颗粒中不含黏结剂或只含有微量黏结剂,分子筛组分含量接近 100%,因此全结晶催化剂可以显著提高催化剂性能。

黏结剂转换法是合成全结晶分子筛催化剂的常用方法,其制备步骤为:将分子筛粉体、硅源和铝源混捏挤出成型，在一定条件下进行晶化处理，将无定形黏结剂组分转化为分子筛晶体。本书著者团队成功利用黏结剂转换法生产出全结晶ZSM-35催化剂。

如图5-14所示，全结晶催化剂与ZSM-35原粉的XRD出峰位置、衍射强度基本相同。相比于含黏结剂催化剂，全结晶催化剂在20°～30°范围代表无定形物质的XRD峰消失，XRD谱图基线平直，证明全结晶催化剂不含有黏结剂组分。

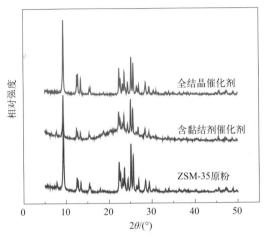

图5-14　不同催化剂XRD谱图对比

扫描电镜（SEM）图片如图5-15所示，在含黏结剂催化剂上可以明显看到无定形黏结剂的存在，而全结晶催化剂整体都是完全结晶的分子筛，具有典型ZSM-35的片状结构。

图5-15　SEM对比：(a)含黏结剂催化剂和(b)全结晶催化剂

全结晶ZSM-35分子筛催化剂制备技术突破了分子筛催化剂组成的传统概念，使催化材料由混合物相转化为ZSM-35型分子筛单一物相，大大提高了催化效率。

2．绿色高效的催化剂制造技术

持续改进全结晶ZSM-35催化剂生产工艺，提升工艺绿色水平，具有显著的环境和成本效益。为了减少含胺废水的产生，利用减压蒸馏的方法，从分子筛原粉合成和二次晶化的废液中，回收模板剂。分别以新鲜模板剂、回收模板剂进行二次晶化制备了催化剂。图5-16为使用新鲜模板剂二次晶化制备的催化剂与使用回收模板剂二次晶化制备的催化剂SEM对比图，研究表明使用回收模板剂可以制备全结晶ZSM-35催化剂。将新鲜模板剂与回收模板剂二次晶化得到的催化剂分别用于正丁烯骨架异构化反应时，异丁烯收率接近，表明回收模板剂可以重复使用。

图5-16　SEM对比：（a）使用新鲜模板剂二次晶化制备的催化剂；（b）使用回收模板剂二次晶化制备的催化剂

四、催化剂的应用

1．反应性能

使用工业正丁烯原料（正丁烯含量约60%，异丁烯含量＜1%）考察全结晶ZSM-35催化剂的性能，在丁烯质量空速$1\sim 2h^{-1}$、床层压力$0.08\sim 0.12MPa$的条件下，第一周期催化剂运行结果如图5-17和表5-3所示。在反应初期的100h左右，反应以双分子反应机理为主，齐聚、裂解等副反应生成的副产物丙烯、戊烯等相对较多，正丁烯的转化率较高，异丁烯的选择性低；随着结焦的继续，分子筛催化剂部分强酸性催化活性位逐渐失活，导致副反应减少，此时单分子反应机理占据主要地位，异丁烯的选择性逐渐提高到90%以上。130d评价过程中，异丁烯收率≥40%，副产油收率为2%～3%，显示催化剂不仅具有很好的催化活性，同时也具有良好的稳定性。

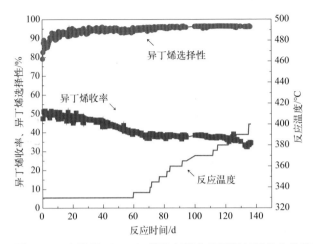

图5-17　全结晶ZSM-35催化剂催化丁烯骨架异构化性能

表5-3　丁烯骨架异构化工艺条件和催化剂性能

初期/末期温度/℃	床层压力/MPa	质量空速/h^{-1}	催化剂寿命/d	异丁烯收率/%	副产油收率/%
330/400	0.08～0.12	1～2	>130	≥40	2～3

如图5-18所示，全结晶催化剂的异丁烯收率以及稳定性显著优于含黏结剂的催化剂。

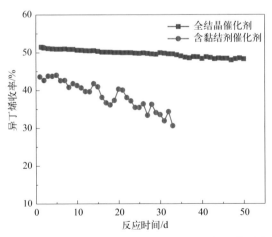

图5-18　含黏结剂催化剂与全结晶催化剂性能对比

2. 再生性能

以异丁烯收率为技术指标,考察了全结晶ZSM-35催化剂在正丁烯骨架异构化反应中的多次再生性能。本书著者团队开发了苛刻条件下评价催化剂的方式,即:初活性评价→苛刻条件下快速失活→再生→初活性评价→苛刻条件下快速失活。通过该方式,重复六次,其结果如图5-19所示,六次再生后催化剂的初活性基本可以保持。

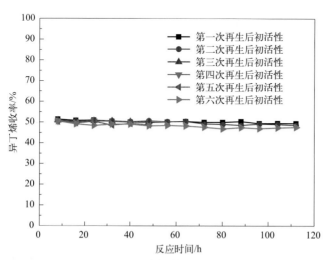

图5-19 催化剂多次再生后异丁烯收率对比

3. 对杂质的耐受性

工业正丁烯主要来源于炼油厂和乙烯厂的副产回收装置,另有一部分来自于专门的乙烯生产装置。除此之外醚后碳四经精制提浓后也可用作正丁烯骨架异构化反应的原料。

工业正丁烯中可能含有一定量的碱氮,碱氮会与催化剂酸性位结合,从而导致催化剂中毒失活,因此,在研究中通常把对碱氮的耐受性作为催化剂性能评价指标之一。如图5-20所示,催化剂受碱氮化合物影响显著,碱氮含量需要控制在0.1μg/g以内。

使用含有一定含量碱氮的正丁烯考察了S-BSI催化剂碱氮中毒后的再生性能。催化剂失活后,利用空气烧焦的方法对其进行再生,原料切换为不含碱氮的正丁烯,在反应条件下,催化剂再生后性能与新鲜剂相当(图5-21)。

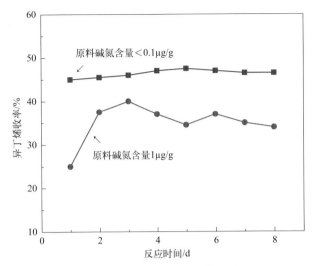

图5-20 不同含量的碱氮对催化剂性能影响

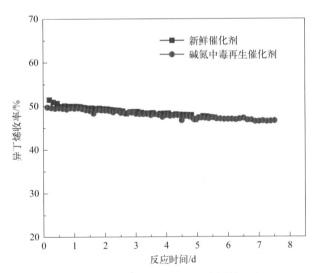

图5-21 S-BSI催化剂碱氮中毒后再生性能研究

醚后碳四以及甲醇制烯烃MTO装置来源的正丁烯中存在一定量的二甲醚，因此二甲醚的耐受性也是催化剂性能评价的指标之一。全结晶ZSM-35催化剂对二甲醚有较好的容忍性，当二甲醚含量为700mg/L时，催化剂表现出良好的稳定性（图5-22）。

MTO装置、裂解装置来源的工业正丁烯原料中一般含有较高含量的1,3-丁二烯，1,3-丁二烯在高温条件下分子筛酸性位上容易聚合，导致催化剂结焦，积炭堵塞部分孔道，造成催化剂活性降低。图 5-23 为不同含量的 1,3-丁二烯对催化剂性能的影响结果，图中表明当原料中的 1,3-丁二烯含量从 1800μg/g 增加到 3500μg/g、6800μg/g 时，异丁烯收率会显著下降，且催化剂稳定性变差。在使用过程中，为保证催化剂性能，需要控制原料中 1,3-丁二烯的含量。

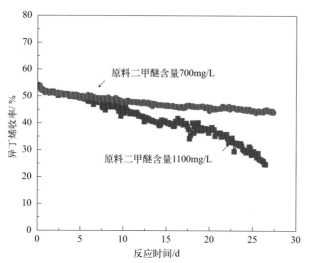

图5-22　不同含量的二甲醚对催化剂性能影响

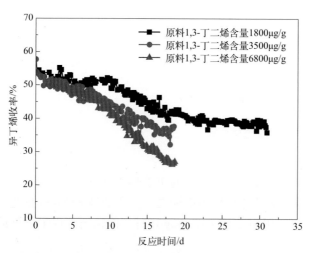

图5-23　不同含量的1,3-丁二烯对催化剂性能的影响

4. 高空速性能

碳四深加工企业为了提高经济效益，往往需要提高装置负荷，即正丁烯骨架异构化装置在较高的质量空速下运转。而一般随着正丁烯质量空速的增大，催化剂不仅转化率降低，而且更容易积炭，导致寿命缩短。同时，副产 C_5^+ 油收率将增多，异丁烯选择性降低。可见高空速的工艺条件对催化剂要求较高，而全结晶 ZSM-35 催化剂由于活性组分含量接近 100%，因此被认为是较为理想的高空速催化剂。

图 5-24 为 S-BSI 催化剂高空速性能图，以正丁烯含量 70%～75% 的工业丁烯为原料，在反应温度 330～345℃、反应压力 0.08～0.12MPa、丁烯质量空速 3.0～4.0h^{-1} 的条件下，催化剂平稳运行 50d 以上，异丁烯单程平均收率 >39%，副产油平均收率为 2.4%。可见 S-BSI 催化剂具有较理想的高空速异构化性能。

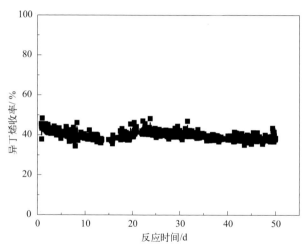

图5-24　S-BSI催化剂高空速性能图

5. 工业应用情况

本书著者团队研制的全结晶 S-BSI 催化新材料于 2019 年首次工业应用，催化剂运行平稳，异丁烯平均收率 40.35%，副产 C_5^+ 油平均收率 2.28%，单程寿命 105d，表明该催化剂具有活性和选择性好、副产油少、单程寿命长的特点（图 5-25）。

S-BSI 丁烯异构再生催化剂，异丁烯平均收率 43.31%，C_5^+ 油平均收率 2.31%，再生剂性能与新鲜催化剂相当。如图 5-26 所示，结果表明催化剂有较好的再生性能。

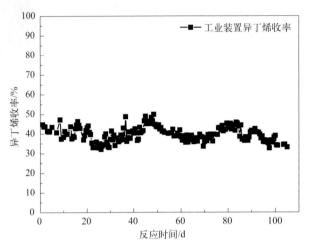

图5-25　S-BSI催化剂工业装置上异丁烯收率结果

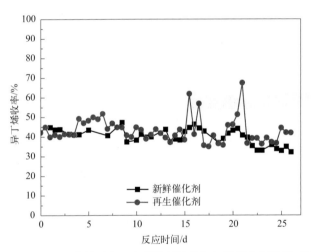

图5-26　工业装置上再生催化剂性能与新鲜催化剂性能对比

五、未来发展方向

与传统催化剂相比，本书著者团队开发的高性能 ZSM-35 全结晶分子筛主要具有以下三点优势：

（1）不含黏结剂，分子筛组分含量接近 100%，具有高活性。

（2）不含黏结剂，分子筛孔道容易扩散，不利于大分子副产物生成，稳定性高。

(3)酸量分布适宜，裂解副产物以及聚合副产物少，异丁烯选择性高。

本书著者团队研制的分子筛在实际应用过程中还具有以下特点：催化剂具有高活性，碳四原料不必稀释；对双烯等杂质耐受性好，原料不必预处理；副产 C_5^+ 油少，提高了原料的利用率，装置整体经济效益显著。

减少副产油收率，可以为醚化装置增产 MTBE，对于提高装置经济性具有非常重要的意义，也契合企业降本增效的需求，因此高选择性正丁烯骨架异构化催化剂在市场上将具有显著的竞争力，是未来开发的重点。

此外，在环保形势日益严峻的情况下，为响应国家低碳发展战略，未来可以重点开展分子筛的绿色生产工艺，最大限度减少"三废"排放。同时，失效催化剂的资源化再利用也是很有价值的研究方向。

第三节
其他应用

由于镁碱沸石独特的孔道结构和良好的水热稳定性，其在催化领域应用广泛。除了丁烯骨架异构反应，镁碱沸石在戊烯骨架异构、二甲苯异构、丁烯齐聚、戊烯二聚、NO_x 选择性氧化还原、甲醇制烯烃、甲醇脱水制二甲醚、二氧化碳加氢制二甲醚、二甲醚羰基化等反应中均有应用。

一、在戊烯及二甲苯异构化反应中的应用

FER 型沸石可用于戊烯异构及二甲苯异构等异构化反应。维也纳理工大学材料化学研究所 Föttinger 等[47]研究了 1-戊烯在 FER 和 *BEA 型沸石上的异构化反应。研究结果表明 FER 型沸石表现出高的异戊烯的选择性，较少的副反应，这是由于 FER 型沸石孔径有限，异戊烯分子的大小接近于 FER 型沸石的孔径。在 400℃时，活性位点覆盖度低，解吸速度快，有利于单分子反应路径，因此能形成 90% 以上的异戊烯。芬兰过程化学中心 Sandelin 等[48]建立了固定床反应器中反应动力学和催化剂失活的动力学模型，并将其用于 1-戊烯在镁碱沸石上的骨架异构化反应。

FER 型沸石用于二甲苯异构反应的研究也有很多。1987 年 Harrison 等[49]发现混合 FER/ZSM-5 催化剂对二甲苯的选择性有明显的提高。Belhekar 等[50]研究了 Al-FER 和 Fe-FER 酸性位点对间二甲苯异构化的影响。研究发现，二甲苯的

转化率和催化剂的 Brønsted 酸与 Lewis 酸比例呈现正相关。徐文旸等[51]研究了氟离子对 ZSM-35 分子筛合成及特性的影响,发现氟离子的引入增加了 Brønsted 酸位点,提高了邻二甲苯的转化率。Rachwalik 等[52]研究了 FER 型沸石通过不同浓度盐酸处理脱铝的二甲苯异构反应性能的影响。研究发现,随着脱铝程度的增加,样品的活性会提高,这归因于 FER 型沸石的特殊形态。片状沸石的脱铝反应会产生高活性的位点,第一次酸处理后同时具备高选择性。

二、在丁烯齐聚和戊烯二聚反应中的应用

蒸汽裂解、流化催化裂化(Fluid Catalytic Cracking, FCC)等加工过程大量副产丁烯,正丁烯催化齐聚目前已成为企业消除瓶颈、挖潜增效的途径。齐聚反应产物异辛烯可用于生产高辛烷值汽油组分、异壬醇、对叔辛基酚等石化产品,效益显著。本书著者团队李云龙等[53]研究了不同硅铝比的 FER 型分子筛用于丁烯齐聚的反应性能。研究发现高硅铝比的催化剂的正丁烯齐聚转化率高,以醚后碳四为原料,常压反应时,硅铝比(Si/Al)为 28 的分子筛上汽油收率高达 75.3%。与传统的固体磷酸催化剂相比,该工作开发的 FER 型分子筛催化剂具有显著的经济和环境效益。美国威斯康星大学麦迪逊分校 Kim 等[54]研究了 373～523K 的温度下 FER 型分子筛上温度、压力和溶剂等反应条件对丁烯齐聚反应的影响,结果表明,FER 镁碱沸石促进了双键异构、骨架异构、齐聚、氢转移、环化和裂化反应。C_4 和 C_8 烯烃的双键异构反应均达到平衡。

戊烯二聚反应可生产具有重要商业价值的癸烯,而癸烯可以催化加氢生成癸烷,后者用作汽油调和剂。此外,癸烯是环氧化合物、胺、合成润滑油、烷基化芳烃和合成脂肪酸的中间体。美国新泽西州立大学 Kulkarni 等[55]研究了液相中 1-戊烯在不同骨架的酸性沸石上的反应性能,图 5-27 给出了分子筛上癸烯的选择性。研究发现,与其他类型分子筛相比,FER 型沸石在反应中表现

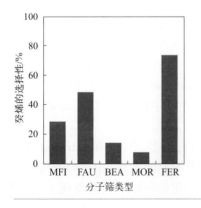

图5-27
在473K下转化率接近40%时,不同类型分子筛上癸烯的选择性[55]

出更高的二聚活性和选择性，其裂解产物非常少。而在 FER 型沸石上，于低温下（373～523K）丁烯齐聚反应产物中也表现出更高的二聚体（C_8）的选择性。FER 型沸石上低的裂解速率归因于该分子筛骨架小孔道对癸烯的限域作用[56]。

三、在烯烃制备中的应用

烯烃是生产聚合物、化妆品、溶剂、药品和洗涤剂等化学工业的基础材料[57]，可用于合成橡胶、塑料、纤维、润滑油等产品，在国民经济中占有十分重要的地位。而随着人口增长和生活水平的提高，烯烃的需求逐年增加，烯烃的生产备受关注。烯烃主要来源于蒸汽裂解，但该过程温度高，能耗大。

甲醇制烯烃（Methanol to Olefins, MTO）是目前生产烯烃的主要技术之一。Park 等[58]研究表明，CeO_2/FER 型沸石在 MTO 反应中表现出较高的性能。通过改变湿浸渍法硝酸铈的量，得到不同 CeO_2 负载量的 FER 型分子筛。焙烧后 CeO_2 沉积在 FER 表面而非内部骨架。实验结果证实了 CeO_2 加入后，由于 FER 的硅铝比较高，与 Ce^{4+} 之间的距离较远，因此没有出现孔堵塞。CeO_2 的选择性涂层可以覆盖 FER 表面的酸性位，抑制结焦。

FER 型沸石还被用于氯代甲烷制丙烯反应，王亚茹[59]制备了 F 改性的 H-ZSM-35 沸石，发现其和传统工艺中用到的主流催化剂 H-ZSM-5 和 H-SAPO-34 沸石相比，稳定性好，丙烯选择性高。另外，马来西亚科技大学 Masudi 等[57]综述了合成气制烯烃的分子筛，认为 FER 拓扑结构的分子筛是合成气制烯烃最有潜力的分子筛之一。

四、在甲醇制二甲醚反应中的应用

二甲醚由于其十六烷值高且无煤烟排放，是一种可靠的柴油发动机替代燃料[60-61]，它还可以作为中间体生产烯烃和其他化学品。FER 型沸石可以作为一种选择性酸催化剂，通过甲醇脱水和一锅 CO_2 加氢反应生产二甲醚。

有研究表明，FER 型沸石的催化性能优于气相甲醇制二甲醚的工业催化剂 γ-Al_2O_3[62]，产物水大大抑制了 γ-Al_2O_3 的反应活性。在一锅法 CO/CO_2 加氢制二甲醚工艺中，FER 型沸石也具有其他沸石所没有的优越性，二甲醚生产效率高[62-64]。韩国化学技术研究院 Prasad 等[63]研究发现，FER 相对于其他分子筛（如 ZSM-5、NaY 和 HY）的优势在于合适的酸性质及孔道拓扑结构，可以延缓催化剂的失活。伦敦帝国理工学院 Montesano 等[64]也发现了类似的结果，研究发现二甲醚是合成气制二甲醚工艺的主要脱水产物。韩国化学技术研究所 Kang 等[65]

和 Bae 等[66]研究发现，氧化锆修饰的 Cu/ZnO/Al$_2$O$_3$-FER 在反应过程中表现出更高的稳定性。高活性的 FER 基催化剂也可用于生物合成气或 CO$_2$ 一锅法转化成二甲醚[67-68]。Bonura 等[69]报道了 FER 基催化剂的失活取决于沸石的酸度和晶体大小。Catizzone 等[70]通过 NaAlO$_2$、HCl 和 NaOH 三种溶液后处理刻蚀法制备了多级孔 FER 型分子筛，所得分子筛介孔体积高于母体分子筛，酸性没有明显变化。多级孔 FER 在脱水制二甲醚反应中表现出较高的活性。

Frusteri 等[71]研究了以 MOR、FER、MFI 三种不同分子筛为载体的 Cu-Zn-Zr/分子筛杂化体系在 CO$_2$ 加氢直接生产二甲醚反应中的催化性能，结果表明 FER 沸石表现最佳。研究发现 FER 型沸石能够确保氧化物团簇更佳的分散性，这有助于生成活化 CO$_2$ 的 Lewis 碱性位点，使得甲醇制二甲醚脱水步骤所需的 Brønsted 酸位点可接近性更佳。

五、在二甲醚羰基化反应中的应用

二甲醚羰基化反应是一个 C—C 键生成的过程，反应的关键在于沸石内位于 8 元环的酸性位[72]。镁碱沸石由于规整的孔道结构和均匀的酸性分布，其在二甲醚羰基化反应中表现良好，反应特点表现为选择性高、稳定性好和活性偏低。其中稳定性好的原因是较小的 10 元环通道阻止大分子烃进入，减少了积炭形成的速率。但活性偏低限制了其在工业上的应用，这可能是由于存在较小的 FER 笼，大多数分子很难进入笼内。

中国科学院大连化学物理研究所申文杰课题组[73]研究了 HZSM-35 分子筛和 MOR 型沸石的二甲醚羰基化反应性能，发现 HZSM-35 催化剂上的结焦沉积速率远低于 MOR 型分子筛，这是由于 ZSM-35 具有较小的 10 元环孔道，则更能抑制积炭及芳香类化合物的生成。西北大学白璐怡[74]在哌嗪体系下合成了一系列分子筛，研究发现 ZSM-35（FER）较其他类型的分子筛，如 ZSM-4（MAZ）、mordenite（MOR）、ZSM-5（MFI）和 ZSM-12（MTW），在二甲醚羰基化反应中稳定性更佳，这被认为是特殊的孔道结构导致。中国石油大学（北京）张德信[75]对镁碱沸石进行改性，经过 NH$_4$F 溶液处理脱硅脱铝，形成少量介孔的同时可能打开了 FER 笼，在一定程度上提高了二甲醚羰基化反应性能。

韩国成均馆大学 Bae 课题组[76]采用不同硅铝比的 H 型镁碱沸石（FER），研究了二甲醚经羰基化反应合成乙酸甲酯的反应。合成的硅铝比（Si/Al）为 12 的 H-FER 具有较高的二甲醚转化率和乙酸甲酯的选择性，这主要归因于较高的 Brønsted 酸与 Lewis 酸的比例，有效地抑制了非活性焦炭前驱体的形成，减少了结焦。之后该课题组[77]研究了 FER 型沸石结晶度对焦炭分布及失活的影响。研究发现，焦炭前驱体在镁碱沸石上的不同分布和位置影响二甲醚气相羰基化反应的催化稳定性。在 FER 的外表面 Brønsted 酸位点上大量的焦炭导致了其快速失活，而其在 8 元环内部孔道 Brønsted 酸活性位点上的分布，很大程度上受结晶度的影响。在 FER 8 元环孔道中有一个最佳的 Brønsted 酸中心浓度，这是由 Lewis 酸非骨架 Al 物种在晶种辅助无模板剂合成步骤中重结晶形成的。当晶种含量（质量分数）为 7%～15% 时，失活率较低，这是由于减少了外表面的焦炭沉积。

参考文献

[1] 徐如人，庞文琴，霍启升，等. 分子筛与多孔化学 [M]. 2 版. 北京：科学出版社，2015：29.

[2] Feng P, Zhang G, Chen X, et al. Specific zone within 8-membered ring channel as catalytic center for carbonylation of dimethyl ether and methanol over FER zeolite[J]. Applied Catalysis A: General, 2018, 557: 119-124.

[3] Coombs D S, Ellis A J, Fyfe W S, et al. The zeolite facies, with comments on the interpretation of hydrothermal syntheses[J]. Geochimica et Cosmochimica Acta, 1959, 17(1-2): 53-107.

[4] Barrer R M, Marshall D J. Hydrothermal chemistry of silicates. Part XII. Synthetic strontium aluminosilicates[J]. Journal of the Chemical Society (Resumed), 1964: 485-497.

[5] Barrer R M, Marshall D J. Synthetic zeolites related to ferrierite and yugawaralite[J]. American Mineralogist: Journal of Earth and Planetary Materials, 1965, 50(3-4): 484-489.

[6] Kibby C L, Perrotta A J, Massoth F E. Composition and catalytic properties of synthetic ferrierite[J]. Journal of Catalysis, 1974, 35(2): 256-272.

[7] Plank C J，Rosinski E J，Rubin M K. Crystalline zeolite and method of preparing same: US4016245[P]. 1977-04-05.

[8] Gies H, Gunawardane R P. One-step synthesis, properties and crystal structure of aluminium-free ferrierite[J]. Zeolites, 1987, 7(5): 442-445.

[9] Borade R B, Clearfield A. Synthesis of ZSM-35 using trimethylcetylammonium hydroxide as a template[J]. Zeolites, 1994, 14(6): 458-461.

[10] Kim T J, Ahn W S, Hong S B. Synthesis of zeolite ferrierite in the absence of inorganic cations[J]. Microporous Materials, 1996, 7(1): 35-40.

[11] Wang Y, Gao Y, Chu W, et al. Synthesis and catalytic application of FER zeolite with controllable size[J]. Journal of Materials Chemistry A, 2019, 7(13): 7573-7580.

[12] Chen X, Todorova T, Vimont A, et al. In situ and post-synthesis control of physicochemical properties of FER-type crystals[J]. Microporous and Mesoporous Materials, 2014, 200: 334-342.

[13] Kuperman A, Nadimi S, Oliver S, et al. Non-aqueous synthesis of giant crystals of zeolites and molecular sieves[J]. Nature, 1993, 365(6443): 239-242.

[14] Pál-Borbély G, Beyer H K, Kiyozumi Y, et al. Synthesis and characterization of a ferrierite made by recrystallization of an aluminium-containing hydrated magadiite[J]. Microporous and Mesoporous Materials, 1998, 22(1-3): 57-68.

[15] Pál-Borbély G, Szegedi Á, Beyer H K. Solid-state recrystallization of aluminum-containing kanemite varieties to ferrierite[J]. Microporous and Mesoporous Materials, 2000, 35: 573-584.

[16] 张寒格. ZSM-35 分子筛的合成及催化性能研究 [D]. 大连：大连理工大学，2017.

[17] 徐文旸，李建权，刘光焕. 在非水体系中 ZSM-35 沸石晶化规律的研究 [J]. 燃料化学学报，1990(3): 228-233.

[18] Schreyeck L, Caullet P, Mougenel J C, et al. PREFER: A new layered (alumino) silicate precursor of FER-type zeolite[J]. Microporous Materials, 1996, 6(5-6): 259-271.

[19] Ruan J, Wu P, Slater B, et al. Structural characterization of interlayer expanded zeolite prepared from ferrierite lamellar precursor[J]. Chemistry of Materials, 2009, 21(13): 2904-2911.

[20] Yang B, Jiang J, Xu H, et al. Selective skeletal isomerization of 1-butene over FER-type zeolites derived from PLS-3 lamellar precursors[J]. Applied Catalysis A: General, 2013, 455: 107-113.

[21] Roth W J, Gil B, Makowski W, et al. Interconversion of the CDO layered precursor ZSM-55 between FER and CDO frameworks by controlled deswelling and reassembly[J]. Chemistry of Materials, 2016, 28(11): 3616-3619.

[22] Gálvez P, Bernardo-Maestro B, Vos E, et al. ICP-2: A new hybrid organo-inorganic ferrierite precursor with expanded layers stabilized by π-π stacking interactions[J]. The Journal of Physical Chemistry C, 2017, 121(43): 24114-24127.

[23] Matsukata M, Nishiyama N, Ueyama K. Crystallization of FER and MFI zeolites by a vapor-phase transport method[J]. Microporous Materials, 1996, 7(2-3): 109-117.

[24] Cheng X, Wang J, Guo J, et al. High-silica ferrierite zeolite self-transformed from aluminosilicate gel[J]. Chem Phys Chem, 2006, 7(6): 1198-1202.

[25] Wei P, Zhu X, Wang Y, et al. Rapid synthesis of ferrierite zeolite through microwave assisted organic template free route[J]. Microporous and Mesoporous Materials, 2019, 279: 220-227.

[26] Xu H, Chen W, Zhang G, et al. Ultrathin nanosheets of aluminosilicate FER zeolites synthesized in the presence of a sole small organic ammonium[J]. Journal of Materials Chemistry A, 2019, 7(28): 16671-16676.

[27] Lee Y, Park M B, Kim P S, et al. Synthesis and catalytic behavior of ferrierite zeolite nanoneedles[J]. ACS Catalysis, 2013, 3(4): 617-621.

[28] Dai W, Ruaux V, Deng X, et al. Synthesis and catalytic application of nanorod-like FER-type zeolites[J]. Journal of Materials Chemistry A, 2021, 9(44): 24922-24931.

[29] Bolshakov A, van de Poll R, van Bergen-Brenkman T, et al. Hierarchically porous FER zeolite obtained via FAU transformation for fatty acid isomerization[J]. Applied Catalysis B: Environmental, 2020, 263: 118356.

[30] 车小鸥，陈志伟，周广林，等. 镁碱沸石分子筛改性研究进展 [J]. 工业催化，2014,22(9):660-664.

[31] 周峰，陈明，张淑梅，等. 部分 NH_4^+ 交换对 FER 分子筛催化正丁烯骨架异构反应性能的影响 [J]. 石油学报（石油加工），2012,28(6):927-932.

[32] 布芹芹，刘娜，翟尚儒，等. 丁烯异构化催化剂镁碱沸石的合成研究进展 [J]. 化工进展，2014,33(10): 2634-2643.

[33] Guo Y, Wang S, Geng R, et al. Enhancement of the dimethyl ether carbonylation activation via regulating acid sites distribution in FER zeolite framework[J]. Iscience, 2023, 26(10): 107748.

[34] Rachwalik R, Olejniczak Z, Jiao J, et al. Isomerization of α-pinene over dealuminated ferrierite-type zeolites[J]. Journal of Catalysis, 2007, 252(2): 161-170.

[35] Cañizares P, Carrero A. Dealumination of ferrierite by ammonium hexafluorosilicate treatment: Characterization and testing in the skeletal isomerization of n-butene[J]. Applied Catalysis A: General, 2003, 248(1-2): 227-237.

[36] Khitev Y P, Ivanova I I, Kolyagin Y G, et al. Skeletal isomerization of 1-butene over micro/mesoporous materials based on FER zeolite[J]. Applied Catalysis A: General, 2012, 441: 124-135.

[37] Verboekend D, Caicedo-Realpe R, Bonilla A, et al. Properties and functions of hierarchical ferrierite zeolites

obtained by sequential post-synthesis treatments[J]. Chemistry of Materials, 2010, 22(16): 4679-4689.

[38] Andy P, Martin D, Guisnet M, et al. Molecular modeling of carbonaceous compounds formed inside the pores of FER zeolite during skeletal isomerization of *n*-butene[J]. The Journal of Physical Chemistry B, 2000, 104(20): 4827-4834.

[39] 雷杨，吴琼，王健，等. 正丁烯异构化工艺技术及发展前景 [J]. 当代化工，2016,45(11):2628-2631, 2637.

[40] Choudhary V R, Doraiswamy L K. Isomerization of *n*-butene to isobutene: I. Selection of catalyst by group screening[J]. Journal of Catalysis, 1971, 23(1): 54-60.

[41] Butler A C, Nicolaides C P. Catalytic skeletal isomerization of linear butenes to isobutene[J]. Catalysis Today, 1993, 18(4): 443-471.

[42] Cheng Z X, Ponec V. Selective isomerization of butene to isobutene[J]. Journal of Catalysis, 1994, 148(2): 607-616.

[43] Houžvička J, Hansildaar S, Ponec V. The shape selectivity in the skeletal isomerisation of *n*-butene to isobutene[J]. Journal of Catalysis, 1997, 167(1): 273-278.

[44] Ménorval B, Ayrault P, Gnep N, et al. Mechanism of *n*-butene skeletal isomerization over HFER zeolites: A new proposal[J]. Journal of Catalysis, 2005, 230: 38-51.

[45] 李亚男，金照生，周海春，等. 正丁烯骨架异构制备异丁烯的方法：CN105268475A[P]. 2014-07-24.

[46] Guisnet M, Andy P, Gnep N S, et al. Skeletal Isomerization of *n*-butenes: I. Mechanism of *n*-butene transformation on a nondeactivated H-ferrierite catalyst[J]. Journal of Catalysis, 1996, 158(2): 551-560.

[47] Föttinger K, Kinger G, Vinek H. 1-Pentene isomerization over FER and BEA[J]. Applied Catalysis A: General, 2003, 249(2): 205-212.

[48] Sandelin F, Salmi T, Murzin D Y. An integrated dynamic model for reaction kinetics and catalyst deactivation in fixed bed reactors: Skeletal isomerization of 1-pentene over ferrierite[J]. Chemical Engineering Science, 2006, 61(4): 1157-1166.

[49] Harrison I D, Leach H F, Whan D A. Comparison of the shape selective properties of ferrierite, ZSM-5 and ZSM-11[J]. Zeolites, 1987, 7(1): 21-27.

[50] Belhekar A A, Ahedi R K, Kuriyavar S, et al. Effect of acid sites of Al-and Fe-ferrierite on *m*-xylene isomerization[J]. Catalysis Communications, 2003, 4(6): 295-302.

[51] 徐文旸，曹景慧，窦涛，等. ZSM-35 沸石分子筛合成及催化过程中氟离子效应的研究 [J]. 催化学报，1989,10(2):179-186.

[52] Rachwalik R, Olejniczak Z, Sulikowski B. Catalytic properties of dealuminated ferrierite type zeolite studied in transformations of *m*-xylene: Part 2[J]. Catalysis Today, 2006, 114(2-3): 211-216.

[53] 李云龙，吕建刚，李晓明，等. 多级孔 FER 分子筛的合成及其在丁烯齐聚反应中的应用研究 [C]// 中国化工学会.2015 年中国化工学会年会论文集，2015:346-351.

[54] Kim Y T, Chada J P, Xu Z, et al. Low-temperature oligomerization of 1-butene with H-ferrierite[J]. Journal of Catalysis, 2015, 323: 33-44.

[55] Kulkarni A, Kumar A, Goldman A S, et al. Selectivity for dimers in pentene oligomerization over acid zeolites[J]. Catalysis Communications, 2016, 75: 98-102.

[56] Miyaji A, Sakamoto Y, Iwase Y, et al. Selective production of ethylene and propylene via monomolecular cracking of pentene over proton-exchanged zeolites: Pentene cracking mechanism determined by spatial volume of zeolite cavity[J]. Journal of Catalysis, 2013, 302: 101-114.

[57] Masudi A, Jusoh N W C, Muraza O. Opportunities for less-explored zeolitic materials in the syngas-to-olefins pathway over nanoarchitectured catalysts: A mini review[J]. Catalysis Science & Technology, 2020, 10(6): 1582-1596.

[58] Park S J, Jang H G, Lee K Y, et al. Improved methanol-to-olefin reaction selectivity and catalyst life by CeO_2

coating of ferrierite zeolite[J]. Microporous and Mesoporous Materials, 2018, 256: 155-164.

[59] 王亚茹. F 改性 ZSM-35 分子筛上氯代甲烷制丙烯的研究 [D]. 新乡：河南师范大学，2017.

[60] Semelsberger T A, Borup R L, Greene H L. Dimethyl ether (DME) as an alternative fuel[J]. Journal of Power Sources, 2006, 156(2): 497-511.

[61] Arcoumanis C, Bae C, Crookes R, et al. The potential of di-methyl ether (DME) as an alternative fuel for compression-ignition engines: A review[J]. Fuel, 2008, 87(7): 1014-1030.

[62] Catizzone E, Migliori M, Purita A, et al. Ferrierite vs. γ-Al_2O_3: The superiority of zeolites in terms of water-resistance in vapour-phase dehydration of methanol to dimethyl ether[J]. Journal of Energy Chemistry, 2019, 30: 162-169.

[63] Prasad P S S, Bae J W, Kang S H, et al. Single-step synthesis of DME from syngas on Cu-ZnO-Al_2O_3/zeolite bifunctional catalysts: The superiority of ferrierite over the other zeolites[J]. Fuel Processing Technology, 2008, 89(12): 1281-1286.

[64] Montesano R, Narvaez A, Chadwick D. Shape-selectivity effects in syngas-to-dimethyl ether conversion over Cu/ZnO/Al_2O_3 and zeolite mixtures: Carbon deposition and by-product formation[J]. Applied Catalysis A: General, 2014, 482: 69-77.

[65] Kang S H, Bae J W, Jun K W, et al. Dimethyl ether synthesis from syngas over the composite catalysts of Cu-ZnO-Al_2O_3/Zr-modified zeolites[J]. Catalysis Communications, 2008, 9(10): 2035-2039.

[66] Bae J W, Kang S H, Lee Y J, et al. Synthesis of DME from syngas on the bifunctional Cu-ZnO-Al_2O_3/Zr-modified ferrierite: Effect of Zr content[J]. Applied Catalysis B: Environmental, 2009, 90(3-4): 426-435.

[67] Jung J W, Lee Y J, Um S H, et al. Effect of copper surface area and acidic sites to intrinsic catalytic activity for dimethyl ether synthesis from biomass-derived syngas[J]. Applied Catalysis B: Environmental, 2012, 126: 1-8.

[68] Bonura G, Cannilla C, Frusteri L, et al. The influence of different promoter oxides on the functionality of hybrid CuZn-ferrierite systems for the production of DME from CO_2-H_2 mixtures[J]. Applied Catalysis A: General, 2017, 544: 21-29.

[69] Bonura G, Migliori M, Frusteri L, et al. Acidity control of zeolite functionality on activity and stability of hybrid catalysts during DME production via CO_2 hydrogenation[J]. Journal of CO_2 Utilization, 2018, 24: 398-406.

[70] Catizzone E, Migliori M, Aloise A, et al. Hierarchical low Si/Al ratio ferrierite zeolite by sequential postsynthesis treatment: Catalytic assessment in dehydration reaction of methanol[J]. Journal of Chemistry, 2019.

[71] Frusteri F, Migliori M, Cannilla C, et al. Direct CO_2-to-DME hydrogenation reaction: New evidences of a superior behaviour of FER-based hybrid systems to obtain high DME yield[J]. Journal of CO_2 Utilization, 2017, 18: 353-361.

[72] Cheung P, Bhan A, Sunley G J, et al. Selective carbonylation of dimethyl ether to methyl acetate catalyzed by acidic zeolites[J]. Angewandte Chemie International Edition, 2006, 45(10): 1617-1620.

[73] Liu J, Xue H, Huang X, et al. Dimethyl ether carbonylation to methyl acetate over HZSM-35[J]. Catalysis Letters, 2010, 139(1): 33-37.

[74] 白璐怡. 酸性分子筛的合成及其二甲醚羰基化反应性能测试的研究 [D]. 西安：西北大学，2019.

[75] 张德信. 多孔级镁碱沸石二甲醚羰基化反应性能研究 [D]. 北京：中国石油大学（北京），2020.

[76] Park S Y, Shin C H, Bae J W. Selective carbonylation of dimethyl ether to methyl acetate on ferrierite[J]. Catalysis Communications, 2016, 75: 28-31.

[77] Jung H S, Xuan N T, Bae J W. Carbonylation of dimethyl ether on ferrierite zeolite: Effects of crystallinity to coke distribution and deactivation[J]. Microporous and Mesoporous Materials, 2021, 310: 110669.

第六章
超细纳米*BEA结构分子筛

第一节　纳米 Beta 型分子筛 / 215

第二节　在烷基化反应中的应用 / 220

第三节　在重芳烃轻质化中的应用 / 230

Beta 型分子筛是重要的微孔材料，最早由 Wadlinger 等人于 1967 年合成得到，但其结构直到 1988 年才由 Newsam、Higgins 等人解析出来，结构代码 *BEA[1]。Beta 型分子筛具有两套独立孔道体系：一套是平行于（001）晶面的一维 12 元环孔道，其孔径为 0.57～0.75nm；另一套是平行于（100）晶面的二维 12 元环孔道，其孔径为 0.56～0.65nm；两套 12 元环孔道之间交叉相连，形成三维孔道系统。与通常具有单一、明确结构的分子筛材料不同，Beta 型分子筛具有 Beta A、Beta B 和 Beta CH 三种多型体（图 6-1），且它们出现的概率十分相近，这使得合成的 Beta 型分子筛多为这三种结构的共生体，因而具有相对较多的缺陷。

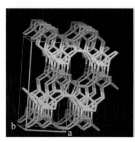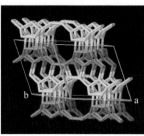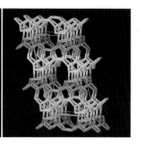

图6-1　Beta分子筛的三种多型体结构示意图[2]

虽然如此，铝落位于 12 元环的 T 位点后，依然可赋予 Beta 型分子筛较强的酸性；对于 Beta 型分子筛来说，其硅铝比（SiO_2/Al_2O_3）一般大于 10，属于高硅分子筛范畴，故具有良好的稳定性。再加上独特的三维交叉 12 元环孔道利于扩散传质，Beta 型分子筛常作为固体酸用于催化一些重要的石油化工过程，如甲苯歧化合成二甲苯、苯和乙烯烷基化合成乙苯、苯和丙烯烷基化合成异丙苯以及烷烃脱蜡等反应[3-6]。为了提高 Beta 型分子筛的催化性能，常用的策略有减少分子筛缺陷以增强酸性、减小分子筛晶粒尺寸以提高扩散性能。

在减少分子筛缺陷方面，本书著者团队[7]发现，使用少量 L-赖氨酸辅助晶化合成的 Beta 型分子筛比常规 Beta 分子筛具有更高的相对结晶度、硅铝摩尔比和微孔比表面积：结晶度提高 20%，硅铝比达到 68，微孔比表面积提高 10%。L-赖氨酸的添加使 Beta 型分子筛的形貌从圆球形转变为截顶双锥形，且表面更加光滑；NH_3-TPD 表征表明添加 L-赖氨酸合成的 Beta 型分子筛具有更高的强酸中心密度。以其为固体酸载体负载金属镍和钼用于催化四氢萘加氢裂化，四氢萘的初始转化率超过 98%，连续运行 700h 后，四氢萘的转化率仅下降了 4 个百分点。

对于 Beta 型分子筛合成体系，添加剂 L-赖氨酸的作用还体现在促进铝原子进入 Beta 型分子筛骨架。本书著者团队[8]研究发现，无钠合成 Beta 型分子筛的平均粒径小，但结晶度只有约 80%、酸性较弱；而钠含量过高时又容易导致杂晶的出现；当在低钠合成体系中添加少量 L-赖氨酸时，可通过协同使 L-赖氨酸中活性氨基的络合限域作用得到提高，进而增强季铵阳离子的结构导向作用，使铝原子更容易进入 Beta 分子筛的骨架，提高酸性。据此得到的 Beta 分子筛在催化苯与乙烯液相烷基化制乙苯反应中表现出优异的低温活性（160℃）和产物选择性，乙基选择性达到 99.9%，乙苯选择性达到 73.2%。

虽然 Beta 型分子筛的孔道较大，但由于孔道结构的周期性收缩和三维交叉孔的存在，其孔径较小的 12 元环孔道会存在一定的传质制约，导致大分子的扩散变慢并逐渐发生孔道堵塞而失活。如果能减小 Beta 型分子筛的晶体尺寸，或制备出多级孔 Beta 型分子筛材料，则可提高 Beta 型分子筛的比表面积，缩短 Beta 型分子筛晶粒中的微孔孔道长度，从而提高扩散、传递速率，以及反应活性。另外，这也会减少 Beta 型分子筛的堵孔概率，减缓失活速度，提高催化稳定性。与常规 Beta 型分子筛相比，纳米 Beta 型分子筛由于晶粒尺寸小，缩短了反应物、产物在其微孔中的扩散距离，减少了副反应，抑制了目标产物进一步反应生成更重的组分，显示出更高的活性、选择性、稳定性。然而在实际生产过程中往往会因为纳米分子筛晶粒过小而出现分离回收难的问题，导致生产效率低、成本高，严重制约了纳米 Beta 型分子筛的工业应用。因此，突破纳米乃至超细纳米 Beta 型分子筛合成的难题，开展纳米 Beta 型分子筛的工业生产成为 Beta 型分子筛材料在石化领域应用的重要研究课题。

第一节
纳米 Beta 型分子筛

常规 Beta 型分子筛的合成方法主要存在以下几个问题：①采用四乙基氢氧化铵为结构导向剂成本较高；② Beta 型分子筛晶粒尺寸一般大于 200nm；③当合成的 Beta 型分子筛粒径小于 200nm 时，由于粒子尺寸小，很难通过常规过滤或离心分离的方法回收，这对工业上大规模生产纳米 Beta 型分子筛极为不利。立足含氟碱性体系，本书著者团队[9]成功合成了尺寸为 70～100nm 的纳米 Beta 型分子筛，扫描电子显微镜照片显示 Beta 型分子筛是以椭球形晶粒聚集而成的颗粒，NH_3-TPD 表明纳米 Beta 型分子筛具有较低的酸量，但表现出更高的酸强度。由于晶粒尺寸小，纳米 Beta 型分子筛在 1,3,5- 三甲苯转化制二甲苯的反应中具有较高的脱烷基选择性。为了避免氟对环境的影响、进一步减小晶粒尺寸，本书著者团队经过长期研究，发明了低成本高效合成纳米 Beta 型分子筛的方法[10]，所得纳米 Beta 型分子筛的晶粒尺寸在 20nm 左右；与此同时，解决了超细纳米粒子回收等一系列的关键合成技术难题,开发出纳米Beta型分子筛的工业生产技术。

一、纳米Beta型分子筛的合成

本书著者团队对纳米Beta型分子筛的合成进行了系统研究,包括合成配方初选、助剂含量试验、碱含量试验、水硅比试验、氨硅比试验、硅铝比试验、结构导向剂类型试验、结构导向剂含量试验、晶化温度试验、晶化时间试验、变温晶化试验等多个维度。发现纳米Beta型分子筛的合成对晶化条件要求很高,在经过若干次的修正和优化后,准确获得了合成纳米Beta型分子筛的最佳晶化相区,确定了纳米Beta型分子筛的合成配方。并通过对晶化条件的细致考察,以及对合成工艺的优化和创新,提出了指导纳米Beta型分子筛工业生产与应用的专有合成技术[11-12]。

例如,针对生产投料的几个关键参数,本书著者团队发现,在投料硅铝比为20～40的范围内,所合成的纳米Beta型分子筛结晶度呈先增加后降低的趋势,当投料硅铝比为25～30时结晶度最高;晶化35h即能得到结晶度很高的纳米Beta型分子筛,透射电镜照片显示Beta型分子筛晶粒尺寸为20nm左右,微晶间堆积非常松散。由于Beta型分子筛常用的结构导向剂四乙基氢氧化铵的成本较高,而更廉价的四乙基溴化铵(TEABr)也能够导向Beta型分子筛的生成,本书著者团队也考察了TEABr用量对纳米Beta型分子筛合成的影响,研究发现:TEABr/Si(物质的量之比)的值小于0.15时,主要生成丝光沸石,说明TEABr太少不足以导向Beta型分子筛的生成;TEABr/Si的值在0.15和0.20之间时,晶化产物为丝光和Beta型分子筛的混晶;当TEABr/Si的值大于0.20时,才能得到纯相的纳米Beta型分子筛。

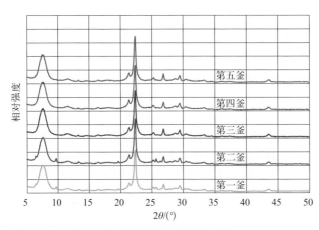

图6-2 纳米Beta型分子筛合成重复性试验

为了验证纳米粒子回收方法的可靠性，确保整个生产工艺流程具有可操作性。本书著者团队进行了 5 次 5m³ 晶化釜的扩试重复性合成试验。图 6-2 是合成的 Beta 型分子筛的 XRD 谱图。采用优化的配方放大合成的 Beta 型分子筛与小试结果一致，没有观察到其他晶相生成，相对结晶度均在 90% 以上，相互之间无明显差别，具有良好的重复性。经过对最终所得固体产品的计量，放大生产的 Beta 型分子筛（以二氧化硅计）回收率超过 95%。图 6-3 是重复试验所得 Beta 型分子筛的透射电镜（TEM）照片[11]。由左侧照片可以看出 Beta 型分子筛颗粒是由大量纳米晶粒堆积而成的大块颗粒，从右图可以更加清晰地看到，纳米 Beta 型分子筛的晶粒投影呈四边形，晶粒尺寸均一性好，大小在 20nm 左右，说明本书著者团队的方法用于制备工业纳米 Beta 型分子筛是可行的。

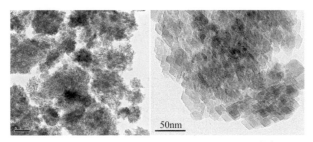

图6-3　扩试合成纳米Beta型分子筛的TEM照片[11]

二、纳米Beta型分子筛的表征

通过对合成的纳米 Beta 型分子筛与常规 Beta 型分子筛进行分析表征的对比，可了解纳米 Beta 型分子筛一些独有的特征，以指导其在催化反应中的应用。图 6-4 为所合成纳米 Beta 型分子筛的 TEM 照片。在大比例图照片中可见分子筛颗粒是由大量纳米晶粒堆积而成的颗粒，纳米粒子粒径均匀，分布相对匀称；在

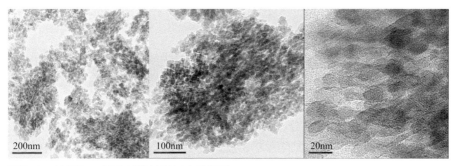

图6-4　纳米Beta型分子筛的透射电镜照片

局部放大图中可以更加清晰地看到纳米 Beta 型分子筛的晶粒投影呈明显的四边形状,衬度相对均一,说明结晶度好。晶粒尺寸大小在 20nm 左右,尺寸均一性很好。

图 6-5 为纳米 Beta 型分子筛的氮气吸附等温线,纳米 Beta 型分子筛具有非常独特的氮气吸附等温线,在 p/p_0=0.5 以上,其吸脱附等温线开始明显地倾斜向上,这说明纳米 Beta 型分子筛具有丰富的介孔和超大孔,表 6-1 的数据充分说明了这一特征。纳米 Beta 型分子筛的比表面积接近 600m^2/g,微孔比表面积达到 421m^2/g,说明其结晶度很高。同时纳米 Beta 型分子筛具有相对较大的孔体积,总孔体积 0.42cm^3/g,微孔孔体积 0.20cm^3/g,说明有一半的孔体积来自于晶粒间介孔的贡献。这与其纳米团聚体有很大的关系,晶粒间丰富的介孔有助于反应物和产物分子的扩散,减少表面结焦,有利于提高分子筛的反应稳定性。

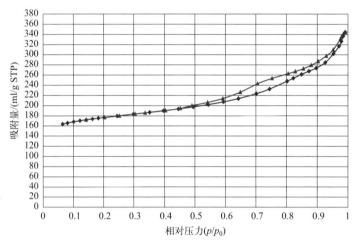

图6-5　纳米Beta型分子筛的低温氮气物理吸附等温线

表6-1　纳米Beta型分子筛的氮气吸附数据

BET比表面积/(m^2/g)	微孔比表面积/(m^2/g)	总孔体积/(cm^3/g)	微孔孔体积/(cm^3/g)	BJH孔径/nm
595	421	0.42	0.20	6.1

图 6-6 为纳米 Beta 型分子筛和常规 Beta 型分子筛的 NH_3-TPD 曲线。在 NH_3-TPD 脱附曲线上,至少存在 2 个脱附峰:200℃左右的为较弱酸中心上氨的脱附峰和 350℃左右的为强酸中心上氨的脱附峰。与常规 Beta 型分子筛相比,纳

米 Beta 型分子筛在酸强度上没有显著地提高,但酸量要明显多于常规 Beta 型分子筛,同时纳米 Beta 型分子筛的强酸量也略高于常规 Beta 型分子筛。

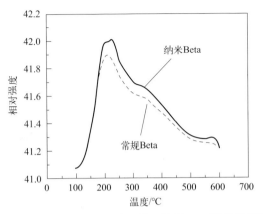

图6-6　纳米Beta型分子筛和常规Beta型分子筛的NH_3-TPD脱附曲线

表 6-2 为纳米 Beta 型分子筛和常规 Beta 型分子筛的吡啶吸附红外实验结果。在 Beta 型分子筛上主要是以桥羟基为主的 B 酸中心和一些不同结构的 L 酸中心,通过吡啶吸附后可分别对比纳米 Beta 型分子筛和常规 Beta 型分子筛的酸性情况。随着吡啶脱附温度的升高,两种 Beta 型分子筛上 L 酸中心吸附的吡啶物种量略有降低,但总体减少不显著,这说明 Beta 型分子筛上 L 酸量虽然较少,但主要为强酸中心。随脱附温度的增加,吸附在 Beta 型分子筛上 B 酸中心的吡啶物种量显著降低,这说明 Beta 型分子筛上存在着多种不同强度的 B 酸中心,脱附温度越高,对应的酸中心的酸性越强。对于纳米 Beta 型分子筛,总 B 酸量为 0.40mmol/g,强 B 酸量 0.24mmol/g,强酸中心数量占总酸量的 60%,而常规 Beta 型分子筛中强酸量不到总酸量的 50%。同常规 Beta 型分子筛相比,纳米 Beta 型分子筛具有更多的 B 酸中心,也具有更多的强 B 酸中心,而 L 酸的量则基本相同。

表6-2　纳米Beta型分子筛和常规Beta型分子筛的吡啶吸附红外实验结果

样品	酸性位	酸量/(mmol/g)		
		150℃	250℃	350℃
纳米Beta	B酸	0.40	0.38	0.24
	L酸	0.13	0.12	0.11
常规Beta	B酸	0.36	0.33	0.17
	L酸	0.14	0.13	0.11

第二节
在烷基化反应中的应用

一、烷基化合成异丙苯

异丙苯是生产苯酚、丙酮和 α-甲基苯乙烯等重要中间体的原料，目前世界上 90% 以上的苯酚和丙酮都是以异丙苯为原料生产的。工业上异丙苯主要通过苯与丙烯烷基化生产工艺得到，20 世纪 80 年代以前主要有 UOP 公司开发的固体磷酸法（SPA 法）和 Monsanto/Lummus Crest 公司开发的改进 $AlCl_3$ 法。由于所用催化剂腐蚀性强、污染严重并且后处理繁杂，在日益重视环保的当今，这两项工艺已逐渐被淘汰。而分子筛液相烷基化技术具有流程简单、反应温和、低腐蚀、低污染的优点，现在全球绝大部分异丙苯装置均采用以固体酸分子筛为催化剂的液相烷基化生产技术，应用的沸石分子筛有丝光沸石、Beta 沸石，以及 MCM-22 等，所涉及的工艺主要有：Dow/Kellogg 工艺[13]、Q-Max 工艺[14]、Badger 工艺[15]，以及中国石化开发的 S-ACT 异丙苯技术[16]等。Dow/Kellogg 工艺采用脱铝的丝光沸石分子筛为催化剂活性组分，由于脱铝后形成了大量利于扩散的介孔，催化剂的稳定性得到有效提升，该工艺的进料苯/烯摩尔比为 5～7；Q-Max 工艺采用四段外循环固定床工艺，以改性的 Beta 分子筛作为催化剂活性组分，苯烯比可以降低到 4 左右；Badger 工艺采用的是 MCM-22 分子筛催化剂，其最大优点是催化剂的稳定性好，苯烯比可以降低到 2.0，可以大幅提高产物中异丙苯的含量和生产效率；S-ACT 技术以层状 MWW 型分子筛和纳米 Beta 分子筛为催化剂，苯烯比可低至 1.6，异丙苯选择性高，近年来在多套工业装置上都有应用。

1. 反应机理

苯和丙烯烷基化的机理与苯和乙烯烷基化的类似，即丙烯首先在酸中心被活化生成异丙基碳正离子，其再进攻苯环形成 σ 配合物，最后 σ 配合物经质子离去生成异丙苯，完成烷基化过程。产物异丙苯可以和丙烯二次烷基化生成多异丙苯，多异丙苯在适当的催化剂存在下能够和苯发生烷基转移反应转化成异丙苯，降低了苯和丙烯的损失。除此之外，苯和丙烯烷基化体系还会发生丙烯低聚、低聚物烷基化、异构化等副反应，从而导致正丙苯、C_6 和 C_9 烯烃、己基苯等副产物生成（图 6-7）。对于异丙苯而言，上述副产物中正丙苯与异丙苯分离难度大，是影响异丙苯产品质量最主要的杂质。因此，正丙苯含量是衡量异丙苯工艺技术和催化剂技术水平的最关键的指标。

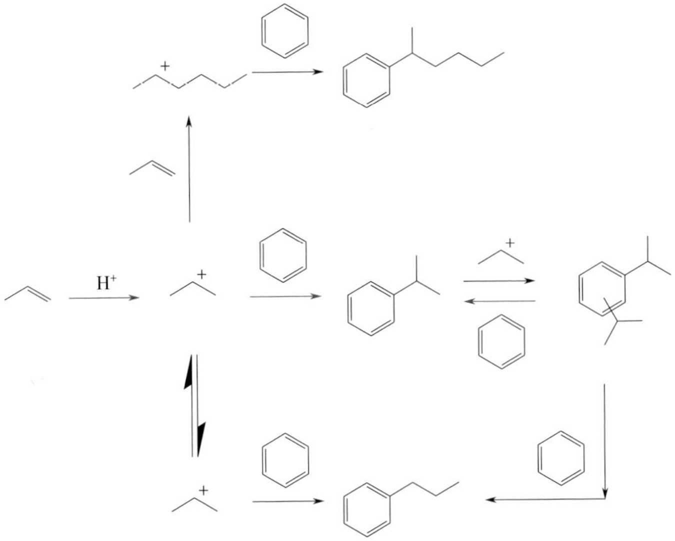

图6-7 苯和丙烯烷基化反应网络图

根据反应机理，工业装置上一般采用苯和丙烯烷基化、多异丙苯烷基转移两个反应组合来提高异丙苯的收率。采用 Beta 型分子筛催化烷基化过程生成的烷基苯大分子容易导致 Beta 型分子筛孔道堵塞而使其失活。因此，国内外异丙苯工业装置上采用 Beta 型分子筛催化剂的工艺需要每三个月热苯洗涤再生。针对上述情况，在进一步解决了催化剂成型上的多个关键技术难题后，本书著者团队以纳米 Beta 型分子筛为活性组分开发了 BTA-01、BTA-02 系列催化剂。其中，BTA-01 为苯和丙烯烷基化制异丙苯催化剂，BTA-02 为多异丙苯烷基转移制异丙苯催化剂。采用 BTA-01 和 BTA-02 催化剂组合可最大化将苯和丙烯转化为异丙苯，几乎不生成三异丙苯，重组分也很少，生产的异丙苯纯度很高。同时，BTA-01 和 BTA-02 催化剂具有良好的抗结焦性能和反应稳定性，使其在装置上的使用寿命大幅增加、减少了装置热苯洗涤再生次数。

2. BTA-01 催化剂的催化性能

苯和丙烯烷基化制异丙苯反应中，由纳米 Beta 型分子筛制备的 BTA-01 催化剂反应性能如表 6-3 所示，BTA-01 催化剂在连续反应 72h 后丙烯转化率仍接近 100%，异丙苯选择性从 88.5% 降至 86.1%；而由常规 Beta 型分子筛制备的参比催化剂失活较快，虽然初始丙烯转化率接近 100%，但反应 36h 后丙烯转化率降到 93.1%；进一步延长反应时间到 72h，丙烯转化率降到 64% 以下，异丙苯选择性从 86.3% 降至 85.6%。整个反应周期内，纳米 Beta 型分子筛催化剂的异丙苯选择性始终略高于常规 Beta 型分子筛催化剂的异丙苯选择性。显然，纳米

Beta 型分子筛催化剂 BTA-01 具有更优异的催化性能。

表6-3 BTA-01催化剂催化苯和丙烯烷基化的反应性能

催化剂	丙烯转化率/%			异丙苯选择性/%		
	4h	36h	72h	4h	36h	72h
BTA-01	99.9	99.9	99.9	88.5	87.7	86.1
参比催化剂	99.9	93.1	63.5	86.3	86.0	85.6

两种 Beta 型分子筛在微观结构和表面性质上最大的差异在于其晶体尺寸不同，以及由此而导致的比表面积、孔体积和酸性质的不同。常规 Beta 型分子筛的晶体粒子在 200nm 以上，而纳米 Beta 型分子筛的晶体粒子在 20nm 左右。丙烯和苯的烷基化反应是一个液固多相、小分子生成大分子的催化反应，受催化剂酸性和扩散的影响显著。而且苯和丙烯的烷基化生成异丙苯、异丙苯的二次烷基化是一个连串反应。降低晶体粒子尺寸可减弱异丙苯、二异丙苯等分子的扩散阻力，因此可抑制二次烷基化，有利于提高异丙苯的选择性，同时能够避免深度烷基化生成的大分子造成催化剂堵孔失活的可能。另外，纳米 Beta 型分子筛较多 B 酸中心数目有利于提高烷基化反应生成异丙苯的反应活性，这也是纳米 Beta 型分子筛催化活性高于常规 Beta 型分子筛催化活性的重要原因。

表 6-4 给出了 BTA-01 催化剂的典型烷基化产物的分布情况。在相同的反应条件下，在 BTA-01 催化剂上，异丙苯选择性为 88.7%，略高于参比催化剂，产物中二异丙苯含量比参比催化剂低 11%，三异丙苯含量比参比催化剂低 28.6%，这说明 BTA-01 催化剂具有更高的异丙苯选择性。二异丙苯的降低，能够有效减轻烷基转移单元的负荷，而三异丙苯的降低能够减少焦油的排放量，降低物耗。

表6-4 BTA-01催化剂的烷基化产物组成

催化剂	产物组成					异丙苯选择性/%	苯烯比/(mol/mol)
	苯/%	异丙苯/%	正丙苯/%	二异丙苯/%	三异丙苯/%		
参比催化剂	61.22	31.79	0.01	6.25	0.07	87.3	3.0
BTA-01	61.45	32.62	0.01	5.59	0.05	88.7	3.0

注：反应条件：反应温度155℃，丙烯空速0.60h^{-1}。

图 6-8 给出了 BTA-01 和参比催化剂在催速老化条件下的反应稳定性对比。对于丙烯和苯的液相烷基化、二异丙苯的液相烷基转移，催化剂的失活主要来自于：①反应体系中大分子如三异丙苯、四异丙苯的生成和累积造成堵孔失活。②丙烯齐聚生成的大分子重组分对酸中心的覆盖。提高体系中丙烯的浓度会强化上述两种作用，从而加速催化剂的失活。因此，本书著者团队采用了低苯烯比、高丙烯浓度的催速老化条件，和参比催化剂对比研究 BTA-01 催化剂的反应稳定

性。在相同苛刻的反应条件下，BTA-01 催化剂在反应 800h 左右时，丙烯转化率才开始下降；而参比催化剂在反应 200h 左右后，丙烯转化率就开始下降，这直观地说明 BTA-01 催化剂的稳定性优于参比催化剂。

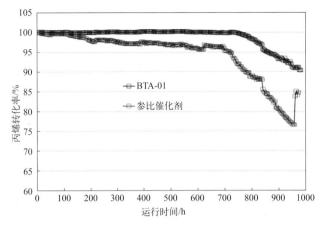

图6-8　BTA-01催化剂在催速老化试验条件下的稳定性对比

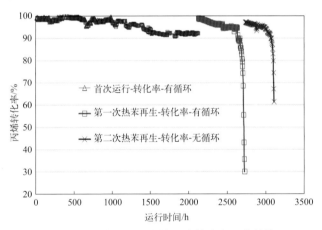

图6-9　BTA-01催化剂稳定性和热苯洗涤再生性能

图 6-9 进一步给出了 BTA-01 催化剂的稳定性和热苯洗涤再生性能。在有外循环的条件下，反应器入口丙烯含量为 3.3%；在无循环的条件下，反应器入口丙烯含量为 20%。在循环比为 6、反应器入口丙烯含量为 3.3% 的苛刻催速老化条件下（图 6-9 中深蓝色曲线），催化剂具有良好的稳定性，初期丙烯转化率大于 99%，连续运行 2000h，末期丙烯转化率大于 93%，催化剂没有出现加速失活的现象。部分失活的催化剂经过第一次热苯洗涤再生后，催化剂的活性完全恢复，在催速老化条件下（图 6-9 中浅蓝色曲线），丙烯初始转化率接近 100%。催

化剂失活后，进行了第二次热苯洗涤再生后，催化剂的活性完全恢复，在催速老化条件下（图6-9中红色曲线），丙烯初始转化率接近100%。说明BTA-01催化剂的催化稳定性好，再生后性能可恢复。

3．BTA-02催化剂的催化性能

表6-5是纳米Beta型分子筛制备成BTA-02催化剂后催化二异丙苯（DIPB）烷基转移制异丙苯的反应性能。BTA-02催化剂的二异丙苯转化率为51%左右，参比催化剂的转化率为46.4%，由于BTA-02催化剂的活性更高，故其正丙苯的含量略高。从TEM照片（图6-4）可以看出，纳米Beta型分子筛由约20nm的微晶堆积而成，纳米分子筛较小晶粒尺寸有利于反应物及产物的扩散，二异丙苯分子尺寸较大，纳米Beta型分子筛具有更高的介孔体积和粒间介孔使二异丙苯分子更容易向酸中心上扩散，因此提高了催化剂上二异丙苯的转化率和正丙苯的生成。

表6-5 BTA-02催化DIPB烷基转移的反应性能

催化剂类型	二异丙苯转化率/%	正丙苯/异丙苯/(mg/kg)
参比催化剂	46.4	557
BTA-02	50.8	586

注：反应条件：二异丙苯WHSV为2.0h^{-1}，苯/二异丙苯（质量比）=1.0，温度：160℃，时间：48h。

图6-10给出了BTA-02催化剂的催速老化和再生实验结果。在相同的反应条件下，BTA-02的催化活性略高，二异丙苯的转化率比参比催化剂高3%左右，且BTA-02表现出比参比催化剂更优的稳定性，在400h的运行周期里，参比催化剂活性发生了较大程度的下降，经过再生后，活性逐渐恢复。而BTA-02催化剂在整个运行期间活性一直保持稳定，且呈持续上升的趋势。经过再生后，BTA-02催化剂的活性恢复得更好，仍比参比催化剂活性高。

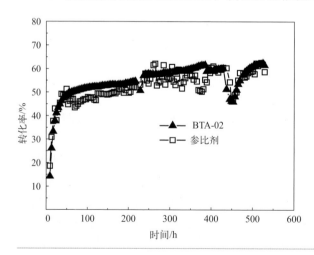

图6-10
BTA-02催化剂稳定性实验：DIPB转化率随反应时间的变化

表 6-6 给出了烷基转移 BTA-02 催化剂的典型产物分布。转化率在 50% 左右，产物中异丙苯含量在 24% 左右，正丙苯含量为 0.02%，和三异丙苯含量相当。

表6-6 BTA-02催化剂的烷基转移产物组成

项目	产物组成					二异丙苯转化率 /%	苯和二异丙苯质量比
	苯 /%	异丙苯 /%	正丙苯 /%	二异丙苯 /%	三异丙苯 /%		
BTA-02	59.12	23.90	0.02	16.21	0.02	49.4	2.0

注：反应条件：反应温度160℃，DIPB 空速 1.4h^{-1}。

图 6-11 给出了烷基转移 BTA-02 催化剂（图中以 BT-2000 表示）稳定性试验的结果。其中由于 BTA-02 的反应活性略高，为了控制正丙苯的含量，在反应 380h 后，采取了将 BTA-02 的反应温度降低的措施。在相同的反应温度条件下，BTA-02 的催化活性略高，二异丙苯的转化率比参比催化剂高 3% 左右。在 530h 的反应时间内，在不同的苯烯比条件下，BTA-02 和参比催化剂表现出基本相似的稳定性，且未出现较大范围的波动。

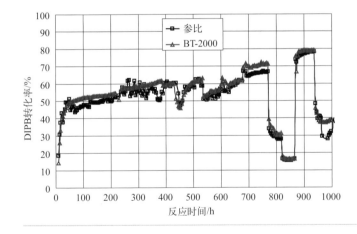

图6-11 稳定性试验——二异丙苯（DIPB）转化率随反应时间的变化

4．BTA 系列催化剂的工业应用情况

BTA 系列催化剂在上海某 14 万吨/年异丙苯装置上进行了首次工业应用，烷基化反应器和烷基转移反应器分别采用 BTA-01 和 BTA-02 两个催化剂，通过 BTA 系列催化剂配套使用，显著提高了装置的异丙苯产率，降低了物耗和能耗。

在开车初期，针对 BTA-01 催化剂对异丙苯选择性高、副产的二异丙苯少，造成烷基转移反应器二异丙苯转化率过高的问题，对烷基转移反应器的工艺参数进行了优化调整。通过降低烷基转移反应器的反应温度，以控制转化率，实现烷基转移产物中杂质正丙苯含量小于 600mg/kg 的指标要求。在满负荷运行条件下，烷基化的苯烯摩尔比 3.0 左右，产物中异丙苯含量在 30%～32%，二异丙苯含量在 5% 左右，三异丙苯含量在 0.02% 左右，杂质含量在 60～70mg/kg，异丙苯的选择性为 89%。较原有技术，异丙苯的选择性提高了约 2%，二异丙苯含量降低了约 10%，三异丙苯含量降低了 20% 以上。二异丙苯含量的降低，能够降低烷基转移单元的负荷，而三异丙苯含量的降低能够减少焦油的排放量，降低物耗。

在 BTA-02 催化剂工业试验正常开车运行期间，二异丙苯的转化率保持在 67%～71%，烷基转移反应器的二异丙苯进料量为原技术的三分之二，进料量降低 30% 左右。同时，烷基转移反应器的进料温度降低了 5℃ 左右。通过工艺优化，正丙苯相对含量降低到 600mg/kg 以下，重组分含量也显著降低。

表 6-7 是整个装置产出异丙苯的质量指标。异丙苯纯度达到 99.96%，正丙苯含量小于 300mg/kg，其他各项指标，包括非芳烃、α-甲基苯乙烯（AMS）、丁苯、甲基异丙苯等杂质的含量也都达到技术指标的要求。在生产计划满负荷的情况下，装置产量达到 430t/d。装置的苯耗为 658kg/t 异丙苯，丙烯消耗为 356kg/t 异丙苯，都低于设计值。污苯排放量、焦油排放量，以及能耗也低于设计值。

表6-7　14万吨/年异丙苯工业试验装置异丙苯产品质量

序号	非芳烃/(mg/kg)	苯/(mg/kg)	乙苯/(mg/kg)	异丙苯/%	正丙苯/(mg/kg)	AMS/(mg/kg)	丁苯/(mg/kg)	甲基异丙苯/(mg/kg)	二异丙苯/(mg/kg)	其他/(mg/kg)	溴指数/(mgBr/100g)
1	9	<1	10	99.97	267	6	16	6	<1	2	3.67
2	12	<1	11	99.96	273	23	10	8	23	2	3.67
3	6	<1	10	99.97	254	6	9	6	2	14	3.89
4	9	2	10	99.96	291	26	8	12	3	16	3.62
指标要求	无	<10	<100	>99.92	<300	<1000	<200	无	<20	无	<50

二、烷基化合成乙苯

本书著者团队一直致力于苯烷基化制乙苯技术的开发，先后研发出多个高性能烷基化制乙苯催化剂及工艺技术（见本书第三章和第七章相关内容），在国内外多家企业得到应用。因此，本部分简要介绍一下本书著者团队对纳米 Beta 分子筛进行改进后，制备的新型可用于苯与乙烯烷基化制乙苯的 BTA-03 催化剂。图 6-12 为 BTA-03 催化剂与参比催化剂（EBZ）在苯与乙烯烷基化制乙苯上乙烯转化率和乙苯选择性的运行曲线。由纳米 Beta 分子筛为活性组分制备的 BTA-03 催化剂和参比催化剂上乙烯转化率都达到 100%，乙苯选择性都接近 98%，BTA-03 催化剂上乙苯选择性甚至更稳定，说明 BTA-03 的活性与参比催化剂的活性是十分接近的。

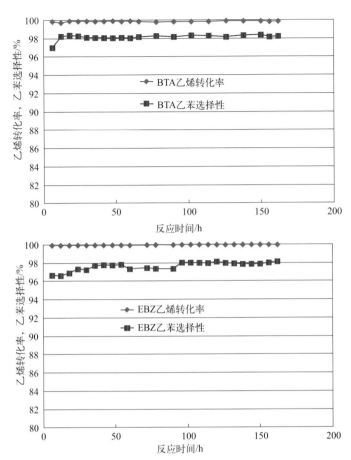

图6-12 BTA-03催化剂与参比催化剂（EBZ）在苯与乙烯烷基化制乙苯上乙烯转化率和乙苯选择性随时间的变化

表6-8给出了苯和乙烯的摩尔比对BTA-03催化剂催化乙烯和苯液相烷基化制乙苯反应的影响。在不同的苯烯摩尔比下，乙烯的转化率都能达到100%；但苯烯摩尔比越高，乙苯的选择性越高。较高的苯烯比，使反应中存在大量的苯在装置中循环，增加了装置能耗。在苯烯摩尔比3.5左右时，乙烯转化率100%，乙苯的选择性在87%。在不同的苯烯摩尔比下，都未检测到关键杂质二甲苯。

表6-8 苯烯摩尔比对BTA-03催化剂催化乙烯与苯液相烷基化反应的影响

苯烯比/(mol/mol)	乙烯转化率/%	乙苯选择性/%	二甲苯/(mg/kg)
8.0	100	95.3	0
6.0	100	91.3	0
4.6	100	89.4	0

第六章 超细纳米*BEA结构分子筛

续表

苯烯比/(mol/mol)	乙烯转化率/%	乙苯选择性/%	二甲苯/(mg/kg)
3.5	100	87.0	0
3.0	100	84.3	0
2.5	100	78.1	0

图 6-13 和表 6-9 给出苯烯摩尔比 3.5 时，BTA-03 催化剂稳定性试验期间不同时间的反应产物分布。在 1000h 的稳定性试验中，BTA-03 上乙烯的转化率一直维持在 100%，乙苯含量在 27% 左右，乙苯选择性大于 86%；二乙苯含量在 3.6% 左右，三乙苯含量在 0.5% 左右。乙苯质量选择性达到 86%，产物中未检出杂质二甲苯。综合实验室研究结果可以预测 BTA-03 催化剂对于乙烯和苯的液相烷基化具有优良的反应稳定性和选择性，能够满足液相烷基化合成乙苯工业装置的要求。

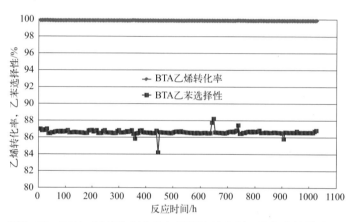

图6-13　BTA-03催化剂上苯与乙烯烷基化制乙苯稳定性试验

表6-9　BTA-03催化剂稳定性试验中的产物分布

反应时间/h	反应液组成（质量分数）/%					乙烯转化率/%	乙苯选择性（质量分数）/%
	苯	二甲苯	乙苯	二乙苯	三乙苯		
200	67.45	0	27.33	3.35	0.53	100	87.5
400	66.06	0	27.65	3.77	0.67	100	86.7
800	67.47	0	27.05	3.66	0.53	100	86.5

三、烷基化合成环己基苯

环己基苯是重要的精细化工中间体，通过环己基苯的过氧化、酸分解反应可以制备苯酚和环己酮，因此环己基苯提供了一条可供选择的生产苯酚的工艺路线，同时副产附加值高的化工原料环己酮[17]。环己酮是制造尼龙、己内酰胺和己二酸的主要中间体，也是重要的工业溶剂。近年来随着煤化工和石油化工的高速发展，以苯为原料开发高附加值的下游大宗高端石油化工产品，对支撑芳烃产业链的延伸、提高产品附加值具有重要作用。环己基苯的合成可以通过两种反应途径实现[18]：①以苯和环己烯为原料，通过烷基化反应生成环己基苯，所用催化剂为分子筛等固体酸。②以苯和氢气为原料，通过苯加氢烷基化一步生成环己基苯，所用催化剂为分子筛和加氢金属组成的双功能催化剂。本书著者团队以纳米 Beta 分子筛为主要活性组分，制备上述两种催化剂，并进行了制备环己基苯的研究。

1．苯和环己烯烷基化

对于苯与环己烯的烷基化反应，在分子筛酸中心的催化作用下，环己烯首先被活化成环己基碳正离子，生成的环己基碳正离子进攻苯环，再经质子离去完成烷基化反应过程。主要的副反应包括：环己烯异构化反应生成甲基环戊烯进而生成甲基环戊基苯、环己烯的聚合、环己基苯的深度烷基化反应等。深度烷基化反应生成的二环己基苯分子直径较大，会造成分子筛孔道的堵塞进而造成催化剂的失活。因此适合苯和环己烯烷基化的分子筛应具有开放的孔道结构。本书著者团队开发的纳米 Beta 分子筛应用于苯和环己烯的液相烷基化制备环己基苯反应中，在反应 170h 后环己烯的转化率仍保持在 90% 以上。

2．苯加氢烷基化

本书著者团队还研究了 Pd/Beta 双功能催化剂在苯加氢烷基化制备环己基苯的反应，考察了分子筛酸碱处理、助剂金属及 Pd 负载量对催化剂性能的影响。N_2 吸脱附结果表明，酸处理后，分子筛的比表面积基本无变化，孔体积和平均孔径有所增大；碱处理后，比表面积、孔体积和平均孔径明显增大。酸性表征结果表明，与未经处理的纳米 Beta 型分子筛相比，酸碱处理后分子筛的 L 酸含量增加而 B 酸含量降低。具有适宜酸中心和 B/L 酸量比的纳米 Beta 型分子筛负载 Pd 制备的催化剂表现出良好的苯加氢烷基化性能。苯转化率在 50% 左右，环己基苯的选择性在 40%～50%，环己基苯的收率可达 20% 以上，反应 700h 性能仍能维持稳定。

本书著者团队[19]还将硅铝原料与 Beta 型分子筛晶种混合成型，对成型前驱体进行水热转化制备无黏结剂 Beta 型分子筛，考察了结构导向剂用量、晶化温度和晶化时间对制备材料的影响。结果表明优化条件下制备的无黏结剂 Beta 型分子筛产物晶体尺寸小，具有丰富的孔结构、较大的比表面积以及较高的机械强度。基于无黏结剂 Beta 型分子筛负载 Pd 制备的加氢烷基化催化剂具有良好的催化性能，Pd 质量分数为 0.3% 的 Pd/Beta 催化剂上苯加氢烷基化反应中环己基苯的收率可达 27.8%。

第三节
在重芳烃轻质化中的应用

重芳烃来自催化重整、乙烯裂解、催化裂化柴油及煤高温炼焦等工艺过程的副产品，其沸点范围在 150～250℃，大部分用作低值燃料，同时有 20%～30% 的 C_{10} 重芳烃转化为重质渣油，原料利用率低，既浪费资源，也严重污染环境、损害人体健康。随着乙烯生产装置和芳烃联合装置的大型化，重芳烃产量持续增加，急需开发更加绿色高效的重芳烃轻质化催化剂。

Beta 型分子筛的孔道尺寸与 C_9^+ 重芳烃中分子的尺寸接近，与 10 元环中孔分子筛相比，Beta 型分子筛对大分子反应物有更好的扩散和易接近性；相比于同为 12 元环大孔的 Y 分子筛，Beta 型分子筛中不存在笼结构，其三维交错的连通孔道具有较好的抗积炭能力；加之其较高的、一定范围内可调的硅铝比使其具有良好的热和水热稳定性。因此在最近几十年中，Beta 型分子筛在重芳烃轻质化中的应用受到学界和业界人士的诸多关注。

一、C_9^+ 重芳烃轻质化

1. C_9^+ 重芳烃加氢脱烷基法

C_9^+ 重芳烃加氢脱烷基法是被研究最多和应用最为广泛的一种方法，技术相对成熟，主要采用 Beta 分子筛。在 Beta 分子筛上负载不同的金属，所得催化剂的加氢脱烷基性能比金属氧化物催化剂更具有竞争力[20]。本书著者团队[21]研究了碱金属阳离子改性超细纳米 Beta 分子筛在重芳烃加氢脱烷基反应中的性能。纳米 Beta 分子筛由于晶粒小、孔道短，大分子在其晶内扩散阻力小，因而具有较高的催化活性。

2. 歧化与烷基转移法

通过歧化与烷基转移将 C_9^+ 轻质化为苯、甲苯和二甲苯（BTX）也是重芳烃轻质化的重要途径。本书著者团队[22]发现，BEA/MOR 共结晶分子筛具有更好的 1,3,5-三甲苯转化活性。在 1,3,5-三甲苯转化反应中，Beta 分子筛、丝光沸石分子筛与 BEA/MOR 共结晶分子筛的催化剂表现出不同的反应活性。丝光沸石分子筛的初活性最高，但总转化率很快由 90.4% 下降到 80.1%；Beta 型分子筛和 BEA/MOR 的稳定性较好，但 BEA/MOR 的转化率明显高于 Beta 型分子筛。同时，BEA/MOR 还具有较高的二甲苯收率，这一结果可能与形成共结晶分子筛带来的结构与酸性的变化密切相关。本书著者团队[23-24]还采用"电荷反转试剂"成功制备了以 MFI 型分子筛为核，表面覆盖致密纳米 Beta 型分子筛壳层的 MFI/BEA 核壳型分子筛，将其应用于 1,3,5-三甲苯转化反应中，发现 MFI/BEA 核壳分子筛对 1,3,5-三甲苯转化反应的活性高于 ZSM-5 和 Beta 型分子筛以相同比例机械混合的分子筛。

基于此，本书著者团队开发了重质芳烃轻质化的 HAT-plus 技术，工艺中采用非贵金属改性的纳米 Beta 型分子筛制备的催化剂。Beta 型分子筛的大孔结构有利于重芳烃分子的扩散，纳米颗粒可充分利用分子筛外表面活性中心，缩短重芳烃扩散路径，有效提高重芳烃转化能力。使用非贵金属对分子筛进行改性，综合考虑分子筛酸性与金属功能的匹配，既有利于重芳烃加氢脱烷基生成苯、甲苯、二甲苯（BTX），又不至于过度加氢生成环烷烃或裂解成轻烃而造成芳环烃损失，同时也抑制了反应积炭。在质量空速 $3.0h^{-1}$ 条件下，HAT-plus 重芳烃轻质化催化剂反应 1000h 后仍能保持良好的催化活性和选择性。平均总转化率（质量分数）大于 55%，BTX 总选择性大于 75%，其中 X 选择性可达 60%。HAT-plus 重芳烃轻质化技术在处理大量的重芳烃原料、C_9^+ 含量在 54% 以上的原料都具有显著效果。原料中添加适量的甲苯有利于减少非芳烃生成。随着 C_{10} 处理能力的提高，生成混合二甲苯的能力基本不变，C_8 产物中乙苯含量逐渐减少。当原料全部为 C_9^+ 芳烃时，C_8 芳烃中的乙苯含量仅为 2.2%。

二、催化柴油（LCO）制轻芳烃

催化裂化柴油又称催化裂化轻循环油，是催化裂化装置产出的一种馏程在 160～360℃的中间馏分油，具有稠环芳烃含量高、十六烷值低的特点。其总芳烃含量高达 70% 以上（其中萘系双环芳烃占 70% 左右，单环芳烃和三环芳烃约各占 15%），与催化重整 C_{10}^+ 重芳烃不同的是，LCO 组分更复杂、分子空间尺寸分布广，硫含量达到 0.1%～1.5%，氮含量达到 100～1000mg/kg。多产异构烷烃催化裂化（MIP）和深度催化裂解（DCC）工艺的 LCO 产品更加劣质化，十六烷值甚至低于 20，加工难度更大。

本书著者团队基于 Beta 分子筛开发了 PAC 系列 LCO 制轻质芳烃与裂解料催化剂，在 1600t/a 中试装置上完成了长周期稳定性评价以及原料适应性研究。采用 95% 蒸发点温度分别是 331℃和 342℃的 LCO 为原料开展中试评价，实现全流程、满负荷贯通，取得了全组分产品分布数据。高收率轻质芳烃的产品质量与催化重整装置相当，联产大量优质烯烃原料，充分验证了催化剂高转化活性、高选择性、抗硫氮杂质等性能特点。

Beta 型分子筛基催化剂具有酸性强、开环裂化性能好、水热稳定性高和抗积炭能力强等优点，能很好地解决传统氧化物及其他分子筛基催化剂的缺点。近些年 Beta 型分子筛在重芳烃轻质化方面取得了重大突破，部分催化剂已经实现工业化。未来 Beta 型分子筛重芳烃轻质化催化剂的研究工作应注重开发纳米级晶粒分子筛及多级孔结构复合分子筛、探索 Beta 型分子筛酸性的表征和调变方法，并综合考虑金属加氢组分与 Beta 分子筛酸性的适配性；针对日益加重的重芳烃原料，开发具有良好耐硫氮能力的、抗积炭的以及可调控反应产品结构的重芳烃轻质化催化剂。

参考文献

[1] Newsam J M, Treacy M M J, Koetsier W T, et al. Structural charaterization of zeolite beta [J]. Proceedings of the Royal Society A, 1988, 420(12): 375-405.

[2] https://europe.iza-structure.org/IZA-SC/DO_structures/DO_family.php?IFN=Beta.

[3] Robert A I, Stacey I Z, Gerald J N. Liquid phase alkylation or transalkylation process using zeolite beta: US4891458 [P]. 1990-01-02.

[4] Rene B L, Randall D P, Nai Y C, et al. Catalytic dewaxing process: US4419220 [P]. 1983-12-06.

[5] Quang N L, Robert T T. Process for hydroisomerization and etherification of isoalkenes: US5609654 [P]. 1997-03-11.

[6] 周斌，高焕新，魏一伦，等. β分子筛催化剂的多异丙苯烷基转移性能研究 [J]. 工业催化, 2005, 13(5):28-32.

[7] 周彦妮，姜向东，童伟益，等. 赖氨酸辅助合成 β 分子筛及其催化四氢萘加氢裂化性能 [J]. 化学反应工程与工艺, 2023, 39(4): 299-305.

[8] 童伟益，沈震浩，王煜瑶，等. 低钠合成纳米 β 分子筛及其液相烷基化性能 [J]. 石油学报（石油加工），2022, 38(2):256-265.

[9] Qi X, Kong D, Xie Z. Synthesis of nanosized zeolite beta in basic media with fluoride and their catalytic activity for conversion of trimethylbenzene[C]//15th International Zeolite Conference. Beijing: International Zeolite Association, 2007.

[10] 高焕新，周斌，魏一伦. 纳米 Beta 沸石合成方法：CN2010552179.3[P]. 2012-05-23.

[11] 倪金剑，魏一伦，高焕新，等. 纳米 Beta 沸石合成及其二异丙苯烷基转移性能 [J]. 化学反应工程与工艺, 2012, 28(4): 312-318.

[12] 宗弘元，高焕新，魏一伦. 纳米 Beta 沸石的合成与表征及催化苯和丙烯烷基化性能 [J]. 化学反应工程与工艺, 2015, 31(2): 142-149.

[13] John L C S, Juan G M, Garmt M R, et al. A process and a catalyst composition of alkylating benzene or substituted benzene or transalkylating alkylated benzene: EP0433932A1[P]. 1996-5-1.

[14] Gregory J, Robert L, Stephen T. Discrete molecular sieve and use in aromatic-olefin alkylation: US5434326[P]. 1995-07-18.

[15] Green J R, Degnan T F, Huang Y Y, et al. Aromatic alkylation process: US6313362 [P]. 2001-11-06.

[16] Gao H, Zhou B, Wei Y, et al. Process for producing cumene: US20130237730[P]. 2013-9-12.

[17] Isabel W C E, Arends M S, Adolf K, et al. Selective catalytic oxidation of cyclohexylbenzene to

cyclohexylbenzene-1-hydroperoxide: A coproduct-free route to phenol[J]. Tetrahedron, 2002, 58: 9055-9061.

[18] 王闻年, 王高伟, 高焕新, 等. 环己基苯的合成及其催化剂研究进展 [J]. 化工进展, 2019, 38(1): 322-331.

[19] 王德举, 郭友娣, 韩亚梅, 等. 无黏结剂β沸石的制备及其苯加氢烷基化性能 [J]. 化学世界, 2016, 57(11): 688-692.

[20] 董娇娇, 王剑, 申群兵, 等. 负载金属氧化物的Hβ催化剂上C_9^+重芳烃加氢脱烷基反应性能 [C]// 上海市化学化工学会2007年度学术年会. 上海: 上海市化学化工学会, 2007.

[21] 祁晓岚, 左煜, 孔德金, 等. 超细β沸石的合成及其催化重芳烃轻质化反应性能 [J]. 石油化工, 2004, 33(z1): 1499-1500.

[22] 谢在库. 新结构高性能多孔催化材料 [M]. 北京: 中国石化出版社, 2010.

[23] 孔德金. 核壳型分子筛的合成表征及其催化性能 [D]. 上海: 华东理工大学, 2008.

[24] 童伟益, 刘志成, 孔德金, 等. 核壳型复合分子筛ZSM-5/Nano-β的合成与表征 [J]. 高等学校化学学报, 2009, 30(5): 959-964.

第七章
超薄层状MWW结构分子筛

第一节　MWW 结构分子筛的合成 / 238

第二节　在液相烷基化合成烷基苯技术中的应用 / 250

第三节　在催化选择氧化技术中的应用 / 260

MWW 结构是重要的分子筛拓扑结构，其典型材料（reference material）为 MCM-22（Mobil Composition of Matter-22）分子筛，由 Mobil 公司的科研人员以六亚甲基亚胺（hexamethyleneimine, HMI）为结构导向剂、在硅铝体系中合成得到[1]。1994 年，Leonowicz 等采用高分辨电镜和 X 射线粉末衍射（XRD）确定该分子筛具有两套独立的开口为 10 元环（10-Membered Ring, 10-MR）的三维孔道体系（图 7-1）：一套二维正弦孔道，孔道截面为椭圆形，孔径 4.1Å×5.1Å；另一套 10-MR 孔道含有尺寸为 7.1Å×7.1Å×18.4Å 的圆柱形 12-MR 超笼，超笼通过略微扭曲的 10-MR 窗口（4.0Å×5.5Å）与外界连通；此外，MCM-22 分子筛还具有位于晶体表面的碗状 12-MR 半超笼[2]。MCM-22 分子筛的结构于 1997 年获得国际分子筛协会结构委员会 [Structure Commission of the International Zeolite Association (IZA-SC)] 认证，结构代码为 MWW（MCM-twenty-two）[3]。与 MCM-22 分子筛同属 MWW 结构的分子筛，即 MWW 结构相关材料（related material）主要包括 PSH-3[4]、SSZ-25[5]、ITQ-1[6]、ERB-1[7]、Ti-MWW[8]、MCM-49[9]、MCM-56[10]、Ga-MCM-22[11]、UZM-8[12] 等。

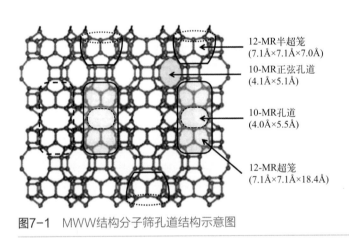

图7-1　MWW结构分子筛孔道结构示意图

直接合成的 MCM-22 分子筛原粉被称作 MCM-22 层状前驱体 [MCM-22 precursor, MCM-22(P)]，具有二维层状结构（图 7-2），单层厚度约 2.5nm，层内为 10-MR 二维正弦孔道，孔道被有机物填充，层表面由"碗"状（bowl，也有"杯"状之说，cup）12-MR 半超笼覆盖，12-MR 碗口朝外，6-MR 碗底相对，同时富含未缩合的硅羟基（Si—OH）；层与层之间沿垂直于层所在平面的方向平行堆叠，层数通常＞6，为多层结构。层间被有机物填充，相邻层表面的 Si—OH 之间存在氢键相互作用，高温焙烧脱除层内及层间有机物时，相邻层表面的 Si—OH 脱水缩合，碗状半超笼通过碗口相对的方式连接，形成通过 10-MR 窗口与外界连通的完整圆柱形超笼,二维层状结构转变为三维结构(图 7-2)。

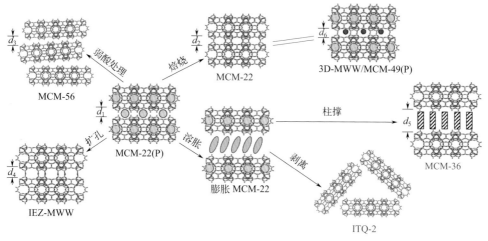

图7-2 MWW家族分子筛材料结构示意图

如图 7-2 所示,MCM-22(P) 层间的有机物也可以通过后处理部分脱除,破坏层与层之间的有序堆叠,得到层间堆叠无序的 MCM-56 类似物(analogue);通过碱溶胀将表面活性剂引入层间,可以得到层间距明显增大的 MCM-22(S),其通过硅烷化试剂或无定形氧化物"柱撑"的方法可以得到 IEZ(Interlayer Expanded Zeolite)-MWW[13] 和 MCM-36 分子筛[14];MCM-22(S) 也可通过超声后处理实现完全层剥离,得到单层结构的 MWW 型分子筛 ITQ-2[15]。因层数、层间距及层间结合方式的不同,这些分子筛的 XRD 图表现出很大的差别,尤其是与 c 轴有序性相关的 (101)、(102) 晶面的衍射峰差异非常显著(图 7-3)[105]。通过调变层间距和(或)层间连接方式,还可以得到与 MCM-22 分子筛具有相同(近)基础层结构的 MCM-49[9]、UZM-8[12]、SSZ-70(结构代码 *-SVY)[16]、MIT-1[17]、SCM-1[18]、ECNU-5[19]、ECNU-7[20] 等分子筛材料。另外,除了向骨架中引入 Al 得到这些硅铝 MWW 分子筛外,向骨架中引入 Ti、Zr、Sn、La 等元素,可以得到 Ti-MWW[8]、Zr-MWW[21]、Sn-MWW[21]、Zr-Al-SCM-1[22]、La-MWW[23] 等一系列杂原子分子筛,这些分子筛与硅铝 MWW 型分子筛一道,共同构成了"MWW 家族"分子筛,它们在烷基化、选择氧化、生物质转化、催化裂化等反应上表现出优异的催化性能,有些已实现工业化应用。例如,MCM-22 分子筛已在工业上大量用于催化苯与乙烯、丙烯烷基化低碳生产乙苯、异丙苯,Ti-MWW 型分子筛用于工业上催化丁酮氨氧化绿色生产丁酮肟,这些 MWW 型分子筛的应用推动了工业催化技术水平的进步。

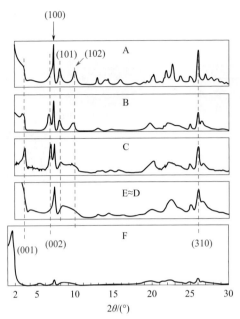

图7-3 MWW结构分子筛的XRD图[105]
A—MCM-49 / MCM-22；B—MCM-22(P) / IEZ-MWW / EMM-13；C—EMM-10(P) / EMM-12；D、E—EMM-10 / MCM-56 / ITQ-2 / MIT-1 / SCM-1；F—MCM-36

第一节
MWW结构分子筛的合成

如前所述，MWW结构分子筛骨架组成元素多样、结构类型丰富，鉴于MCM-22和Ti-MWW分子筛已工业化应用，本节着重介绍它们的合成。由于层剥离MWW分子筛具有优异的扩散和催化性能，本节也将对层剥离MWW结构分子筛的合成进行阐述。

一、MCM-22分子筛的合成

MCM-22分子筛的合成一般采用传统水热合成法：将水、碱源、结构导向剂、铝源、硅源混合均匀，转移至密闭的带聚四氟乙烯内衬的不锈钢晶化釜中，在135～170℃、自生压力下晶化2～7d，产物经烘干、高温焙烧后即得到 MCM-22 分子筛[24]。此外，采用微波水热合成法[25-26]和蒸汽相合成法[27-28]也可获得 MCM-22 分子筛。由于微波加热效率高，微波法能够缩短晶化的诱导期，促进分子筛晶化，并拓宽硅铝比范围[26]。相反，虽然蒸汽相合成法也能合成出结晶良好的分子筛产品，但是合成的硅铝比范围却比常规水热法的范围窄[28]。由于 MCM-22 分子筛的合成体系复杂，影响因素众多，无论采用哪种合成方法，各晶化参数均能显著影响晶化产物的晶相、形貌及组成。

1. 结构导向剂的影响

MCM-22 分子筛的合成最早以 HMI 为结构导向剂[24]，Corma 等人的研究表明，MCM-22 分子筛的骨架电荷主要通过质子化的 HMI 来平衡，此外，填充在孔道中的 HMI 也能降低表面自由能，进一步稳定分子筛骨架。因此，合成 MCM-22 分子筛需要较多的 HMI（HMI/Si 摩尔比一般在 0.35 以上），然而，HMI 毒性高、对人体危害较大，研究人员致力于降低 HMI 用量或者用低毒、无毒的结构导向剂进行替代。

刘中清等人以高比表面积的硅胶为原料，在 HMI/Si 摩尔比为 0.09 时得到了结晶良好的 MCM-22 分子筛[29]。Kamimura 等人以 MCM-22 分子筛原粉为晶种，在无结构导向剂、含钠的硅铝体系，实现 MCM-22 的环境友好、低成本合成[30]。采用复合结构导向剂（即以含氮有机碱替代一部分 HMI）也是降低 HMI 用量的有效方法。徐龙伢等人以 HMI 与环己胺为复合结构导向剂合成了 MCM-22 分子筛，他们发现，采用单一 HMI 时，HMI 既起结构导向作用，又起稳定骨架的作用；而在环己胺同时存在下，环己胺填充于 MCM-22 层间以稳定分子筛骨架，因而可以降低 HMI 用量[31]。以 HMI 与哌嗪或三甲基金刚烷基氢氧化铵（TMAdaOH）为复合结构导向剂也可成功合成 MCM-22 分子筛[32-33]，且 HMI 与 TMAdaOH 组合时，可以拓宽合成范围，快速合成高硅 MCM-22 分子筛（ITQ-1，Si/Al＞3000）[33]。

在 HMI 替代方面，哌啶（六氢吡啶，piperidine，PI）是比 HMI 少一个亚甲基（—CH_2）的环状有机胺，最初用来合成硅硼 MWW 结构分子筛 ERB-1[34]，Tatsumi 等人以 PI 为结构导向剂合成了结晶良好的 MCM-22 分子筛，其在环戊烯水合反应中的催化性能优于以 HMI 为结构导向剂合成的 MCM-22[35]。Hong 等人在研究以长链双季铵盐为结构导向剂合成分子筛时发现：在 Si/Al 摩尔比 15～30 范围内，以 N,N,N,N',N',N'-六甲基-1,5-戊烷二铵盐或 N,N,N',N'-四异丙基-1,5-戊烷氢二铵盐为结构导向剂、高碱度条件下也能够合成 MCM-22 分子筛[36-37]。本书著者团队研究发现，高哌嗪也可用于合成 MWW 结构分子筛，所得样品的形貌与采用 HMI、PI 合成的略有差异（图 7-4）[38]。

图7-4 不同结构导向剂合成MCM-22分子筛的SEM照片[38]：（a）六亚甲基亚胺；（b）哌啶；（c）高哌嗪

2．矿化剂的影响

MCM-22分子筛合成一般采用NaOH为矿化剂，采用其他矿化剂，如KOH、NaF、KF也能合成结晶良好的MCM-22分子筛[39-41]。王军等人在研究晶化条件对MCM-22分子筛形貌的影响时发现，以KOH为矿化剂不但能够得到MCM-22分子筛，K^+的引入还能缩短分子筛晶化的诱导期、加速晶化，因而合成的MCM-22晶体尺寸比用NaOH合成的小[40]。Aiello等人在研究含F合成体系时也得到类似的结果：以KF和NaF为矿化剂均能够合成MCM-22分子筛，但采用KF的合成范围更宽，在相同投料配比条件下，采用KF为矿化剂时所需晶化时间比采用NaF时短，所得样品的尺寸更小且均匀[41]。

矿化剂用量也显著影响MCM-22分子筛的晶化，对于含F合成体系，矿化剂用量太少（NaF/Si＜0.67），则无法晶化或者晶化时间长（14d）；用量太多（NaF/Si＞1.3），则结晶度低，甚至会出现杂相[41]。Güray等人的研究表明，随着体系中Na^+含量的增加，晶化产物将由MCM-22分子筛向MCM-49和丝光沸石转变[42]。当采用PI为结构导向剂时，MCM-22分子筛的晶化受碱用量影响显著，容易出现ZSM-35晶相（图7-5）[43]。

3．铝用量的影响

采用HMI为结构导向剂时一般选用SiO_2/Al_2O_3摩尔比20～60，超出这一范围很难得到结晶良好的MCM-22。研究表明，铝的用量对晶体的成核和生长均有显著影响，用量较多，成核和生长的速度快，晶化容易发生[42]；但铝太多，则不利于SiO_2聚集、缩合，无法得到MCM-22分子筛；而降低铝的用量，常导致FER、MOR、MFI、Kenyaite、MTW、MTN等杂相出现（图7-6）[43-45]。采用TMAdaOH与HMI为复合结构导向剂合成纯硅分子筛ITQ-1是MWW分子筛合成上的一大突破，$TMAda^+$能够稳定12-MR超笼、HMI填充在10-MR正弦孔道内进一步稳定骨架被认为是合成ITQ-1的关键[33]。

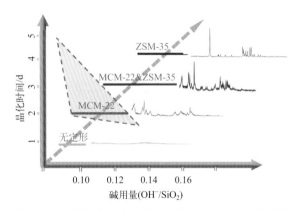

图7-5　PI为结构导向剂时碱用量对MCM-22分子筛晶化的影响

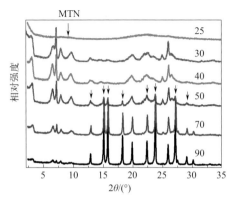

图7-6　不同投料硅铝比所得样品的XRD谱图[43]
图中数字对应硅铝比（SiO_2/Al_2O_3）

4. 硅源的影响

合成MCM-22分子筛可以选用的硅源很多，如碱性硅溶胶、硅酸钠、水玻璃、发烟硅胶等。Güray等对比硅酸、硅胶和发烟硅胶（比表面积依次降低）三种硅源合成MCM-22分子筛时发现，硅源的比表面积越高，相应的晶化诱导期和晶化时间越短[42]，据此推断，硅源的溶解是MCM-22分子筛合成过程中的决速步骤。鉴于硅源的溶解与碱量密切相关[46]，王军等人以硅酸钠、碱性硅溶胶、水玻璃为硅源合成MCM-22分子筛，他们发现，碱含量最高的硅酸钠溶解性最好，其能够快速生成硅铝酸盐物种，成核速度快，因而晶化诱导期短，晶化时间也短[40]。有机硅酯也是合成MCM-22分子筛的重要硅源，在弱酸性条件下水解正硅酸乙酯（TEOS），以其为硅源，再加入铝源、碱源、结构导向剂HMI进行水热晶化，在较短时间内即可合成MCM-22分子筛[47]；若在TEOS水解时引入镧系元素（如 Ce、La、Sm）的硝酸盐，则可得到镧系元素进入骨架的 MCM-22 分子筛[23]。

5. 水含量的影响

水在晶化过程中充当物料混合、传质、转变的媒介。水量多，物料可以充分、均匀地分散，但也会导致合成效率低、能耗高、废水排放大等问题；水量少，可以提高结构导向剂和碱的相对浓度，减少它们的用量，但是不利于物料传质转变，在分子筛合成过程中应根据实际确定合适的水量。MCM-22 分子筛可在非常宽的 H_2O/Si 摩尔比范围内合成（一般为 20～50），但仍没有关于水量对 MCM-22 分子筛合成影响的系统研究报道。刘中清等人在低 H_2O/Si 摩尔比下（H_2O/Si=12）合成了 MCM-22 分子筛[29]，在降低水量的同时，也减少了结构导向剂 HMI 的用量，提高了合成效率。

6. 搅拌的影响

MCM-22 分子筛的合成最初都是在搅拌或者持续扰动下进行的，静态条件下很难得到高结晶度的 MCM-22 分子筛[42]。Güray 等人的系统研究表明，静态条件下只能得到部分晶化的 MCM-22 分子筛，但如果在晶化之前先进行老化，则能够实现 MCM-22 的静态合成，得到结晶良好的 MCM-22 分子筛。与动态晶化相比，静态晶化由于不利于物料扩散，晶化只在局部进行，因此合成的 Si/Al 摩尔比范围更窄，晶化需要更长的时间；另外，由于没有搅拌，静态晶化的 MCM-22 分子筛片状晶体严重聚集在一起，表现为大尺寸的饼状形貌，这与动态晶化晶体为相互交错的薄片状形貌有很大的不同（图 7-7）[48]。虽然动态晶化利于 MCM-22 分子筛的合成，但搅拌速度过快，则有可能导致 MWW 向 FER 晶相的转变。

图7-7 动态晶化（a）、静态晶化（b）合成MCM-22分子筛的SEM照片[48]

7. 杂原子引入对 Al 落位的影响

MCM-22 分子筛晶胞中具有 8 个不同的骨架 T 位点，如图 7-8（a）所示，调控 Al 原子在不同 T 位点的分布对于产物选择性、催化稳定性具有较大的影响[49]。徐龙伢等研究发现，与 HMI 为有机结构导向剂相比，采用价格更低、毒性更小的环己胺合成的 MCM-22 分子筛骨架中有较多的 Al 落位于 T2 位点，这使其在苯和乙烯液相烷基化制乙苯反应中具有优异的催化性能[50]。向分子筛合成体系中引入 B、Fe、Ga、Ti 等杂原子，会赋予分子筛不同的活性中心及酸性质。Chu 等研究发现，MFI 型分子筛引入杂原子后 Brønsted 酸强度顺序为：SiOH＜B(OH)Si＜Fe(OH)Si＜Ga(OH)Si＜Al(OH)Si[51]。向 MCM-22 分子筛的合成体系中引入 B 等杂原子，也可以调控 Al 在不同骨架 T 位点上的分布，樊卫斌等在合成体系加入适量 H_3BO_3，通过 B 和 Al 原子在不同 T 位点上的竞争落位，使强酸位点集中分布在正弦孔道中，显著提高了甲醇催化转化中产物丙烯、丁烯的选择性及催化稳定性[52]。

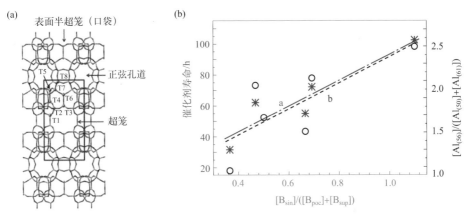

图7-8 （a）MCM-22分子筛晶胞中8个T位点及三种孔（笼、半超笼和正弦孔）结构示意图；（b）掺杂B后MCM-22分子筛中B含量和催化剂寿命及Al含量（落位）的关系

二、Ti-MWW分子筛的合成

虽然与硅铝分子筛 MCM-22 具有相同的 MWW 结构，但骨架含 Ti 的 MWW 分子筛 Ti-MWW 却无法在只是采用钛源替代铝源的条件下合成出来。Ti-MWW 分子筛早期主要通过后补法制备，Corma 等人采用接枝法将钛原子植入剥离的 MCM-22 分子筛，成功制得 Ti-ITQ-2 分子筛[53]；Mobil 公司利用四氯化钛蒸气与脱铝的 MCM-22 分子筛在高温条件下发生同晶置换反应，制得 Ti-MCM-22[54]。然而，通过这些方法引入 MWW 结构的钛物种并不稳定、易流失、反应稳定性差。借鉴 MWW 结构硅硼分子筛 ERB-1 的合成，吴鹏和 Tatsumi 等人在无金属阳离子存在的条件下，采用硼酸为晶化助剂，以 PI 为结构导向剂成功实现 Ti-

MWW 分子筛的直接水热合成[8]。目前，制备高性能 Ti-MWW 分子筛的方法主要有直接水热法[8,55-56]、后处理合成法[57]。

1. 直接水热法

吴鹏和 Tatsumi 等人采用大量硼酸为晶化助剂，以 PI 为结构导向剂，直接水热合成出高结晶度的 Ti-MWW 分子筛[55]。如表 7-1 所示，在凝胶 Si/Ti 为 100～10 的较宽范围内都能合成得到 Ti-MWW 分子筛。然而，合成的 Ti-MWW 分子筛中的 Si/B 为 11～14，远高于凝胶中的 Si/B（0.75），即凝胶中大量的硼都没进入分子筛。若降低硼酸的用量，将凝胶 Si/B 提高至 1.5 时，无法得到高结晶度的 Ti-MWW 分子筛。这表明硼酸的确起到促进 Ti-MWW 分子筛晶化的作用。

表7-1 不同凝胶配比合成的 Ti-MWW 分子筛的理化参数[55]

序号	凝胶组成		产品组成和比表面积(SA)		
	Si/B	Si/Ti	Si/B	Si/Ti	SA/(m^2/g)
1	0.75	∞	11.8	∞	616
2	0.75	100	12.6	120	625
3	0.75	70	12.2	63	612
4	0.75	50	11.4	51	621
5	0.75	30	11.0	31	623
6	0.75	20	12.7	21	540
7	0.75	10	13.6	10	537

由于 Ti-MWW 中骨架硼会形成弱的质子酸，增加骨架的电负性，进而影响 Ti-MWW 的催化性能，为了避免硼的不利影响，受 ITQ-1 的合成启发，吴鹏等采用双结构导向剂 TMAdaOH 与 HMI，结合 K$^+$ 辅助晶化，在无硼体系成功合成了 Ti-MWW 型分子筛[56]。单独使用 PI 或者 HMI 作为结构导向剂时，凝胶中 PI/Si 或 HMI/Si 为 1.4，当使用双结构导向剂时，凝胶中 (HMI+TMAadOH)/Si＝0.56，不仅避免了硼酸的使用，也减少了有机结构导向剂的用量。尽管在钛硅分子筛的合成中，碱金属阳离子如 K$^+$、Na$^+$ 的存在可能会阻碍钛进入骨架，但对于双结构导向剂法，K$^+$ 是必不可少的。当 K/Si 低于 0.05，只能得到无定形相；过多的 K$^+$ 也会导致其他层状分子筛的形成，合适的 K/Si 在 0.07 左右。由于不存在骨架硼物种，该方法制得的 Ti-MWW 型分子筛具有优异的催化性能，但第二结构导向剂 TMAdaOH 的价格昂贵，双结构导向剂法的成本较高。

2. 后处理合成法

针对双结构导向剂法合成成本高的问题，吴鹏等发展了结构可逆变换后处理合成法，成功制备出几乎不含硼的 Ti-MWW 型分子筛（图 7-9）[57]。该方法基于 MWW 型分子筛的结构特点，首先采用水热法合成含硼的 MWW 型分子筛，然后经焙烧和酸处理得到几乎为全硅的脱硼MWW型结构分子筛，并在骨架上制造了大量晶格缺陷位。然后采用含钛的有机胺水溶液处理该脱硼MWW型分子筛，使其由三维晶体结构向层状前驱体转变。在此过程中孔口被有机胺支撑而扩张，因而钛元素不受立体位阻的影响而插入分子筛中，得到几乎不含硼的Ti-MWW型分子筛。

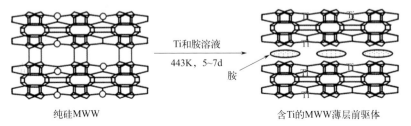

图7-9 结构可逆变换后处理合成法制备几乎不含硼的Ti-MWW型分子筛示意图[57]

虽然直接水热法、后处理合成法均能制得高结晶度Ti-MWW型分子筛，但研究发现，Ti-MWW型分子筛原粉需要在焙烧前引入酸处理步骤才能表现出良好的催化性能，原粉直接焙烧或焙烧后再酸处理，催化性能均不理想。早期的观点认为，Ti-MWW型分子筛原粉中既存在骨架TiO_4物种，又存在非骨架TiO_6物种，非骨架TiO_6物种主要存在于层板外表面，通过氧桥与骨架相连，直接焙烧将导致部分非骨架TiO_6物种缩合形成锐钛矿TiO_2物种，非骨架TiO_6物种及TiO_2物种不仅遮盖活性中心骨架TiO_4物种，还会在反应中造成过氧化氢无效分解，导致催化性能差[55]。原粉焙烧前先经过酸处理，可以彻底脱除非骨架TiO_6物种，从而使得在焙烧后既无非骨架TiO_6物种，又没TiO_2物种，因此，活性中心骨架TiO_4物种完全暴露，从而实现良好的催化性能［图7-10（a）］。另一种观点则认为酸处理在脱除非骨架TiO_6物种的同时，将分子筛中原本存在的闭合式骨架$Ti(OSi)_4$物种逐渐转变为活性更高的开放式骨架$Ti(OSi)_3OH$物种，因而随着酸处理时间的延长，样品的催化性能逐渐提高［图7-10（b）］[58]。

借助紫外拉曼光谱对钛物种进行表征，本书著者团队发现，Ti-MWW型分子筛原粉中钛物种几乎都为低活性的非骨架TiO_6物种，高活性的骨架TiO_4物种含量几乎可以忽略［图7-10(c)］。酸处理并没有把所有的非骨架TiO_6物种脱除，而是在脱除部分非骨架TiO_6物种的同时，将其余部分转变为骨架TiO_4物种。该过程在酸处理初期便发生了，相应的转变机制为脱硼补钛，但由于酸处理初期形成的骨架TiO_4物种状态不好，相应的样品在正己烯环氧化反应中表现出极低的催化性能，随着处理时间的延长，骨架TiO_4物种状态逐渐改善，催化性能得到显著提高[59-60]。

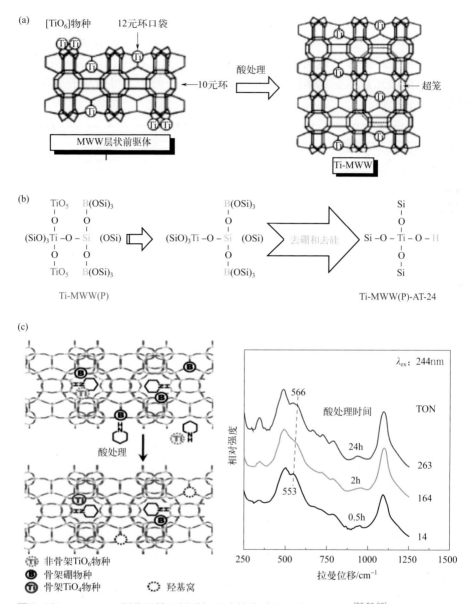

图7-10 Ti-MWW型分子筛原粉酸处理中钛物种变化的三种观点[55,58,60]

三、超薄层状MWW结构分子筛的合成

MCM-22分子筛通常为多层结构，通过对未焙烧、含有机结构导向剂的MCM-22(P)进行溶胀和剥离，可以得到单层结构的MWW型分子筛ITQ-2[15]。这个过程中层内的10-MR孔道得到保持，而层间的含有12-MR超笼的10-MR

孔道被破坏，内表面变为外表面，超笼变为半超笼，这赋予 ITQ-2 分子筛超高的外表面积和丰富的表面 12-MR 半超笼，非常利于扩散与反应。鉴于此，一系列与 ITQ-2 分子筛类似的层剥离 MWW 结构分子筛材料被后处理或者直接合成出来[15,18,20,61-68]。由于后处理合成步骤较烦琐，对 MWW 结构可能会造成一定的不利影响，直接合成层剥离 MWW 结构分子筛材料受到人们的大量研究。

　　Luo 等设计合成了一种具有特殊结构的 OSDA［由合成 MCM-22(P) 的常规 OSDA 的亲水性头部片段（结构类似于三甲基金刚烷基氢氧化铵）、用于溶胀 MCM-22(P) 的溶胀剂的疏水性尾部片段，以及两个片段的二季铵连接体组成］，直接水热制备了高结晶度、高比表面积的层剥离 MWW 结构分子筛材料 MIT-1[17]，其硅铝比（Si/Al）在 13~67 的范围内可调。与 MCM-22 和 MCM-56 等分子筛相比，MIT-1 分子筛在苯与苯甲醇烷基化的反应中催化活性提高了三倍。Roth 等采用类似的策略合成了一种具有 MWW 结构的 UJM-1 分子筛[69]。然而，这些特殊设计的 OSDA 结构通常十分复杂，合成难度大，这制约了它们在层剥离 MWW 型分子筛工业合成中的应用。因此，发展简便、低成本的层剥离 MWW 型分子筛合成体系具有重要的意义。

1. "双有机胺"合成策略

借鉴层状 MFI 型分子筛以带疏水性长碳链的季铵阳离子为结构导向剂的合成思路（季铵阳离子导向 MFI 结构，长碳链则抑制晶体沿 b 轴方向的生长）[70]，本书著者团队发展了采用双有机胺构筑"双功能"合成体系的方法：第一有机胺 HMI 导向 MWW 结构，第二有机胺抑制 MWW 结构沿 c 轴的有序生长，实现了 MWW 结构分子筛的可控层剥离，得到分别具有双层和单层结构的 MWW 超薄纳米片分子筛 SCM-1（Sinopec Composite Material No. 1）[18,67] 和 SCM-6[18,68]，其外表面积占总表面积的比例超过 40%。通过对第二有机胺的筛选发现，采用 N,N-二乙基环己胺、N,N-二甲基苯胺、二环己基胺等大分子作为第二有机胺，均可以有效地抑制层与层之间的有序排列，直接合成得到层剥离的 MWW 型分子筛（表 7-2）。

表 7-2　直接合成层剥离 MWW 型分子筛的有机胺筛选

第一有机胺	第二有机胺		产物晶相	S_{ext}/S_{total}
	名称	分子尺寸/Å		
六亚甲基亚胺	无	5.1	MCM-22	0.20
六亚甲基亚胺	环己基胺	5.9	MCM-22	0.21
六亚甲基亚胺	哌啶	4.9	MCM-22	0.23
六亚甲基亚胺	N,N-二乙基环己胺	8.1	层剥离MWW	0.45
六亚甲基亚胺	N,N-二甲基苯胺	7.9	层剥离MWW	0.42
六亚甲基亚胺	二环己基胺	10.3	层剥离MWW	0.47
哌啶	二环己基胺	10.3	层剥离MWW	—
无	二环己基胺	10.3	无定形	—

在 HMI 与二环己基胺（DCHA）组成的"双有机胺"合成体系，通过调节 DCHA 的用量，可以调节层剥离 MWW 型分子筛的层数。如图 7-11（a）所示，与多层结构的 MCM-22 相比，SCM-1、SCM-6 与 c 轴有序性相对应的特征衍射峰 (101)、(102) 显著宽化，表明有序性变差。从 TEM 照片也可以看出，MCM-22 分子筛的厚度为 20nm 左右，添加 DCHA 后合成的 SCM-1 分子筛的厚度为 5nm 左右，SCM-6 分子筛的厚度仅为 2.5nm（图 7-11），和 XRD 的结论一致。对 SCM-1 材料进行脱铝补锆、补锡，可以制得含锆、含锡的层剥离 MWW 型分子筛，其在生物质平台分子转化反应上表现出良好的催化性能[22,71]。

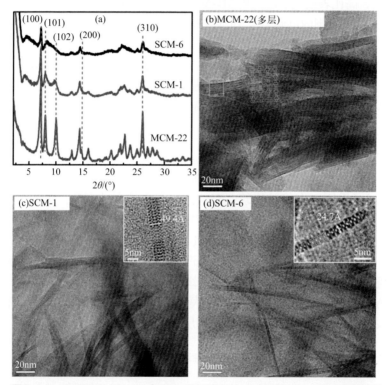

图7-11 不同DCHA/SiO$_2$条件下所得样品的XRD谱图（a）和TEM照片：（b）MCM-22；（c）SCM-1；（d）SCM-6[18]

此外，采用 HMI 与 N-十六烷基-N'-DABCO (C$_{16}$DC$_1$) 构建的双功能体系也能直接合成具有大量单层 MWW 的层剥离分子筛 DS-ITQ-2[63]。吴鹏等以 HMI 为 OSDA，采用市售表面活性剂十六烷基三甲基溴化铵（CTAB）辅助分子筛前驱体溶解再结晶的策略，合成了具有较大层间距（2.5nm）的 MWW 结构分子筛 ECNU-7。引入 Al 后制备的 Al-ECNU-7 分子筛在三异丙苯裂解和苯甲醚酰化反应中均具有优异的活性、选择性和稳定性[20]，采用该策略也可以合成 Ti-ECNU-7 分子筛[72]。Rimer 等也采用 HMI 和 CTAB 组合的双功能体系，合成了平均厚度为 3.5nm（约 1.5 个晶胞）的超薄 MWW 型分子筛，证明了 CTAB 同时具有 OSDA 和剥离剂的作用[73]。

2．有机硅烷辅助合成策略

分子筛晶化过程伴随着表面末端硅羟基的缩合或有序组装，若采用有机基团端封末端硅羟基，将在分子筛表面形成疏水结构，进而起到抑制硅羟基缩合或有序组装的作用。本书著者团队研究发现，向 MWW 结构分子筛合成体系中引入有机硅烷，可以实现原位层剥离，直接合成具有稳定层状结构的超薄 MWW 结构分子筛 SRZ-21（图 7-12）[66]。

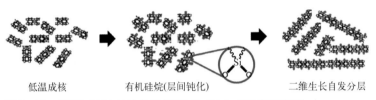

低温成核　　有机硅烷(层间钝化)　　二维生长自发分层

图7-12　超薄MWW结构分子筛SRZ-21合成机理示意图

从图 7-13（a）的 XRD 图可以看出，与 MCM-22 分子筛相比，SRZ-21 的衍射峰要弱许多，且与 (101)、(102) 相关的特征衍射峰明显宽化，表明 SRZ-21 的层与层之间呈高度的无序状态，层间没有发生缩合。^{29}Si MAS NMR 表征发现 [图 7-13（b）]，SRZ-21 和 MCM-22 分子筛均在 -110、-103 和 -92 出现核磁共振峰，其中，-110 峰可归属为封闭的 Si(4Si) 物种 Q4，-103 峰可归属

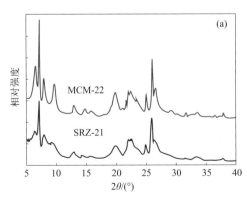
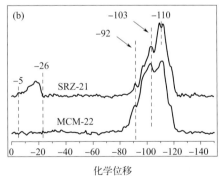

图7-13　SRZ-21、MCM-22的XRD图（a）和^{29}Si MAS NMR谱图（b）

为具有一个硅羟基的 Si(3Si)OH 物种 Q3，-92 峰可归属为 Si(2Si) 和 Si(2Al) 物种 Q2。不同于 MCM-22，SRZ-21 在化学位移 -5～-26 出现了对应于有机硅物种的宽峰，表明有机硅物种可能存在复杂的多种配位环境。有机硅的引入使得 SRZ-21 在 -103 和 -92 的核磁共振峰的强度明显降低，这说明有机硅的引入较大幅度地降低了沸石表面的硅羟基密度，起到了抑制层间氢键、原位分层的作用。

郝青青等使用 HMI 和两亲性有机硅烷（TPOAC）构建"双功能"合成体系，他们研究发现，由于无机硅/铝与有机硅烷参与分子筛结晶的速率不匹配，导致在 MWW 分子筛晶体形成初期，就已经形成了多层 MWW 结构。通过改变合成凝胶的组成，调控单层 MWW 纳米片生成与有机硅烷"接枝"到 MWW 片层的相对速率，可以实现单层到多层 MWW 分子筛的可控合成[65]。

除了硅铝分子筛，有机硅杂化原位分层策略也可用于制备层剥离 MWW 结构钛硅分子筛。本书著者团队在常规 Ti-MWW 型分子筛合成体系中引入有机硅源，直接水热合成出高外表面积的薄层 Ti-MWW 型分子筛样品，其外表面积约 $210m^2/g$，约为常规合成的 Ti-MWW 型分子筛的 2 倍，且薄层 Ti-MWW 型分子筛的骨架 TiO_4 物种的含量比常规方法合成的 Ti-MWW 样品高，由于这些情况，有机硅原位分层合成的薄层 Ti-MWW 型分子筛在大分子的催化氧化中表现出比常规 Ti-MWW 型分子筛更优异的催化性能[74]。

第二节
在液相烷基化合成烷基苯技术中的应用

MWW 型分子筛是重要的催化材料，常被用于催化 Friedel-Crafts 烷基化反应以生产高价值的化工产品，目前其已在乙苯、异丙苯等生产过程实现工业应用，这主要归功于其独特的结构与酸性质（尤其是 Brønsted 酸）。商永臣等通过 NH_3-TPD 考察了 MCM-22 分子筛的酸性质，发现 MCM-22 分子筛具有两个 NH_3 脱附峰，一个是位于 254℃的对应弱酸中心的低温脱附峰，另一个是位于 431℃的对应强酸中心的高温脱附峰，与 ZSM-5 分子筛的酸强度分布基本相同[75]。Ravishankar 和 He 等认为第一个峰归属为弱 Lewis 酸中心，第二个峰归属于强 Brønsted 酸中心[76-77]，来源于 H^+ 连接在 Si—O—Al 桥氧上的桥羟基。Meloni 等认为 MCM-22 分子筛中有三种桥羟基：第一种位于超笼内，占 Brønsted 酸量的 50%～70%；第二种位于 10 元环二维正弦孔道中，占 Brønsted 酸量的

20%～30%；第三种位于连接两个超笼的六角棱柱内，占 Brønsted 酸量的 10%～25%[78]。此外，MCM-22 分子筛的酸性质与铝含量也密切相关，Okumura 等发现硅铝比（Si/Al）在 21～40 时分子筛的酸量以 Brønsted 酸为主，Si/Al 在 7.5～14 时以弱 Lewis 酸为主，且总酸量仅占分子筛中铝含量的 32%～51%，说明仅部分铝进入了分子筛的骨架[79]。除了酸性质，扩散也是影响 MWW 型分子筛催化性能的关键因素，本书著者团队研究表明，超薄的 SCM-1 分子筛比多层的 MCM-22 分子筛具有更多的外表面酸中心，其在三异丙苯裂解、烷基化反应中表现出更高的催化性能[18]。这些情况充分表明，超薄 MWW 型分子筛是理想的烷基化催化材料。

一、在液相烷基化合成乙苯中的应用

作为重要的大宗化工原料，乙苯的生产技术水平对乙苯/苯乙烯产业有着重要的影响。工业上，乙苯最早采用三氯化铝液体酸烷基化工艺进行生产，20 世纪 70 年代，Mobil 与 Badger 公司通过分子筛气相烷基化替代三氯化铝液相烷基化，实现了乙苯的清洁生产。虽然过程环境友好，但气相法工艺也存在着反应温度高、苯烯比高、能耗高、杂质二甲苯含量高等问题[80-81]。20 世纪 90 年代，UOP、Mobil 公司相继研发了分子筛液相烷基化制乙苯工艺，该类工艺的烷基化反应温度低、苯烯比低、产品质量好，在能耗和物耗方面均比气相法工艺具有显著的优势[80-82]，逐渐成为乙苯工业生产的主流技术。

Y、Beta、MCM-22 等分子筛均可用作液相烷基化催化剂的活性组分[82]。美国 UOP 公司与 Lummus 公司合作开发了液相烷基化工艺 EBOne，其最初以 Y 分子筛为烷基化催化剂的活性组分，随后改进为选择性更好的 Beta 型分子筛[83]。EBOne 工艺的反应温度为 190～230℃，苯烯比为 3.0～4.0，乙苯产品的纯度可达到 99.9% 以上，几乎没有二甲苯杂质生成，并且催化剂具有很长的寿命。美国 Exxon Mobil 公司和 Badger 公司于同期合作开发了 EBMax 工艺，其以 MCM-22 分子筛作为烷基化催化剂活性组分。相比 EBOne 工艺，EBMax 工艺具有反应温度范围宽（180～240℃）、苯烯比低（1.6～3.0）、乙苯选择性高（产生的多乙苯和焦油少）等优点，自 1997 年商业化起，EBMax 工艺已在全球 30 余套液相法乙苯生产装置上使用，总产能超 1600 万吨/年，展现出很强的市场竞争力。

大量研究表明，在苯与乙烯液相烷基化反应中，位于 MCM-22 分子筛 10-MR 环孔道中的酸中心对乙烯转化的贡献很小，反应主要发生在位于晶体外表面的 12-MR 半超笼中，因而，具有更多外表面酸中心的超薄层状 MWW 型分子筛的催化性能优于多层的 MCM-22 分子筛[18]。

1. 催化剂开发

对于苯与乙烯液相烷基化反应，超薄层状 MWW 分子筛和 MCM-22 分子筛的催化性能对比如图 7-14 所示。在低温、高空速条件（反应条件Ⅰ）下，超薄层状 MWW 分子筛 SCM-1 的乙烯转化率为 55.9%，显著高于 MCM-22 分子筛的 28.3%。而在低苯烯比、高温、低空速条件（反应条件Ⅱ）下，超薄层状 MWW 分子筛具有比 MCM-22 分子筛更高的乙苯选择性（71.4% vs 69.8%）和更低的重组分选择性（0.25% vs 0.30%）。稳定性方面，在苯烯比为 3.0、乙烯空速为 6.0h^{-1} 的条件下，运行 64h 后，MCM-22 分子筛的乙烯转化率下降超 20%，而超薄层状 MWW 型分子筛的乙烯转化率几乎无下降。这些数据充分表明，在苯与乙烯液相烷基化上，超薄层状 MWW 型分子筛具有比 MCM-22 分子筛更优异的催化性能，这主要归因于超薄层状 MWW 型分子筛更加优异的扩散性能和更好的酸中心可接近性。据此，本书著者团队以超薄层状 MWW 型分子筛为活性组分，通过挤条成型制备了既具有较高机械强度又保留较多外表面酸性位的催化剂，命名为 EBC-1。

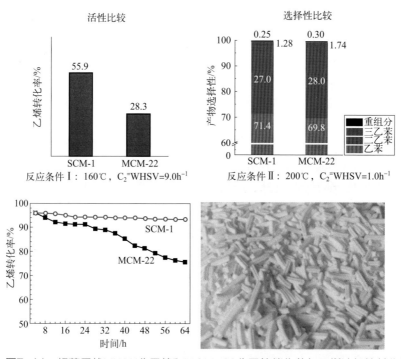

图7-14　超薄层状MWW分子筛和MCM-22分子筛催化苯与乙烯液相烷基化的性能比较和催化剂外观图[18]

EBC-1 催化剂具有优异的催化性能，如表 7-3 所示，在反应温度为 140℃时，乙烯转化率可高达 87.45%。随着反应温度的提高，乙烯转化率提高，当温度达到180℃以上时，乙烯完全转化。升高温度虽然能促进反应，但也会导致乙基化的选择性有所下降，即副反应增加，具体到产物分布上，升高温度会导致乙苯选择性下降，多乙苯、重组分含量增加。反应温度为270℃时，乙苯选择性只有73.21%，重组分/乙苯质量比达4.54‰，且由于该温度下反应物开始汽化，有约50mg/kg的二甲苯生成。整体来看，EBC-1催化剂在180～260℃范围内具有较好的乙基化、乙苯选择性，重组分/乙苯质量比也只有1.24‰～3.19‰，这表明EBC-1催化剂具有较宽的反应温度范围。

表7-3 反应温度对EBC-1催化剂性能的影响

反应温度 /℃	乙烯转化率 /%	选择性（摩尔分数）/%				重组分/乙苯 /‰
		乙基化	乙苯	二乙苯	三乙苯	
140	87.45	99.89	81.96	17.35	0.58	0.62
160	98.04	99.85	80.26	19.01	0.58	1.06
180	100.00	99.83	79.33	19.93	0.57	1.24
200	100.00	99.85	79.40	19.89	0.56	1.44
220	100.00	99.83	78.20	20.66	0.96	1.68
240	100.00	99.78	76.96	21.40	1.42	2.24
260	100.00	99.70	75.00	22.84	1.86	3.19
270	100.00	99.60	73.21	23.43	2.96	4.54

注：反应压力：3.5MPa；苯/乙烯（摩尔比）：3.0；乙烯空速：1.0h^{-1}。

而对于苯烯比（苯与乙烯的摩尔比）对EBC-1催化性能的影响，如表7-4所示，苯烯比越高，乙基化、乙苯选择性越高，多乙苯、重组分含量越少。降低苯烯比虽然对乙烯转化率没有影响，但对产物选择性还是有很大的影响。苯烯比大于7.0时，乙苯的选择性超过90%，重组分/乙苯质量比不到0.2‰；苯烯比为4.0时，乙苯的选择性为82.25%，重组分/乙苯质量比为0.75‰；而当苯烯比降至化学计量的1.0时，乙苯选择性只有55.75%，多乙苯的含量超过43%，重组分/乙苯质量比也高达9.23‰。整体来看，EBC-1催化剂在苯烯比为1.6～3.0范围内具有较好的乙基化、乙苯选择性，重组分/乙苯质量比也只有1.44‰～3.49‰，这表明EBC-1催化剂能适应低苯烯比的工艺条件。

表7-4 苯烯比对EBC-1催化性能的影响

苯/乙烯（摩尔比）	乙烯转化率 /%	选择性（摩尔分数）/%				重组分/乙苯 /‰
		乙基化	乙苯	二乙苯	三乙苯	
1.0	99.56	99.32	55.75	40.05	3.52	9.23
1.6	100.00	99.69	71.44	26.97	1.28	3.49
2.3	100.00	99.75	75.21	23.68	0.86	2.34
3.0	100.00	99.85	79.40	19.89	0.56	1.44

续表

苯/乙烯(摩尔比)	乙烯转化率/%	选择性（摩尔分数）/%				重组分/乙苯/‰
		乙基化	乙苯	二乙苯	三乙苯	
4.0	100.00	99.91	82.25	17.14	0.52	0.75
4.8	100.00	99.92	85.29	14.29	0.35	0.54
7.0	100.00	99.97	90.86	8.90	0.21	0.18
11.0	100.00	99.97	93.95	5.88	0.14	<0.1
17.0	100.00	100.00	96.11	3.89	0.00	<0.1
26.0	100.00	100.00	98.25	1.75	0.00	<0.1

注：反应温度：200℃，反应压力：3.5MPa，乙烯空速=1.0h^{-1}。

在接近工业装置的操作条件下（苯烯比为3.0）考察EBC-1催化剂的稳定性，2000h的连续固定床运行结果表明，乙烯转化率、乙基化选择性分别保持为100%、99.85%，没有任何下降［图7-15（a）］，表明EBC-1具有极佳的稳定性。对EBC-1进行催速老化考察其再生性能，从图7-15（b）可以看出，失活的EBC-1催化剂焙烧再生后，其活性、稳定性与新鲜催化剂的水平相当，表明其具有良好的再生性能。

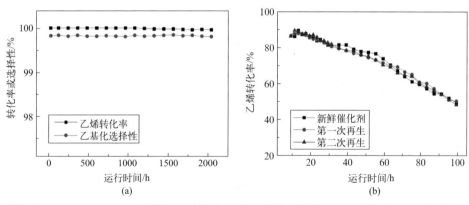

图7-15 （a）EBC-1催化剂稳定性试验；（b）催速老化下EBC-1催化剂再生性能试验

2. 催化剂的工业化应用

超薄层状MWW型分子筛催化剂EBC-1主要针对的是EBMax工艺，其烷基化反应流程如图7-16所示。原料苯在脱轻组分塔中脱除水和非芳烃，再经过苯预处理器除去对催化剂有害的含氮、含硫碱性物质，流经苯精馏塔后，由反应器底部进入烷基化反应保护床（RGB），再进入烷基化主反应器（MR）。乙烯分多段进料，分别在RGB和MR各床层入口与苯或反应物料混合，这样可显著提高局部苯烯比，利于催化剂床层上的烷基化反应。反应物料流回苯精馏塔进行分离，底部物料去乙苯精馏塔得到乙苯产品。由于RGB中的催化剂最先接触苯，它在催化液相烷基化的同时，也起着保护主反应器催化剂的作用，因此其不仅需要催化性能好，还要抗杂质性能强。

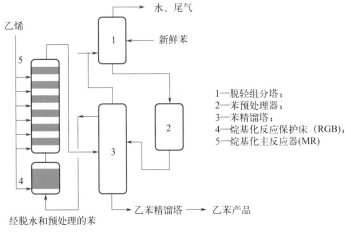

1—脱轻组分塔；
2—苯预处理器；
3—苯精馏塔；
4—烷基化反应保护床（RGB）；
5—烷基化主反应器(MR)

图7-16 液相法工艺烷基化反应流程示意图

EBC-1催化剂于2013年在新疆某石化企业34万吨/年乙苯装置RGB上进行了工业应用，连续高效运行40个月，取得成功。2017年在当时亚洲最大规模84万吨/年乙苯装置开始应用，2019年实现了该装置全部烷基化（RGB + MR）催化剂的替代，先后四次均通过了技术标定。标定结果（表7-5）表明，使用EBC-1催化剂替代原参比催化剂后，进料苯烯比从3.18降低至2.89，反应温度降低3～5℃，综合能耗降低约2kg标油/tEB；装置重质焦油从2.76kg/tEB减少至2.30kg/tEB，物耗显著降低；乙烯质量空速从0.97h^{-1}提高至1.13h^{-1}，催化剂的乙烯处理能力提高16%。这些数据充分表明，EBC-1催化剂的性能指标达到国际先进水平。

近年来EBC-1催化剂由于其性能优势，先后在天津、山东、浙江等地石化企业成功推广，已应用于7套大型乙苯生产装置，合计产能达430万吨/年，未来将有望进一步推广拓展国内外市场，推动乙苯生产的低碳化进程。

表7-5 EBC-1主要标定结果及与参比催化剂的对比

项目	单位	参比催化剂	EBC-1
RGB入口温度	℃	197.3	193.2
MR第2#床层入口温度	℃	195.4	192.2
MR第4#床层入口温度	℃	195.8	190.8
装置负荷	%	94	98

续表

项目	单位	参比催化剂	EBC-1
苯/乙烯	mol/mol	3.18	2.89
乙烯质量空速	h^{-1}	0.97	1.13
焦油/乙苯	kg/t EB	2.76	2.30
产品乙苯纯度	%	>99.9	>99.9

二、在液相烷基化合成异丙苯中的应用

异丙苯也是非常重要的有机化工原料，目前工业上异丙苯生产的主流技术是以固体酸分子筛为催化剂的液相烷基化生产工艺，如 Dow/Kellogg 工艺[84]、Q-Max 工艺[85]、Badger 工艺[86]，以及中国石化的 S-ACT 技术[87]。Dow/Kellogg 工艺、Q-Max 等工艺已在第六章进行介绍，在此不再赘述，Badger 工艺采用的是 MCM-22 分子筛催化剂，其最大优点是催化剂的稳定性好，苯烯比可以降低到 2.0，可以大幅提高产物中异丙苯的含量和生产效率。由于这些优势，采用 Badger 工艺的异丙苯装置较多，S-ACT 技术近年来也有多套工业应用。

1．催化剂开发

对于异丙苯而言，正丙苯是影响其产品质量最主要的杂质，正丙苯含量是衡量异丙苯工艺技术和催化剂技术水平最关键的指标。正丙苯的生成主要来自于苯和丙烯烷基化、多异丙苯和苯烷基转移过程，为此，本书著者团队[88]对苯和丙烯烷基化的动力学进行了研究。图 7-17（a）、（b）为 MWW 分子筛催化苯与丙烯烷基化生产异丙苯的反应速率和反应温度的关系图（$\ln r$-$1/T$）。在高温段，由于丙烯转化率较高，$\ln r$-$1/T$ 的曲线发生弯曲；但在低温区域，$\ln r$-$1/T$ 基本呈线性关系。根据阿伦尼乌斯公式，可计算出丙烯和苯液相烷基化生成异丙苯的活化能为 26kJ/mol。根据产物中正丙苯的相对含量和反应温度的关系[图 7-17（c）]可以得出，随反应温度的提高，正丙苯的相对含量线性增加。进一步在正丙苯的生成速率和反应温度的关系曲线[图 7-17（d）]中，$\ln r$-$1/T$ 呈线性关系，根据阿伦尼乌斯公式，由 $\ln r$-$1/T$ 曲线的斜率得出正丙苯的生成反应的活化能为 42kJ/mol 左右。

由此可见，和烷基化生成异丙苯相比，生成正丙苯需要更高的活化能，亦即高温更有利于正丙苯的生成。要减少正丙苯的生成，就需降低反应温度，然而降低反应温度不利于烷基化反应，而有利于丙烯的聚合，从而导致催化剂的失活速度加快。因此，要通过降低反应温度来减少正丙苯的生成，关键是要提高分子筛催化剂的低温性能和抗烯烃齐聚能力。由于优异的扩散性能和酸中心可接近性，本书著者团队创制的超薄层状 MWW 型分子筛在苯与乙烯烷基化反应上表现出优异的催化活性、选择性及稳定性，为此，本书著者团队进一步将其用于苯与丙

烯烷基化生产异丙苯反应。

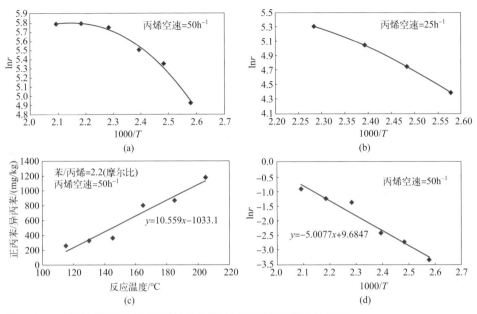

图7-17 不同苯烯比下苯与丙烯烷基化反应速率和反应温度的关系

表7-6为超薄层状MWW型分子筛催化丙烯和苯的液相烷基化制异丙苯反应的结果。其正丙苯相对含量是以异丙苯计算的：正丙苯/异丙苯（NPB/IPB）= 1000000×正丙苯百分含量/异丙苯百分含量（mg/kg）。连续反应120h，丙烯转化率保持在100%，异丙苯选择性大于88%，正丙苯/异丙苯小于350mg/kg。而对于常规MCM-22分子筛，在相同的反应条件下，其异丙苯的选择性为74.8%，正丙苯的相对含量达到了528mg/kg，如果使MCM-22上异丙苯的选择性达到表7-6中的水平，则需要提高反应苯和丙烯摩尔比到4.0或者将反应温度提高10～20℃。这充分说明，超薄层状MWW型分子筛能在更低的反应温度下获得更高的异丙苯选择性，从而抑制了高温下产物正丙苯杂质的生成，超薄层状MWW分子筛在丙烯和苯液相烷基化制异丙苯反应上比常规MCM-22分子筛具有更优异的催化性能。

表7-6 超薄层状MWW型分子筛用于丙烯和苯液相烷基化制异丙苯的催化性能

反应时间	产物分布/%			丙烯转化率/%	异丙苯选择性（摩尔分数）/%	NPB/IPB/（mg/kg）
	异丙苯	二异丙苯	三异丙苯			
24h	38.4	6.5	0.3	约100	88.5	280
120h	38.4	6.3	0.3	约100	88.7	320

注：1. 反应温度170℃，苯和丙烯的摩尔比2.5，丙烯质量空速5.2h^{-1}，产物中苯未列出。
2. NPB—正丙苯；IPB—异丙苯。

基于以上实验结果，本书著者团队以超薄层状 MWW 型分子筛为活性组分，成功开发了苯和丙烯液相烷基化生产异丙苯的 MP-01 催化剂。表 7-7 是反应温度对 MP-01 催化剂性能的影响，由表可知，MP-01 催化剂在 135～140℃的低温条件下运行时仍具有良好的活性和反应稳定性，丙烯转化率达 100%，异丙苯选择性达到 85.5% 以上。正丙苯含量极低，在反应温度为 140℃以下时未检出。

表7-7　反应温度对MP-01催化剂性能的影响

反应温度/℃	产物分布/%			异丙苯选择性/%	丙基选择性/%	丙烯转化率/%	正丙苯含量/(μg/g)	苯/丙烯（摩尔比）
	异丙苯	二异丙苯	三异丙苯					
145	37.1	8.1	0.6	85.5	100.0	100	50.0	2.5
140	36.0	7.6	0.6	85.8	100.0	100	0.0	2.6
135	36.3	7.8	0.6	85.6	100.0	100	0.0	2.5

注：丙烯质量空速 0.8h^{-1}，产物中苯未列出。

图 7-18 给出了相同苯烯比、高丙烯空速条件下 MP-01 催化剂上丙烯转化率和温度的关系。在一定温度范围内（115～165℃），丙烯的转化率总是随反应温度的提高而增加。当反应温度高于 185℃时，丙烯转化率反而下降，这可能和高温下产物异丙苯的脱丙基作用有关。不同时间的丙烯转化率和温度的曲线几乎呈平行分布，尤其在高空速和转化率较低的区间，这也说明在不同的温度条件下，催化剂的失活速率几乎是相同的。在低温区间，没有发现因丙烯聚合造成催化剂性能明显下降的现象，说明 MP-01 催化剂的低温烷基化性能是十分优良的。

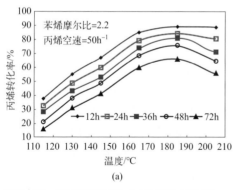

图7-18　高空速下MP-01的催化剂性能

2. 催化剂的工业化应用

基于超薄层状 MWW 型分子筛，本书著者团队[89-90]开发了低苯烯比、高选择性液相烷基化制异丙苯技术；用于苯和丙烯烷基化的 MP-01 催化剂和用于多异丙苯（包括二异丙苯和三异丙苯）烷基转移的 MP-02 催化剂，以及 S-ACT 异丙苯成套技术。该成套技术通过烷基化和烷基转移两个过程的匹配，抑制了关键杂质正丙苯的生成，提高了异丙苯产品的纯度。图 7-19 为烷基化和烷基转移的简要工艺流程。

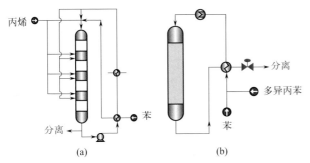

图7-19 烷基化（a）和烷基转移（b）的简要工艺流程

2010 年 2 月，运用 S-ACT 异丙苯成套技术在中沙（天津）石化建成投产了当时国内最大的 30 万吨/年异丙苯装置。该装置的苯烯比为 2.0，丙烯质量空速 $0.7h^{-1}$，杂质正丙苯含量小于 300mg/kg 异丙苯，装置和催化剂一直长期稳定运行。其中，MP-01 催化剂连续在线运行 8 年、MP-02 催化剂连续在线运行 10 年，仍保持高活性。经标定，S-ACT 异丙苯成套技术流程合理，催化剂活性、选择性、稳定性高，产品纯度高，物耗和能耗低，产品质量满足下游苯酚/丙酮装置的要求，工艺指标和能耗上均达到国际先进水平（表 7-8）。投产两年后，该装置新增产值 52.28 亿元，新增利润 1.57 亿元。

表7-8 异丙苯成套技术工业应用指标情况

项目	参比技术	本技术	技术水平对比
苯/烯（摩尔比）	2.5	2.0	降低20%～33%
苯/多异丙苯（质量比）	2.0	1.0	降低50%
丙烯空速/h^{-1}	0.67	0.7～1.2	提高20%～100%
能耗/(kg标油/t)	83	61	降低26%～30%

本书著者团队开发的 MP-01/02 系列催化剂和 S-ACT 异丙苯成套技术具有以下几个特点：①催化剂具有在低苯烯比下，活性、选择性和稳定性高的特点，可再生，寿命长；②异丙苯产品纯度达到 99.95% 以上，正丙苯含量小于 300μg/g；③异丙苯产品单耗低、能耗低。该技术能够显著降低装置中的循环苯的量，进而显著降低装置能耗。近年来，催化剂 MP-01102 和 S-ACT 异丙苯成套技术在国内外十多家企业中得到工业推广应用，产生了良好的经济效益。

三、在液相烷基化合成长链烷基苯中的应用

长链烷基苯（LAB）是制备合成洗涤剂烷基苯磺酸钠的主要原料[91]。苯与长链烯烃（$C_{10} \sim C_{14}$）烷基化生产长链烷基苯（LAB）是化学工业生产洗涤剂的重要过程之一，主要有 2-LAB、3-LAB、7-LAB、5-LAB、6-LAB 等多种异构体生成。其中 2-LAB 的线性度最高，具有最好的乳化和生物降解性能，所以在提高分子筛催化活性的同时，还希望提高 2-LAB 的选择性。其生产工艺主要是氢氟酸工艺，随后美国 UOP 和 Petresa 公司开发成功并工业化了以 SiO_2-Al_2O_3 固体酸为催化剂的"Detal"新工艺，开创了该反应固体酸催化的工业实例。酸性分子筛作为重要的固体酸催化剂，在该反应中也开始出现应用[92]。从分子结构的角度看，2-LAB 的分子直径小，最容易在分子筛的孔道中扩散；从反应机理的角度而言，烷基化按照碳正离子机理进行，烯烃异构化和烷基化之间的竞争影响了 2-LAB 的选择性。所以，要提高烯烃在分子筛上的扩散速率，并适当提高分子筛酸性，降低反应温度，才能达到提高 2-LAB 选择性的目的。

本书著者团队开发了以层状 MWW 型分子筛为核心的 LB 系列长链烷基苯催化剂，由于表面开放的杯状超笼结构数量多，使得长链烯烃和苯烷基化后，生成的长链烷基苯快速从分子筛表面脱附，减少了异构化，完成 1000h 催化剂稳定性试验，催化剂上烯烃转化率大于 98%，2-LAB 选择性大于 40%。

第三节
在催化选择氧化技术中的应用

除了酸催化外，氧化也是石油化工中的一类重要过程。传统的氧化过程步骤多、选择性低、原子经济性差，会产生大量的三废，严重污染环境。1983 年，意大利 EniChem 公司首先合成出具有 MFI 结构的钛硅分子筛 TS-1，其在以过氧化氢为氧化剂的温和条件下可高效催化一系列有机物的选择氧化过程，如烯烃环氧化、醛酮氨肟化、苯酚羟基化等（图 7-20）[93-94]。针对丙烯环氧化过程，BASF 与 Dow Chemical 公司在 2003 年联合开发了基于 TS-1 分子筛/过氧化氢体系的 HPPO 固定床工艺，并于 2008 年在比利时建成 30 万吨/年环氧丙烷装置[93]。中国石化石油化工科学研究院发明了空心钛硅分子筛 HTS[95]，并以其为基础开发了 HPPO 技术和环己酮一步肟化生产环己酮肟技术，污染物接近零排放[94,96]。

然而，TS-1 分子筛在催化应用时也面临着一些问题。其 10-MR 孔道直径只

有 5Å 左右，当反应物分子的尺寸接近或大于该数值时，扩散制约的问题十分显著，催化性能急剧下降[97]。为此，研究人员开发出具有 12-MR 或者更大孔道结构的钛硅分子筛，其中最突出的是具有 MWW 拓扑结构的钛硅分子筛，即 Ti-MWW 型分子筛。其在烯烃环氧化、醛酮氨肟化反应中表现出比经典 TS-1 型分子筛更优异的催化性能[98]，其发现开启了钛硅分子筛催化氧化研究的新纪元。在烯烃环氧化、醛酮氨肟化反应中，Ti-MWW 的催化性能显著优于 TS-1。下面简要介绍 Ti-MWW 型分子筛在烯烃环氧化[99-100]、醛酮氨肟化上的催化应用[101-103]。图 7-20 为钛硅分子筛催化的选择氧化过程[104]。

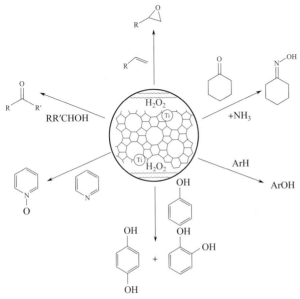

图7-20 钛硅分子筛催化的选择氧化过程[104]

一、Ti-MWW型分子筛在烯烃环氧化反应中的应用

在钛硅分子筛催化烯烃环氧化上常出现这样的现象，催化小分子反应性能优异的钛硅分子筛，其催化大分子反应的性能往往较差，而催化大分子反应性能优异的钛硅分子筛，其催化小分子反应的性能则往往较差。吴鹏等的研究表明，Ti-MWW 型分子筛对小分子和大分子烯烃的环氧化均表现出优异的催化性能[98]。而且，Ti-MWW 型分子筛不仅对简单烯烃显示高活性，其对含官能团烯烃（如烯丙醇、氯丙烯）的环氧化也非常有效[99]。对于烯烃环氧化反应，TS-1 和 Ti-MWW 型分子筛表现出不同的溶剂效应，TS-1 型分子筛的适宜溶剂为质子溶

剂甲醇，而 Ti-MWW 型分子筛的适宜溶剂为非质子溶剂乙腈或丙酮，这使得尽管 Ti-MWW 型分子筛由于骨架中存在一定的硼而呈现较弱的 Brønsted 酸性，但环氧产物仍不易发生开环等副反应。相比 TS-1 型分子筛/过氧化氢体系，Ti-MWW 型分子筛/过氧化氢体系具有更高的环氧化物选择性。例如，当 Ti-MWW 型分子筛/过氧化氢催化体系的氯丙烯转化率为 83.4% 时，环氧氯丙烷的选择性仍高达 99.9%。而相同条件下，TS-1 分子筛/过氧化氢催化体系必须以甲醇为溶剂才能达到 75.1% 的氯丙烯转化率，但由于环氧氯丙烷易与水、甲醇发生开环生成 3-氯丙二醇、醇醚，该体系环氧氯丙烷的选择性只有 97.2%[99]。这充分说明，Ti-MWW 型分子筛/过氧化氢体系在催化烯烃环氧化上具有明显的优势。考虑到 HPPO 固定床工艺对丙烯环氧化催化剂机械强度有一定的要求，吴鹏等也开展了 Ti-MWW 型分子筛催化剂成型与性能评价的研究，他们开发了转晶制备无黏结剂 Ti-MWW 型分子筛催化剂的方法，结合结构重排处理与氟改性处理策略，制得催化性能优异的无黏结剂 Ti-MWW 型分子筛催化剂，连续运行 2400h，过氧化氢转化率和环氧丙烷选择性均在 99.5% 以上，展现出良好的工业应用前景（图 7-21）[100]。

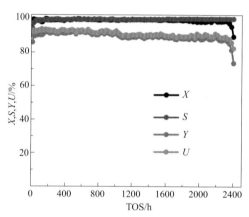

图 7-21　无黏结剂 Ti-MWW 型分子筛催化剂催化丙烯环氧化稳定运行结果
X—过氧化氢转化率；S—环氧丙烷选择性；Y—环氧丙烷收率；U—过氧化氢利用率；TOS—运行时间

二、Ti-MWW型分子筛在醛酮氨肟化上的应用

对于环己酮肟化制备环己酮肟，吴鹏等的研究发现，相同的反应条件下，TS-1 型分子筛的催化性能远不如 Ti-MWW 型分子筛[101-103]。TS-1 型分子筛只有在以叔丁醇和水作共溶剂且增加催化剂的用量以及延长反应时间的情况下才能达到较高的转化率和选择性，若以水作为溶剂，选择性会大幅度地下降。而 Ti-MWW 型分子筛仅在以水为溶剂的体系下就可以达到较高的转化率和选择性，并

且不需要增加催化剂的用量及延长反应时间[102]。此外，Ti-MWW 型分子筛具有很好的循环使用性，循环 5 次，依然可以保持很好的催化活性。除了在环己酮肟的反应中展现出优异的催化性能外，Ti-MWW 型分子筛在丁酮的氨氧化反应中也展现出优于 TS-1 的催化性能，其转换数（TON）是 TS-1 型分子筛的数倍[103]。即使以水为溶剂，Ti-MWW 型分子筛的丁酮转化率和丁酮肟选择性都均高于 99%。立足 Ti-MWW 型分子筛，吴鹏等开发了高性能酮肟化催化剂及反应新工艺，已在浙江圣安化工 1.5 万吨 / 年丁酮肟装置上成功应用，在国际上率先实现精细化学品丁酮肟的清洁生产。

参考文献

[1] Rubin M K, Chu P. Composition of synthetic porous crystalline material, its synthesis and use: US4954325[P]. 1990-09-04.

[2] Leonowicz M E, Lawton J A, Lawton S L, et al. MCM-22: A molecular sieve with two independent multidimensional channel systems [J]. Science, 1994, 264(5167): 1910-1913.

[3] https://asia.iza-structure.org/IZA-SC/framework.php?STC=MWW.

[4] Puppe L, Weisser J. Crystalline aluminosilicate PSH-3 and its process of preparation: US4439409[P]. 1984-03-27.

[5] Zones S I, Holtermann D I, Innes R A, et al. Zeolite SSZ-25: US4826667[P]. 1989-05-02.

[6] Camblor M A, Corell C, Corma A, et al. A new microporous polymorph of silica isomorphous to zeolite MCM-22 [J]. Chemistry of Materials, 1996, 8: 2415-2417.

[7] Belussi G, Perego G, Clerici M G, et al. Synthetic, crystalline, porous material containing oxides of silicon and boron: EP293032[P]. 1988-11-05.

[8] Wu P, Tatsumi T, Komutsu T, et al. Hydrothermal synthesis of a novel titanosilicate with MWW topology [J]. Chemistry Letters, 2000, 29: 774-775.

[9] Bennett J M, Chang C D, Lawton S L, et al. Synthetic porous crystalline MCM-49, its synthesis and use: US5236575[P]. 1993-08-17.

[10] Fung A S, Lawton S L, Roth W J. Synthetic layered MCM-56, its synthesis and use: US5362697[P]. 1994-11-08.

[11] Kumar N, Lindfors L E. Synthesis, characterization and application of H-MCM-22, Ga-MCM-22 and Zn-MCM-22 zeolite catalysts in the aromatization of *n*-butane [J]. Applied Catalysis A: General, 1996, 147(1): 175-187.

[12] Rohde L M, Lewis G J, Miller M A, et al. Crystalline aluminosilicate zeolitic composition: UZM-8: US6756030[P]. 2004-06-29.

[13] Wu P, Ruan J, Wang L, et al. Methodology for snthesizing cystalline mtallosilicates with expanded pore windows through molecular alkoxysilylation of zeolitic lamellar precursors [J]. Journal of the American Chemical Society, 2008, 130(26): 8178-8187.

[14] Kresge C T, Roth W J. Method for preparing a pillared layered oxide material: US5278115[P]. 1994-01-11.

[15] Corma A, Fornes V, Pergher S B, et al. Delaminated zeolite precursors as selective acidic catalysts [J]. Nature, 1998, 396(6709): 353-356.

[16] Smeets S, Berkson Z J, Xie D, et al. Well-defined silanols in the structure of the calcined high-silica zeolite SSZ-70: New understanding of a successful catalytic material [J]. Journal of the American Chemical Society, 2017, 139: 16803-16812.

[17] Luo H Y, Michaelis V K, Hodges S, et al. One-pot synthesis of MWW zeolite nanosheets using a rationally designed organic structure-directing agent [J]. Chemical Science, 2015, 6: 6320-6324.

[18] Wang Z D, Cichocka M O, Luo Y, et al. Controllable direct-syntheses of delaminated MWW-type zeolites [J]. Chinese Journal of Catalysis, 2020, 41: 1062-1066.

[19] Xu L, Ji X Y, Jiang J-G, et al. Intergrown zeolite MWW polymorphs prepared by the rapid dissolution-recrystallization route [J]. Chemistry of Materials, 2015, 27(23): 7852-7860.

[20] Xu L, Ji X Y, Li S H, et al. Self-assembly of cetyltrimethylammonium bromide and lamellar zeolite precursor for the preparation of hierarchical MWW zeolite [J]. Chemistry of Materials, 2016, 28(12): 4512-4521.

[21] Zhu Z, Guan Y, Ma H, et al. Hydrothermal synthesis of boron-free Zr-MWW and Sn-MWW zeolites as robust Lewis acid catalysts [J]. Chemical Communications, 2020, 56: 4696-4699.

[22] Li X C, Yuan X H, Xia G P, et al. Catalytic production of γ-valerolactone from xylose over delaminated Zr-Al-SCM-1 zeolite via a cascade process [J]. Journal of Catalysis, 2020, 392: 175-185.

[23] Wu Y, Wang J, Liu P, et al. Framework-substituted lanthanide MCM-22 zeolite: Synthesis and characterization [J]. Journal of the American Chemical Society, 2010, 132(51): 17989-17991.

[24] Corma A, Corell C, Pérez-Pariente J. Synthesis and characterization of the MCM-22 zeolite [J]. Zeolites, 1995, 15(1): 2-8.

[25] Wu Y, Ren X, Wang J. Effect of microwave-assisted aging on the static hydrothermal synthesis of zeolite MCM-22 [J]. Microporous and Mesoporous Materials, 2008, 116(1-3): 386-393.

[26] Ling Y, Zheng Y T, Liu Y M, et al. A study on microwave-assisted synthesis of MCM-22 zeolite [J]. Acta Chimica Sinica -Chinese Edition, 2010, 68(20):2035-2040.

[27] Inagaki S, Hoshino M, Kikuchi E, et al. Synthesis of MCM-22 zeolite by the vapor-phase transport method [J]. Studies in Surface Science and Catalysis, 2002, 142: 53-60.

[28] Mu Z J, Li Y X, Chen B H, et al. Synthesis of zeolite MCM-22 by vapor-phase transport method from different silica sources [J]. Journal of Beijing University Chemical Technology (Natural Science Edition), 2004, 31(2): 6-8.

[29] Liu Z Q, Wang Y M, Fu J, et al. Highly efficient synthesis of zeolite MCM-22 under static hydrothermal crystallization conditions [J]. Chinese Journal of Catalysis, 2002, 23(5): 439-442.

[30] Kamimura Y, Itabashi K, Kon Y, et al. Seed-assisted synthesis of MWW-type zeolite with organic structure-directing agent-free Na-aluminosilicate gel system [J]. Chemistry - An Asian Journal, 2017, 12: 530-542.

[31] Niu X L, Xie S J, Li H B, et al. Templating function of hexamethyleneimine and cyclohexylamine binary amines in zeolite synthesis [J]. Chinese Journal of Catalysis, 2005, 26(10): 851-854.

[32] 吴雪红，李懿桐，蒋晶洁，等．采用二元结构导向剂合成 MCM-22 分子筛的研究 [J]．化学工程师，2009, 4: 18-19.

[33] Camblor M A, Corma A, Díaz-cabañas M, et al. Synthesis and structural characterization of MWW type zeolite ITQ-1, the pure silica analog of MCM-22 and SSZ-25 [J]. Journal of Physical Chemistry B, 1998, 102: 44-51.

[34] Millini R, Perego G, Parker WO, et al. Layered structure of ERB-1 microporous borosilicate precursor and its intercalation properties towards polar molecules [J]. Microporous Materials, 1995, 4(2-3): 221-230.

[35] Nuntasri D, Wu P, Tatsumi T. High selectivity of MCM-22 for cyclopentanol formation in liquid-phase cyclopentene hydration [J]. Journal of Catalysis, 2003, 213(2): 272-280.

[36] Lee S H, Shin C H, Yang D K, et al. Reinvestigation into the synthesis of zeolites using diquaternary alkylammonium ions $(CH_3)_3N^+(CH_2)_nN^+(CH_3)_3$ with n=3-10 as structure-directing agents [J]. Microporous and Mesoporous Materials, 2004, 68(1-3): 97-104.

[37] Han B, Lee S H, Shin C H, et al. Zeolite synthesis using flexible diquaternary alkylammonium ions $(C_nH_{2n+1})_2H N^+(CH_2)_5N^+H(C_nH_{2n+1})_2$ with n=1-5 as structure-directing agents [J]. Chemistry of Materials, 2005, 17(3): 477-486.

[38] 王振东, 刘闯, 孙洪敏, 等. 不同有机结构导向剂合成MCM-22分子筛及其催化性能 [J]. 石油化工, 2020, 49: 209-213.

[39] Vuono D, Pasqua L, Testa F, et al. Influence of NaOH and KOH on the synthesis of MCM-22 and MCM-49 zeolites [J]. Microporous and Mesoporous Materials, 2006, 97(1-3): 78-87.

[40] Wu Y J, Ren X Q, Lu Y D, et al. Crystallization and morphology of zeolite MCM-22 influenced by various conditions in the static hydrothermal synthesis [J]. Microporous and Mesoporous Materials, 2008, 112(1-3): 138-146.

[41] Aiello R, Crea F, Testa F, et al. Synthesis and characterization of aluminosilicate MCM-22 in basic media in the presence of fluoride salts [J]. Microporous and Mesoporous Materials, 2000, 35-36(1): 585-595.

[42] Güray I, Warzywoda J, BaçN, et al. Synthesis of zeolite MCM-22 under rotating and static conditions [J]. Microporous and Mesoporous Materials, 1999, 31(3): 241-251.

[43] 张云贤, 王振东, 张斌, 等. 无硼体系MCM-22分子筛的合成 [J]. 化学反应工程与工艺, 2014, 30: 563-566.

[44] Mochida I, Eguchi S, Hironaka M, et al. The effects of seeding in the synthesis of zeolite MCM-22 in the presence of hexamethyleneimine [J]. Zeolites, 1997, 18(2-3): 142-151.

[45] Cheng M, Tan D, Liu X, et al. Effect of aluminum on the formation of zeolite MCM-22 and kenyaite [J]. Microporous and Mesoporous Materials, 2001, 42(2-3): 307-316.

[46] Harman R W. Aqueous solutions of sodium silicates. Ⅷ. general summary and theory of constitution. sodium silicates as colloidal electrolytes [J]. Journal of Physical Chemistry, 1927, 32(1): 44-60.

[47] Wu Y, Ren X, Lu Y, et al. Rapid synthesis of zeolite MCM-22 by acid-catalyzed hydrolysis of tetraethylorthosilicate [J]. Materials Letters, 2008, 62(2): 317-319.

[48] 王振东, 张云贤, 张斌, 等. 不同形貌MCM-22分子筛的合成及其催化性能 [J]. 石油学报(石油加工), 2014, 30: 110-114.

[49] Chen J L, Liang T Y, Li J F, et al. Regulation of framework aluminum siting and acid distribution in H-MCM-22 by boron incorporation and its effect on the catalytic performance in methanol to hydrocarbons [J]. ACS Catalysis, 2016, 6: 2299-2313.

[50] Chu W F, Li X J, Liu S L, et al. Direct synthesis of three-dimensional MWW zeolite with cyclohexylamine as an organic structuredirecting agent [J]. Journal of Materials Chemistry A, 2018, 6: 12244-12249.

[51] Chu C T W, Chang C D. Isomorphous substitution in zeolite frameworks. 1. Acidity of surface hydroxyls in [B]-, [Fe]-, [Ga]-, and [Al]-ZSM-5 [J]. Journal of Physical Chemistry, 1985, 89(9): 1569-1571.

[52] Liang T Y, Chen J L, Wang S, et al. Conversion of methanol to hydrocarbons over H-MCM-22 zeolite: Deactivation behaviours related to acid density and distribution [J]. Catalysis Science and Technology, 2022, 12: 6268-6284.

[53] Corma A, Díaz U, Fornés V, et al. Ti/ITQ-2, a new material highly active and selective for the epoxidation of olefins with organic hydroperoxides[J]. Chemical Communications, 1999, 9: 779-780.

[54] Levin D, Chang C D, Luo S. Olefin epoxidation catalysts: US6114551A[P]. 2000-09-05.

[55] Wu P, Tatsumi T, Komatsu T, et al. A novel titanosilicate with MWW structure. I. Hydrothermal synthesis, elimination of extraframework titanium, and characterizations[J]. Journal of Physical Chemistry B, 2001, 105: 2897-2905.

[56] Liu N, Liu Y M, Xie W, et al. Hydrothermal synthesis of boron-free Ti-MWW with dual structure-directing agents [J]. Studies in Surface Science and Catalysis, 2007, 170: 464-469.

[57] Wu P, Tatsumi T. Preparation of B-free Ti-MWW through reversible structural conversion [J]. Chemical Communications, 2002, 10: 1026-1027.

[58] Tang Z M, Yu Y K, Liu W, et al. Deboronation-assisted construction of defective Ti(OSi)$_3$OH species in MWW-type titanosilicate and their enhanced catalytic performance [J]. Catalysis Science & Technology, 2020, 10: 2905-2915.

[59] Zhang S L, Jin S Q, Tao G J, et al. The evolution of titanium species in boron-containing Ti-MWW zeolite during post-treatment revealed by UV resonance Raman spectroscopy [J]. Microporous and Mesoporous Materials, 2017, 253: 183-190.

[60] Zhang J, Jin S Q, Deng D H, et al. Insight into the formation of framework titanium species during acid treatment of MWW-type titanosilicate and the effect of framework titanium state on olefin epoxidation [J]. Microporous and Mesoporous Materials, 2021, 314: 110862.

[61] Ogino I, Nigra M M, Hwang S J, et al. Delamination of layered zeolite precursors under mild conditions: Synthesis of UCB-1 via fluoride/chloride anion-promoted exfoliation [J]. Journal of the American Chemical Society, 2011, 133(10): 3288-3291.

[62] Ogino I, Eilertsen E A, Hwang S J, et al. Heteroatom-tolerant delamination of layered zeolite precursor materials [J]. Chemistry of Materials, 2013, 25(9): 1502-1509.

[63] Margarit V J, Martínez-Armero M E, Teresa Navarro M, et al. Direct dual-template synthesis of MWW zeolite monolayers [J]. Angewandte Chemie International Edition, 2015, 9: 13928-13932.

[64] Roth W J, Opanasenko M, Mazur M, et al. Current state and perspectives of exfoliated zeolites [J]. Advanced Materials, 2023, 36(4): 2307341.

[65] Chen J Q, Li Y Z, Hao Q Q, et al. Controlled direct synthesis of single- to multiple-layer MWW zeolite [J]. National Science Review, 2021, 8(7): nwaa236.

[66] Gao H X, Zhou B, Wei Y L, et al. Porous zeolite of organosilicon, a method for preparing the same and the use of the same: US8030508B2[P]. 2011-10-04.

[67] Yang W M, Wang Z D, Sun H M, et al. Molecular sieve, manufacturing method therefor, and uses thereof: US10099935[P]. 2018-10-16.

[68] 杨为民, 王振东, 孙洪敏, 等. 硅铝分子筛SCM-6、其合成方法及其用途: 105217651B[P]. 2017-07-14.

[69] Grzybek J, Roth W J, Gil B, et al. A new layered MWW zeolite synthesized with the bifunctional surfactant template and the updated classification of layered zeolite forms obtained by direct synthesis [J]. Journal of Materials Chemistry A, 2019, 7: 7701-7709.

[70] Choi M, Na K, Kim J, et al. Stable single-unit-cell nanosheets of zeolite MFI as active and long-lived catalysts [J]. Nature, 2009, 461: 246-249.

[71] Li X C, Yuan X H, Xia G P, et al. Postsynthesis of delaminated MWW-type stannosilicate as a robust catalyst for sugar conversion to methyl lactate [J]. Industrial & Engineering Chemistry Research, 2021, 60: 8027-8034.

[72] Ji X Y, Xu L, Du X, et al. Simple CTAB surfactant-assisted hierarchical lamellar MWW titanosilicate: A high-performance catalyst for selective oxidations involving bulky substrates [J]. Catalysis Science and Technology, 2017, 7: 2874-2885.

[73] Zhou Y W, Mu Y Y, Hsieh M F, et al. Enhanced surface activity of MWW zeolite nanosheets prepared via a one-step synthesis [J]. Journal of the American Chemical Society, 2020, 142: 8211-8222.

[74] Jin S Q, Tao G J, Zhang S L, et al. A facile organosilane-based strategy for direct synthesis of thin MWW-type

titanosilicate with high catalytic oxidation performance [J]. Catalysis Science and Technology, 2018, 8: 6076-6083.

[75] 商永臣，张文祥，贾明君，等．MCM-22 分子筛的酸性及在 1-丁烯骨架异构化反应中的催化性能 [J]. 催化学报，2005, 26: 517-520.

[76] Ravishankar R, Bhattacharya D, Jacob N E, et al. Characterization and catalytic properties of zeolite MCM-22 [J]. Microporous Materials, 1995, 4: 83-93.

[77] He Y J, Nivarthy G S, Eder F, et al. Synthesis, characterization and catalytic activity of the pillared molecular sieve MCM-36 [J]. Microporous and Mesoporous Materials, 1998, 25: 207-224.

[78] Meloni D, Laforge S, Martin D, et al. Acidic and catalytic properties of H-MCM-22 zeolites 1. Characterization of the acidity by pyridine adsorption [J]. Applied Catalysis A: General, 2001, 215: 55-66.

[79] Okumura Kazu, Hashimoto Masashi, Mimura Tyakayuki, et al. Acid properties and catalysis of MCM-22 with different Al concentrations [J]. Journal of Catalysis, 2002, 206: 23-28.

[80] Degnan T F, Smith C M, Venkat C R. Alkylation of aromatics with ethylene and propylene: Recent developments in commercial processes [J]. Applied Catalysis A: General, 2001, 221: 283-294.

[81] Perego C, Ingallina P. Recent advances in the industrial alkylation of aromatics: New catalysts and new processes [J]. Catalysis Today, 2002, 73: 3-22.

[82] Perego C, Ingallina P. Combining alkylation and transalkylation for alkyl aromatic production [J]. Green Chemistry, 2004, 6: 274-279.

[83] Cheng J C, Degnan T F, Beck J S, et al. A Comparison of zeolites MCM-22, beta, and USY for liquid phase alkylation of benzene with ethylene [J]. Studies in Surface Science and Catalysis, 1999, 121: 53.

[84] John L, Juan L, Garmt R. A process and a catalyst composition of alkylating benzene or substituted benzene or transalkylating alkylated benzene: EP, 0433932A1 [P]. 1996-5-1.

[85] Gregory J, Robert L, Stephen T. Discrete molecular sieve and use in aromatic-olefin alkylation: US5434326 [P]. 1995-07-18.

[86] John R, Thomas F, Yun-Yang H. Aromatic alkylation process: US6313362 [P]. 2001-11-06.

[87] Gao H, Zhou B, Wei Y L, et al. Process for producing cumene: US20130237730 [P]. 2013-9-12.

[88] 周斌，高焕新，魏一伦，等．液相烷基化制异丙苯 MP-01 催化剂的性能 [J]. 化学反应工程与工艺，2009, 25: 148-151.

[89] 王晓溪，耿晓棉，关志强，等．MP-01 新型异丙苯催化剂中试研究 [J]. 石化技术，2005, 12(3): 1-4.

[90] 周斌，高焕新，魏一伦，等．多异丙苯液相烷基转移催化剂 MP-02 性能研究 [J]. 化学反应工程与工艺，2009, 25: 447-451.

[91] 胥明，高焕新，姚晖，等．长链烷基苯催化剂的开发 [C]// 第 19 届全国分子筛学术大会．武汉：中国化学会，2017.

[92] 李雅丽．直链烷基苯生产技术进展及发展趋势 [J]. 化工技术经济，2005(8): 18-22.

[93] Duprez D, Cavani F. Handbook of advances methods and processes in oxidation catalysis [M]. Lodon: Imperial College Press, 2014.

[94] 慕旭宏，王殿中，王永睿，等．分子筛催化剂在炼油与石油化工中的应用进展 [J]. 石油学报（石油加工），2008, 增刊：1-7.

[95] 林民，舒兴田，汪燮卿，等．一种钛硅分子筛及其制备方法：CN 99126289.1[P]. 2003-12-31.

[96] 林民，李华，王伟，等．1.0kt/a 丙烯与双氧水环氧化制备环氧丙烷的中试研究 [J]. 石油炼制与化工，2013, 44: 1-5.

[97] Moliner M, Corma A. Advances in the synthesis of titanosilicates: From the medium pore TS-1 zeolite to highly-

accessible ordered materials [J]. Microporous and Mesoporous Materials, 2014, 189: 31-40.

[98] Wu P, Tatsumi T, Komatsu T, et al. A Novel titanosilicate with MWW structure: Ⅱ. catalytic properties in the selective oxidation of alkenes [J]. Journal of Catalysis, 2001, 202: 245-255.

[99] Wang L L, Liu Y M, Xie W, et al. Highly efficient and selective production of epichlorohydrin through epoxidation of allyl chloride with hydrogen peroxide over Ti-MWW catalysts [J]. Journal of Catalysis, 2007, 246: 205-214.

[100] Yin J P, Jin X, Xu H, et al. Structured binder-free MWW-type titanosilicate with Si-rich shell for selective and durable propylene epoxidation [J]. Chinese Journal of Catalysis, 2021, 42(9):1561-1575.

[101] 宋芬，刘月明，汪玲玲，等．加料方式及底物浓度对 Ti-MWW 催化剂上环己酮氨肟化反应的影响 [J]. 催化学报，2006, 27: 562-566.

[102] Song F, Liu Y M, Wu H H, et al. A novel titanosilicate with MWW structure: Highly effective liquid-phase ammoximation of cyclohexanone [J]. Journal of Catalysis, 2006, 237: 359-367.

[103] Song F, Liu Y M, Wang L L, et al. Highly selective synthesis of methyl ethyl ketone oxime through ammoximation over Ti-MWW[J]. Applied Catalysis A: General, 2007, 327: 22-31.

[104] 金少青，孙洪敏，杨为民．沸石分子筛催化剂在化学工业中的应用 [J]. 高等学校化学学报，2021, 42: 217-226.

[105] Roth W J, Dorset D L. Expanded view of zeolite structures and their variability based on layered nature of 3-D frameworks[J]. Microporous and Mesoporous Materials, 2011, 142: 32-36.

第八章
CHA结构分子筛

第一节　CHA 分子筛的合成 / 270

第二节　SAPO-34 分子筛在甲醇制烯烃中的应用 / 279

第三节　SSZ-13 分子筛在汽车尾气脱硝技术中的应用 / 294

CHA 结构属于三方晶系，骨架由双 6 元环按照 ABC 方式堆积而成，具有 8 元环开口三维交叉孔道结构和椭球形 cha 笼，孔径和笼大小分别为 0.38nm×0.38nm 和 1.0nm×0.67nm×0.67nm，属于小孔分子筛，其结构示意图如图 8-1（a）所示。其 XRD 谱图如图 8-1（b）所示，在 2θ 为 9.40°、12.80°、15.90°、17.50°、20.45° 等处出现明显的衍射峰。

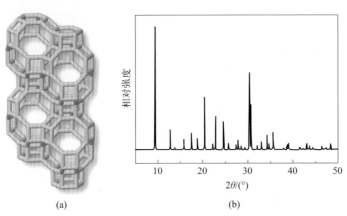

图8-1　CHA分子筛的骨架结构（a）和XRD谱图（b）

　　CHA 型分子筛的 8-MR 孔道结构可以选择性地阻止大分子的进入从而表现出很好的择形性，其大的 cha 笼可以为较大的反应中间体提供反应空间，正是其特有的拓扑结构造就 CHA 型分子筛在工业界的地位。具有 CHA 型结构的典型分子筛包括 SAPO-34、SSZ-13 等。SAPO-34 分子筛由 [SiO$_4$]、[AlO$_4$] 及 [PO$_4$] 四面体相互连接而成，其酸性与组成元素中 Si 的含量有关。SSZ-13 分子筛的硅铝比（Si/Al）在 2 到 ∞ 范围内可调，使其具有酸性的高度可调性和功能位点的高度可修饰性，其酸强度相比于 SAPO-34 来说更强。SAPO-34 分子筛独特的小孔笼状孔道结构以及适宜的酸性使其在甲醇转化制低碳烯烃的反应中有明显的优势。SSZ-13 分子筛是属于 CHA 骨架结构的硅铝分子筛，经过铜、铁等离子交换的 SSZ-13 分子筛在氨气选择性催化还原（NH$_3$-SCR）氮氧化物方面有着很高的催化活性和选择性，受到广泛关注。

第一节
CHA分子筛的合成

　　如前所述，具有 CHA 结构的 SAPO-34 和 SSZ-13 目前在工业上已得到广泛应用，本节将对这两种分子筛的合成开展阐述。

一、SAPO-34分子筛的合成

SAPO-34是一种磷酸硅铝分子筛，最早由美国联合碳化物公司在1984年合成[1]。随后，研究人员发现SAPO-34分子筛独特的孔道结构、较弱的酸性和稳定的结构使其在甲醇制烯烃反应中具有非常好的催化性能[2]。SAPO-34分子筛的典型晶体形貌为立方体状，且其较小的孔径开口限制了物质在其晶体内的传输、扩散，使其在甲醇制烯烃反应中快速积炭失活。为了克服SAPO-34分子筛存在的传质问题，科学家们提出合成SAPO-34纳米晶体或者在SAPO-34晶体中引入介/大孔的策略；为了进一步提高SAPO-34分子筛的应用价值，改用低成本模板剂来降低其生产成本。

1．纳米晶粒SAPO-34分子筛的合成

分子筛的晶体尺寸变小，比表面积也会增加，可参与反应的 cha 笼增多，有助于延长催化剂的寿命。纳米晶体的合成总体思路是增加晶核的数量、降低晶体生长速率。但纳米晶体的合成也存在一定困难，在晶体合成过程中伴随着Ostwald熟化现象，较小尺寸晶体溶解成为较大尺寸晶体生长的养料，从而产生更大尺寸的晶体[3]。为了减弱Ostwald熟化效应，往往需要一些特殊的合成条件（如微波合成法、快速升温法、干凝胶转化法和超声波辅助法等），或者加入晶体生长抑制剂，或者通过后处理的方式[4]。

（1）晶体生长抑制剂法　在SAPO-34分子筛合成体系中加入晶体生长抑制剂（crystal growth inhibitor）可以形成纳米晶体。主要有两点原因：①晶体生长抑制剂通常会跟合成体系中的无机前驱体产生作用力，促进晶核的形成，从而产生大量的较小的晶核；②晶体生长抑制剂会吸附在晶核表面，阻止晶核的聚集和生长[4]。

聚乙二醇-600、聚氧乙烯月桂醚、亚甲基蓝、β-环糊精等可作为晶体生长抑制剂用于合成纳米片状SAPO-34分子筛[5-6]，在起到阻碍晶体生长作用的同时，还可以减少硅在晶体表面的富集，降低晶体表面的酸密度，从而可以减缓表面 cha 笼中的焦炭形成，延长催化剂的寿命。以F127为晶体生长抑制剂，三乙胺或者吗啉为结构导向剂均可以形成较小颗粒的SAPO-34分子筛，且两个样品的硅分布均受到影响[7]。

（2）后处理法　通过后处理的方法也可以得到SAPO-34纳米晶体。Yang等以二乙胺为结构导向剂合成了4～8μm的SAPO-34类立方体晶体，球磨后得到杂乱堆积的无规则颗粒，再结晶得到尺寸为50～350nm的SAPO-34晶体颗粒[8]。

（3）干凝胶转化法　干凝胶转化法有两种：蒸汽辅助转化法（steam assisted

conversion）和蒸汽相传输法（vapor-phase transport）。蒸汽辅助转化法中，干凝胶中含有有机模板剂，水蒸气处理干凝胶合成分子筛；蒸汽相传输法中的蒸汽相是水和模板剂的混合物，该方法中模板剂经常是易挥发的有机胺。以四乙基氢氧化铵为结构导向剂，配成凝胶后，90℃下制成干凝胶，在水蒸气下进行干凝胶转化得到 SAPO-34 纳米颗粒（平均粒径 75nm）。制成干凝胶的这个过程使结晶初期产生较高的晶核密度和较慢的晶体生长速率[9]。也可以吗啉为结构导向剂，采用蒸汽辅助转化法合成 SAPO-34 纳米颗粒[10]。蒸汽相传输法中，是先将铝源、磷源、硅源和四乙基氢氧化铵在水中混合均匀，超声一段时间后烘干得到固体，将固体置于特定容器中，在加热条件下，吗啉水溶液产生蒸气与固体接触，晶化得到纳米 SAPO-34 分子筛[11]。

纳米 SAPO-34 晶体在甲醇制烯烃反应中催化性能较好，特别是其催化寿命提升较明显。但是，纳米晶体颗粒较小，很难从晶化母液中提取；同时，纳米晶体的产率一般相对较低，会造成大量原料的浪费。所以，纳米 SAPO-34 晶体在工业化应用中的局限性也较大。

2. 多级孔结构 SAPO-34 分子筛的制备

纳米级 CHA 分子筛存在的分离困难、合成产率低等问题限制了其工业应用。寻求一条相对简单高效的合成方法来提高分子筛的催化性能仍然是科研工作者们时不可待的任务。在分子筛中引入介孔（孔径在 2～50nm）、大孔（孔径大于 50nm）形成多级孔分子筛是提升催化性能有效方法之一。介、大孔的引入使得分子筛晶体内部孔道体积增大，为物种的扩散提供通道，进而减缓积炭在孔道内部的堵塞。

多级孔 SAPO-34 的合成策略有氟化物刻蚀、酸/碱刻蚀、硬模板法和软模板法等。其中，刻蚀的方法合成多级孔 SAPO-34 往往会造成较大的晶体损失并产生晶体缺陷，多级孔的尺寸、形状和数量也难以控制，影响其催化性能。硬模板法常采用碳材料作为模板[12-13]，分子筛围绕碳模板生长，通过焙烧等方式除去碳模板后产生次级孔，得到多级孔 SAPO-34 分子筛。然而，由于碳材料通常是疏水的，其与无机前驱体之间相互作用力很弱。除此之外，硬模板的合成比较复杂、成本较高。相对硬模板法，软模板法往往一步就可以合成多级孔 SAPO-34 分子筛，而且可以根据软模板的分子尺寸调节多级孔的尺寸。软模板通常是聚合物、阳离子表面活性剂、硅氧烷、磷氧烷和糖类等。

（1）氟化物刻蚀处理　HF-NH_4F 缓冲溶液中形成的 HF_2^- 对分子筛骨架中的 Al 和 Si 有刻蚀作用[14]。将分子筛置于 HF-NH_4F 溶液中并在超声辅助条件下进行刻蚀[15]，制备出的分子筛的比表面积和孔体积均有所增加。此外，氟离子的刻蚀行为在使用不同有机模板剂合成的 SAPO-34 分子筛上也有所差异[16]。HF-

NH_4F 溶液对于 Si 的溶解具有更高的选择性，特别对于以 TEAOH 为模板剂合成的分子筛而言表现得更加明显。氟化物刻蚀会导致晶体的相对结晶度和质量损失较为严重（约 30%～45%），还会导致酸性位的破坏，限制了其在多级孔 CHA 型分子筛制备中的应用。

（2）酸碱处理　相较于硅铝分子筛，SAPO 类分子筛在传统的酸碱溶液中更不稳定，因此可用有机酸碱在较温和、可控的条件下进行处理以保持晶体的结构完整[17-18]。此外，使用有机碱作为刻蚀溶液还可以避免额外的离子交换，从而简化后处理步骤。使用有机碱（TEAOH、TPAOH、TMAOH 和 DEA）以及盐酸对 SAPO-34 分子筛进行选择性刻蚀可以合成具有中空立方体结构的 SAPO-34 分子筛，如图 8-2 所示，结果表明，骨架 P 原子受碱溶液的影响较大，而 Al 原子更容易受酸的影响，中空的 SAPO-34 分子筛具有更大的外表面积和孔体积。与氟化物刻蚀相比，使用有机碱后处理制备多级孔分子筛的操作更加简单，也更具有可调控性[19]。

图 8-2　空心结构 SAPO-34 分子筛的形成机理示意图

（3）硬模板法　硬模板法是向合成体系中引入硬质纳米级结构导向剂，例如碳质材料、有机气凝胶和生物模板等。在分子筛晶化过程中，硬质模板会通过阻断微孔结构的骨架连接，形成介孔或者大孔。采用碳材料（碳纳米管和碳纳米粒子）作为硬模板合成多级孔 SAPO-34 分子筛的过程如图 8-3 所示[12]。由于使用硬质纳米粒子形成的介孔存在于晶体内部，没有与晶体的外表面贯通连接，因此催化性能没有明显地提升。在微波辐射的辅助作用下，使用硬模板化合物-炭黑也可以合成多级孔 SAPO-34，并通过调控炭黑的数量和粒径来改变介孔的体积和孔径大小[20]。以碳纳米管为硬模板合成的多级孔 SAPO-34 分子筛，其引入的介孔从晶体内部延伸到外表面，有利于传质并阻止一系列副反应发生，从而加强了催化剂的性能[13]。

（4）软模板法　软模板是利用具有亲水性的大分子化合物或者自组装功能的超分子材料，如长链聚合物、两亲性有机硅烷、具有柔性结构的超分子阳离子表面活性剂等物质作为结构导向剂合成多孔材料的一种方法。与疏水性的硬模板相比，亲水性的软模板具有结构可调控、延展性好、柔韧性强和成本相对低廉等优点。软模板一般具有三维网状结构、丰富的官能团和可设计的分子尺寸，对晶核的形成和生长有重要的影响。

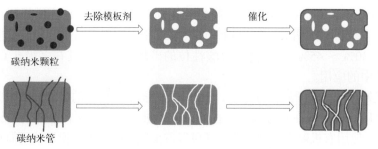

图 8-3 利用碳材料合成多级孔分子筛的过程示意图[13]

聚乙二醇（PEG）是一种具有低毒性的高柔性水溶性线型聚合物，在多级孔 SAPO-34 分子筛的合成中得到了广泛的应用[21-23]。PEG 的环氧乙烷单元与无机前驱体之间产生氢键，晶化过程中 PEG 被包埋在晶体中，最终形成多级孔 SAPO-34 分子筛[21]。PEG 不仅可以在晶体内部产生多级孔结构，而且可以缩短成核过程，产生大量尺寸均匀的晶核，最终形成晶体尺寸较小且更均匀的 SAPO-34 分子筛[22]。Sun 等在富铝条件下，加入 PEG 合成了具有大孔-介孔-微孔三级孔道结构的 SAPO-34 分子筛[24]。该多级孔 SAPO-34 分子筛具有类立方体形貌，在类立方体中间是微米级的大孔，纳米级的大孔和介孔存在于晶体外部。

除了聚乙二醇之外，质子化非甲烷硅基化的聚合物，如聚亚乙基亚胺（PEI）也是一种良好的多级孔导向剂，介孔的体积和孔径大小可以通过 PEI 的分子量和用量来调节[25]。

除多聚物外，阳离子表面活性剂可以与分子筛前驱体产生静电相互作用，也可作为合成多级孔 CHA 结构分子筛的软模板。将十六烷基溴化铵（CTAB）以及十二烷基硫酸钠（SDS）加入 SAPO-34 的合成体系中，可以在微孔晶体中引入介孔结构[26]。本书著者团队也设计合成了一种四乙基季铵盐二聚体（$[N^+(CH_2CH_3)_3—C_nH_{2n}—N^+(CH_2CH_3)_3][Br^-]_2$，$C_n$，$n$=4、6、8、10、12）用于 SAPO-34 分子筛的合成，发现只有连接链为 C_6 的二聚体加入到 SAPO-34 分子筛的合成体系中，才能导向合成纯的 SAPO-34 分子筛（CZ-6），其他分子均导向合成 SAPO-34 和 SAPO-5 的混合物 [CZ-4、8、10、12、图 8-4（a）]，说明只有 C_6 二聚体可以匹配 CHA 结构，其他分子更倾向于导向 AFI 结构。C_6 二聚体导向合成的 SAPO-34 分子筛具有大孔-介孔-微孔三级孔道结构，且该分子筛的形貌和传统的 SAPO-34 分子筛不同，是由六边形片状堆积形成的花状结构，六边形片状结构表面光滑，中间部分由三棱锥堆积形成 [图 8-4（b）～（d）][27]。C_6 二聚体分子不仅作为致孔剂形成多级孔结构，而且起到晶体生长抑制剂的作用，阻碍晶化初始阶段形成的锥体形成完整的类立方体结构。

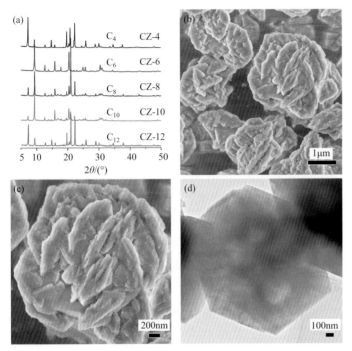

图8-4 C_4~C_{12}修饰的样品的XRD谱图（a）和CZ-6样品的SEM[（b）、（c）]和TEM（d）图片[27]

硅氧烷中的硅氧键在晶化过程中水解，与分子筛前驱体产生共价键，共价键是一种更强的相互作用力，可防止微观相和介观相出现相分离的现象；同时，硅氧烷中的硅也可以作为部分硅源合成分子筛。用于合成多级孔SAPO-34分子筛的硅氧烷通常由三部分组成。①硅氧烷部分：与分子筛前驱体之间产生共价键；②疏水基团：阻碍晶体进一步生长，形成多级孔结构；③亲水基团：通常是季铵盐，用于增加其水溶性和结构导向作用，如果没有亲水基团，则需要特定的溶剂来增加其溶解性。

Sun等以硅氧烷TPOAC（[3-(trimethoxysilyl)propyl]-octadecyldimethyl-ammonium chloride）为致孔剂、吗啉为微孔结构导向剂，一步水热合成多级孔SAPO-34分子筛[28]。Wang等以二乙胺为微孔结构导向剂、TPOAC为致孔剂和部分硅源合成多级孔SAPO-34分子筛[29]。TPOAC加入量越多，前驱体颗粒表面的TPOAC越多，晶体生长阻碍效应越显著。TPOAC的加入促进形成多级孔结构，通过^{129}Xe NMR和二维核磁共振交换波谱证明了介孔的连通性[30]。磷氧烷和硅氧烷结构相似，不同的是磷氧烷可以作为部分磷源，硅氧烷可以作为部分硅源。相对硅氧烷，磷氧烷的使用只有磷原子从有机磷中进入SAPO骨架，不会影响SAPO分子筛的酸性。Wang 等以 [2-(diethoxyphosphono)propyl]-hexadecyldimethylammonium bromide [$(C_2H_5O)_2P(O)—C_3H_6—N(CH_3)_2—C_{16}H_{33}$]Br（DPHAB）为致孔剂、四乙基氢氧化铵为微孔导向剂导向合成多级孔 SAPO-34 分子筛[31]。DPHAB 分子可能在分子筛晶化过程中发生分解，季铵盐和烷基链部分进入分子筛骨架中形成介观结构，而磷氧烷部分和其水解产物留在晶化母液中。微孔导向剂的作用也非常关键，以二乙胺或者三乙胺替换四乙基氢氧化铵，虽然也能导向合成 SAPO-34 分子筛，但是不能形成介观结构。

（5）其他合成方法　糖类分子中的羟基可以与分子筛前驱体之间产生氢键，从而可以在晶化过程中包埋在晶体内部产生介孔。以果糖或蔗糖为致孔剂、四乙基氢氧化铵为微孔结构导向剂导向合成多级孔 SAPO-34 分子筛，且通过改变糖的种类（果糖或者蔗糖）来调节介孔尺寸，同时不改变分子筛的酸性[32]。除此之外，晶种辅助法[33-34]、纳米构筑法[35-36]，以及无溶剂合成法[37] 等也可用于多级孔 SAPO-34 分子筛的合成。

3．过程强化的分子筛合成

（1）微波合成法　相对于传统的水热合成法，首先，加热速率较高，可以使合成体系快速升到指定温度，从而减少晶化时间；其次，微波加热较均匀，可避免出现明显的温度梯度；最后，微波可以使凝胶更快地溶解。Yang 等在微波条件下，分别以硅溶胶、正硅酸乙酯和硅酸钠为硅源，可以合成板状（20nm×250nm×250nm）、纳米颗粒（约 80nm）和立方体形貌（1μm×1μm×1μm）的 SAPO-34 分子筛[38]。

（2）快速升温法　快速升温法和微波辅助法比较类似，都是使合成体系温度快速达到指定温度，只是两者的加热源不同。将准备好的凝胶置于预热好的容器中反应（400℃），晶化 45min 即可得到纯相的 SAPO-34 球状颗粒（500～800nm），这与在较低温度下（195℃）合成的 SAPO-34 形貌具有很大差别。较高的温度促进成核速率，降低颗粒尺寸，但是，高温法生产 SAPO-34 晶化时间不能过长，否则 SAPO-34 晶体在高温高压的水热条件下会发生解离[39]。

（3）超声波辅助法　超声波（20kHz～10MHz）辅助合成是利用液相介质中气泡的形成、生长和塌陷的过程辅助合成 SAPO-34 分子筛。在气泡塌陷时会产生局部热点，可以提供 5000～25000K 的高温和 181.8MPa 的高压，这样的高温高压会破坏化学键和加快反应进程。同时，气泡塌陷的过程非常短，小于 1ns，这样会产生一个非常快的降温，从而阻止颗粒的进一步生长和聚集[40]。以输出功率为 300W/cm^2 的超声波处理凝胶 15min，然后将凝胶在 200℃下晶化 1.5h 即可得到全结晶的 SAPO-34 分子筛，且颗粒尺寸在 50nm 左右[41]。增加超声波强度或者增加模具尺寸（3～14mm）均会使 SAPO-34 分子筛的结晶度提高，减少颗粒尺寸，增加比表面积和减少颗粒聚集度，这可能是因为超声波能量的增加降低了合成体系中的过饱和界限，从而会产生大量的晶核，改变晶体生长速率。延长超声处理的时间，晶体颗粒尺寸和晶体结晶度会减小；增加超声处理的温度会降低晶体颗粒尺寸和改变颗粒形貌[42]。

4．低成本模板剂合成 SAPO-34 分子筛

最初合成 SAPO-34 所用的结构导向剂为四乙基氢氧化铵，但是其价格比较高，限制了 SAPO-34 大规模工业应用。科学家们通过研究发现价格更加低廉的三乙胺、二正丙胺、二异丙胺、哌啶、二乙胺和吗啉等有机胺中的一种或两种的混合物均可以作为结构导向剂，导向合成 SAPO-34 分子筛[43-49]，且不同的微孔结构导向剂往往产生不同形貌或者性能的 SAPO-34 分子筛。

本书著者团队以三乙胺和氢氟酸为复合模板剂导向合成出了 SAPO-34 分子筛，该方法不仅可以降低生产成本，而且得到的 SAPO-34 分子筛的相对结晶度高，晶粒较小（<3μm）[50]。以相同的复合模板剂，改变合成条件也可以导向合成具有大孔孔道结构的 SAPO-34 分子筛，大孔孔道可能是由于氟化氢刻蚀造成的[51]。

以二乙胺为模板剂也可以导向合成 SAPO-34 分子筛，其中，液相转化机理贯穿整个晶化过程，而凝胶转化机理可能只发生在晶化初始阶段。硅以 SM2/SM3 取代方式进入 AlPO$_4$ 骨架，晶体中硅的浓度随着晶化的进行而增加，所以在晶体表面有硅富集现象存在（图 8-5）[46]。

灰度代表不同的硅浓度，颜色越深，硅含量越高

图8-5　SAPO-34晶化过程示意图以及Si在晶体中的分布情况[46]

二异丙胺相对二丙胺更容易与 CHA 结构产生非键合的相互作用，因而结构导向作用更强；且导向合成的 SAPO-34 分子筛具有相对较均匀的 Si 分布、较低的酸浓度和较弱的酸强度，从而具有非常好的甲醇制烯烃催化性能[48]。Barthomeu 等[47]以吗啉为结构导向剂合成 SAPO-34 分子筛，硅更倾向于以 SM2 取代的方式进入磷酸铝骨架。采用混合模板剂往往比单独用一种模板剂效果要好，以吗啉-四乙基氢氧化铵混合模板剂导向合成的 SAPO-34 分子筛颗粒尺寸较小，且具有较多的总酸量、较少的强酸位[44]。本书著者团队以三乙胺和四乙基氢氧化铵的混合物为模板剂导向合成片状形貌的 SAPO-34 分子筛。该 SAPO-34 分子筛颗粒尺寸小于 0.5μm[52]。片状结构有利于分子扩散，减缓积炭速率，延长催化剂寿命（图 8-6）。

图8-6　片状SAPO-34的SEM图片和TEM图片

二、SSZ-13分子筛的合成

SSZ-13 分子筛是一种具有高硅铝比和 8 元环孔道的 CHA 拓扑结构的小孔型分子筛，比表面积可达 $700m^2/g$，孔径为 $3.8Å×3.8Å$，这决定了其具有良好的水热稳定性、较多的表面质子酸性中心以及可交换的阳离子等特点[22]。合成 SSZ-13 分子筛的经典配方是由 FAU（Si/Al=2～3）分子筛为硅铝源，在碱金属离子（钠离子、钾离子等）的作用下，经高温、高压、高碱度的水热条件，通过晶晶转化的方式制备，得到的 SSZ-13 硅铝比（Si/Al）一般在 2～3。1985 年美国雪佛龙公司的 Zones 选用昂贵的具有大体积及空间位阻效应的 N,N,N- 三甲基 -1-金刚烷基氢氧化铵 (TMadAOH) 作为有机结构导向剂，利用传统的水热合成法，在相对较低碱度、较低温度下，经历较长的反应时间，成功制备出了硅铝比高于 10 的 SSZ-13 分子筛[53]。1998 年，西班牙 ITQ 研究院的 Barrett 等人将碱性体系替换为氟体系，以 TMadAOH 为有机结构导向剂，成功地制备出全硅 SSZ-13 分子筛[54-55]。

为了解决 SSZ-13 分子筛合成过程中需要使用昂贵的有机结构导向剂这个难题，仅用 N,N,N- 三甲基苯胺 (BTMA) 单一有机结构导向剂，通过分子筛晶体转化的方式制备出 SSZ-13 分子筛[56]。2011 年美国雪佛龙公司的 Zones 等人在 SSZ-13 分子筛的合成领域取得新突破，发明了一种采用双有机结构导向剂制备 SSZ-13 分子筛的方法[57]。之后，以价廉低毒的氯化胆碱为有机结构导向剂，成功制备出 SSZ-13 分子筛，但合成出的分子筛硅铝比范围较窄，仅在 3.3～8.7 之间[58]。也可以通过转晶的方法，使用更价廉的三乙胺（TEA）为有机结构导向剂，将 FAU 分子筛转化合成 SSZ-13 分子筛[59]。向反应体系中加入大量的 SSZ-13 分子筛晶种［一般不低于 20%（质量分数）］，不需要有机结构导向剂以及晶化前驱体也可合成 SSZ-13 分子筛[60]。

本书著者团队通过以极少量的 TMadAOH 和一定量的价廉添加剂构筑"双功能"合成体系，在较宽的投料硅铝比 (Si/Al=4～40) 条件下合成出纯相的 SSZ-13

分子筛。如图 8-7 所示，在投料硅铝比较低的情况下合成的 SSZ-13 分子筛为立方体晶体形貌；而当投料硅铝比较高时，合成的 SSZ-13 分子筛为纳米晶体团聚成的球状颗粒形貌。不同硅铝比的 SSZ-13 分子筛晶体的平均尺寸均小于 500nm，该方法可以有效合成硅铝比范围较宽同时酸性可调的 SSZ-13 分子筛。

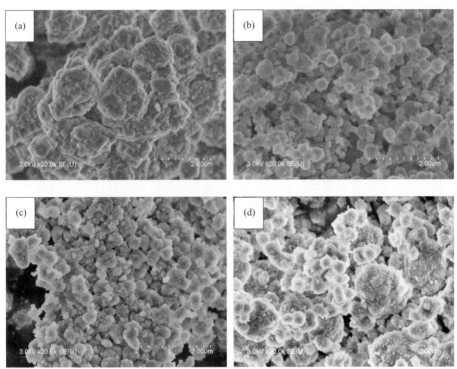

图8-7 不同投料硅铝比下合成产物的扫描电镜图：（a）SiO_2/Al_2O_3=10；（b）SiO_2/Al_2O_3=20；（c）SiO_2/Al_2O_3=30；（d）SiO_2/Al_2O_3=60

第二节
SAPO-34分子筛在甲醇制烯烃中的应用

甲醇制烯烃（Methanol-To-Olefin，MTO）是指由天然气或煤为原料经合成气生产甲醇，然后甲醇在催化剂作用下生成乙烯、丙烯等低碳烯烃的技术，其产品完全适用于聚烯烃等产品的生产。MTO 技术开拓了从非常规石油资源出发制取化工产品的一条新工艺路线，大大降低了现今社会对石油的依赖。甲醇制烯烃过程需要在分子筛的择形催化作用下进行，很多分子筛都可作为甲醇制烯烃催化剂的活性组分。SAPO-34 分子筛因其特殊的孔道结构，具有超强的择形性能，低碳烯烃选择性更高。因此，目前的甲醇制烯烃工业装置中使用的催化剂均是以 SAPO-34 分子筛作为活性组分。

一、MTO催化反应机理

分子筛催化 MTO 反应的产物分布多样，除了目标产物乙烯和丙烯外，还有丁烯等 C_4 以上烯烃，以甲烷、丙烷为代表的烷烃，以及以多甲基苯为代表的芳烃。产物分布的多样性也预示 MTO 催化反应网络的复杂性，因此实验和模拟研究这样一个复杂的催化反应过程面临诸多挑战[61]。大量的实验研究表明：分子筛的晶粒尺寸和形貌、孔结构和酸性，以及反应条件（如反应温度、反应压力、原料空速）等诸多因素均可影响 MTO 催化剂的活性和选择性[62]。因此为了优化催化剂性能、提高和调变烯烃的选择性，深入认识 MTO 催化反应机理、活性中心结构以及催化剂结构和催化性能之间的构效关系至关重要。

自 20 世纪 70 年代，酸性 ZSM-5 分子筛催化甲醇转化制碳氢化合物的技术被首次报道以来[63]，其反应机理研究层出不穷，至今仍然是一个研究热点和难点。虽然基于氧鎓离子、卡宾 C_1 中间体的直接反应机理曾在一段时期内受到关注，但现在基本已经可以排除在外[64]。基于自催化（auto-catalysis）概念的烃池反应机理（hydrocarbon pool mechanism）目前得到了广泛认可，这一机理认为反应的活性中心由无机分子筛和烃池活性中心组成[65]，但是对于烃池活性中心物种的认识还存在很大争议，经历了螺旋式的发展历程[66]。来自美孚研发中心的 Dessau 等认为 ZSM-5 分子筛催化 MTO 沿着经典的碳正离子机理进行，烯烃甲基化生成的碳正离子裂解生成短链烯烃，这是烯烃循环的原型[67]。基于同位素标记 NMR 和 GC 表征分析，Song 等提出了多甲基苯为重要的烃池活性中心，芳烃循环由此受到广泛关注[68]。接下来"双循环"路线的概念（dual-cycle concept）也应运而生[69]。基于周期性密度泛函理论计算，本书著者团队详细研究了 SAPO-34 分子筛催化 MTO 反应烃池机理，提出了烯烃烃池活性中心的概念，构建了完整的基于烯烃烃池的 MTO 反应网络（如图 8-8 所示），将产物烯烃、芳烃和烷烃的生成路线进行了统一，揭示了芳烃循环和烯烃循环的形式一致性[70-76]。在此需要指出的是，芳烃循环和烯烃循环的贡献程度与分子筛结构和反应条件息息相关，烃池活性中心与无机分子筛结构相互作用共同影响 MTO 催化活性和选择性。基于反应机理的认识，如何通过设计和优化 SAPO-34 分子筛催化剂，从而精细调变烯烃的选择性是 MTO 基础研究的重要内容。

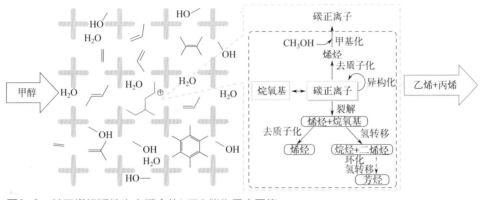

图8-8 基于烯烃活性中心概念的MTO催化反应网络

二、催化剂的优化设计

1. SAPO-34分子筛形貌控制

本书著者团队借助分子筛高通量合成技术，通过对分子筛初始凝胶的精确控制，实现了分子筛形貌的定向调控。结果如图8-9所示，由图可见，SAPO-34分子筛存在着多种形貌，有立方体、纳米片晶和纳米小晶粒等。从图上还可以看出，立方体和纳米小晶粒的合成区域较宽，纳米片晶的合成区域很窄，因此，要想获得具有良好扩散性能的纳米片晶SAPO-34分子筛，需要精细控制合成条件。

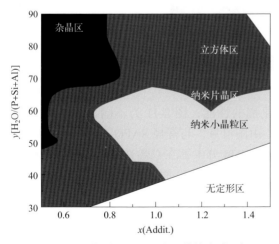

图8-9 不同形貌SAPO-34分子筛的合成晶相区

为了比较SAPO-34分子筛形貌对催化性能的影响，本书著者团队从合成方法入手，通过改变模板剂、引入晶种以及后处理获得了小晶粒晶体、板状形貌以及多级孔结构的SAPO-34分子筛。将得到的常规、小晶粒、板状形貌以及多级孔SAPO-34分子筛分别命名为S_C、S_S、S_N以及S_H。图8-10为通过不同方法合成的SAPO-34分子筛的SEM照片。由图可见，以单一三乙胺为模板剂合成的常规SAPO-34分子筛S_C的形貌为典型的立方体状，晶粒尺寸为1～2μm，晶体表面光滑；以单一四乙基氢氧化铵为模板剂合成的SAPO-34分子筛晶粒尺寸大幅减小，为0.3～0.5μm，表面光滑，将其定义为小晶粒分子筛S_S；以三乙胺和晶种合成的分子筛S_N的形貌为板状，晶粒尺寸为（1～2）μm×0.2μm，晶体表面光滑；对常规的分子筛进行后处理获得的分子筛S_H，晶体有大量的孔洞。

图8-10
SAPO-34分子筛的SEM照片

使用固定床反应器评价催化剂的性能，图8-11为不同SAPO-34分子筛在MTO反应中的低碳烯烃选择性。由图可见，与常规SAPO-34分子筛相比，小晶粒、板状形貌以及多级孔结构SAPO-34分子筛在双烯选择性以及催化剂的稳定性方面均有提升，双烯选择性最高达85%以上。而在常规SAPO-34分子筛S_C上，双烯选择性最高仅为80%左右，并且催化剂的双烯选择性在90min时达到最大后，有大量的二甲醚生成，表明该催化剂已失活。S_S分子筛具有较小的晶粒，甲醇在该催化剂上转化时，双烯选择性介于多级孔分子筛S_H和常规分子筛S_C之间，且也具有较好的稳定性。这是因为常规SAPO-34分子筛的晶粒较大，反应物在孔道中的扩散阻力较大，随着反应时间的延长很容易发生二次反应而导致积炭，沉积在沸石活性位上的炭阻碍了反应物与活性位的接触，因而催化剂的稳定性较低；小晶粒分子筛相对于常规分子筛来说，微孔孔道有所缩短，反应物在孔道中的扩散距离变短，因此其稳定性较高；同时，晶粒缩小后，暴露的活性位较多，双烯选择性也有所增加。与小晶粒 SAPO-34 分子筛类似，板状形貌分子筛在 b 轴上也有较短的扩散路径，这种合理的路径在保证了择形性能的基础上利于大分子的扩散，因而具有较高的双烯选择性和稳定性。当 SAPO-34 分子筛晶体内部引入介/大孔后，有利于反应物和中间过渡态产物扩散至活性位上，提高其活性中心的可接近性，因此，具有更高的低碳烯烃选择性。此外，该催化剂上更多的介/大孔还保证了目标产物分子快速从分子筛的孔道中扩散出去，降低了其发生聚合、环化等副反应的概率。多级孔分子筛中的介/大孔有利于提高催化剂孔内反应物和产物分子的扩散能力，从而延缓了催化剂的失活。

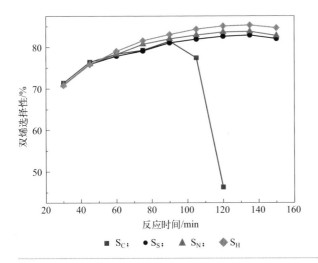

图8-11
不同分子筛催化剂上的低碳烯烃选择性

氢转移反应会将烯烃转化为烷烃和芳烃，芳烃会继续释放负氢来饱和其他的烯烃分子，从而生成更多新的芳烃，而初始芳烃变成多环芳烃甚至焦炭。在 MTO 反应中，将氢转移指数定义为 $H=C_3H_8/C_3H_6$，即丙烷和丙烯的选择性之比。图 8-12 为不同 SAPO-34 分子筛的氢转移指数，由图可见，随着反应进行，氢转移指数呈下降的趋势，这是由于积炭覆盖催化剂的强酸中心，强酸中心的数量减少会有效降低氢转移反应发生的概率。此外，沸石分子筛的晶粒尺寸、形貌以及孔结构对氢转移反应也有着重要的影响，小晶粒、板状形貌以及介/大孔的存在能够显著增强烃类分子的扩散，降低氢转移反应发生的概率。

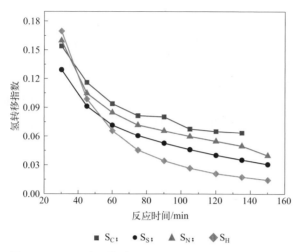

图8-12 不同分子筛催化剂上的氢转移性能

2. 扩散强化的SAPO-34分子筛

为了实现强化扩散的目的，本书著者团队采用了温和的柠檬酸溶液对分子筛后处理改性，如图8-13所示，未经处理的分子筛的形貌为典型的立方体状，粒径约2μm，经柠檬酸溶液处理后，分子筛的形貌发生较大变化，晶体表面出现了大量的孔洞。

图8-13 柠檬酸溶液处理前（a）、后（b）SAPO-34分子筛的SEM照片

NH_3-TPD谱图中的脱附峰的温度和面积可以表征分子筛的酸强度及酸量。由图8-14所见，未经处理的SAPO-34分子筛的NH_3-TPD谱图分别在200℃的低

温脱附区以及400℃附近处的高温脱附区各存在脱附峰，分别代表着NH_3从分子筛表面的弱酸和强酸位的脱附。分子筛经柠檬酸处理后（C-SAPO-34），弱酸基本保持不变，强酸量减少较为明显，并且随着处理时间的延长，强酸量和强度均有下降的趋势。

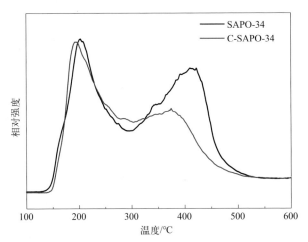

图8-14　SAPO-34分子筛的NH_3-TPD谱图

本书著者团队考察了SAPO-34分子筛经柠檬酸溶液处理前后在MTO反应中的催化性能［包括催化剂寿命、丙烯与乙烯收率之比（P/E）、双烯选择性等］。使用固定床反应器，反应条件为：反应温度460℃，催化剂装填量2.0g，纯甲醇进料，进料量为0.13ml/min，WHSV为$3h^{-1}$，结果如图8-15所示。由图可见，SAPO-34分子筛经柠檬酸处理后（C-SAPO-34）能够在提高双烯收率、保持P/E的基础上显著延长催化剂的寿命。

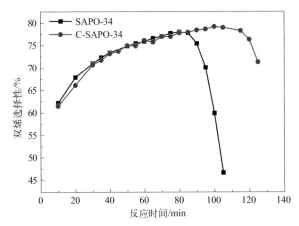

图8-15　不同SAPO-34分子筛催化剂上双烯选择性随反应时间的变化

MTO 反应是多步反应。首先甲醇转化成二甲醚，然后二甲醚再转化成乙烯、丙烯等低碳烯烃。低碳烯烃分子的扩散能力要远远小于反应物甲醇分子的扩散能力，因此一旦乙烯、丙烯等从 SAPO-34 分子筛的孔道中扩散出来，就很难再返回到分子筛的孔道中去。对于具有较大晶粒的常规 SAPO-34 分子筛而言，其微孔孔道较长，反应物在孔道中的扩散阻力较大，反应时间也更长，很容易发生二次反应而导致积炭，积炭沉积在沸石活性位上，阻碍了反应物分子与活性位的接触，因而其寿命较短；当 SAPO-34 分子筛经柠檬酸溶液处理在分子筛晶体内部引入介孔（见图 8-13SEM 结果）后，增强了反应物和产物分子在催化剂中的扩散能力，在一定程度上减少了积炭形成的机会，从而可以延缓催化剂的失活。

对于双烯收率而言，由于 MTO 反应过程首先需要经历二甲醚的形成，随后才会进一步转化为乙烯和丙烯等，当 SAPO-34 分子筛经柠檬酸处理后，会在分子筛晶体内部形成一定的介 / 大孔结构，这一结构能够保证反应物及中间产物与活性位的充分接触，因此能够产生更多的低碳烯烃分子；此外，分子筛中的介孔还能够保证乙烯、丙烯等低碳烯烃分子快速从分子筛孔道中扩散出去，降低了其发生聚合等二次反应的概率。

3．SAPO-34 分子筛的酸性优化

SAPO-34 分子筛应用于甲醇制烯烃反应，从催化反应原理上看，低碳烯烃的高选择性是通过分子筛的酸性催化作用结合分子筛纳米孔笼的限制作用来共同实现的。将金属元素引入 SAPO-34 分子筛，会引起分子筛酸性及孔口尺寸等的变化，从而实现提高低碳烯烃选择性、延缓催化剂积炭、减少非择形催化反应等目的。金属杂原子改性的 SAPO-34 分子筛中依据金属原子的存在状态可分为两类：一类是金属离子存在于 SAPO-34 骨架中，得到称为 MeSAPO-34 的分子筛[77]，一般通过直接水热晶化的方法制备得到；另一类是通过离子交换法或浸渍法将金属元素引入到 SAPO-34 分子筛的表面或离子位，对 SAPO-34 分子筛的酸性位进行修饰改性。

直接水热晶化法是在合成 SAPO-34 分子筛的凝胶中加入适量可溶金属盐溶液，金属离子通过同晶取代的方式进入 SAPO-34 分子筛骨架，并产生相应的酸中心，但现有研究同时也表明金属杂原子的进入可能会抑制骨架中硅的进入量。能够进入 SAPO-34 骨架的金属元素有 Be、Mg、Ca、Sr、Ba、Ti、V、Cr、Mn、Fe、Co、Ni、Cu、Zn、Zr 和 Ga 等，一般认为，金属杂原子取代的是骨架中的铝原子。MeSAPO-34 分子筛耦合了过渡金属的氧化还原性、分子筛酸性和择形性等优点，具有较为广泛的应用前景[78]。将 Ga、Fe、Co 和 Ni 分别引入 SAPO-34 分子筛，分子筛的酸量降低，乙烯的选择性上升[79-80]。

NiSAPO-34分子筛拥有最高的乙烯选择性，CoSAPO-34分子筛生成甲烷最少，抗失活性能最好。

本书著者团队通过在晶化液中添加Zn^{2+}和用Zn^{2+}溶液液态交换两种方法将Zn^{2+}引入SAPO-34分子筛，分别获得了ZnSAPO-34和ZnHSAPO-34分子筛[81]。研究表明ZnSAPO-34分子筛具有较高的结晶度，ZnHSAPO-34的骨架结构遭到一定的破坏，结晶度较低。酸性测试结果表明，与H-SAPO-34分子筛比较，ZnSAPO-34分子筛的强酸量下降，弱酸量上升，总体酸量变化不大；ZnHSAPO-34分子筛的强酸中心遭到破坏，强度下降，总体酸量下降。ZnSAPO-34分子筛的骨架崩塌温度提前，热稳定性下降；ZnHSAPO-34热稳定性进一步下降，说明金属离子的引入对SAPO-34分子筛的骨架稳定性是不利的。用于甲醇制烯烃反应，$(C_2H_4+C_3H_6)$的选择性从高到低排序为：ZnSAPO-34＞H-SAPO-34＞ZnHSAPO-34。

浸渍法是通过分子筛的孔道毛细管压力使液体（活性组分）渗透到载体空隙内部，缺点是只能对分子筛外表面进行改性，但还是具有显著的改进作用。SAPO-34分子筛浸渍K^+、Cs^+、Pt^{2+}、Ag^+和Ce^{3+}等金属离子后，在反应温度大于450℃时，副产物甲烷得到抑制，低碳烯烃选择性提高[82]。采用碱土金属离子（Mg^{2+}、Ca^{2+}、Sr^{2+}和Ba^{2+}）通过浸渍法对SAPO-34分子筛进行改性，结果表明，添加0.5%～1%的Ba^{2+}可明显提高SAPO-34分子筛的抗积炭失活能力，使催化剂在空速为$2h^{-1}$和温度为450℃条件下催化寿命相对延长了27%[83]。

除了常规的直接水热晶化法、离子交换法和浸渍法等将单一的金属杂原子引入SAPO-34分子筛，研究者们还尝试了更多方法和引入多种金属等用于SAPO-34的改性研究。将碱土金属氧化物利用机械研磨方法来改性NiSAPO-34，改性后的分子筛外表面的酸性位减少，反应积炭量相应下降，乙烯选择性和催化剂寿命提高，尤以BaO改性效果最佳[84]。也可以通过引入稀土金属镧（La）、钇（Y），碱土金属钡，单金属钴（Co）、锰（Mn）、镍（Ni）、锌（Zn），双金属Co-Ni、Ni-Zn等对SAPO-34分子筛催化剂进行改性，改性后提高了催化剂对乙烯和丙烯的选择性，一定程度上延长了使用寿命[85]。

金属杂原子是否能有效进入MeSAPO-34的骨架结构中，目前部分研究工作尚缺少直接的证据。本书著者团队尝试通过直接水热晶化法合成AlPO-34、SAPO-34、MgAPO-34（如图8-16所示）和MgSAPO-34分子筛，并对其进行表征研究。XRD和SEM表征结果表明，MgAPO-34的XRD特征衍射峰和SEM形貌与SAPO-34基本相似。Mg^{2+}取代Al^{3+}进入分子筛骨架，将会产生特征的酸性位。为了进一步确定Mg^{2+}引入后其所在的位置，采用低温CO红外吸附表征获取所得分子筛详细的酸性位信息，并结合理论计算加以比较研究。实验中观测到 SAPO-34HF OH（HF OH：高频吸收峰）的羟基吸收峰，低温吸附 CO 后的羟基吸收峰，羟基位移以及 CO 吸收峰分别为 3635cm^{-1}、3358cm^{-1}、277cm^{-1} 和 2172cm^{-1}，理论计算的结果分别为 3655cm^{-1}、3408cm^{-1}、247cm^{-1} 和 2183cm^{-1}，理论计算值与实验值基本一致。如果 Mg^{2+} 进入 SAPO-34 分子筛骨架，理论计算表明将产生新的羟基位移为 373cm^{-1} 的强酸位，其羟基吸收峰，低温吸附 CO 后的羟基吸收峰，羟基位移以及 CO 吸收峰分别为 3649cm^{-1}、3276cm^{-1}、373cm^{-1} 和 2191cm^{-1}，在合成过程中加入 Mg^{2+} 的 SAPO-34 分子筛中并未出现上述理论计算预测的红外吸收峰，这表明 Mg^{2+} 较难进入分子筛骨架，而是可能作为碱土金属离子交换了部分 B 酸位。

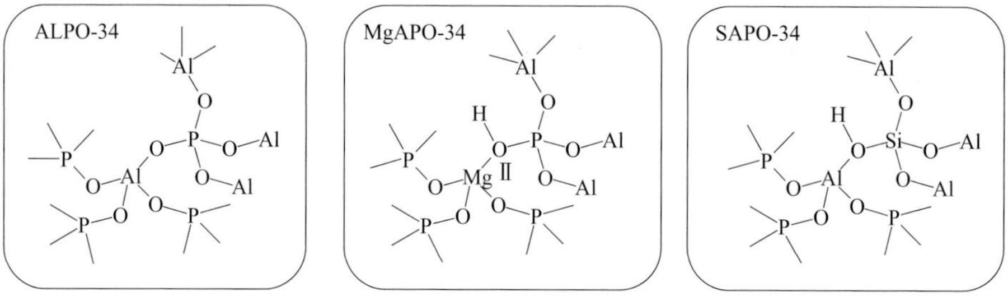

图8-16 AlPO-34、MgAPO-34和SAPO-34的结构示意图

本书著者团队在引入 Mg^{2+} 的研究中发现，虽然表征结果表明 Mg^{2+} 较难进入分子筛骨架，但改性后的分子筛在 MTO 反应中使低碳烯烃选择性有明显的提高[86]，这可能是碱土金属的引入，对分子筛酸性位特别是外表面酸性位起到了修饰的作用，抑制了非选择性的催化反应，从而提高了产物中低碳烯烃的选择性。在成品 SAPO-34 分子筛制浆成型的过程中引入 Mg^{2+}，所得催化剂同样可以达到显著提升低碳烯烃选择性的目的[87]，这也印证了猜测。

4．SAPO-34 分子筛孔道与酸性的综合优化 [88]

本书著者团队采用化学液相沉积法（CLD）对 SAPO-34 分子筛的表面进行化学修饰，一方面调变分子筛的酸性，另一方面缩小分子筛的孔口，发现在 MTO 反应中可提高乙烯收率，达到调变 MTO 的产品结构的目的[88]。修饰前后的分子筛分别命名为 P-SAPO-34 和 M-SAPO-34，XRD 谱图如图 8-17 所示，两个样品均表现出较高的结晶度，并且与 CHA 型分子筛的特征峰匹配较好。在 $2\theta=9.5°$、12.9°、16.1°、20.6°、26.2° 和 30.8° 处分别出现对应于 SAPO-34 分子筛的（101）、（110）、（021）、（121）、（220）和（401）晶面的衍射峰，说明 CLD 处理后并不会影响分子筛的结晶性能。

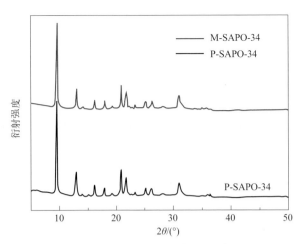

图8-17　SAPO-34分子筛样品的XRD谱图

借助 XRF 和 XPS 技术分别研究分子筛的体相和表面元素组成。结果如表 8-1 所示,未修饰的 P-SAPO-34 的体相中 Si 含量(摩尔分数)较低(6.1%),经 SiO_2-CLD 沉积修饰后,体相 Si 含量(摩尔分数)增加至 8.2%。CLD 沉积使 SiO_2 沉积在分子筛的外表面,修饰前后 SAPO-34 表面 Si 含量变化更为明显,XPS 表征证明表面 Si 含量(摩尔分数)从 7.9% 大幅增加至 33.5%。将分子筛的表面 Si 指数定义为 R_{Si}=[Si/(Si+P+Al)]$_{表面}$/[Si/(Si+P+Al)]$_{体相}$,结果表明,修饰后的分子筛 M-SAPO-34 的 R_{Si} 是 P-SAPO-34 分子筛的 3.2 倍,说明通过 CLD 沉积制备的分子筛的 Si 主要分布于分子筛的外表面。

表8-1　SAPO-34分子筛的元素组成

样品	体相[1]	表面[2]	R_{Si}[3]
P-SAPO-34	$Si_{0.061}Al_{0.536}P_{0.403}$	$Si_{0.079}Al_{0.472}P_{0.449}$	1.295
M-SAPO-34	$Si_{0.082}Al_{0.532}P_{0.386}$	$Si_{0.335}Al_{0.355}P_{0.310}$	4.085

①XRF 测试;②XPS 测试;③表面富硅指数定义为:[Si/(Si+P+Al)]$_{表面}$/[Si/(Si+P+Al)]$_{体相}$)。

NH_3-TPD 用于表征修饰前后分子筛的酸性,酸强度和酸量可以从脱附峰的温度和峰面积得到,由图 8-18(a)可见,两个分子筛在低温和高温区域均有两个明显的脱附峰,其中低温和高温脱附峰归属于 NH_3 吸附在分子筛的弱酸和强酸位上。经 CLD 修饰后,弱酸的强度和含量有一定的下降,强酸的强度保持不变,而强酸的量有所增加。

CD_3CN 红外表征技术可以用于表征分子筛的酸类型,特别是用于小孔分子筛的 B 酸和 L 酸的区别,图 8-18(b)为修饰前后分子筛的 CD_3CN 红外谱图,由图可见,修饰前后,归属于 B 酸和 L 酸的出峰位置没有明显变化,其中

2294cm^{-1} 为 Si—OH—Al 桥羟基、2287cm^{-1} 为 Al—OH、2283cm^{-1} 为 P—OH、2273cm^{-1} 为 Si—OH 对应的吸收峰，且 Al—OH、P—OH 和 Si—OH 贡献的酸量要明显低于 Si—OH—Al 桥羟基。根据定量计算结果（表8-2），相较于修饰前的分子筛 P-SAPO-34，修饰后的分子筛 M-SAPO-34 具有更大的 B 酸量，Al—OH 带来的酸量减少。据此推测，增加的 Si—OH—Al 桥羟基 B 酸归属于在 CLD 沉积过程中有机硅油分解的物种引入到分子筛骨架中，从而使得 Al—OH 转变为 Si—OH—Al。

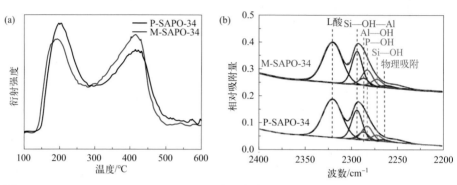

图8-18　P-SAPO-34和M-SAPO-34分子筛的NH$_3$-TPD曲线和CD$_3$CN红外表征结果

表8-2　不同SAPO-34分子筛的CD$_3$CN红外定量结果

样品	P-SAPO-34		M-SAPO-34	
	位置/cm^{-1}	相对面积	位置/cm^{-1}	相对面积
L酸	2320	3.72	2320	3.92
Si—OH—Al	2294	1.58	2294	1.76
Al—OH	2287	0.42	2287	0.38
P—OH	2283	0.75	2283	0.83
Si—OH	2273	0.31	2273	0.37
物理吸附	2265	0.10	2261	0.08

修饰前后的分子筛在整个反应阶段可以实现甲醇的完全转化，双烯、乙烯和丙烯的选择性随着反应时间的变化如图 8-19 所示。由图 8-19 可见，M-SAPO-34 分子筛的乙烯选择性和乙烯/丙烯高于 P-SAPO-34 分子筛。M-SAPO-34 分子筛上乙烯选择性最高可达 55.5%，比 P-SAPO-34 分子筛上高 3.4%。从图 8-19 还可以看出，修饰后的分子筛除了具有更高的双烯选择性，还具有更优的催化剂的稳定性。

根据 MTO 反应的烃池机理，烯烃循环和芳烃循环是形成低碳烯烃的两条重要路线[66,68]。乙烯主要通过芳烃循环路线生成，而丙烯主要通过烯烃循环路线得到。通常情况下,相对较弱的酸有利于烯烃循环路线,进而生成更多的丙烯。P-SAPO-34分子筛的酸强度和酸量均低于M-SAPO-34分子筛,因此P-SAPO-34分子筛具有更高的丙烯选择性。通过对分子筛的表面修饰,将硅物种负载在分子筛的表面,可以降低分子筛的扩散系数,从而限制丙烯的生成。M-SAPO-34分子筛增加的B酸量来源于Si—OH—Al,活性中心增加,双烯选择性增加。由于丙烯的扩散受到抑制,碳正离子进一步发生芳构化反应,进而形成更多的芳烃活性中心,芳烃循环路线得到增强,因而生成了更多的乙烯。通过增强丙烯扩散限制,并促进更容易生成乙烯的芳烃循环,增强了MTO反应中乙烯的选择性和乙烯/丙烯比例。

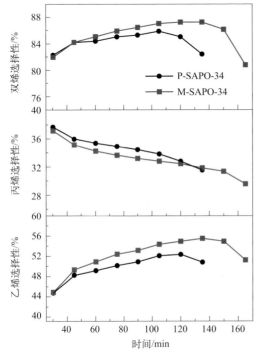

图8-19　P-SAPO-34和M-SAPO-34分子筛上的双烯、乙烯和丙烯的选择性

三、SAPO-34分子筛的工业应用

近十年来,MTO工业技术得到了快速发展。在国内相继建成并投产运行的MTO规模化工业装置已接近30套。MTO成为我国生产烯烃的重要工艺技术之一。目前代表性MTO技术主要包括:由UOP(美国)和Hydo(挪威公司)共同开发的UOP/Hydro MTO工艺,中国科学院大连化学物理研究所(以下简称"中科院大连化物所")的DMTO工艺,中国石化上海石油化工研究院(以下简称"上

海石化院")的 SMTO 工艺和国家能源投资集团有限责任公司(原神华集团)的 SHMTO 工艺。甲醇制烯烃反应的核心为催化剂,目前工业化应用的 MTO 催化剂的活性组分均为 SAPO-34 分子筛。

1. UOP/Hydro MTO 工艺

MTO 工艺研究起步于 20 世纪 70 年代,当时采用 ZSM-5 分子筛作为催化剂,但 ZSM-5 催化剂孔径较大,对低碳烯烃的选择性偏低。SAPO-34 分子筛具有较小的孔径、优良的水热及热稳定性,用于 MTO 催化反应比 ZSM-5 具有更高的低碳烯烃选择性,催化剂寿命也能得到保证。基于此,SAPO-34 分子筛开始作为 MTO 工艺的首选催化剂。

1988 年,在 SAPO-34 分子筛的基础上,美国联合碳化物公司开发出了 MTO-100 甲醇转化制烯烃专用催化剂。1995 年,UOP 公司和挪威海德罗(NorskHydro)公司共同合作,在挪威建立了一套甲醇日进料量为 0.75t 的 MTO 工艺示范装置,据报道,该装置连续平稳运行 90 余天,甲醇近乎 100% 转化,在乙烯收率最大模式时,乙烯、丙烯和丁烯的质量收率分别为 46%、30% 和 9%,乙烯/丙烯在 0.75～1.25 可以通过改变反应条件进行调节[89-90],催化剂经 450 次反应-再生循环后仍可保持稳定的活性和选择性。

2008 年,一套采用 UOP MTO-OCP 一体化工艺的、甲醇处理量为 10t/d 半商业化示范装置在比利时建成,并于 2009 年 9 月开始成功运行[91]。2010 年 5 月起,该装置已生产出聚丙烯和聚乙烯产品。2011 年,UOP 公司与中国惠生(南京)清洁能源股份有限公司合作在南京建成一套年产低碳烯烃 29.5 万吨的 MTO 工业化装置,该装置于 2013 年 9 月开车成功。2018 年 1 月,UOP 公司在江苏省张家港市的 MTO 催化剂生产厂建成投产,实现了 MTO 催化剂的本土化生产[92]。

2. 中国科学院大连化学物理研究所的 DMTO 工艺

中科院大连化物所自 20 世纪 80 年代开始进行 MTO 工艺技术的研究,研发初期采用 ZSM-5 分子筛催化剂的固定床工艺。1990 年后,开始将研究重点从 ZSM-5 分子筛催化剂固定床 MTO 工艺转向以 SAPO-34 分子筛催化剂为基础的流化床 MTO 工艺研究,并在此基础上成功研发出合成气经二甲醚制取低碳烯烃(SDTO)工艺和甲醇制烯烃(DMTO)工艺。1997 年,中科院大连化物所公开了一种 MTO 工艺的专利[93],该工艺采用 SAPO-34 分子筛催化剂,反应器分为密相段、过渡段及稀相段。

2004 年,中科院大连化物所与陕西省新兴能源科技有限公司、中石化洛阳工程有限公司在陕西合作建设了 50t/d 甲醇制低碳烯烃工业化示范试验装置(DMTO 技术)[94],并于 2006 年 8 月通过专家技术鉴定[95]。2007 年 9 月,中科院大连化物所、陕西省新兴能源科技有限公司、中石化洛阳工程有限公司与中国神华集团签订 DMTO 工艺技术许可合同。2010 年 8 月 8 日，神华包头项目甲醇制烯烃装置一次投料试车成功并产出合格聚合级低碳烯烃，成为世界范围内首套实现工业化的甲醇制烯烃装置。此后，中科院大连化物所相继开发了 DMTO-Ⅱ、DMTO-Ⅲ 技术，在一代基础上甲醇单耗降低、低碳烯烃的选择性提高、单套工业装置甲醇处理量增大。

3．中国石化 SMTO 工艺

2000 年，上海石化院就开始进行 MTO 工艺技术的研究开发工作[96]。2005～2006 年完成 MTO 流化床催化剂的开发并实现催化剂的工业化制备，该催化剂被命名为 SMTO-1。2005 年，采用 SMTO-1 催化剂的甲醇处理量为 12t/a 的循环流化床热模试验装置建成并投入运行，运行结果显示，在 400～500℃、0.1～0.3MPa 的反应条件下，装置平稳运行 2000h，甲醇转化率大于 99.5%，双烯选择性大于 80%（质量分数）。2007 年，上海石化院与中国石化工程建设公司合作，在北京燕山石化建成一套甲醇进料量为 3.6 万吨/年的 SMTO 工业化试验装置并成功运行。试验数据显示，甲醇转化率大于 99.5%，乙烯和丙烯选择性大于 81%（质量分数），乙烯、丙烯和丁烯选择性大于 91%[97]。2008 年，中国石化成功开发出甲醇处理量为 180 万吨/年甲醇制烯烃工艺包。2011 年 10 月，中国石化中原石油化工有限责任公司首次采用 SMTO 工艺在河南濮阳建成一套 20 万吨/年烯烃产能的甲醇制烯烃装置并投产成功，标志着 SMTO 工艺成功应用于工业化生产。

2016 年 10 月 17 日 18 时，中天合创能源有限责任公司鄂尔多斯煤炭深加工项目煤制烯烃（MTO）二线装置成功生产出合格乙烯和丙烯，实现装置安全、环保投料试车，一次开车成功，标志着中国石化具有完全知识产权的首套 S-MTO 装置大型化取得成功；2017 年 8 月 17 日，中天合创 MTO 一线装置一次投料开车成功，生产出合格乙烯和丙烯产品，标志着全球最大 MTO（2×180 万吨/年甲醇制烯烃）化工装置打通全流程，并转入全面商业化运行阶段。该项目总投资约 600 亿元，关键 MTO 装置采用中国石化上海石油化工研究院和中国石化工程建设公司合作开发的 S-MTO 自主知识产权技术。

2019 年 7 月 26 日 16 时 58 分，位于安徽淮南的中安联合煤化有限责任公司 180 万吨/年 S-MTO 装置甲醇投料一次成功，7 月 27 日 8 时、9 时轻烯烃回收单元先后产出合格乙烯、丙烯产品，7 月 31 日 10 时 38 分和 23 时 38 分，聚丙烯、聚乙烯装置先后产出合格的聚丙烯、聚乙烯粒子，标志着中安联合煤化工项目成功打通全流程。该装置催化剂的新型 MTO 催化剂（SMTO-2），四年来运行平稳，反应器出口工艺气中低碳烯烃选择性稳定保持在 82%（质量分数）以上。

2016 年 1 月 12 日，建在南京的中国石化 3000t/a SMTO 催化剂生产线顺利产出合格产品，标志中国石化 SMTO 催化剂扩试及稳定量产研究的成功，迄今为止，该生产线已累计生产供应 SMTO 催化剂 8000t 以上，满足了国内 MTO 装置对催化剂生产的需要。

4．国家能源投资集团有限责任公司 SHMTO 工艺

2007 年，神华集团正式启动 MTO 催化剂的研发工作，2009 年完成了 MTO 催化剂分子筛小试研制工作，确定了催化剂制备工艺，并初步掌握了分子筛合成的放大规律。2011 年 9 月，神华集团完成对 SHMTO 催化剂固定流化床和循环流化床评价，为 MTO 工艺优化提供了基础数据[98]。2012 年 3 月，神华集团将自主研发的 MTO 催化剂 SMC-1 应用于神华包头煤化工分公司甲醇制烯烃装置并取得成功。在该催化剂应用期间，（乙烯 + 丙烯）选择性达到 79.24%，甲醇转化率达到 99.98%[99]。2013 年 4 月，神华煤制油化工有限公司完成 SHMTO 工艺包的开发。2016 年 9 月首套采用 SHMTO 工艺的神华新疆 180 万吨 / 年煤基新材料项目在新疆甘泉堡工业园区开车成功。

第三节
SSZ-13 分子筛在汽车尾气脱硝技术中的应用

近年来，大型柴油车、船舶等逐步开始采用稀薄燃烧技术，柴油机燃烧过程中过量空气系数较大，燃烧较完善，但同时也导致氮氧化合物（NO_x）成为尾气中的主要污染物。NO_x 主要包括一氧化氮（NO）、二氧化氮（NO_2）、一氧化二氮（N_2O）、五氧化二氮（N_2O_5）等，其中 NO 占 90% 以上。NO 在空气中极为容易被氧化为 NO_2，浓度较高时易危及人民群众的生命安全。此外，NO_x 在紫外线的作用下还会促进光化学烟雾的形成，导致酸雨的出现。开发有效去除柴油发动机尾气中 NO_x 的处理技术，对改善城乡大气污染现状有着极其重要的意义[100]。氨气选择性催化还原 NO_x 技术（NH_3-SCR）已成为目前主流的移动源柴油机 NO_x 减排后处理技术，是最有应用前景的柴油车尾气净化技术。

NH_3-SCR 技术的关键是开发具备优异催化性能的 SCR 反应催化剂。催化剂一般是由活性成分和催化剂载体两部分组成，活性成分是起催化作用的关键部分。目前，NH_3-SCR 催化技术涉及金属氧化物催化剂、分子筛催化剂和其他催化剂等数个体系。我国较大规模应用的 NH_3-SCR 催化剂是五氧化二钒（V_2O_5）为主催化剂的 V_2O_5-TiO_2 或 V_2O_5-WO_3-TiO_2 金属氧化物催化剂，俗称三效催化剂[101]。

其活性中心五氧化二钒（V_2O_5）具有生物毒性，欧美等一些发达国家和地区已陆续永久禁止在移动源 NH_3-SCR 技术中使用钒钨钛复合催化剂。

鉴于柴油车尾气的排放法规越来越严格，对催化剂的要求也不断提高，制备具有优异 NH_3-SCR 反应活性、良好水热稳定性、无毒环保型的绿色催化剂是目前该领域的研究热点。近年来，过渡金属负载分子筛（特别是含铜或铁元素）制备的 NH_3-SCR 催化剂，在柴油车尾气 NO_x 催化净化领域表现出广阔的应用前景和开发潜力[102-103]。随着 NH_3-SCR 催化剂研究的不断深入，以具有 CHA 骨架拓扑结构的小孔型 SSZ-13 和 SAPO-34 两种分子筛为载体，经负载过渡金属铜的催化剂，成为近年来柴油车、船尾气催化净化的主要研究方向。

20 世纪 90 年代中期，离子交换型铜基 SAPO-34 分子筛催化剂因具有优良的热稳定性以及良好的水热稳定性等特点，已被应用于 C_3H_6-SCR 催化反应中，但由于该催化剂本身的 NO_x 催化还原反应活性较差，并未引起广泛关注。在 NH_3-SCR 的反应中，铜基 SSZ-13 分子筛催化剂在完整工作温度窗口（160～550℃）显示出比铜基 ZSM-5 和铜基 Beta 等分子筛催化剂更为优异的 NO_x 催化活性和 N_2 选择性，经高温水蒸气老化后的催化剂仍可在 250～500℃反应温度窗口内保持很高的 N_2 选择性[104]。

选择适宜的阴离子盐类（一般为硝酸铜），通过一步合成（One-Pot，OP）法、液相离子交换（Wet Ion Exchange，WIE）法、固相离子交换（Solid State Ion Exchange，SSIE）法及化学气相沉积（Chemical Vapor Deposition，CVD）法等（相关制备方法的示意图如图 8-20 所示）都可得到铜基 SSZ-13 分子筛催化剂。由于不同制备方法的传质途径差异化明显，所得铜基 SSZ-13 分子筛催化剂中的活性物种存在着显著差异化，导致催化 NH_3-SCR 性能亦存在着较为明显的区别。

OP 法指在合成分子筛的初始凝胶中引入金属元素，所得产物不再是单一的分子筛载体，合成示意图如图 8-21 所示。将一种铜胺络合物（铜络合四乙烯五胺，Cu-TEPA）作为结构导向剂，利用 OP 法成功制备出铜含量高且分散状态好的铜基 SSZ-13 分子筛，该催化剂在低温工况下表现出较优异的 NH_3-SCR 催化初活性和 N_2 选择性[105]。为了进一步提高催化剂的水热稳定性，可以采用后处理的手段对原 OP 法产物进行离子交换，将铜元素的负载量降低至适宜范围，并制备出催化活性和水热稳定性优良的铜基 SSZ-13 分子筛催化剂，该系列催化剂在极高空速条件下依然能维持优异的催化活性，并表现出良好的抗水蒸气、二氧化碳以及丙烯中毒能力[106]。

另外，鉴于双有机结构导向剂的方法更有利于催化剂中活性物种负载量的控制，可以采用 Cu-TEPA/TMAdaOH 双有机结构导向剂的形式一步合成铜基 SSZ-13 分子筛催化剂，并通过控制两种有机结构导向剂的比例制备出所需铜负载量和硅铝比的分子筛催化剂[107]。OP 法在调整铜负载量、提高铜分散度等方面具有显著优势，成为铜基 SSZ-13 分子筛催化剂合成的重要方法，也是 NH_3-SCR 领域的研究热点之一。

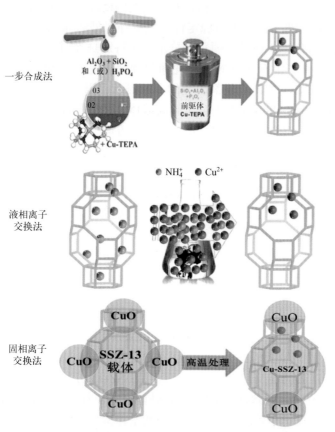

图8-20 不同制备方法所得铜基SSZ-13分子筛催化剂

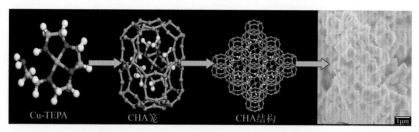

图8-21 以Cu-TEPA为有机结构导向剂一步法合成Cu-SSZ-13分子筛催化剂

WIE 法是铜基 SSZ-13 分子筛催化剂的常规制备方法，其具体步骤为：将氢型或铵型 SSZ-13 分子筛载体加入到前驱铜盐溶液中，在室温至 100℃ 条件下连续搅拌、洗涤、烘干并重复 3～5 次后，再经过 500～800℃ 高温焙烧，最终得催化剂产品。在此过程中，前驱铜盐的种类、盐溶液浓度、交换时间、交换次数等都是影响最终分子筛催化剂负载量的关键要素。

SSIE 法制备催化剂的经典步骤如下：将前驱金属盐或其氧化物与 SSZ-13 分子筛载体混合，经过机械球磨等方法将其固态混合均匀后，在适宜的高温焙烧程序下焙烧，即得最终催化剂。焙烧温度一般在 600～800℃ 左右（个别金属元素需要 800℃ 以上焙烧），通过充分时间的焙烧，可使活性金属组分有效分散至分子筛内外表面。与液相离子交换法相比，该方法更简单易行，节省了洗涤、干燥等多个步骤，有利于节约资源。

CVD 法主要步骤包括高温下金属盐类升华进入分子筛孔道，然后经洗涤、焙烧等制得催化剂[100]。通过比较 WIE 和 CVD 两种方法制备的铜基 SSZ-13 分子筛催化剂的性能，发现 WIE 方法制备的催化剂中只含有孤立的二价铜离子存在，而 CVD 法制备的催化剂不仅含有孤立的二价铜离子，还有 $CuAlO_x$ 物种[108]。孤立的二价铜离子参与反应时主要生成 N_2，$CuAlO_x$ 物种在参与 NH_3-SCR 反应时会生成大量的 N_2O，降低催化剂的 N_2 选择性[109]。

此外，胶体法（干胶法、溶胶凝胶法等）的手段在制备铜基 SSZ-13 分子筛催化剂中也有相关应用。通过干凝胶转化法将二价铜离子引入到 SSZ-13 分子筛上并用于 NH_3-SCR 反应，研究发现，采用这种方法制备出的铜基 SSZ-13 分子筛催化剂具有很好的脱硝性能，催化剂强的稳定性主要归因于二价铜离子的大量存在和催化剂高的结晶度[60]。与铜基 SSZ-13 分子筛催化剂相比，采用溶胶分散法制备的 $ZnTi_{10}O_x$-Cu-SSZ-13 分子筛催化剂在 NH_3-SCR 反应中，具有更强的抗 SO_2 中毒性能，SO_2-TPD 结果表明，$ZnTi_{10}O_x$ 可能是优先与 SO_2 发生反应的活性组分，这样不仅避免了二价铜离子活性中心的因硫失活，而且增加了二价铜离子与 SSZ-13 分子筛载体之间的相互作用[110]。

上述的 WIE 法、SSIE 法、CVD 法及胶体法等的前提都是首先制备 SSZ-13 分子筛。但 SSZ-13 分子筛的制备常使用昂贵的有机结构导向剂，且结构导向剂无法通过后处理的方式回收二次利用，这大幅提高了铜基 SSZ-13 分子筛催化剂的工业生产成本，不利于该催化剂的放大制备以及后续的应用。因此，使用价廉易得的铜胺络合物作为有机结构导向剂制备铜基 SSZ-13 分子筛催化剂的 OP 法，具有工业放大生产的巨大潜力，且该方法在调整铜负载量、提高铜分散度等方面具有显著优势，是 NH_3-SCR 工业界领域的研究热点之一。

数十年来，铜基 SSZ-13 分子筛催化剂在柴油机（车、船等）尾气催化净化领域的研究工作引起了学术界及工业界相关科研人员的广泛关注，取得了一系列引人注目的成果。铜基 SSZ-13 分子筛催化剂 CHA 结构的 8 元环的小孔结构是其在催化活性、N_2 选择性、高空速反应能力、水热稳定性及抗 HCs 中毒能力等方面表现优良的根本原因。另外，作为氧化还原位点和酸性位点的双功能二价铜离子位点实现了 NH$_3$-SCR 催化剂双位点的紧密耦合；同时，单原子分布的二价铜离子实现了同种功能位点的高度分散，而 SCR 反应中局域的均相反应使活性位点充分暴露于反应气氛中。以上性质决定了铜基 SSZ-13 分子筛催化剂成为目前柴油机尾气催化净化领域最具有大规模应用前景的催化剂。

在实际应用方面，各国正在制定日益严格的柴油机尾气排放标准，我国已于 2021 年 7 月全面实施重型柴油车国Ⅵ排放标准，这为高效稳定的铜基 SSZ-13 分子筛催化剂的应用提供了良机。值得注意的是，在铜基 SSZ-13 分子筛催化剂应用于柴油机尾气 NO$_x$ 催化净化时，依然面临水热稳定性及应对复杂反应气氛能力不足的挑战，催化剂的抗化学中毒性能（如 SO$_2$、P、HCs 和碱金属等）仍然需要进一步提高。更进一步地，考察不同的涂覆方法和成型助剂对铜基小孔分子筛催化剂的结构及活性的影响，力求在实验室研究、小试和中试成熟条件下，使此类催化剂得以推广和应用，从而为柴油车尾气 NO$_x$ 催化净化提供技术支撑与技术储备。

参考文献

[1] Lok B M, Messina C A, Patton R L, et al. Silicoaluminophosphate molecular sieves: Another new class of microporous crystalline inorganic solids[J]. Journal of the American Chemical Society, 1984, 106(20): 6092-6093.

[2] Liang J, Li H, Zhao S, et al. Characteristics and performance of SAPO-34 catalyst for methanol-to-olefin conversion[J]. Applied Catalysis, 1990, 64: 31-40.

[3] Choi M, Na K, Kim J, et al. Stable single-unit-cell nanosheets of zeolite MFI as active and long-lived catalysts[J]. Nature, 2009, 461(7261): 246.

[4] Zhong J W, Han J F. Wei Y X, et al. Recent advances of the nano-hierarchical SAPO-34 in the methanol-to-olefin (MTO) reaction and other applications[J]. Catalysis Science & Technology, 2017, 7(21): 4905-4923.

[5] Shi H. Synthesis of SAPO-34 zeolite membranes with the aid of crystal growth inhibitors for CO$_2$-CH$_4$ separation[J]. New Journal of Chemistry, 2014, 38(11): 5276-5278.

[6] Zhang C, Lu X, Wang T. Synthesis of SAPO-34 using metakaolin in the presence of β-cyclodextrin[J]. Journal of Energy Chemistry, 2015, 24(4): 401-406.

[7] Ma M, Zhao X, Wang X, et al. Synthesis of small-sized SAPO-34 assisted by pluronic F127 nonionic surfactant and its catalytic performance for methanol to olefins (MTO)[J]. Catalysis Communications, 2020, 133: 105839.

[8] Yang M, Tian P, Wang C, et al. A top-down approach to prepare silicoaluminophosphate molecular sieve nanocrystals with improved catalytic activity[J]. Chemical Communications, 2014, 50(15): 1845-1847.

[9] Hirota Y, Murata K, Tanaka S, et al. Dry gel conversion synthesis of SAPO-34 nanocrystals[J]. Materials Chemistry and Physics, 2010, 123(2): 507-509.

[10] Askari S, Sedighi Z, Halladj R. Rapid synthesis of SAPO-34 nanocatalyst by dry gel conversion method

[11] Zhang Y, Deng Z, Zhu K, et al. Insights into the growth of small-sized SAPO-34 crystals synthesized by a vapor-phase transport method[J]. Cryst Eng Comm, 2015, 17(17): 3214-3218.

[12] Schmidt F, Paasch S, Brunner E, et al. Carbon templated SAPO-34 with improved adsorption kinetics and catalytic performance in the MTO-reaction[J]. Microporous and Mesoporous Materials, 2012, 164: 214-221.

[13] Rimaz S, Halladj R, Askari S. Synthesis of hierarchical SAPO-34 nano catalyst with dry gel conversion method in the presence of carbon nanotubes as a hard template[J]. Journal of Colloid and Interface Science, 2016, 464: 137-146.

[14] Qin Z, Gilson J P, Valtchev V. Mesoporous zeolites by fluoride etching[J]. Current Opinion in Chemical Engineering, 2015, 8: 1-6.

[15] Chen X, Vicente A, Qin Z, et al. The preparation of hierarchical SAPO-34 crystals via post-synthesis fluoride etching[J]. Chemical Communications, 2016, 52(17): 3512-3515.

[16] Chen X, Xi D, Sun Q, et al. A top-down approach to hierarchical SAPO-34 zeolites with improved selectivity of olefin[J]. Microporous and Mesoporous Materials, 2016, 234: 401-408.

[17] Verboekend D, Milina M, Pérez-Ramírez J. Hierarchical silicoaluminophosphates by postsynthetic modification: Influence of topology, composition, and silicon distribution[J]. Chemistry of Materials, 2014, 26(15): 4552-4562.

[18] Koohsaryan E, Anbia M. Nanosized and hierarchical zeolites: A short review[J]. Chinese Journal of Catalysis, 2016, 37(4): 447-467.

[19] Qiao Y, Yang M, Gao B, et al. Creation of hollow SAPO-34 single crystals via alkaline or acid etching[J]. Chemical Communications, 2016, 52(33): 5718-5721.

[20] Jun J W, Jeon J, Kim C U, et al. Synthesis of mesoporous SAPO-34 molecular sieves and their applications in dehydration of butanols and ethanol[J]. J Nanosci Nanotechnol, 2013, 13(4): 2782-2788.

[21] Cui Y, Zhang Q, He J, et al. Pore-structure-mediated hierarchical SAPO-34: Facile synthesis, tunable nanostructure, and catalysis applications for the conversion of dimethyl ether into olefins[J]. Particuology, 2013, 11(4): 468-474.

[22] Razavian M, Fatemi S. Fabrication of SAPO-34 with tuned mesopore structure[J]. Zeitschrift für Anorganische und Allgemeine Chemie, 2014, 640(10): 1855-1859.

[23] Yang B, Zhao P, Ma J, et al. Synthesis of hierarchical SAPO-34 nanocrystals with improved catalytic performance for methanol to olefins[J]. Chemical Physics Letters, 2016, 665: 59-63.

[24] Sun Q, Wang N, Guo G, et al. Synthesis of tri-level hierarchical SAPO-34 zeolite with intracrystalline micro-meso-macroporosity showing superior MTO performance[J]. Journal of Materials Chemistry A, 2015, 3(39): 19783-19789.

[25] Wang F, Sun L, Chen C, et al. Polyethyleneimine templated synthesis of hierarchical SAPO-34 zeolites with uniform mesopores[J]. RSC Advances, 2014, 4(86): 46093-46096.

[26] Kong L T, Shen B X, Jiang Z, et al. Synthesis of SAPO-34 with the presence of additives and their catalytic performance in the transformation of chloromethane to olefins[J]. Reaction Kinetics, Mechanisms and Catalysis, 2015, 114(2): 697-710.

[27] Shen X, Du Y, Ding J, et al. Affecting the formation of the micro-structure and meso/macro-structure of SAPO-34 zeolite by amphipathic molecules[J]. Chem Cat Chem, 2020, 12(19): 4904-4910.

[28] Sun Q, Wang N, Xi D, et al. Organosilane surfactant-directed synthesis of hierarchical porous SAPO-34 catalysts with excellent MTO performance[J]. Chemical Communications, 2014, 50(49): 6502-6505.

[29] Wang C, Yang M, Tian P, et al. Dual template-directed synthesis of SAPO-34 nanosheet assemblies with improved stability in the methanol to olefins reaction[J]. Journal of Materials Chemistry A, 2015, 3(10): 5608-5616.

[30] Wang C, Yang M, Li M, et al. A reconstruction strategy to synthesize mesoporous SAPO molecular sieve single crystals with high MTO catalytic activity[J]. Chemical Communications, 2016, 52(38): 6463-6466.

[31] Wang C, Yang M, Zhang W, et al. Organophosphorous surfactant-assistant synthesis of SAPO-34 molecular sieve with special morphology and improved MTO performance[J]. RSC Advances, 2016, 6(53): 47864-47872.

[32] Miletto I, Ivaldi C, Paul G, et al. Hierarchical SAPO-34 architectures with tailored acid sites using sustainable sugar templates[J]. Chemistry Open, 2018, 7(4): 297-301.

[33] Sun Q, Wang N, Guo G, et al. Ultrafast synthesis of nano-sized zeolite SAPO-34 with excellent MTO catalytic performance[J]. Chemical Communications, 2015, 51(91): 16397-16400.

[34] Sun Q, Wang N, Bai R, et al. Seeding induced nano-sized hierarchical SAPO-34 zeolites: Cost-effective synthesis and superior MTO performance[J]. Journal of Materials Chemistry A, 2016, 4(39): 14978-14982.

[35] Zhu J, Cui Y, Wang Y, et al. Direct synthesis of hierarchical zeolite from a natural layered material[J]. Chemical Communications, 2009(22): 3282-3284.

[36] Liu Y, Wang L, Zhang J, et al. A layered mesoporous SAPO-34 prepared by using as-synthesized SBA-15 as silica source[J]. Microporous and Mesoporous Materials, 2011, 145(1): 150-156.

[37] Jin Y, Sun Q, Qi G, et al. Solvent-free synthesis of silicoaluminophosphate zeolites[J]. Angewandte Chemie International Edition, 2013, 52(35): 9172-9175.

[38] Yang G, Wei Y, Xu S, et al. Nanosize-enhanced lifetime of SAPO-34 catalysts in methanol-to-olefin reactions[J]. The Journal of Physical Chemistry C, 2013, 117(16): 8214-8222.

[39] Dargahi M, Kazemian H, Soltanieh M, et al. Rapid high-temperature synthesis of SAPO-34 nanoparticles[J]. Particuology, 2011, 9(5): 452-457.

[40] Gedanken A. Using sonochemistry for the fabrication of nanomaterials[J]. Ultrasonics Sonochemistry, 2004, 11(2): 47-55.

[41] Askari S, Halladj R. Ultrasonic pretreatment for hydrothermal synthesis of SAPO-34 nanocrystals[J]. Ultrasonics Sonochemistry, 2012, 19(3): 554-559.

[42] Askari S, Halladj R. Effects of ultrasound-related variables on sonochemically synthesized SAPO-34 nanoparticles[J]. Journal of Solid State Chemistry, 2013, 201: 85-92.

[43] Álvaro-Muñoz T, Márquez-Álvarez C, Sastre E. Use of different templates on SAPO-34 synthesis: Effect on the acidity and catalytic activity in the MTO reaction[J]. Catalysis Today, 2012, 179(1): 27-34.

[44] Rostami R B, Ghavipour M, Behbahani R M, et al. Improvement of SAPO-34 performance in MTO reaction by utilizing mixed-template catalyst synthesis method[J]. Journal of Natural Gas Science and Engineering, 2014, 20: 312-318.

[45] Bahrami H, Darian J T, Sedighi M. Simultaneous effects of water, TEAOH and morpholine on SAPO-34 synthesis and its performance in MTO process[J]. Microporous and Mesoporous Materials, 2018, 261: 111-118.

[46] Liu G, Tian P, Zhang Y, et al. Synthesis of SAPO-34 templated by diethylamine: Crystallization process and Si distribution in the crystals[J]. Microporous and Mesoporous Materials, 2008, 114(1): 416-423.

[47] Vomscheid R, Briend M, Peltre M J, et al. The role of the template in directing the Si distribution in SAPO zeolites[J]. The Journal of Physical Chemistry, 1994, 98(38): 9614-9618.

[48] Fan D, Tian P, Xu S, et al. SAPO-34 templated by dipropylamine and diisopropylamine: Synthesis and catalytic performance in the methanol to olefin (MTO) reaction[J]. New Journal of Chemistry, 2016, 40(5): 4236-4244.

[49] Dumitriu E, Azzouz A, Hulea V, et al. Synthesis, characterization and catalytic activity of SAPO-34 obtained

with piperidine as templating agent[J]. Microporous Materials, 1997, 10(1): 1-12.

[50] 陈庆龄，谢在库，刘红星，等. 硅磷铝分子筛的制备方法：CN 1182034C[P]. 2004.

[51] Xi D, Sun Q, Xu J, et al. In situ growth-etching approach to the preparation of hierarchically macroporous zeolites with high MTO catalytic activity and selectivity[J]. Journal of Materials Chemistry A, 2014, 2(42): 17994-18004.

[52] 刘红星，谢在库，陆贤，等. 含氧化合物转化为低碳烯烃的催化剂：CN 101284246 B[P]. 2008.

[53] Zones S I. Zeolite SSZ-13 and its method of preparation: US4544538[P]. 1985.

[54] Díaz-Cabañas M J, Barrett P A. Synthesis and structure of pure SiO_2 chabazite: the SiO_2 polymorph with the lowest framework density[J]. Chemical Communications, 1998(17): 1881-1882.

[55] Camblor M A, Villaescusa L A, Díaz-Cabañas M J. Synthesis of all-silica and high-silica molecular sieves in fluoride media[J]. Topics in Catalysis, 1999, 9(1): 59-76.

[56] Masaya I, Takayuki I, Atsushi T, et al. Synthesis of High-silica CHA zeolite from FAU zeolite in the presence of benzyltrimethylammonium hydroxide[J]. Chemistry Letters, 2008, 37(9): 908-909.

[57] Stacey I. Zones S F. Preparation of molecular sieves using a structure directing agent and an N,N,N-trialkyl benzyl: US20080075656 A1[P]. 2008.

[58] Xu R, Zhang R, Liu N, et al. Template design and economical strategy for the synthesis of SSZ-13 (CHA-type) zeolite as an excellent catalyst for the selective catalytic reduction of NO_x by ammonia[J]. Chem Cat Chem, 2015, 7(23): 3842-3847.

[59] Martín N, Moliner M, Corma A. High yield synthesis of high-silica chabazite by combining the role of zeolite precursors and tetraethylammonium: SCR of NO_x[J]. Chemical Communications, 2015, 51(49): 9965-9968.

[60] Imai H, Hayashida N, Yokoi T, et al. Direct crystallization of CHA-type zeolite from amorphous aluminosilicate gel by seed-assisted method in the absence of organic-structure-directing agents[J]. Microporous and Mesoporous Materials, 2014, 196: 341-348.

[61] Tian P, Wei Y, Ye M, et al. Methanol to olefins (MTO): From fundamentals to commercialization[J]. ACS Catalysis, 2015, 5(3): 1922-1938.

[62] Stöcker M. Methanol-to-hydrocarbons: Catalytic materials and their behavior[J]. Microporous and Mesoporous Materials, 1999, 29(1): 3-48.

[63] CHAng C D, Silvestri A J. The conversion of methanol and other O-compounds to hydrocarbons over zeolite catalysts[J]. Journal of Catalysis, 1977, 47(2): 249-259.

[64] Haw J F, Song W, Marcus D M, et al. The Mechanism of methanol to hydrocarbon catalysis[J]. Accounts of Chemical Research, 2003, 36(5): 317-326.

[65] Dahl I M, Kolboe S. On the reaction Mechanism for hydrocarbon formation from methanol over SAPO-34: Ⅰ. Isotopic labeling studies of the co-reaction of ethene and methanol[J]. Journal of Catalysis, 1994, 149(2): 458-464.

[66] Olsbye U, Svelle S, Bjørgen M, et al. Conversion of methanol to hydrocarbons: How zeolite cavity and pore size controls product selectivity[J]. Angewandte Chemie International Edition, 2012, 51(24): 5810-5831.

[67] Dessau R M, LaPierre R B. On the mechanism of methanol conversion to hydrocarbons over HZSM-5[J]. Journal of Catalysis, 1982, 78(1): 136-141.

[68] Song W, Haw J F, Nicholas J B, et al. Methylbenzenes are the organic reaction centers for methanol-to-olefin catalysis on HSAPO-34[J]. Journal of the American Chemical Society, 2000, 122(43): 10726-10727.

[69] Svelle S, Joensen F, Nerlov J, et al. Conversion of methanol into hydrocarbons over zeolite H-ZSM-5: Ethene formation is Mechanistically separated from the formation of higher alkenes[J]. Journal of the American Chemical Society, 2006, 128(46): 14770-14771.

[70] Wang C, Wang Y, Xie Z, et al. Methanol to olefin conversion on HSAPO-34 zeolite from periodic density functional theory calculations: A complete cycle of side chain hydrocarbon pool mechanism[J]. The Journal of Physical Chemistry C, 2009, 113(11): 4584-4591.

[71] Wang C, Wang Y, Liu H, et al. Catalytic activity and selectivity of methylbenzenes in HSAPO-34 catalyst for the methanol-to-olefins conversion from first principles[J]. Journal of Catalysis, 2010, 271(2): 386-391.

[72] Wang C, Wang Y, Liu H, et al. Theoretical insight into the minor role of paring mechanism in the methanol-to-olefins conversion within HSAPO-34 catalyst[J]. Microporous and Mesoporous Materials, 2012, 158: 264-271.

[73] Wang C, Wang Y, Xie Z. Insights into the reaction mechanism of methanol-to-olefins conversion in HSAPO-34 from first principles: Are olefins themselves the dominating hydrocarbon pool species?[J]. Journal of Catalysis, 2013, 301: 8-19.

[74] Wang C, Wang Y, Xie Z. Verification of the dual cycle mechanism for methanol-to-olefin conversion in HSAPO-34: A methylbenzene-based cycle from DFT calculations[J]. Catalysis Science & Technology, 2014, 4(8): 2631-2638.

[75] Wang C, Wang Y, Du Y, et al. Similarities and differences between aromatic-based and olefin-based cycles in H-SAPO-34 and H-SSZ-13 for methanol-to-olefins conversion: Insights from energetic span model[J]. Catalysis Science & Technology, 2015, 5(9): 4354-4364.

[76] Wang C, Wang Y, Xie Z. Understanding zeolites catalyzed methanol-to-olefins conversion from theoretical calculations[J]. Chinese Journal of Chemistry, 2018, 36(5): 381-386.

[77] 须沁华. SAPO 分子筛 [J]. 石油化工, 1998, 17(3): 186-192.

[78] Hocevar S, Levec J. Acidity and catalytic activity of MeAPSO-34 (Me=Co, Mn, Cr), SAPO-34, and H-ZSM-5 molecular sieves in methanol dehydration[J]. Journal of Catalysis, 1992, 135(2): 518-532.

[79] Kang M, Lee C T. Synthesis of Ga-incorporated SAPO-34s (GaAPSO-34) and their catalytic performance on methanol conversion[J]. Journal of Molecular Catalycis A: Chemical, 1999, 150(1-2): 213-222.

[80] Kang M. Methanol conversion on metal-incorporated SAPO-34s (MeAPSO-34s)[J]. Journal of Molecular Catalysis A Chemical, 2000, 160(2): 437-444.

[81] 刘红星. 复合模板剂合成 SAPO-34 分子筛的结构表征与 MTO 反应过程研究 [D]. 上海：华东理工大学, 2003.

[82] Obrzut D L, Adekkanattu P M, Thundimadathil J, et al. Reducing methane formation in methanol to olefins reaction on metal impregnated SAPO-34 molecular sieve[J]. Reaction Kinetics & Catalysis Letters, 2003, 80(1): 113-121.

[83] 李红彬, 铝金钊, 王一婧, 等. 碱土金属改性 SAPO-34 催化甲醇制烯烃 [J]. 催化学报, 2009, 30(6): 509-513.

[84] Kang M, Inui T. Effects of decrease in number of acid sites located on the external surface of Ni-SAPO-34 crystalline catalyst by the mechanochemical method[J]. Catalysis Letters, 1998, 53(3-4): 171-176.

[85] 吕金钊. 稀土（La，Y）改性 SAPO-34 分子筛催化转化甲醇制烯烃研究 [D]. 大连：大连理工大学, 2009.

[86] 管洪波, 刘红星, 赵昱, 等. 高活性 SAPO-34 分子筛的制备方法：CN105384179B[P]. 2014.

[87] 管洪波, 刘红星, 钱坤, 等. MgO 改性磷酸硅铝流化床催化剂的制备方法：CN104549482B[P]. 2013.

[88] Ding J, Shen X, Zhou J, et al. Confining pore-mouth: An efficient way to increase the selectivity to ethylene in the MTO reaction[J]. Chem Cat Chem, 2020, 12(24): 6420-6425.

[89] 刘红星, 谢在库. 甲醇制烯烃（MTO）研究新进展 [J]. 天然气化工：C_1 化学与化工, 2002, 27(3): 49-56.

[90] 刘中民. 甲醇制烯烃 [M]. 北京：科学出版社, 2015.

[91] 朱伟平, 李飞, 薛云鹏, 等. 甲醇制烯烃工艺技术研究进展 [J]. 天然气化工：C_1 化学与化工, 2013, 38(4): 90-94.

[92] 霍尼韦尔 UOP 全新催化剂生产线在华投产 [J]. 塑料工业，2018, 46(6): 12.

[93] 蔡光宇，孙承林，刘中民，等. 一种由甲醇或二甲醚制取乙烯、丙烯等低碳烯烃方法：CN1166478A[P]. 1997-12-03.

[94] 黄兴山. 甲醇制取低碳烯烃（DMTO）技术开发取得突破性进展 [J]. 化工时刊，2007 (4): 4.

[95] 刘中民，齐越. 甲醇制取低碳烯烃（DMTO）技术的研究开发及工业性试验 [J]. 中国科学院院刊，2006, 21(5): 406-408.

[96] 代炳新，王新生. 我国煤基甲醇制烯烃技术进展 [J]. 河南化工，2010, 24(4): 25-28.

[97] 付辉，姜恒，太阳，等. 工业化甲醇制烯烃工艺应用研究进展 [J]. 当代化工，2019, 48(2): 418-421.

[98] 高文刚，苟荣恒，文尧顺，等. 神华甲醇制烯烃技术特点及其应用进展 [J]. 煤炭工程，2017, 49(S1): 72-76.

[99] 文尧顺，吴秀章，关丰忠，等. SMC-催化剂在1.8Mt/a甲醇制烯烃装置上的工业应用 [J]. 石油炼制与化工，2014, 45(10): 47-51.

[100] Xin Y, Li Q, Zhang Z. Zeolitic materials for deNO$_x$ selective catalytic reduction[J]. Chem Cat Chem, 2018, 10(1): 29-41.

[101] 高岩，栾涛，彭吉伟，等. V$_2$O$_5$-WO$_3$-MoO$_3$/TiO$_2$ 催化剂在柴油机NH$_3$-SCR系统中的性能 [J]. 化工学报，2013, 64(9): 3356-3366.

[102] 鲍林格 T H, 布莱克曼 P G, 钱德勒 G R, 等. 含有金属的沸石催化剂：CN103298557A[P]. 2013-09-11.

[103] 比特尔 T, 迪特勒 M, 布尔 I, 等. 具有 CHA 结构的含铜分子筛的制备方法、催化剂、体系和方法：CN102946996A[P]. 2013-02-27.

[104] Kwak J H, Tran D, Burton S D, et al. Effects of hydrothermal aging on NH$_3$-SCR reaction over Cu/zeolites[J]. Journal of Catalysis, 2012, 287: 203-209.

[105] Ren L, Zhu L, Yang C, et al. Designed copper-amine complex as an efficient template for one-pot synthesis of Cu-SSZ-13 zeolite with excellent activity for selective catalytic reduction of NO$_x$ by NH$_3$[J]. Chemical Communications, 2011, 47(35): 9789-9791.

[106] Shan Y, Du J, Zhang Y, et al. Selective catalytic reduction of NO$_x$ with NH$_3$: Opportunities and challenges of Cu-based small-pore zeolites[J]. National Science Review, 2021, 8(10): 1-20.

[107] Martínez-Franco R, Moliner M, Thogersen J R, et al. Efficient one-pot preparation of Cu-SSZ-13 materials using cooperative OSDAs for their catalytic application in the SCR of NO$_x$[J]. Chem Cat Chem, 2013, 5(11): 3316-3323.

[108] Deka U, Lezcano-Gonzalez I, Warrender S J, et al. Changing active sites in Cu-CHA catalysts: DeNO$_x$ selectivity as a function of the preparation method[J]. Microporous and Mesoporous Materials, 2013, 166: 144-152.

[109] Zhang Y, Cao G, Yang X. Advances in de-NO$_x$ methods and catalysts for direct catalytic decomposition of NO: A review[J]. Energy & Fuels, 2021, 35(8): 6443-6464.

[110] Yu R, Zhao Z, Huang S, et al. Cu-SSZ-13 zeolite-metal oxide hybrid catalysts with enhanced SO$_2$-tolerance in the NH$_3$-SCR of NO$_x$[J]. Applied Catalysis B: Environmental, 2020, 269: 118825.

第九章
吸附分离用分子筛

第一节　分子筛吸附分离原理 / 307

第二节　分子筛在低碳烃分离技术中的应用研究 / 310

第三节　分子筛在碳八芳烃液相吸附分离技术中的应用研究 / 316

第四节　分子筛在芳烃净化技术中的应用研究 / 326

第五节　分子筛在脱除含氧、含硫化合物杂质技术中的应用研究 / 334

在化工、石化、制药等工业领域中有大量的化学品混合物需要分离提纯，现有的化学品分离技术主要包括蒸馏、吸附分离和膜分离技术等。其中，蒸馏所涉及的分离等过程能源消耗大，约占世界能源消耗总量的 10%～15%[1]，因此发展无需大量热能的低能耗、低污染物排放的分离手段具有重要意义，并为资源高效利用开辟新的途径。其中，吸附分离技术具有适应范围广、成本低、操作简单、吸附剂可重复使用等优点。高效吸附剂是吸附分离研究的重点，沸石分子筛因其自身的优异性质，至今是应用广泛、研究深入的一类重要的吸附分离材料[2]。特别是 20 世纪合成分子筛出现以来，吸附剂与吸附技术不断发展与革新，低能耗、易操作的吸附分离工艺在工业上有了越来越多的应用，成为了近年来的研究热点。

吸附分离通常是利用具有较强吸附能力的固体吸附剂选择性地将一种或一类物质吸附在固体表面，从而实现混合物中不同组分分离的一种技术[3]。吸附分离过程可简单分为两类[4]：一类是要分离出的组分在混合物中占比较大，例如乙炔生产过程中，从生成气（乙炔含量 10% 左右）中将乙炔和二氧化碳分离从而得到乙炔[5]，被称为大容量分离（bulk separation）；另一类是将气体中的杂质（含量通常＜2%）除去从而得到纯度更高的气体，例如将乙烯中微量的乙炔（含量 1% 左右）除去以生产聚合级乙烯，此过程通常称为纯化（purification）[6]。吸附分离的常规过程是将混合物通过填充有吸附剂的吸附柱，吸附较弱的组分优先流出而得到产品，而吸附较强的组分则需要解吸，从而实现吸附剂的再生与重复使用。吸附剂的再生方法主要包括变温吸附（TSA）循环和变压吸附（PSA）循环。TSA 是通过加热吸附剂来实现脱附，而 PSA 是通过降低气相中被吸附组分的分压来实现脱附。通常，气体纯化吸附剂是通过 TSA 过程实现再生，而大容量分离吸附剂通过 PSA 过程实现再生。

分子筛作为一类重要的吸附分离材料，广泛应用于气体脱水和干燥、空气分离、制氢过程中氢气纯化、烷烃异构体分离、二甲苯异构体分离、烯烃分离、二氧化碳吸附、一氧化碳吸附、含硫化合物或氮氧化物的脱除等方面[2]。分子筛由于具有独特的微孔结构和可调变性，从而赋予它在吸附分离中的优异性能：微孔丰富，比表面积大，孔径分布均匀；通过简单离子交换的方式可调变孔径尺寸与酸碱性质；通过调变合成原料的配比可在一定范围内调变硅铝比，从而改变表面极性和电场；通过原位封装等手段可引入配位不饱和金属中心与气体分子进行选择配位，从而达到吸附分离效果。

第一节
分子筛吸附分离原理

沸石分子筛中硅氧四面体（[SiO_4]）为电中性，而铝氧四面体（[AlO_4]$^-$）的存在使分子筛骨架带有一定的负电荷，因此需要骨架外的阳离子来平衡电荷从而维持分子筛整体的电中性，常见的骨架外阳离子有 H^+ 及 Li^+、Na^+、K^+、Ca^{2+}、Mg^{2+} 等碱金属或碱土金属离子。利用不同离子的盐溶液对分子筛的骨架外阳离子进行交换可实现对分子筛性质的调变。但全硅型分子筛是其中特例，因为其结构以硅氧四面体（[SiO_4]）作为初级结构单元，骨架呈电中性，所以理论上不存在骨架外阳离子。正因为分子筛独特的孔道结构和高度极化的内环境，使得其对于气体的吸附行为和吸附机理呈现多样性，其吸附分离机理可大致分为基于主客体相互作用的平衡吸附分离和基于扩散的非平衡吸附分离。

一、平衡吸附分离

混合物中的所有组分都会在吸附剂中达到吸附平衡，某些组分由于吸附强度弱、吸附量低而先从吸附床中流出，吸附强、吸附容量高的组分得以继续在吸附剂中保留，从而流出时间存在差异而实现分离，叫做平衡吸附分离。吸附作用力可分为物理吸附和化学吸附。

1．物理吸附分离

物理吸附是由吸附剂和吸附质分子间的范德华力和静电作用力所引起的吸附。分子筛晶体的有序结构使其内部存在较强的极性与局域电场，因此它一般与极性较强或带不饱和键的气体分子的物理吸附作用较强。物理吸附的优势是可以发生在任何固体表面上，吸附活化能较低，吸附剂的再生方法简单。但当目标气体分子的浓度较低时，由于吸附质与吸附剂的连接不牢固，易于解吸，因而常常吸附分离效果不佳。故物理吸附作用比较适用于大容量分离，不太适用于纯化过程。

2．化学吸附分离

理论上，化学吸附作用指的是吸附质分子与固体表面原子（或分子）发生电子的转移、交换或共用。由于这种相互作用通常是不可逆的，因此不符合吸附分离的要求。但是，吸附剂与吸附质之间存在一些作用力强于物理吸附但弱于传统的化学吸附作用，可实现再生（吸附热在 30～60kJ/mol），将这种弱化学作用主导的分离过程称为化学选择性吸附分离。

π络合作用是一种典型的弱化学吸附作用，在含有过渡金属元素的吸附剂中，金属最外层的 s 轨道具有接受电子的能力，与具有 π 电子的吸附质分子相互作用时，金属及其离子易于接受吸附质的 π 电子形成 σ 键。同时，金属的 d 轨道能反馈电子云给被束缚分子的 π* 轨道，形成反馈 π 键。这种 σ-π 键协同作用增强了含过渡金属的吸附剂与吸附质分子的相互作用，称为 π 配合作用[4]。除了明确的 π 配合作用，还有一些弱化学作用也在分离中起着重要作用，例如，酸性气体二氧化碳与分子筛碱性的骨架氧原子形成的碳酸盐化学吸附物种[7]，炔烃与孤立的过渡金属中心形成的可逆的化学配合物[6]。

与利用范德华力的物理吸附相比，化学吸附作用力更强，吸附选择性更高，更适用于目标气体浓度较低的气体纯化过程。与传统的不可逆化学吸附作用不同，这些弱化学吸附物种使得整个过程是可逆的，容易实现脱附和吸附剂再生过程。

二、非平衡吸附分离

非平衡吸附分离指的是当混合物中的各气体组分未达到吸附平衡时的分离。

1．尺寸筛分和动力学筛分

尺寸筛分指的是，只有分子尺寸小于吸附剂的孔径且形状适宜的分子可以扩散到吸附剂孔道内，其他分子则被阻挡在外，从而实现混合物分离的一种方法。尺寸筛分效应也被称为位阻效应或分子筛分效应，在吸附分离中是最常见且最容易理解的模式。动力学筛分是利用不同分子在吸附剂孔道内扩散速率的不同来实现分离的一种方法。即使两种气体的尺寸差异很小，但这两种气体通过某个吸附剂孔道时的能量势垒相差非常大，这个吸附剂就具有分离这两种气体的潜力。通过评估不同气体在吸附剂中扩散系数和一定条件下达到吸附平衡的时间，可以预测此种吸附剂对于气体混合物动力学分离的可能性。利用尺寸筛分进行分离时，不能进入孔道内的组分的扩散系数可看作为 0，可看成是动力学筛分的特例。值得指出的是，利用尺寸筛分效应进行气体分离的过程中必须耦合一定的主客体相互作用，即吸附剂对可进入孔道的组分必须有一定的吸附量，确保与未能进入孔道组分的流出时间有足够的差异。

2．分子活门效应和呼吸效应

分子活门效应是指由于气体混合物中不同客体分子诱导分子筛中阳离子暂时可逆地从孔道中心迁移的能力有差异，导致只有特定分子能够进到分子筛孔道内，从而达到气体混合物吸附分离的效果[8]。分子活门效应可以实现逆分子大小的吸附，尺寸大的分子也可能被优先吸附，即优先吸附与分子大小无关。分子活门效应可以实现很高的选择性，但在实际应用中应该考虑 PSA 和 TSA 过程的适用性[9]。图 9-1 是典型的分子活门效应的机理示意图，二氧化碳分子可以和位于 8 元环窗口的 Cs^+ 发生较强的相互作用，当二氧化碳分子靠近 8 元环窗口时，可以将 Cs^+ 顶开而进入 8 元环窗口，在二氧化碳分子通过 8 元环后，Cs^+ 又重新回到原来的位置。甲烷不能诱导阳离子迁移，则被排除在笼外[8]。

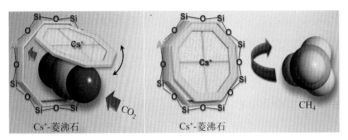

图9-1 分子活门效应示意图

呼吸效应，又称开门效应，指的是：当特定吸附质分压或压力较低时，吸附剂几乎不吸附吸附质（或吸附量很低）；当压力增大到一定程度后，特定客体分子才可以进入孔道内部，吸附量也随之快速上升。这种现象一般是由骨架结构的柔韧性引起的。

呼吸效应与分子活门效应的等温线形状有明显的区别，分子活门效应中特定客体分子诱导阳离子迁移不需要达到特定压力，诱导能力只与吸附质分子和吸附剂的性质有关，因此分子活门效应中的吸附等温线通常呈现典型的 I 型曲线；而呼吸效应则完全不同，吸附质分子的压力达到一定数值后，诱导吸附剂的开孔效应，因此吸附等温线呈现出在突破某一个压力值后的迅速上升。分子活门效应和呼吸效应从原理上讲存在很大差异，这两种行为都常见于窄孔分子筛。

3．量子筛分

量子筛分效应是指当气体分子尺寸与微孔材料孔径的差异与气体分子的德布罗意波长接近时，气体分子与微孔材料在低温条件下相互作用产生的一种不确定性量子效应。量子筛分效应自 1995 年被提出后，已被应用于氢同位素的分离[10]。

在实际的吸附分离过程中，以上几种机理往往不是单独存在的。在一类吸附材料中兼容多种机理可以使吸附剂有更好的吸附容量和选择性，但同时也为吸附分离机理的研究增加了难度。

第二节
分子筛在低碳烃分离技术中的应用研究

低碳烯烃，尤其是乙烯和丙烯，是基础有机化工原料，其产能是衡量一个国家化工水平的重要标准。在我国，烯烃大多通过石脑油裂解以及甲醇制烯烃等途径制备，其中存在部分炔烃和烷烃副产物，不仅容易形成积炭而使催化剂失活，还可能使烯烃聚合性能下降，严重影响了烯烃的进一步加工利用。例如在石油裂解碳四气体馏分中，1-丁烯、异丁烯、顺-2-丁烯、反-2-丁烯和1,3-丁二烯同时存在，其中1-丁烯和1,3-丁二烯需要被分离出来用作重要的化工原料。因此，炔烃/烯烃/烷烃分离以纯化烯烃和C_4烃类分离以实现各组分的合理利用，在工业上均具有重要意义。

一、烯烃/烷烃分离

分子筛对偶极矩和四极矩较大的分子有更强的作用力，所以未改性的分子筛原粉对烯烃和炔烃等不饱和小分子的吸附量比饱和烷烃大，对烯烃/烷烃分离具有一定的选择性。研究人员利用吸附等温线、穿透实验等手段评价了X、Y和A型等分子筛对烯烃/烷烃的分离性能，发现未改性的原粉具有一定的分离能力，但选择性和高纯气体产量不高。为了进一步提高分离性能，可采取以下三种手段：①引入π络合作用。例如，利用离子交换的方法将Ag^+引入到X和Y型分子筛中，可以增加分子筛对烯烃的吸附强度[11]。利用CuCl改性的方法可将Cu(I)引入Na-X分子筛中，用于丙烯/丙烷分离，结果表明，虽然Cu的分散使得孔体积减小，造成了两种气体吸附量的降低，但由于π络合作用的存在，分子筛对混合物的分离选择性大幅度增加[12]。②耦合尺寸筛分效应。例如，利用Ag^+交换的A型分子筛Ag-A可实现完全的尺寸筛分乙烯/乙烷[13]。Ag-A的孔径被控制在乙烯和乙烷的动力学直径之间，完全不吸附乙烷，实现了100%的乙烯选择性。③耦合动力学效应。大量的研究证明在一些纯硅或高硅分子筛中丙烯、丙烷扩散的速率存在明显的差异，例如在ITQ-12中，丙烯的扩散速率是丙烷的9500倍，这种差异来源于ITQ-12中合适大小的8元环窗口[14]。此外，利用碳纳米管作为二次模板合成的具有分级孔道结构的ZSM-58分子筛，也可实现动力学筛分丙烯/丙烷，这显示了分级孔道在动力学分离中的重要作用[15]。

研究人员已经综合多种策略制备出了不同类型的分子筛，应用于乙烯/乙烷的分离，然而，这些材料存在着一些共性的缺陷：材料的金属吸附位点（例如上文所述的铜和银）在硫化合物和水汽等存在下稳定性较差；金属阳离子部分还原形成的酸性位点易导致烯烃的聚合，最终堵塞孔道导致材料再生困难。为了解决以上问题，有研究者开发了一种高稳定性的纯硅分子筛（ITQ-55）[16]，其独特的孔道包含"心形笼"结构（如图9-2），且其骨架结构具有高柔韧度，这些特性有利于乙烯的吸附，它的乙烯、乙烷的吸附动力学曲线表明（图9-2），乙烯在ITQ-55中的扩散不受限制而乙烷在其中扩散速率很慢，这种吸附动力学的差异使ITQ-55实现了动力学筛分乙烯/乙烷，其分离选择性超过100%。此外，ITQ-55的纯硅结构中酸性积炭位点极少，从而从根本上解决了分离与再生过程中的积炭问题。

以上研究表明，对于烷烃/烯烃混合体系，分子筛原粉通常有一定的分离能力。合理地调变分子筛孔道结构或引入功能中心，是进一步提高吸附量和选择性的可行方案。

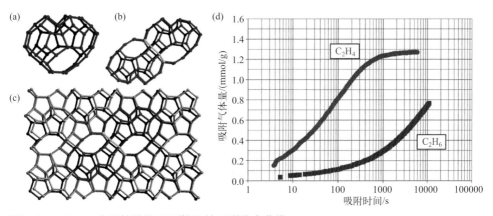

图9-2　ITQ-55分子筛结构及乙烯/乙烷吸附分离曲线

二、炔烃/烯烃分离

近年来，研究人员利用不同策略将金属有机框架材料成功应用于烯烃/炔烃分离领域，但却几乎没有分子筛吸附剂成功应用的实例。这是因为烯烃/炔烃混合物分离不同于烯烃/烷烃分离，分子筛原粉对于烯烃和炔烃的吸附容量和吸附强度非常相近[17]，因此烯烃/炔烃选择性极低。为了解决此问题，本书著者团队[6]开发了一类含配位不饱和金属中心的分子筛材料，成功实现了高选择性烯烃/炔烃分离。

以硅氧烷胺类有机物与过渡金属Ni配合形成的配合物作为模板剂，通过水热合成法制备了含孤立过渡金属中心的Ni@FAU分子筛。样品的透射电镜结果表明，过渡金属离子均匀地分布于Ni@FAU晶体中。Ni@FAU的乙烯、乙炔在298K的吸附等温线如图9-3(a)所示，乙炔的吸附量整体高于乙烯，且在0.02bar（1bar=10^5Pa，下同）的压力下（工业乙烯中乙炔杂质含量在2%左右），Ni@FAU的乙炔吸附量高达2.0mmol/g（即45cm³/gSTP）。Ni@FAU的乙炔、乙烯单组分的程序升温脱附实验（TPD）结果[如图9-3（b）]表明，乙炔具有更大的脱附量和更高的脱附温度；将等摩尔的乙烯和乙炔混合物通入Ni@FAU进行吸附后，其TPD谱与乙炔单组分的TPD谱图相似，乙烯的脱附较少；Ni@FAU吸附乙烯饱和后通入乙炔的TPD结果表明吸附的乙烯可以很容易地被乙炔替换，以上TPD结果说明乙炔与样品的作用力远远高于乙烯，与吸附热的结果相符（乙炔的吸附热为48.6kJ/mol，乙烯的吸附热为25.8kJ/mol）。这种强相互作用在红外光谱结果中也得到了印证[如图9-3（c）]，乙炔吸附于Ni@FAU样品后，其C—H键的对称伸缩振动和非对称伸缩振动的峰分别红移至3010cm^{-1}和2925cm^{-1}，

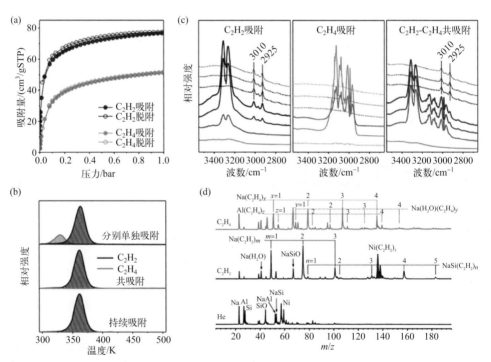

图9-3 （a）Ni@FAU在298K下的乙炔、乙烯吸附等温线。（b）在298K下，乙炔和乙烯分别单独吸附、共吸附和接续吸附（先通入乙烯吸附后通入乙炔）于Ni@FAU后的程序升温脱附实验谱图。（c）Ni@FAU在298K下对乙炔和乙烯吸附的原位红外光谱分析（虚线表示吸附后用氦气吹扫）。（d）Ni@FAU靶在载气He、C_2H_2 (2%)/He和C_2H_4 (2%)/He存在下脉冲激光汽化产生物质的质谱

其物理吸附的峰位于 3100～3400cm^{-1} 区域，乙烯吸附于 Ni@FAU 后仅观察到 2800～3400cm^{-1} 区域的物理吸附红外峰。通过质谱分析，在吸附乙炔的 Ni@FAU 中发现了 Ni(C$_2$H$_2$)$_3$ 关键物种［如图 9-3（d）］，而在吸附乙烯的 Ni@FAU 中则没有观察到 Ni(C$_2$H$_4$)$_n$（$n=1$～4）物种。上述结果表明，Ni@FAU 对乙炔具有较高的选择性吸附作用，具有从乙烯中去除痕量乙炔的能力，且这种乙炔选择性吸附与分子筛中孤立的配位不饱和金属中心密切相关。

在 298K 下，Ni@FAU 的乙炔/乙烯（2%/2%）穿透曲线［表 9-1、图 9-4（a）、（c）］结果表明，乙炔的动态吸附量高达 1.72mmol/g 以上，乙烯/乙炔的选择性高达 101，可在烯烃中完全去除炔烃杂质（炔烃含量＜1×10^{-6}mol/L）。将乙炔的含量稀释至 1% 或将乙烯的含量增加到 50% 时，Ni@FAU 的乙炔捕获量没有明显的变化［图 9-4（b）］。Ni@FAU 的分离性能优于现有的乙炔/乙烯分离的先进材料包括 JCM-1、UTSA-200a、NbU 和 SIFSIX-2-Cu-i 等［表 9-1、图 9-4（c）］，且这种优异的性能在经过十个吸脱附循环后没有任何的下降［图 9-4（d）］。

表9-1　固体吸附剂的 C$_2$H$_2$/C$_2$H$_4$ 分离性能

吸附剂	动态吸附量/(mmol/g)	动态选择性	实验条件	高纯乙烯的产量/(mmol/g)	参考文献
UTSA-100a	0.02	35	2ml/min; 1%C$_2$H$_2$/99%C$_2$H$_4$; 296K	1.4	[15]
SIFSIX-3-Zn	0.08	9		4.3	[16]
SIFSIX-3-Ni	—	5			[16]
SIFSIX-2-Cu	—	6	1.25ml/min; 1%C$_2$H$_2$/99%C$_2$H$_4$; 298K	—	[16]
SIFSIX-1-Cu	0.38	11		17.7	[16]
SIFSIX-1-Cu-i	0.73	45		53.3	[16]
JCM-1	1.70	3	7ml/min; 50%C$_2$H$_2$/50%C$_2$H$_4$; 298K	1.0	[17]
NKMOF-1-Ni	1.10	44	10ml/min; 1%C$_2$H$_2$/99%C$_2$H$_4$; 298K	96	[18]
NOTT-300	1.10	4	2ml/min; 50%C$_2$H$_2$/50%C$_2$H$_4$; 293K	0.8	[19]
NbU-1	1.23	5	2ml/min; 50%C$_2$H$_2$/50%C$_2$H$_4$; 293K	0.5	[20]
	0.05	10	1ml/min; 1%C$_2$H$_2$/99%C$_2$H$_4$; 293K	3.6	[20]
HOF-21a	0.31	11	0.2ml/min; 1%C$_2$H$_2$/99%C$_2$H$_4$; 298K	0.3	[21]
UTSA-300a	0.62	8	2ml/min; 1%C$_2$H$_2$/99%C$_2$H$_4$; 298K	0.7	[22]
UTSA-200a	1.18	—	2ml/min; 1%C$_2$H$_2$/99%C$_2$H$_4$; 298K	85.7	[23]
Ni@FAU	1.72	101	6ml/min; 2%C$_2$H$_2$/2%C$_2$H$_4$; 298K	1.2	[6]
	1.73	99	6ml/min; 2%C$_2$H$_2$/50%C$_2$H$_4$; 298K	30.7	
	1.72	97	6ml/min; 1%C$_2$H$_2$/99%C$_2$H$_4$; 298K	116.8	

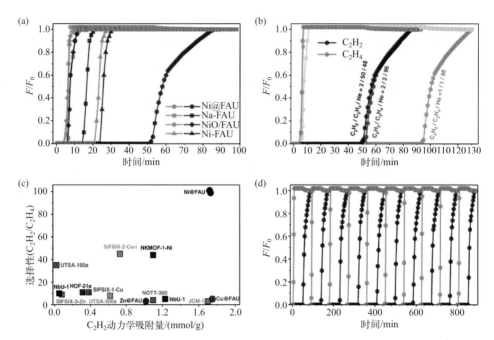

图9-4 （a）Ni@FAU及对照样品Na-FAU、NiO/FAU、Ni-FAU在298K的乙炔/乙烯（2%/2%）穿透曲线；（b）气体组分的变化对Ni@FAU分离效果的影响；（c）Ni@FAU的乙炔/乙烯分离效果与当前的先进材料的对比图；（d）Ni@FAU的循环性能研究

为了揭示 Ni@FAU 中 Ni(Ⅱ) 位点在选择性吸附乙炔中的作用，用离子交换法和湿法浸渍法分别将镍元素引入到 FAU 原粉中得到了 Ni-FAU 和 NiO/FAU 两种对照样品，发现两个样品对乙烯/乙炔分离能力都较差［如图9-4（a）］，证实了 Ni@FAU 的乙炔高选择性吸附作用来源于孔道内限域的 Ni(Ⅱ) 位点。研究人员进一步通过原位中子衍射解析了炔烃/烯烃分子与 Ni@FAU 的相互作用机制，从分子层面上揭示了 Ni@FAU 分子筛中的活性 Ni(Ⅱ) 中心与炔烃分子化学选择性成键机理。动态条件下炔烃分子与开放的 Ni(Ⅱ) 金属位点之间发生化学相互作用，在纳米孔道中形成可逆的亚稳态配合物 $Ni(C_2H_2)_3$（如图9-5）。与炔烃相比，烯烃分子和 Ni(Ⅱ) 中心的作用机制完全不同，大部分吸附的烯烃分子与分子筛孔道内的氧原子仅存在极弱的氢键作用力从而形成物理吸附物种，因此在动态吸附条件下，这些弱吸附的烯烃分子会快速被炔烃分子取代。

这种 Ni@FAU 生产工艺简单且稳定性优异，在乙烯/乙炔分离中具有很好的吸附量和选择性，展现了其在烯烃纯化方面广阔的应用前景。

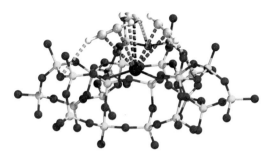

图9-5　Ni@FAU与炔烃相互作用示意图

总之，对于炔烃/烯烃混合体系，由于炔烃和烯烃的理化性质相似，分子筛原粉对二者吸附量相近，利用传统的物理吸附方法很难将其分离，因此构筑配位不饱和中心化学选择性吸附炔烃为烯烃/炔烃分离提供了新的思路。

三、碳四烯烃分离

在 FAU 等大孔径分子筛（孔径为 0.7nm 左右）中有效地分离 C_4 烯烃几乎是不可能的，因为 C_4 烯烃在此类分子筛中扩散不受限制，且分子筛对其吸附量和吸附强度几乎相同，无法实现分离。

基于分子筛的位阻效应可以实现一定程度的碳四烯烃分离。将具有 8 元环窗口的全硅分子筛 DD3R 应用于碳四烯烃分离，通过对吸附等温线的测定和吸附热的分析，发现 8 元环窗口允许丁二烯和反-2-丁烯进入而排阻了 1-丁烯和顺-2-丁烯[18]。DD3R 具有疏水性和高温稳定性，可作为分离丁烯混合物的选择性吸附剂，其分离机制可以用临界分子直径的差异来解释。全硅分子筛 RUB-41 可用于分离 1-丁烯/2-丁烯混合物，但对于机理没有给出明确的解释，可能与这种分子筛独特的孔道结构产生的尺寸筛分效果有关[19]。此外，利用化学选择性吸附也可以实现一定程度上的分离，如利用 Cu(Ⅰ)-Y 分子筛中 Cu(Ⅰ) 中心与 1,3-丁二烯的 π 络合作用，可成功分离 1-丁烯和 1,3-丁二烯[20]。

分子筛的尺寸筛分效应与选择性化学吸附可实现一定程度上的碳四烯烃分离，但在多种组分同时存在的情况下并不能将每一种组分完全分离。因此，后续还应针对能够高效精确分离多种碳四烯烃组分的分子筛吸附剂开展研究。

分子筛吸附材料在小分子吸附分离体系中得到广泛的研究与应用。目前已知分子筛拓扑结构有两百余种，研究人员预测了几十万个热力学稳定的分子筛结构。对全部已有分子筛材料进行吸附分离测试是一项极其耗时耗力的工作，难以实现。在此背景下，出现了通过计算机辅助模型预测实现大规模筛选分子筛吸附剂的策略，研究人员在此领域已完成一系列卓有成效的工作[21-22]。

与传统的分离技术相比，针对小分子的吸附分离技术能耗低、经济性好，更适应可持续发展的要求。高性能吸附材料的开发是吸附分离技术的核心，沸石分子筛作为传统的吸附剂具有价格低廉、稳定性高等无可替代的优势，在小分子吸附分离领域有着广阔的发展前景。近年来，分子筛材料应用于小分子吸附分离领域取得了长足的进步。伴随着从天然沸石到人工合成分子筛，再到多种改性分子筛的发展历程，其吸附分离也从起初的吸水干燥剂拓展到烃类分离、二氧化碳分离等多种具体体系；吸附机理从简单的分子筛分效应到络合吸附、门效应等多种机理并存；评价方法涵盖单组分气体吸附等温线、多组分穿透曲线及循环性能等多个维度。从早期吸附性能评价到多种表征手段辅助的机理研究，从实验筛选到计算机辅助分子模拟高通量筛选，基于大量的已有研究，分子筛材料在小分子吸附分离，特别是气体小分子吸附分离方面，已展现出巨大的应用前景，可为变革型吸附分离技术提供材料支撑。分子筛的拓扑结构、骨架组成、阳离子类型及位置都会对其吸附性能产生重要影响。针对特定的小分子混合物体系，精确地调控分子筛的结构及孔道内环境从而设计高性能分子筛吸附材料将成为本领域的重要发展方向。

第三节
分子筛在碳八芳烃液相吸附分离技术中的应用研究

碳八芳烃异构体包括对二甲苯（PX）、间二甲苯（MX）、邻二甲苯（OX）和乙苯（EB）。其中，PX 是重要的基本有机化工原料，主要用于生产聚酯（PET）；MX 主要用于生产间苯二甲酸，作为添加剂可有效改善聚酯产品性能。虽然 EB 也是重要的基本有机化工原料，但是混合碳八芳烃中 EB 分离难度大，一般不会用于生产高纯度 EB，而是采用乙苯脱乙基或者乙苯转化为二甲苯的方法来除去乙苯。

碳八芳烃异构体的沸点非常接近，如表 9-2 所示，OX 的沸点最高，超过 MX 沸点 5.3K，工业上可以采用精馏分离 OX，但是需要超过 150 块理论塔板[23]；而进一步分离 MX 和 PX 需要多达 360 块理论塔板[85]，这在工业上是难以实现的。

表9-2　四种碳八芳烃异构体的沸点[24]　　　　　　　　　　　　　　　　　　　　　　　单位：K

PX	MX	OX	EB
411.5	412.3	417.6	409.3

目前，工业上主要采用模拟移动床吸附分离技术生产高纯度 PX 或者 MX 产品。技术关键包括吸附剂-解吸剂体系、工艺配置、专业设备和控制系统等。利用特定分子筛吸附剂对 PX 或者 MX 的选择性吸附能力，当混合碳八芳烃原料与吸附剂接触时，PX 或者 MX 被优先吸附，从而由流动相转移至吸附相中，实现与其他异构体之间的分离，在解吸剂的洗脱作用下吸附相中的 PX 或者 MX 进入抽出液，再经精馏将解吸剂与 PX 或 MX 分离，进而获得高纯度 PX 或 MX 产品。

国际上有 3 家芳烃吸附分离技术专利商，分别为 UOP 公司、Axens 公司和中国石化。UOP 公司采用 Parex 工艺，陆续推出 ADS-3、ADS-7、ADS-27、ADS-37、ADS-47 等牌号的 PX 吸附剂和 ADS-23MX 吸附剂。Axens 公司采用 Eluxyl 工艺，逐渐推出了 SPX-2000、SPX-3000、SPX-3003 等牌号的 PX 吸附剂。中国石化采用 SorPX 工艺，先后开发了 RAX-2000A、RAX-3000、RAX-4000、RAX-4500 牌号的 PX 吸附剂和 RAX-Ⅰ、RAX-Ⅱ、RAX-Ⅲ 牌号的 MX 吸附剂。

一、分子筛性质及吸附分离性能

能够选择性分离碳八芳烃异构体的多孔材料较多，包括八面沸石[25-26]、MFI 分子筛[27-28]、MOFs[29]、碳分子筛[30] 等，其中，仅八面沸石实现工业应用。八面沸石是一类骨架铝含量较高的硅铝分子筛晶体材料，其硅铝比（SiO_2/Al_2O_3）、金属阳离子、含水量等均对碳八芳烃异构体分离性能有显著影响。

八面沸石的拓扑结构是 FAU，骨架结构中 β 笼通过双 6 元环相连形成 α 笼，α 笼内部空间直径约 1.2nm，α 笼具有 12 元环窗口，直径约 0.74nm。习惯上，按照硅铝比差异将八面沸石分为 X 型和 Y 型分子筛：X 型分子筛的硅铝比为 2.0～3.0，Y 型分子筛的硅铝比大于 3.0。X 型分子筛又可细分为低硅 X 型分子筛（low silicon type X zeolite，LSX），硅铝比为 2.0～2.2；中硅 X 型分子筛（medium silicon type X zeolite，MSX），硅铝比为 2.2～2.4；高硅 X 型分子筛（high silicon type X zeolite，HSX），硅铝比为 2.4～3.0。

X 型分子筛能够从混合碳八芳烃中选择性吸附对二甲苯[31]。本书著者团队[32] 系统研究了 X 型分子筛硅铝比对 PX 吸附选择性的影响规律，发现随着 X 型分子筛硅铝比从 2.0 逐渐增加至 2.53，PX 相对于 MX 和 OX 分离系数呈先升高后降低趋势，硅铝比为 2.2～2.4 时具有较高的 PX 分离系数，这说明中硅 X 型分子筛适合将 PX 与 MX、OX 分离；而 PX 相对于 EB 分离系数线性降低，这说明低硅 X 型分子筛适合分离 PX 与 EB。PX 相对于其他三个异构体分离系数从大到小依次为 MX＞OX＞EB，且三者顺序并不受 X 型分子筛硅铝比影响。事实上这对于从混合碳八芳烃中吸附分离高纯度对二甲苯非常重要，原因在于混合碳八芳烃中 OX、MX、PX 的摩尔比接近 1∶2∶1，较高的 PX 相对于 MX 的吸附选择性能保障从含高浓度 MX 的混合碳八芳烃原料中分离获得高纯度 PX 产品。

在基于模拟移动床工艺的吸附分离装置中，吸附塔内不同区域的流动相包含了不同浓度的解吸剂，吸附区的 PX 浓度较高，这时 PX 被吸附剂吸附，即由流动相进入吸附相，而脱附区的解吸剂浓度较高，解吸剂将 PX 洗脱下来，导致 PX 由吸附相进入流动相，同时解吸剂由流动相进入吸附相，从而实现吸附剂循环利用。解吸剂一般为对二乙苯，PX 相对于对二乙苯的吸附选择性决定了吸附剂能否循环利用。比较理想的情况是 PX 相对于对二乙苯分离系数接近 1，在不同区域内吸附剂容易进行 PX 吸附-脱附循环。对于一定的 PX 与对二乙苯混合物，随着 X 型分子筛硅铝比从 2.01 增加至 2.44，PX 相对于对二乙苯分离系数逐渐降低；当 X 型分子筛硅铝比一定时，PX 相对于对二乙苯分离系数随着混合物中 PX 含量的增加而升高，更为重要的是，X 型分子筛的硅铝比越高，PX 相对于对二乙苯分离系数变化幅度越小，最高和最低值均接近 1[23]。从这个角度看，中硅 X 型分子筛更有利于实现 PX 吸附-脱附循环。

综上，对于某一确定硅铝比的 X 型分子筛，并不能同时获得最高的 PX 相对于 MX、OX、EB 吸附选择性以及适宜的 PX 相对于对二乙苯吸附选择性。考虑到碳八芳烃异构体中 EB 的含量最低，且硅铝比对 PX 相对于 EB 吸附选择性影响较小，中硅的 X 型分子筛具有较高的 PX 吸附选择性，较适合作为 PX 吸附分离材料。

Y 型分子筛可用于从混合碳八芳烃中选择性吸附 MX[33]。本书著者团队[34]研究了硅铝比为 4.86～5.27 的 Y 型分子筛的 MX 吸附选择性，发现随着硅铝比的逐渐增加，MX 相对于 EB、PX、OX 分离系数先升高后降低，硅铝比为 5.0～5.1 时 MX 相对于其他三个异构体的分离系数最高；Y 型分子筛的硅铝比一定时，MX 相对于其他三个异构体分离系数由大到小依次为 EB＞PX＞OX，且该次序并不受硅铝比影响。

用于平衡骨架负电荷的金属阳离子位于八面沸石的 4 元环附近以及双 6 元环、β 笼、α 笼及其窗口等结构单元内，金属阳离子具体位置及分布情况分别见图 9-6 和表 9-3。

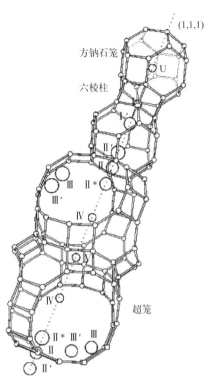

图9-6　八面沸石晶胞中金属阳离子分布情况[35]

表9-3　八面沸石晶胞中金属阳离子的位置和数量[36]

位置	数量	位置
I	16	双6元环内
I′	32	β笼内靠近连接双6元环的6元环窗口
II′	32	β笼内靠近连接α笼的6元环窗口
U	8	β笼中心
II	32	连接α笼与β笼的6元环窗口中心
II*	32	α笼内靠近连接β笼的6元环窗口
III	48	α笼内靠近两个4元环之间的4元环
III′	96	α笼内靠近6元环与4元环之间的4元环
IV	8	α笼中心
V	16	12元环窗口中心

　　X型分子筛的PX吸附选择性与金属阳离子的种类和数量密切相关。当X型分子筛仅包含一种金属阳离子时，KX具有较高的PX相对于MX分离系数，而BaX的PX相对于EB分离系数非常突出[37]。尽管研究人员还不清楚K^+、Ba^{2+}对碳八芳烃异构体的选择性吸附机制，但是这并不妨碍他们将K^+和Ba^{2+}同时交

换进入 X 型分子筛，令人惊喜的是 KBaX 的 PX 相对于 EB、MX、OX 吸附选择性均显著提高[37-38]。通过调变 KBaX 中 K^+ 与 Ba^{2+} 比例，还可以进一步提高 PX 吸附选择性[39]。值得注意的是，通常水热合成获得的 X 型分子筛中阳离子为 Na^+，而 NaX 的 PX 相对于 MX 分离系数小于 $1^{[37]}$，这表明 NaX 会选择性吸附 MX 而非 PX。即便是 BaX 中残留少量的 Na^+，也会对 PX 吸附选择性产生不利影响，本书著者团队[32]通过研究 Na^+ 交换度对 PX 相对于 EB、MX、OX 分离系数的影响规律，发现三者均随 Na^+ 交换度的增加而升高，当 Na^+ 交换度超过 94% 时三者均变化不大。

尽管研究人员尝试采用多种表征方法及分子模拟，如中子衍射[40-41]、量热分析[42]、红外光谱[43]、巨正则蒙特卡罗模拟[44]等，研究碳八芳烃异构体的选择性吸附机制，但是仍无法获得满意的结果。Khabzina 等[45]通过改变分子筛硅铝比、金属阳离子种类和数量制备了 68 种吸附分离材料，采用线性回归的方法建立了 PX 相对于 MX 吸附选择性与材料结构性质之间的定量关系，见式（9-1）。

$$S_{PX/MX}=-0.05d_3+2.35d_4-6.97d_1+1 \quad (9-1)$$

其中，d_1 为 SⅡ位置金属阳离子半径均值；d_3 为 SⅢ位置金属阳离子数量；d_4 为 SⅡ位置金属阳离子饱和因子。

与金属阳离子为 Li^+、K^+ 的 Y 型分子筛相比，金属阳离子为 Na^+ 的 Y 型分子筛具有较高的 MX 吸附选择性[46-47]。本书著者团队[34]在 NaY 中引入第二种金属阳离子，分别制备了 LiNaY、KNaY、SrNaY、BaNaY、AgNaY 五种分离材料，其中仅 AgNaY 表现出较高的 MX 吸附选择性。

分子筛材料的含水量也是碳八芳烃异构体吸附选择性的重要影响因素。研究表明随着 BaX 或 KBaX 的含水量从小于 1% 逐渐升高至大于 5%，PX 相对于 EB、MX 和 OX 的吸附选择性均呈先升高后降低趋势[32,49]。虽然 BaX 或 KBaX 的最优含水量有所差异，但是均处于 2% ~ 5% 之间。Pichon 等[41]采用中子衍射研究了含水 BaX 中 PX 和 MX 吸附位点，认为 PX 和 MX 都可以被吸附到 α 笼中 Ba^{2+} 附近，然而，12 元环窗口中还存在一个 PX 非阳离子吸附位点，这使得含水 BaX 表现出较高的 PX 吸附选择性。

吸附水对 NaY 的 MX 吸附选择性有不利影响。MX 相对于 EB、PX、OX 吸附选择性均随 NaY 含水量的升高而逐渐降低[34,50]。

二、吸附剂的开发

碳八芳烃分离吸附剂的制造过程主要涉及分子筛合成、基质小球成型、二次晶化、离子交换和脱水活化。

分子筛合成：将硅源、铝源、碱源混合均匀后在一定条件下老化、水热晶化，晶化产物经洗涤、干燥后得到分子筛粉末。一般地，合成 X 型分子筛的硅源为水玻璃，铝源为偏铝酸钠溶液，碱源为氢氧化钠溶液或氢氧化钠与氢氧化钾混合溶液，老化温度约35℃，水热晶化温度约100℃。为了降低 X 型分子筛粒径，通常在合成体系中加入导向剂[51-52]。采用氢氧化钠作为碱源合成 MSX 或 LSX 时产物中容易形成 A 型分子筛杂晶，而同时包含氢氧化钠和氢氧化钾的合成体系可有效抑制 A 型杂晶的形成，从而获得纯相的 X 型分子筛产物[53]。

Y 型分子筛的合成方法与 X 型分子筛类似，由于 Y 型分子筛合成体系的碱含量显著低于上述 X 型分子筛合成体系，一般采用偏铝酸钠溶液和硫酸铝溶液两种铝源制备合成体系。

基质小球成型：吸附剂呈 0.3～0.8mm 球形颗粒。将分子筛粉末与黏结剂、成型助剂等按照一定比例混合均匀，按照特定工艺参数在成型设备上形成球形颗粒，再经干燥、高温焙烧后得到基质小球。混合粉料中分子筛粉末质量分数超过 88%，黏结剂质量分数低于 12%。黏结剂的黏性对球形颗粒强度有显著影响，一般黏结剂黏性越高，球形颗粒强度越高。常用的黏结剂有埃洛石、高岭土等[22]。成型助剂的作用在于促进粉末团聚、黏结成球形颗粒、调节吸附剂孔道结构等，一般为田菁粉、淀粉等[54]。为了进一步优化吸附剂孔道结构，改善传质性能，也可在成型过程中加入造孔剂，造孔剂为水溶性碳酸盐或者水溶性高分子，如碳酸铵、碳酸钠、聚乙二醇等[44]。成型助剂和造孔剂均可经高温焙烧除去。

二次晶化：成型过程中加入的黏结剂并不具有碳八芳烃异构体选择性吸附能力，经高温焙烧、二次晶化后可以转化为 X 或 Y 型分子筛，从而提高吸附剂中活性组分含量。在二次晶化之前对吸附剂进行高温焙烧是十分必要的，可以使黏结剂转化为具有反应活性的硅铝物种[55]。由于黏结剂的硅含量较低，二次晶化过程中需要额外加入硅源，使黏结剂尽可能多地转化为分子筛。二次晶化所使用的溶液一般为氢氧化钠和水玻璃混合溶液，晶化温度约 100℃[56]。经二次晶化处理后，球形颗粒的活性组分含量、机械强度均大幅提高。

离子交换：二次晶化处理后 X 型分子筛中的金属阳离子主要为 Na^+，采用可溶性钡盐溶液或钡盐与钾盐混合溶液进行离子交换来制备活性组分为 BaX 或 KBaX 的 PX 吸附剂。在交换后期提高温度有利于提高 Na^+ 交换度，从而提高吸附剂中 Ba^{2+}、K^+ 含量。

MX 吸附剂的活性组分一般为 NaY 分子筛。无论是直接水热合成的 Y 型分子筛，还是二次晶化所得 Y 型分子筛，其金属阳离子均为 Na^+，所以 MX 吸附剂一般不需要进行离子交换处理。

脱水活化：PX 和 MX 吸附剂在 200～300℃干燥一定时间，可以将吸附剂含水量降低至目标值。需要注意的是，PX 吸附剂中 X 型分子筛的水热稳定性较差，脱水过程中要尽量缩短吸附剂与高温水蒸气的接触时间。采用流化脱水工艺不仅可以有效避免吸附剂中 X 型分子筛的水热破坏，还能提高生产效率。脱水后的吸附剂为成品剂，需要密封保存。

吸附剂性能评价指标主要包括吸附容量、吸附选择性和传质性能。吸附容量决定了单位质量或体积吸附剂的原料处理能力。由于碳八芳烃异构体的吸附活性位点位于分子筛微孔孔道内，所以吸附剂的吸附容量与分子筛结晶度及吸附剂中分子筛含量密切相关。在吸附剂生产过程中会多次进行高温处理，尤其是基质小球焙烧和脱水活化步骤，吸附剂均会接触到高温水蒸气，需要采取措施快速移除形成的高温水蒸气，以避免吸附剂中分子筛晶体结构被破坏，导致吸附容量明显降低。二次晶化处理不仅可以在一定程度上修复前面焙烧破坏的分子筛晶体结构，还可以将黏结剂转化为分子筛，对于提高吸附剂的吸附容量是十分必要的。吸附容量一般采用探针分子物理吸附表征，如氮气、氩气、甲苯等。

吸附选择性主要影响产品纯度。吸附剂生产过程中的二次晶化和离子交换对吸附选择性有影响。吸附剂中包括两种分子筛：第一种是成型过程中加入的分子筛原粉，第二种是二次晶化处理过程中由黏结剂转化形成的分子筛，即转晶分子筛。通过控制二次晶化溶液中碱和硅的浓度，可以使转晶分子筛的硅铝比与分子筛原粉接近，从而使吸附剂表现出较高的吸附选择性。离子交换过程中，通过控制各金属阳离子浓度和工艺参数可以获得较优的金属阳离子数量和较高的钠离子交换度，有利于进一步提高吸附选择性。吸附选择性可以采用静态吸附实验或脉冲试验评价[23]。静态吸附实验结果反映了吸附质在吸附剂中达到吸附脱附平衡后的选择性，脉冲试验所得吸附选择性是在解吸剂对吸附剂的连续洗脱下测定的，受吸附剂-解吸剂体系影响。以 PX 吸附剂为例，典型的脉冲试验曲线如图 9-7 所示，正壬烷为示踪剂，PX 与另一碳八芳烃的净保留体积之比为分离系数，通常，较大的分离系数表明吸附剂具有较高的 PX 吸附选择性。

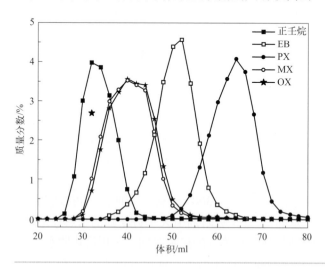

图9-7 典型的PX吸附剂的脉冲试验曲线

传质性能主要影响模拟移动床的步进时间，进而影响吸附分离装置的原料处理能力。分子筛的粒径、孔道结构以及吸附剂的孔道结构均是重要的传质影响因素。减小分子筛粒径有利于改善其传质性能，但是分子筛粒径越小，其晶间孔也越小，从而增加晶间传质阻力，所以需要控制分子筛粒径以同时获得较高的晶内和晶间传质速率。尽管在分子筛中引入介孔孔道有利于改善传质，但是尚未看到多级孔道分子筛在 PX 和 MX 吸附分离中的应用报道。原因可能在于现有技术在分子筛中引入介孔孔道的同时会降低微孔孔体积，而微孔损失导致的吸附容量下降对分离性能影响更显著。通过在成型过程加入特殊的助剂、造孔剂等可以优化吸附剂的孔径分布情况，有利于促进传质。脉冲试验曲线中 PX 或 MX 对应的峰的半高峰宽在一定程度上反映了吸附剂的传质性能[23]。

成品吸附剂的综合分离性能采用小型模拟移动床评价[57]，这是最接近工业吸附分离装置运行状态的评价方法。在保证所需产品纯度和收率的前提下，最大原料进料量反映了吸附剂的原料处理能力。通过分析不同床层中液相样品组成，可以获得各组分在不同物理区域中的分布情况，在此基础上可进一步分析吸附剂-解吸剂体系的实际运行情况。

经过 20 余年的研究积累，本书著者团队成功开发了分别用于 PX 和 MX 吸附分离的 RAX 系列吸附剂。3 个牌号的 PX 吸附剂 RAX-2000A、RAX-3000、RAX-4000 均已经工业应用，吸附剂物化性质和应用情况分别见表 9-4、表 9-5。PX 产品纯度大于或等于 99.8%，单程收率大于或等于 98%，吸附剂原料处理能力依次提高，其中 RAX-4000 的原料处理能力较 RAX-3000 提高约 28%，综合性能达到同期国际领先水平。最新一代的 PX 吸附剂 RAX-4500 也即将工业应用。

表9-4 PX 吸附剂物化指标

项目	RAX-2000A	RAX-3000	RAX-4000
形状	球形	球形	球形
直径/mm	0.30～0.85	0.30～0.85	0.30～0.85
活性组分	BaX分子筛	BaX分子筛	KBaX分子筛
强度（130N压碎率）/%	≤1.0	≤0.8	≤0.8
堆密度/(kg/m³)	820±20	840±20	900±20
600℃灼减/%	≤6.5	≤6.5	≤6.5
相对产能/%	100	110	141

表9-5 PX 吸附剂工业应用情况

序号	企业名称	装置规模/(kt/a)	应用年份	吸附剂牌号	工艺类型
1	齐鲁石化	80	2004	RAX-2000A	Parex工艺
2	齐鲁石化	80	2010	RAX-2000A	Parex工艺
3	扬子石化	30	2011	RAX-3000	SorPX工艺

续表

序号	企业名称	装置规模/(kt/a)	应用年份	吸附剂牌号	工艺类型
4	海南炼化	600	2013	RAX-3000	SorPX工艺
5	齐鲁石化	80	2017	RAX-3000	Parex工艺
6	洛阳石化	215	2019	RAX-3000	Parex工艺
7	海南炼化	1000	2019	RAX-4000	SorPX工艺
8	金陵石化	600	2019	RAX-4000	Parex工艺
9	天津石化	250	2020	RAX-4000	Parex工艺
10	上海石化	600	2021	RAX-4000	Parex工艺

本书著者团队共开发了3个牌号的MX吸附剂：RAX-Ⅰ、RAX-Ⅱ和RAX-Ⅲ，均实现工业应用。早期MX生产技术采用多柱串联气相吸附分离工艺和RAX-Ⅰ吸附剂，该型吸附剂优先吸附PX，抽余液经精馏后获得纯度大于或等于99%的MX产品[58]。后来，针对模拟移动床液相吸附分离工艺，开发了优先吸附MX的RAX-Ⅱ以及综合性能更为优良的RAX-Ⅲ吸附剂，MX产品纯度大于或等于99.6%，单程收率大于或等于95%。MX吸附剂物化性质见表9-6。

表9-6 MX吸附剂物化指标

项目	RAX-Ⅰ	RAX-Ⅱ	RAX-Ⅲ
形状	条形	球形	球形
直径/mm	1.6	0.30～0.85	0.30～0.85
活性组分	KY分子筛	NaY分子筛	NaY分子筛
强度（130N压碎率）/%	—	≤1.5	≤1.5
堆密度/(kg/m³)	520±20	660±20	680±20
相对产能/%	—	100	120

三、模拟移动床在碳八芳烃吸附分离中的应用

模拟移动床示意图如图9-8所示。运行过程中吸附剂保持不动，通过周期性地改变各工艺物流进出吸附剂床层的位置，实现固液两相逆向相对移动，故称之为逆流模拟移动床。以工艺物流进、出床层的位置为界，吸附室可分为四个功能区：①吸附区，位于原料与抽余液之间，用于吸附原料和循环物料中的PX；②提纯区，位于抽出液与原料之间，用于洗脱吸附剂中的非对二甲苯组分，提高对二甲苯纯度；③解吸区，位于解吸剂与抽出液之间，利用解吸剂将吸附剂中的对二甲苯洗脱下来；④隔离区，位于抽余液与解吸剂之间，用于隔离解吸区和吸附区，避免污染PX。

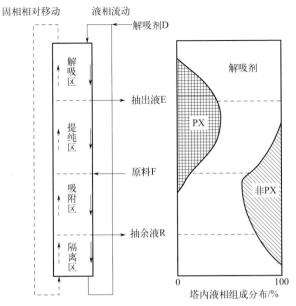

图9-8 模拟移动床及塔内液相组成分布示意图

中国石化开发的模拟移动床吸附分离工艺（SorPX）示意图如图9-9所示。模拟移动床装置主要包括吸附塔、循环泵、程控阀等。每台吸附塔包含12个吸附剂床层，每个吸附剂床层设一套用于不同物料进出的分配管线。两台循环泵将两台吸附塔首尾相连，使24个床层形成闭合回路。通过分配管线上的程控阀周期性开启或关闭来改变各工艺物流进出床层位置，从而实现各功能区周期性步进移动。

混合碳八芳烃原料经过滤器除去固体杂质后进入吸附塔，在吸附区，PX被吸附剂选择性吸附，原料中的非PX组分与解吸剂一起作为抽余液从吸附区下端采出。经抽余液塔精馏使非PX碳八芳烃和解吸剂分离，非PX碳八芳烃从塔侧线采出，送至异构化单元。塔底产品，即解吸剂，除了少部分送至解吸剂再蒸馏塔处理，剩余解吸剂与抽出液塔底解吸剂混合后送入吸附塔。

在解吸区，解吸剂将吸附剂中的PX洗脱下来，部分PX与解吸剂混合物作为抽出液采出，再经抽出液塔精馏使PX和解吸剂分离，塔顶产品粗PX送往成品塔精馏，成品塔塔底产品为高纯度PX。抽出液塔底解吸剂少部分送至解吸剂再蒸馏塔进行提纯，大部分返回吸附塔。

为提高能量利用效率，对抽余液塔和抽出液塔顶的低温热进行回收，用于发生低压蒸汽。所产蒸汽作为歧化、异构化压缩机透平的驱动介质，多余部分用于发电。

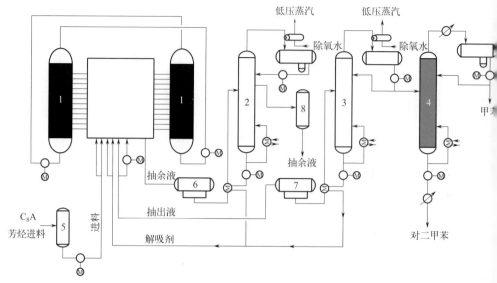

图9-9 中国石化模拟移动床吸附分离工艺流程示意图
1—吸附塔；2—抽余液塔；3—抽出液塔；4—成品塔；5—吸附进料缓冲罐；6—抽余液混合罐；7—抽出液混合罐；8—抽余液塔侧线缓冲罐

第四节
分子筛在芳烃净化技术中的应用研究

芳烃，如苯、甲苯、二甲苯、乙苯、异丙苯等是非常重要的基本有机化工原料。苯和乙烯在分子筛催化剂作用下发生烷基化反应生成乙苯，乙苯在催化剂存在下直接脱氢或氧化脱氢可生成苯乙烯，作为聚苯乙烯和 ABS 树脂的单体使用；苯和丙烯在分子筛催化剂存在时发生烷基化反应生成异丙苯，异丙苯进一步氧化生成过氧化氢异丙苯，过氧化氢异丙苯既可以在酸作用下分解生产苯酚、丙酮，也可以在含钛二氧化硅催化剂存在下选择氧化丙烯生产环氧丙烷；甲苯可以在分子筛催化剂存在下发生歧化或择形歧化反应生成对二甲苯。上述反应均需在催化剂上完成，而这些催化剂对原料中的杂质，特别是碱性氮化物和硫化物非常敏感，微量碱性氮化物或硫化物容易吸附到催化剂活性中心上造成催化剂失活，影响反应的正常进行和工业装置的稳定运行。

吸附脱除碱性氮化物和硫化物是一项较新的技术，在深度脱氮的方法中[59-60]，使用吸附剂的方式选择性脱除含氮化合物受到了越来越多的关注[61-64]。由于该方法可以在室温中开展，而且过程不需要使用氢气，因此利用吸附剂选择性地脱除含氮化合物和高熔点的含硫化合物被认为是一种十分有应用前景的方法。芳烃中含有含氮化合物和含硫化合物等杂质，如何挑选合适的吸附剂，使其能够选择性地吸附含氮化合物是该方法中最为关键的问题。近年来，文献报道了几类可进行选择性吸附含氮化合物的吸附剂，包括沸石分子筛、活性炭、活性氧化铝和硅胶等。例如使用硅胶作为吸附剂可以选择性地脱除含有—COOH（含萘羧酸）、—OH（酚类）、—N（吡啶）、—NH（吡咯）和芳香化合物的柴油中90%的含氮化合物，使用的吸附剂用量约为处理柴油量的2%，对脱除含氮化合物的柴油进行随后的HDS（加氢脱硫）结果显示，HDS效率与柴油中脱除含氮化合物的量成正比关系[65]。另外，有研究人员通过计算机模拟研究了各种材料对柴油的脱氮性能，结果筛选出CuCe/Y分子筛可能是一种效果较好、有应用前景的脱氮材料，该吸附剂可在350℃下焙烧后再生使用[48]，据报道，这种吸附剂已经实际应用于运输燃料的脱硫过程[66]。有专利发明通过使用脱氮吸附剂用于柴油的联合加氢精制技术中，避免氮化物杂质对加氢精制的抑制作用，其脱除氮化物后加氢脱硫的效果显著改善。另外，还有专利提到用π-络合体作为吸附剂吸附脱除油品中氮化物，其中表述了其吸附脱氮的原理和方法[67]。目前已有许多公司开发了加氢脱硫脱氮预处理技术，将吸附脱氮工艺作为加氢脱硫预处理单元，从而大幅度提高了深度脱硫的效率，降低了工业成本。

在这些吸附脱除碱性氮化物、硫化物的吸附剂中，分子筛由于具有规则的孔道结构、高的比表面积、优良的离子交换与吸附性能，而成为应用广泛的吸附剂材料。其中，13X分子筛由于具有较大的孔道、较高的比表面积、易生产、成本低等特点，尤其备受研究者的青睐，并在工业生产中得到广泛应用。

以苯酚/丙酮装置为例，为了保证烷基化催化剂能够高效稳定使用，在目前的工业生产装置中，原料苯和丙烯在进入烷基化反应器前均须经二级保护床除去其中微量的氮化物和硫化物：苯一级保护床在常温下用白土作吸附剂脱除新鲜苯进料中的强碱性氮化物（如吡啶）和有机硫化物（如噻吩）；苯二级保护床采用13X分子筛吸附剂脱除其中残余的弱碱性氮化物（如吡咯）和噻吩类有机硫化物。

就苯中的弱碱性氮化物吡咯和有机硫化物噻吩而言，它们与苯具有相似的分子结构、分子尺寸和极性，当采用13X分子筛作为苯二级保护床的吸附剂时，其对苯、吡咯和噻吩几乎是没有选择性地吸附，这种在苯的含量远远高于吡咯和噻吩的含量时，13X分子筛对碱性氮化物的吸附容量较小，而对硫化物几乎不具吸附能力。因此，在目前工业装置上，13X分子筛吸附剂每3～6个月就要更换一次，这不仅增加生产成本，而且也给固体废物的处理带来很大负担，严重影响生产装置的经济效益和社会效益。

同时，苯烷基化催化剂是强酸性，酸中心是其活性中心，除了原料中的碱性氮化物和噻吩类硫化物会导致其失活外，13X 分子筛中的游离 Na^+ 若被原料中的游离水带到催化剂床层，会迅速使酸性中心中毒，导致烷基化催化剂催化活性急剧下降，严重时会使催化剂无法工作，并使装置停车。

因此，需要研究开发改性的 13X 分子筛吸附剂，一方面，使其对苯和吡咯、噻吩等碱性氮化物和有机硫化物的吸附由非选择性的物理吸附转化为选择性吸附，优先吸附碱性氮化物和硫化物，从而达到深度脱氮、脱硫及提高其对氮、硫吸附容量的目的；另一方面，最大程度除去吸附剂中的 Na^+，从根本上消除烷基化催化剂受 Na^+ 中毒所带来的潜在风险。

一、分子筛吸附剂的π络合改性

X 型分子筛是一种具有规则结构的多孔结晶硅铝酸盐，典型的 X 型分子筛（BX）的晶胞组成为 $Na_{56}(Al_{56}Si_{136}O_{384})\cdot 264H_2O$，其晶胞中硅和铝的总数为 192，相当于 8 个 β 笼。X 型分子筛与八面沸石具有相同的硅（铝）氧骨架结构，天然生长的称为八面沸石，人工合成的则按照硅铝（SiO_2/Al_2O_3）比的不同而有 X 型沸石和 Y 型沸石之分。根据沸石中所含阳离子类型的不同，X 型分子筛有两种不同的名称：一种是 NaX 型沸石，孔径 9～10Å，一般称为 13X 型分子筛；另一种是 Ca 型沸石，孔径 8～9Å，称为 10X 型分子筛。作为吸附剂而言，其中，13X 型分子筛具有更广泛的用途。它主要用于空气分离装置中的气体净化，脱除水和二氧化碳，天然气、液化石油气、液态烃的干燥和脱硫，以及一般气体的深度干燥等。

X 型分子筛对 8～10Å 的分子吸附没有选择性，尽管它对氮化物、硫化物和其他一些极性物质有一定的吸附能力，但其吸附基本上属于物理吸附，吸附过程极易达到平衡，不能实现对氮化物、硫化物和其他一些极性杂质的深度脱除。

近二十年来，人们发展了一种 π 络合方式吸附的分离技术，并逐渐成为近期吸附研究领域的一个热点。π 络合吸附是指吸附剂与吸附质之间通过 π 络合形成化学键，由于 π 键不是很强，键能处于 16～62kJ/mol 之间，因而 π 络合吸附介于物理吸附与化学吸附之间，使得这种吸附方式同时具有选择性高、可逆性好的特点。这类吸附剂不仅可以达到深度净化原料的目的，还可以实现吸附剂的再生及循环使用，是一种绿色环保型吸附剂。

苯及其他芳烃中的主要硫化物噻吩及其同系物，氮化物 N- 甲基吡咯烷酮、吡咯、吡啶等和苯无论在分子大小还是性质上都非常相似，而且 X 型分子筛对苯、噻吩及其同系物和 N- 甲基吡咯烷酮、吡咯、吡啶等的吸附热大致相似，因此，这些极性杂质和芳烃间存在着严重的竞争吸附作用，影响杂质的吸附效果。通过离子交换、浸渍或沉积 - 沉淀技术把金属离子负载在 13X 分子筛上，这样，金属离子的 d 空轨道或 f 空轨道与碱性氮化物（的吡咯环）、含硫化合物（的噻吩环）之间将产生 π 络合作用，形成 π 络合吸附，从而提高其选择性吸附性能，并解决吸附剂的循环利用难题。苯、吡咯和噻吩在金属改性吸附剂上的 π 络合吸附示意如图 9-10 所示。实际上，金属离子的空轨道有接受电子的能力，因为吡咯和噻吩中的 N 和 S 取代后分别都有一对孤对电子参与共轭，给电子能力大于苯，所以可以选择性吸咐分离。

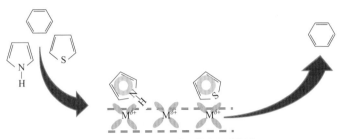

金属离子改性吸附剂的 π 络合吸附作用

图9-10 金属改性吸附剂选择性脱除碱性氮化物和噻吩类硫化物的示意图

改性方法：将一定量的干燥后的 13X 分子筛放入离子交换塔中，与合适浓度的金属或稀土金属硝酸盐水溶液按一定的固液比进行离子交换，然后用去离子水洗涤、过滤、干燥、焙烧后制得改性分子筛吸附剂。可以根据吸附剂吸附容量的要求重复上述操作，进行多次交换。将上述制得的吸附剂命名为 13X-1（M_n）。其中，13X-1 代表所制得的两种 13X 分子筛型号，M 代表交换的金属或稀土金属元素，n 代表交换次数。

二、改性13X分子筛的性质与吸附性能

本书著者团队结合 13X 分子筛特点和稀土金属元素结构属性，开发了一种 π 络合分子筛吸附剂 RX-15[68-69]，该吸附剂不仅能够深度脱除苯等芳烃中的吡啶、吡咯、吡咯烷酮等碱性氮化物，还能脱除噻吩等有机硫化物，脱除精度达到微克/克（即 10^{-9}）级，在苯和乙烯或丙烯的烷基化的原料预处理中表现出优异的性能。

在 13X 型分子筛原粉中加入黏结剂，经过挤条成型、焙烧、改性后，制成商品名称为 RX-15 的吸附剂。其扫描电镜照片（SEM）如图 9-11 所示。对于原粉，分子筛的晶粒大小均匀，平均粒径在 1μm 左右；加入黏结剂经过挤条成型后，其微观结构仍保持均匀的颗粒尺寸分布，但分子筛颗粒表面出现一些无定形的碎片，这些碎片是黏结剂 Al_2O_3 或高岭土带来的。

对 13X-1 分子筛进行稀土金属离子交换改性，一次交换改性得到的样品称为 13X-1（M_1），二次交换改性得到的样品称为 13X-1（M_2）。

图9-11 13X-1分子筛原粉（a）与其成型吸附剂（b）的扫描电镜照片

不同吸附剂样品的静态饱和吸附氮如表9-7所示。由表中结果可以看出，未经改性的13X-1分子筛吸附剂表现出比参比吸附剂略高的碱性氮化物吸附能力，静态脱氮率在96.07%，静态饱和吸附氮为2.88mg/g。经稀土金属离子交换改性后，13X-1(M_1)和13X-1(M_2)的静态脱氮率分别提高至98.22%和99.31%，静态饱和吸附氮提高至接近3.0mg/g。两次交换改性后，氮脱出更彻底。这表明改性13X分子筛的吸附脱氮性能除与其孔道结构、表面酸碱性有关外，与稀土金属离子存在所形成的π络合吸附有着更密切关系，即稀土金属离子改性吸附剂不仅具有物理吸附，更有显著的络合吸附。

表9-7 不同吸附剂样品的静态饱和吸附氮

吸附剂名称	脱氮率/%	饱和吸附氮/(mg/g)
参比吸附剂	95.87	2.88
13X-1	96.07	2.88
13X-1(M_1)	98.22	2.95
13X-1(M_2)	99.31	2.98

注：常温下，取20g干燥的N含量为150mg/kg的苯置于密闭搅拌釜中，将1g活化处理过的干燥吸附剂放入上述仪器中，搅拌3h，并放置24h后进行测定。

吸附剂样品的静态饱和吸附硫如表9-8所示。由表中结果可以看出，未经改性的13X-1分子筛吸附剂表现出比参比吸附剂略高的有机硫化物吸附能力，静态脱硫率为12.46%，静态饱和吸附硫为0.37mg/g。经稀土金属离子交换改性后，13X-1(M_1)和13X-1(M_2)的静态脱硫率依次提高至22.92%和36.27%，静态饱和吸附硫提高至0.7～1.1mg/g。其对有机硫化物的吸附脱除能力的提高，应同样归因于稀土金属离子的π络合吸附作用。但是，与吸附脱氮性能相比，脱硫性能相对较低，这可能与金属离子与碱性氮化物和有机硫化物的π配合作用的差别有关。

表9-8　不同吸附剂样品的静态饱和吸附硫

吸附剂名称	脱硫率（质量分数）/%	饱和吸附硫/（mg/g）
参比吸附剂	12.38	0.37
13X-1	12.46	0.37
13X-1（M_1）	22.92	0.69
13X-1（M_2）	36.27	1.10

注：常温下，取20g干燥的S含量为150mg/kg的苯置于密闭搅拌釜中，将1g活化处理过的干燥吸附剂放入上述仪器中，搅拌3h，并放置过夜后进行测定。

从表9-7和表9-8中的结果也可以看出，随着稀土金属离子交换次数的增加，即随着稀土元素在吸附剂中含量的提高，其对碱性氮化物和有机硫化物的吸附脱除性能明显增强。这也进一步证明了吸附剂中稀土元素的存在促进了碱性氮化物、有机硫化物与吸附剂间的相互作用，增强了其吸附性能。

三、改性13X分子筛吸附剂的芳烃净化性能

RX-15的动态脱氮性能研究在固定床反应器中进行，吸附实验条件为：温度为130℃，压力为2.0MPa，苯的质量空速为2.0h^{-1}，吸附开始前于260℃用N_2活化吸附剂6h。含碱性氮化物的苯用N_2加压通入反应器，用液体质量流量计控制苯的流量。其中，原料苯中碱性氮化物和有机硫化物的含量均为3.0mg/kg（实际为N和S含量）。每隔一定时间在床层出口处取样分析，测定流出物苯中的N含量及S含量。

RX-15吸附剂与参比吸附剂在固定床中的脱氮性能如图9-12所示。由图中结果可以看出，参比吸附剂在90h就基本达到吸附饱和，床层出口原料苯中N含量迅速上升，并达到原料苯中所含的N含量（38mg/kg），这说明吸附剂已经吸附饱和，不再具有吸附脱氮能力。RX-15虽然在床层出口检测到N的时间比参比吸附剂稍早，但床层出口原料苯中N含量升高缓慢，当运行时间为200h，RX-15仍有较强的吸附碱性氮化物的能力。这是因为前期属于物理吸附，而随后属于π络合吸附，π络合吸附由于吸附牢固，更适合用于氮化物含量较低的吸附，也就是说RX-15吸附剂更适用于深度吸附脱除碱性氮化物。

根据图中吸附曲线计算得出，参比吸附剂的N饱和吸附容量为4.20mg/g吸附剂，RX-15在实验周期内的N吸附容量分别为7.82mg/g，根据吸附曲线可以推测，扩试样品的饱和N容量至少是参比吸附剂的2倍，其在工业装置上的使用周期可以大大延长。因此，RX-15吸附剂与参比吸附剂相比具有更优异的吸附脱氮性能。

RX-15的脱硫性能研究与脱氮性能研究在同一个固定床反应器中进行，吸附条件与取样分析方式相同。碱性氮化物和有机硫化物同时配入原料苯中，脱氮与脱硫同时进行。

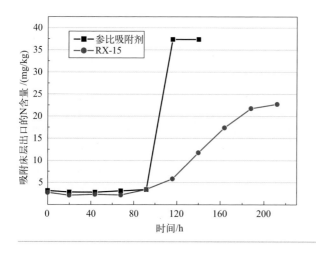

图9-12 RX-15与参比吸附剂的脱氮性能（穿透曲线）比较

吸附剂在固定床中的脱硫性能如图 9-13 所示。由图中结果可以看出，参比吸附剂在吸附进行 2h 后，床层出口物料苯中 S 含量即达到 22.5mg/kg，与进口物料苯中硫含量（26mg/kg）接近，随后很快达到饱和吸附，床层不再具有吸附脱硫能力。扩试样品 RX-15 在吸附进行 4h 后，床层出口物料苯中 S 含量分别为 10.5mg/kg，当吸附时间进行到 150h 后，出口物料苯中 S 含量稳定在 23.5mg/kg 左右，仍具有一定的吸附噻吩类硫化物的能力。参比吸附剂的 S 饱和吸附容量为 0.20mg/g 吸附剂，RX-15 在实验周期内的 S 吸附容量为 1.53mg/g。这表明，参比吸附剂几乎没有吸附脱除原料苯中噻吩类硫化物的功能，而与吸附剂的脱氮性能相似，经稀土金属离子交换改性的吸附剂 RX-15 具有更强的吸附脱硫能力。虽然 RX-15 的吸附硫与吸附氮相比较低，但仍有可观的脱除噻吩类硫化物的能力。

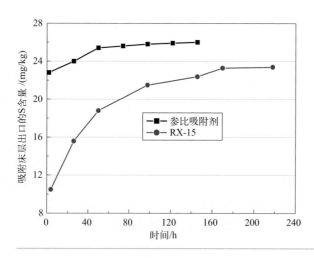

图9-13 RX-15与参比吸附剂脱硫性能比较

综上所述，本书著者团队开发的苯深度净化吸附剂在重点脱除原料苯中碱性氮化物的同时，也具有脱除噻吩类硫化物的能力，因此具有更优异的苯净化性能。

四、吸附剂的应用

RX-15 对苯中碱性氮化物和有机硫化物的吸附脱除稳定性实验结果如图 9-14 所示。从结果可以看出，在近 3000h 的稳定性实验期间，床层出口苯中 N 含量维持在 0.1mg/kg 左右，氮化物脱除率约 96.7%；床层出口苯中 S 含量维持在 1.5mg/kg 左右，有机硫化物脱除率约为 50.0%。对比 RX-15 吸附剂对碱性氮化物和有机硫化物的吸附脱除能力，可以看出，RX-15 吸附剂对碱性氮化物具有更强的吸附脱除能力，这与前述静态吸附研究结果相吻合。

根据图中吸附曲线计算得出，RX-15 吸附剂在实验周期内对 N 的吸附量为 8.6mg/g 吸附剂，对 S 的吸附量为 5.4mg/g。

此外，RX-15 吸附剂游离 Na^+ 含量很低，可以避免催化剂的非正常失活。

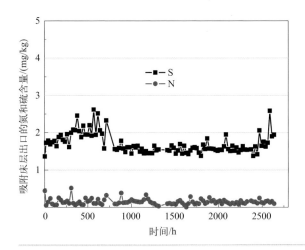

图9-14 RX-15吸附剂的脱氮、脱硫运行曲线

2016 年 11 月，本书著者团队自主开发的 RX-15 吸附剂，在高桥石化 16.7 万吨/年异丙苯装置中苯二级预处理单元得到应用，共计装填 12.5t 催化剂，一次性开车成功，苯二级预处理槽出口物料总氮含量≤0.03mg/kg，完全能够满足异丙苯装置苯二级预处理的要求。相较于常规的 13X 分子筛吸附剂，RX-15 吸附剂具有氮含量和硫含量高、运行周期长的特点，可带来更优的经济效益和社会效益。

第五节
分子筛在脱除含氧、含硫化合物杂质技术中的应用研究

低碳烯烃是非常重要的化工基础原料。由低碳烯烃出发,通过烃加工过程(歧化、异构、聚合等)能够生产多种生活以及工业产品。比如,以乙烯作为原料,通过聚合反应能够制备聚乙烯、聚氯乙烯,通过环氧化反应能够制备环氧乙烷[70];以丙烯作为原料,能够生产聚丙烯、环氧丙烷、丙烯腈等等[71];而以C_4烯烃作为原料,通过歧化反应能够生产丙烯,通过醚化反应能够生产甲基叔丁基醚等[72]。在烯烃加工过程中,催化剂是关键。而烯烃原料中含有的微量极性杂质,如水、甲醇、二甲醚、甲乙酮、硫醇、硫醚、羰基硫(COS)、CO、CO_2、H_2S等,会与催化剂的活性组分发生反应甚至破坏催化剂的活性中心,从而影响催化剂的转化性能和产物选择性[73]。为了维持催化剂稳定运行,对烯烃原料中极性杂质浓度提出非常高的要求(如表9-9),因此,在进行烃加工过程中,势必需要对原料进行预处理,脱除烃类原料中的极性含氧以及含硫化合物杂质。

表9-9 丁烯歧化C_4原料杂质要求

组成	含量
H_2O	<1mg/kg
CO_2	<1mg/kg
总硫	<0.5mg/kg
总氮	<0.5mg/kg
其他含氧化合物总量	<1mg/kg
总卤化物	<0.05mg/kg
As、Hg、Pb等重金属组分	<2μg/g

工业上一般采用蒸馏和吸附的方法脱除烃类原料中的极性化合物杂质。而与蒸馏法相比,吸附法具有能耗低、脱除精度高、成本低、无环境污染且易于操作等特点,尤其在杂质含量很低时,吸附的净化深度远高于其他净化过程,非常适用于原料中微量杂质的精细脱除过程[74]。而开发具有高吸附容量、选择性强、副反应少且易再生的高效吸附剂是吸附技术研发的关键。

随着合成分子筛等新型吸附剂和吸附分离工艺的开发,吸附净化技术得到了迅速发展,工业化的应用研究也取得了较大进展。

一、脱氧、脱硫吸附净化分子筛吸附剂

总体来说,吸附净化过程是利用吸附剂的巨大比表面积和较大的孔体积来吸

附脱除低浓度或微量的吸附质，同时，吸附剂对性质近似的吸附质有很高的吸附选择性，因此选择合适的吸附剂是吸附过程的关键。活性炭、硅胶、活性氧化铝、合成沸石、天然沸石分子筛和碳分子筛等固体吸附剂常用于从烷烃、烯烃、天然气和轻馏分中除去杂质。表 9-10 给出了不同吸附剂的基本特性参数。

表9-10 典型吸附剂的基本特性参数

吸附剂	比表面积/(m^2/g)	孔体积/(cm^3/g)	平均孔径/nm
硅胶	200～800	0.2～4.0	2.2～14
活性氧化铝	130～390	0.3～1.2	3～300
活性炭	200～2000	0.3～2	分布宽
八面沸石分子筛	约580	约0.32	1.1

目前，工业上应用最多的净化吸附剂主要有活性氧化铝和分子筛两大类产品，此外也有一些采用硅胶、活性炭和树脂对原料进行吸附净化的报道。一般来说，脱除程度要求不高时，通常会使用硅胶作为吸附剂，因硅胶的吸附容量大且要求的再生温度较低，但它的净化深度不够且强度不高；分子筛由于具有较大的比表面积以及较高的孔体积，适用于要求深度净化的场合。针对烃类原料中含氧和含硫化合物杂质脱除所开发的吸附剂主要以 UOP 公司的 AZ-300/MOLSIV 13X-PG 和 BASF 公司的 Selexsorb®CD/Selexsorb®COS/ Selexsorb®CDX/H-156 系列为代表。国内高校和研究院所也有相应牌号的吸附剂。

沸石分子筛，如八面沸石分子筛（X 或 Y 型分子筛），具有硅铝比分布宽、骨架外阳离子含量高、易交换、性质可变以及价格低廉等特点，是脱除含氧、含硫化合物杂质吸附剂的主要活性组分。分子筛吸附含氧、含硫化合物杂质的过程可从电子供体 - 电子受体[76]相互作用来说明：平衡硅铝分子筛骨架负电性的骨架外金属阳离子作为电子受体，能够与含氧、含硫化合物分子中氧原子或者硫原子（电子供体）的孤对电子形成弱相互作用，从而发生吸附。通过离子交换或者浸渍的方式，对骨架外金属阳离子改性能够改变分子筛电荷分布以及分子筛孔道静电场强度，从而调变含氧化合物的吸附过程。例如，通过浸渍的方法将 Zn^{2+} 引入 NaY、ZSM-5 以及 5A 分子筛的孔道内，调变分子筛性质并比较不同分子筛吸附脱除 C_4 烃中的二甲醚性能，实验结果发现，负载 Zn^{2+} 的 NaY 型分子筛在常温、常压的条件下对二甲醚有较好的脱除效果[77]。除了二甲醚，八面沸石分子筛对于甲醇[78]、甲醛[79-80]、酮[81]等同样具有较好的吸附作用。除此之外，八面沸石分子筛对于含硫化合物同样具有较好的吸附性能。一般来说，轻烃中的含硫化合物最常见的主要有硫醇和硫醚。分子筛骨架外的金属阳离子与含硫化合物之间的相互作用，随着含硫化合物结构不同而有所区别：一种是含硫化合物中的 S 原子直接与金属离子作用，形成 S—M 作用；另一种是金属离子与噻吩等硫化物中的噻吩环之间会发生阳离子-π键配合作用[82-83]。而低碳烃中的含硫化合物，比如硫醇（甲硫醇[84]、乙硫醇[85]）、硫醚（甲硫醚[86]、二甲基二硫醚[77,87-88]）等，一般是通过形成 S—M 作用与分子筛发生吸附作用。不过也有报道认为，Cu^{2+} 改性的 13X 分子筛在吸附硫醇过程中，Cu^{2+} 与丙硫醇以 π 键的形式结合[48]。

在吸附过程中，分子筛吸附剂与含硫化合物之间的相互作用，可以通过多种方式来表征。例如，通过浸渍的方法将 Ag^+ 负载在 NaY 分子筛上并考察其吸附脱除二甲基二硫醚（DMDS）的性能，结果发现，负载量 5%（质量分数）的 Ag_2O/NaY 吸附剂脱附性能最优，具有最高的吸附硫容量。通过红外表征发现，DMDS 与分子筛孔道中的 Ag^+ 发生直接 S—Ag(I) 作用是提高吸附剂吸附性能的主要因素[83]。另外，通过离子交换的方式将 Cu^{2+} 引入 NaY 分子筛中，考察其吸附 DMDS 的性能。结果发现，分子筛 Lewis 酸性位能够有效促进分子筛对 DMDS 的吸附，而 Brønsted 酸性位则会对其吸附起到反作用。拉曼光谱表征结果表明 DMDS 与 Cu^{2+} 之间具有相互作用（Cu—S 键），而原位红外以及 DMDS 程序升温脱附表征结果显示形成 S—M 键是 Cu-Y 分子筛吸附 DMDS 的主要方式[82]。另外，还有研究人员则通过理论模拟计算的方法来研究分子筛吸附剂对含硫化合物的吸附行为[81-82]。

尽管分子筛与含硫化合物分子之间相互作用方式尚有争议，毋庸置疑的是，在吸附过程中，分子筛骨架外金属阳离子与含硫化合物分子中的硫原子发生相互作用是促进分子筛吸附的主要原因。

二、脱氧、脱硫吸附净化分子筛吸附剂的开发与应用

脱除含氧、含硫化合物杂质吸附剂的主要活性组分为金属离子改性的八面沸石（X 型或者 Y 型），因此吸附剂的生产制造过程主要涉及分子筛合成、分子筛离子交换改性、吸附剂成型、金属组分浸渍以及脱水活化。

1．脱除含氧化合物杂质分子筛吸附剂的开发与应用

本书著者团队先后开发两个牌号的脱除含氧化合物杂质吸附剂，物化指标如表 9-11 中所示。通过固定床反应器完成吸附剂性能评价，并以吸附容量作为主要指标。如图 9-15 所示为二甲醚（DME）在 DOX 分子筛吸附剂上的吸附穿透曲线。DOX 吸附剂以离子交换后的 X 型分子筛作为主要活性组分，分子筛孔道中金属阳离子种类以及含量会影响吸附剂吸附性能；另外，二甲醚在吸附剂上的吸附主要发生在分子筛孔道内，分子筛比表面积以及孔体积直接决定了吸附剂的吸附容量；并且，随着吸附剂中分子筛含量升高，吸附剂吸附容量（穿透吸附容量以及饱和吸附容量）呈现升高趋势，如图 9-16 中所示。

表9-11 脱除含氧化合物吸附剂物化指标

项目	DOX-1	DOX-2
表观形貌	白色/条形	白色/球形
粒径/mm	$\phi1.8\times(3\sim8)$	$1.5\sim2.5$
活性组分	NaM[①]X/NaMY分子筛	NaMX/NaMY分子筛
堆密度/(kg/L)	0.69 ± 0.05	0.75 ± 0.05
压碎强度/N	≥40	≥45

① M指离子交换金属阳离子，单组分离子或者多组分金属阳离子。

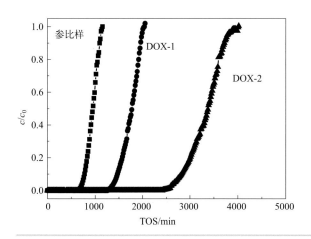

图9-15
二甲醚（DME）在DOX吸附剂上的吸附穿透曲线
TOS—运行时间；c/c_0—出口浓度与入口浓度的比值

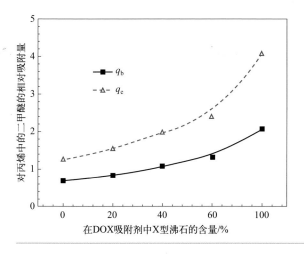

图9-16
DOX吸附剂穿透吸附容量和饱和吸附容量随X分子筛含量的变化
q_b—穿透吸附容量（$c/c_0=1\%$时，认为穿透）；q_e—饱和吸附容量（$c/c_0=100\%$时）

除了吸附剂物化性质以外，吸附工艺条件以及含氧化合物杂质性质同样会影响吸附剂的吸附特性。譬如，随着吸附温度升高，吸附剂对含氧化合物杂质的吸附能力逐渐降低；随着烯烃原料中含氧化合物杂质浓度的降低，吸附剂对杂质的吸附容量会有所升高；而随着含氧化合物杂质分子极性增强，吸附剂对杂质分子的吸附亲和作用会增强，其吸附容量也会提高。

值得注意的是，在吸附脱除极性含氧化合物杂质的同时，分子筛会与烯烃中的双键发生作用，吸附烯烃分子，这不仅会消耗烯烃原料，同时吸附过程中放热会影响吸附效率。此外，吸附残留在分子筛孔道内的烯烃在高温再生过程中容易产生积炭，从而使吸附剂性能下降。如图9-17（a）中所示为不同温度下丙烯分子在DOX吸附剂上吸附-脱附等温线。其中，实心点代表吸附分支，脱附分支用空心点表示。由图中可见，根据Brunauer分类，丙烯在DOX吸附剂上的吸附等温线都是I型等温线，脱附分支和吸附分支基本上重合，说明吸附质分子与吸附剂之间相互作用较弱，吸附具有较好的可逆性。且随着温度升高，吸附容量降低，说明吸附过程为放热过程，低温有利于吸附进行。

吸附剂对烯烃底物吸附放热可以通过等量吸附热来衡量。等量吸附热也称为微分吸附热，是指吸附容量一定时，再有无限小量的分子被吸附后释放出来的热量。等量吸附热（Q_{st}）由Clauius-Claperyron方程（9-2）计算：

$$Q_{st} = \frac{RT_1T_2}{T_2 - T_1}(\ln p_2 - \ln p_1) \qquad (9\text{-}2)$$

方程（9-2）中，R表示气体常数，8.314J/(K•mol)；T为热力学温度，K；p为吸附压力，Torr（1Torr=133.322Pa，下同）；Q_{st}，kJ/mol。

由图9-17（b）中可见，DOX吸附剂吸附丙烯放热随着吸附容量的不同而变化，这主要是因为分子筛骨架结构中原子配位状态变化，导致各吸附活性位点的吸附能也有所不同，吸附质分子总是优先占据较高能量的吸附位，吸附热随着吸附容量的增加而逐步降低。另外，如前文所述，由于不同金属离子与吸附质的吸附亲和性各有差异，吸附能也会发生变化，因此，通过不同金属离子改性分子筛吸附剂能够有效调控吸附剂吸附放热[75]。

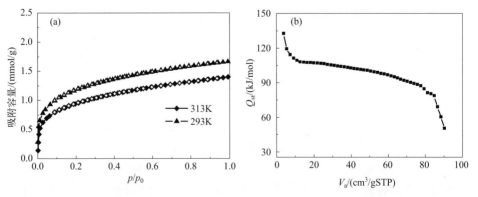

图9-17 不同温度下丙烯在NaX分子筛上吸附-脱附等温线（a）以及吸附丙烯放热曲线（b）

本书著者团队开发的第一代脱除含氧化合物杂质吸附剂 DOX-1 在中原石化 MTO 产物丙烯净化单元得到应用，在为期六个月的单运行周期内，烯烃物料中含氧化合物浓度降低至 1.0mg/kg 以下，运行期间吸附剂性质稳定；第二代吸附剂 DOX-2 在上海赛科石化烯烃歧化单元前端原料净化装置得到应用。烯烃原料经吸附剂预处理后，杂质浓度明显降低，原料品质提升，致使烯烃歧化催化剂性能有一定程度的提高。

2．脱除含硫化合物杂质分子筛吸附剂的开发与应用

脱除烯烃原料中含硫化合物杂质（硫醇、硫醚）吸附剂的活性组分以金属离子改性 Y 型分子筛为主。分子筛吸附剂对含硫化合物的吸附特性与含氧化合物类似，由于硫原子给电子能力较氧原子弱，因此分子筛中金属阳离子种类以及含量对于吸附剂吸附脱硫性能影响更加明显。为了提高分子筛吸附剂与含硫化合物杂质之间的相互作用，往往需要对 Na 型分子筛进行离子交换或者浸渍改性。改性金属阳离子有 Co^{2+}、Ni^{2+}、Cu^{2+}、Zn^{2+}、Ag^+ 等。不同金属阳离子改性后的分子筛吸附含硫化合物的吸附能不同，导致吸附剂的吸附容量有所区别[77]。本书著者团队自主研发脱硫吸附剂，物化性质如表 9-12 中所示。

表9-12　脱除含硫化合物吸附剂物化指标

项目	DSA-1	DSA-2
表观形貌	蓝色/条形	蓝色/条形
粒径/mm	$\phi1.8\times(3\sim8)$	$\phi1.8\times(3\sim8)$
活性组分	NaC①Y分子筛	C_xO/NaCY分子筛
堆密度/(kg/L)	0.69±0.05	0.69±0.05
比表面积/(m²/g)	310	330
压碎强度/N	≥40	≥45

① C, cations, 离子交换金属阳离子，单组分离子或者多组分金属阳离子。

含硫原料包括气相（甲烷、乙烯）或者液相（丙烯、丁烯等）烃类，以甲硫醇、甲硫醚以及二甲基二硫醚等作为含硫化合物杂质，它们通过分子筛吸附剂后的常温下吸附穿透曲线如图 9-18 中所示。由图中可见，NaY 分子筛经金属阳离子交换改性后，NaCY 吸附剂吸附甲硫醚穿透时间大大延长，吸附硫明显提高。与 Na^+ 相比，改性后的金属阳离子外层空轨道得电子能力更强，与含硫化合物的亲和作用更加明显，经离子改性后的分子筛吸附剂吸附含硫化合物性能提高。

与脱除含氧化合物吸附剂一样，脱除含硫化合物吸附剂中分子筛含量、分子筛结晶度、吸附剂比表面积、孔体积等均会影响其吸附容量。另外，NaY 分子筛骨架外 Na^+ 被金属阳离子交换改性，随着分子筛孔道中 Na^+ 交换度提高，NaCY

吸附剂穿透吸附容量以及饱和吸附容量均有所提高（图9-19），因此，在离子交换过程中，金属离子溶液 pH 值、溶液浓度、交换温度、交换次数等影响分子筛结晶度以及离子交换度的因素均会影响最终吸附剂吸附脱硫容量。

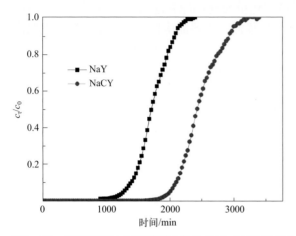

图9-18　甲硫醚在NaY和离子交换改性NaCY分子筛上的吸附穿透曲线

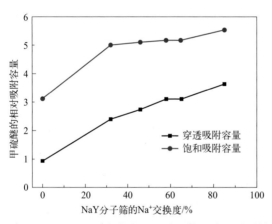

图9-19　不同Na^+交换度NaY分子筛吸附甲硫醚性能曲线

参考文献

[1] Sholl D S, Lively R P. Seven chemical separations to change the world[J]. Nature, 2016, 532(7600): 435-437.

[2] Liu S, Chai Y, Guan N, et al. Small molecule adsorption and separation on zeolites [J]. Chemical Journal of

Chinese Universities-Chinese, 2021, 42(1): 268-288.

[3] Li J R, Kuppler R J, Zhou H C. Selective gas adsorption and separation in metal-organic frameworks [J]. Chemical Society Reviews, 2009, 38(5): 1477-1504.

[4] Yang R T. Adsorbents fundamentals and applications [M]. Hoboken: John Wiley & Sons, 2004.

[5] Liu S, Han X, Chai Y, et al. Efficient separation of acetylene and carbon dioxide in a decorated zeolite[J]. Angewandte Chemie International Edition, 2021, 60: 6526-6532.

[6] Chai Y, Han X, Li W, et al. Control of zeolite pore interior for chemoselective alkyne/olefin separations [J]. Science, 2020, 368(6494): 1002-1006.

[7] Polisi M, Grand J, Arletti R, et al. CO_2 adsorption/desorption in FAU zeolite nanocrystals: In situ synchrotron X-ray powder diffraction and in situ Fourier transform infrared spectroscopic study[J]. The Journal of Physical Chemistry C, 2019, 123(4): 2361-2369.

[8] Shang J, Li G, Singh R, et al. Discriminative separation of gases by a 'molecular trapdoor' mechanism in chabazite zeolites[J]. Journal of the American Chemical Society, 2012, 1349(46): 19246-19253.

[9] de Baerdemaeker T, De Vos D. Trapdoors in zeolites[J]. Nature Chemistry, 2013, 5(2): 89-90.

[10] Beenakker J J M, Borman V D, Krylov S Y. Molecular transport in subnanometer pores: Zero-point energy, reduced dimensionality and quantum sieving[J]. Chemical Physics Letters, 1995, 232(4): 379-382.

[11] Padin J, Yang R T, Munson C L. New sorbents for olefin/paraffin separations and olefin purification for C_4 hydrocarbons[J]. Industrial & Engineering Chemistry Research, 1999, 38(10): 3614-3621.

[12] Van Miltenburg A, Gascon J, Zhu W, et al. Propylene/propane mixture adsorption on Faujasite adsorbents[J]. Adsorption, 2008, 14(2/3): 309-321.

[13] Aguado S, Bergeret G, Daniel C, et al. Absolute molecular sieve separation of ethylene/ethane mixtures with silver zeolite A[J]. Journal of the American Chemical Society, 2012, 134(36): 14635-14637.

[14] Barrett P A, Boix T, Puche M, et al. ITQ-12: A new microporous silica polymorph potentially useful for light hydrocarbon separations[J]. Chemical Communications, 2003, 17(3): 2114-2115.

[15] Selzer C, Werner A, Kaskel S. Selective adsorption of propene over propane on hierarchical zeolite ZSM-58[J]. Industrial & Engineering Chemistry Research, 2018, 57(19): 6609-6617.

[16] Bereciartua P J, CantínÁ, Corma A, et al. Control of zeolite framework flexibility and pore topology for separation of ethane and ethylene[J]. Science, 2017, 358(6366): 1068-1071.

[17] Breck D W, Eversole W G, Milton R M, et al. Crystalline zeolites. Ⅰ. The properties of a new synthetic zeolite, type A[J]. Journal of the American Chemical Society, 1956, 78: 5963-5972.

[18] Zhu W, Kapteijn F, Moulijn J A, et al. Selective adsorption of unsaturated linear C_4 molecules on the all-silica DD3R[J]. Phys Chem Chem Phys, 2000, 2(8): 1773-1779.

[19] Tijsebaert B, Varszegi C, Gies H, et al. Liquid phase separation of 1-butene from 2-butenes on all-silica zeolite RUB-41[J]. Chemical Communications, 2008, 21: 2480-2482.

[20] Takahashi A, Yang R T, Munson C L, et al. Cu(Ⅰ)-Y-zeolite as a superior adsorbent for diene/olefin separation[J]. Langmuir, 2001, 17(26): 8405-8413.

[21] Bai P, Jeon M Y, Ren L, et al. Discovery of optimal zeolites for challenging separations and chemical transformations using predictive materials modeling[J]. Nature Communications, 2015, 6: 5912.

[22] Kim J, Lin L C, Swisher J A, et al. Predicting large CO_2 adsorption in aluminosilicate zeolites for postcombustion carbon dioxide capture[J]. Journal of the American Chemical Society, 2012, 134(46): 18940-18943.

[23] Lusi M, Barbour L J. Solid-vapor sorption of xylenes: Prioritized selectivity as a means of separating all three

isomers using a single substrate[J]. Angewandte Chemie International Edition, 2012, 51(16): 3928-3931.

[24] Krishna R. Separating mixtures by exploiting molecular packing effects in microporous materials[J]. Phys Chem Chem Phys, 2015, 17(1): 39-59.

[25] 朱宁，王辉国，杨彦强，等. C_8 芳烃异构体在 X 型分子筛上的吸附平衡参数和传质系数研究 [J]. 石油炼制与化工，2012, 43(7): 37-42.

[26] Lachet V, Boutin A, Tavitian B, et al. Molecular simulation of *p*-xylene and *m*-xylene adsorption in Y zeolites. single components and binary mixtures study[J]. Langmuir, 1999, 15(25): 8678-8685.

[27] Yan T Y. Separation of *p*-xylene and ethylbenzene from C_8 aromatics using medium-pore zeolites[J]. Industrial & Engineering Chemistry Research, 1989, 28(5): 572-576.

[28] Yuan W, Lin Y, Yang W. Molecular sieving MFI-type zeolite membranes for pervaporation separation of xylene isomers[J]. Journal of the American Chemical Society, 2004, 126(15): 4776-4777.

[29] Finsy V, Kirschhock C E A, Vedts G, et al. Framework breathing in the vapour-phase adsorption and separation of xylene isomers with the metal-organic framework MIL-53[J]. Chemistry - A European Journal, 2009, 15(31): 7724-7731.

[30] Koh D Y, MeCool B A, Deckman H W, et al. Reverse osmosis molecular differentiation of organic liquids using carbon molecular sieve membranes[J]. Science, 2016, 353(6301): 804-807.

[31] 王辉国，郁灼，赵毓璋，等. 对二甲苯吸附剂及制备方法：CN1565718A[P]. 2005-01-19.

[32] 王辉国，杨彦强，王红超，等. BaX 型分子筛上对二甲苯吸附选择性影响因素研究[J]. 石油炼制与化工，2016, 47(3): 1-4.

[33] 王辉国，马剑锋，王德华，等. 吸附分离间二甲苯的吸附剂及其制备方法：CN101745364A[P]. 2010-06-23.

[34] 王玉冰，王辉国. Y 分子筛上间二甲苯的吸附分离 [J]. 石油化工，2019, 48(6): 570-574.

[35] Kirschhock C E A, Hunger B, Martens J, et al. Localization of residual water in alkali-metal cation-exchanged X and Y type zeolites[J]. Journal of Physical Chemistry B, 2000, 104(3): 439-448.

[36] Frising T, Leflaive P. Extraframework cation distributions in X and Y faujasite zeolites: A review[J]. Microporous and Mesoporous Materials, 2008, 114(1-3): 27-63.

[37] Neuzil R W. Aromatic hydrobarbon separation by adsorption: US3558730[P]. 1971-01-26.

[38] Khabzina Y, Laroche C, Perez-Pellitero J, et al. Xylene separation on a diverse library of exchanged faujasite zeolites[J]. Microporous and Mesoporous Materials, 2017, 247: 52-59.

[39] Neuzil R W. Aromatic hydrobarbon separation by adsorption: US3663638A[P]. 1972-05-16.

[40] Mellot C, Simonot-Grange M H, Pilverdier E, et al. Adsorption of gaseous *p*- or *m*-xylene in BaX zeolite: Correlation between thermodynamic and crystallographic studies[J]. Langmuir, 1995, 11(5): 1726-1730.

[41] Pichon C, Méthivier A, Simonot-Grange M H, et al. Location of water and xylene molecules adsorbed on prehydrated zeolite BaX. A low-temperature neutron powder diffraction study[J]. Journal of Physical Chemistry B, 1999, 103(46): 10197-10203.

[42] Simonot-Grange M H, Bertrand O, Pilverdier E, et al. Differential calorimetric enthalpies of adsorption of *p*-xylene and *m*-xylene on Y faujasites at 25℃ [J]. Journal of Thermal Analysis, 1997, 48(4): 741-754.

[43] Hunger J, Beta I A, Böhlig H, et al. Adsorption structures of water in NaX studied by DRIFT spectroscopy and neutron powder diffraction[J]. Journal of Physical Chemistry B, 2006, 110(1): 342-353.

[44] Pellenq R J M, Tavitian B, Espinat D, et al. Grand canonical Monte Carlo cimulations of adsorption of polar and nonpolar molecules in NaY zeolite[J]. Langmuir, 1996, 12(20): 4768-4783.

[45] Khabzina Y, Laroche C, Pérez-Pellitero J, et al. Quantitative structure-property relationship approach to

predicting xylene separation with diverse exchanged faujasites[J]. Physical Chemistry Chemical Physics, 2018, 20(36): 23773-23782.

[46] Rasouli M, Yaghobi N, Chitsazan S, et al. Adsorptive separation of meta-xylene from C_8 aromatics[J]. Chemical Engineering Research & Design, 2012, 90(9): 1407-1415.

[47] Neuzil R W. Process for the separation of meta-xylene: US4326092A[P]. 1982-04-20.

[48] 汪威，唐晓林，施力. 铜离子交换的13X分子筛脱除硫醇的特性研究[J]. 石油与天然气化工，2010, 39: 28-31.

[49] Neuzil R W. Hydrocarbon separation process: US3734974A[P]. 1973-05-22.

[50] 库普拉思潘加S. 从芳烃中吸附分离间二甲苯的改进方法：CN1124241A[P]. 1996-06-12.

[51] 王洁，杨彬彬. 国产吸附剂RAX-3000专用NaX分子筛工业连续化生产研究[J]. 山东化工，2017, 46(1): 73-76.

[52] 王辉国，王德华，马剑锋，等. 小晶粒低硅/铝比的X沸石的制备方法：CN101254928A[P]. 2008-09-03.

[53] Basaldella E I, Tara J C. Synthesis of LSX zeolite in the Na/K system: Influence of the Na/K ratio[J]. Zeolites, 1995, 15(3): 243-246.

[54] 王辉国，马剑锋，王德华，等. 聚结型沸石吸附剂及其制备方法：CN101497022A[P]. 2009-08-05.

[55] 谭涓，王诗涵，董小航，等. 焙烧高岭土水热合成高硅铝比小晶粒NaY分子筛[J]. 硅酸盐通报，2019, 38(12): 3941-3947.

[56] 高宁宁，王辉国，王德华，等. 一种对二甲苯吸附剂的制备方法：CN111097371A[P]. 2020-05-05.

[57] 王辉国，王德华，马剑锋，等. 国产RAX-2000A型对二甲苯吸附剂小型模拟移动床实验[J]. 石油化工，2005, 34(9): 850-854.

[58] 赵毓璋，杨健. 二甲苯吸附分离-异构化组合工艺生产高纯度间二甲苯[J]. 石油化工，2000, 29(1): 32-36.

[59] Gutberlet L C, Bertolacini R J. Inhibition of hydrodesulfurization by nitrogen-compounds[J]. Industrial and Engineering Chemistry Product Research and Development,1983,22(2):246-250.

[60] Euthen P, Knudsen K G. Organic nitrogen compounds in gas oil blends, their hydrotreated products and the importance to hydrotreatment[J]. Catalysis Today, 2001, 65(2-4): 307-314.

[61] Kim J H, Ma X L, Zhou A N, et al. Ultra-deep desulfurization and denitrogenation of diesel fuel by selective adsorption over three different adsorbents: A study on adsorptive selectivity and mechanism[J]. Catalysis Today, 2006, 111(1-2): 74-83.

[62] Min W A. Unique way to make ultra low sulfur diesel[J]. Korean Journal of Chemical Engineering, 2002, 19(4): 601-606.

[63] Hernandez-Maldonado A J, Yang R T. Denitrogenation of transportation fuels by zeolites at ambient temperature and pressure[J]. Angewandte Chemie International Edition, 2004, 43(8): 1004-1006.

[64] Sano Y, Choi K H, Korai Y, et al. Selection and further activation of activated carbons for removal of nitrogen species in gas oil as a pretreatment for its deep hydrodesulfurization[J]. Energy Fuels, 2004,18(3):644-651.

[65] Min W, Choi K I, Khang S Y, et al. Method for manufacturing cleaner fuels: US6248230 B1[P]. 2001-06-19.

[66] Whitehurst D D, Brorson M, Knudsen K, et al. Combined process for improved hydrotreating of diesel fuels: US6551501B1[P]. 2003-8-22.

[67] Chan K C. Performance predictions for a new zeolite 13X/CaCl2 composite adsorbent for adsorption cooling systems[J]. International Journal of Heat and Mass Transfer, 2012, 55 (11-12): 3214-3224.

[68] 金国杰，丁琳，高焕新，等. 芳烃深度净化的方法：CN104230619A[P]. 2013-06-17.

[69] 金国杰，丁琳，高焕新，等. 芳烃脱硫脱氮的方法：CN104276921A[P]. 2013-07-09.

[70] 陈浩, 詹小燕, 郭振宇. 乙烯产业发展现状及趋势 [J]. 石化技术与应用, 2020, 38: 363-366.

[71] 陈永利, 陈浩, 郭振宇. 丙烯产业发展现状及趋势分析 [J]. 炼油技术与工程, 2019, 49: 1-5.

[72] 王斌. C_4 深加工兴起及发展历程 [J]. 中国石油和化工经济分析, 2013, 12: 38-40.

[73] 李天文, 刘坤, 任万忠, 等. C_4 烃类含氧化合物脱除工艺研究进展 [J]. 现代化工, 2011, 31: 17-19.

[74] 刘珊珊, 柴玉超, 关乃佳, 等. 分子筛材料在小分子吸附分离中的应用 [J]. 高等学校化学学报, 2021, 42: 268-288.

[75] 肖永厚, 陶伟川, 刘苏, 等. 丙烯在离子交换 NaX 分子筛上的吸附热力学研究 [J]. 石油化工, 2010, 39: 154-156.

[76] Mo Z L, Yu X, Ji Q N, et al. Effect of thermal oxidation of activated carbon surface on its adsorption towards dibenzothiophene[J]. Chemical Engineering Journal, 2009, 148 (2-3): 242-247.

[77] 周广林, 王晓胜, 孙文艳, 等. 改性 NaY 分子筛吸附剂脱除低碳烃中二甲醚研究 [J]. 石油学报（石油加工）, 2014, 30: 421-427.

[78] Dolan W, Speronello B, Maglio A, et al. Lower reactivity adsorbent and higher oxygenate capacity for removal of oxygenates from olefin streams: US8147588 B2[P]. 2012-04-03.

[79] Bellat J P, Weber G, Bezverkhyy I, et al. Selective adsorption of formaldehyde and water vapors in NaY and NaX zeolites[J]. Microporous and Mesoporous Materials, 2019, 288: 109563.

[80] Bellata J P, Bezverkhyy I, Weber G, et al. Capture of formaldehyde by adsorption on nanoporous materials[J]. Journal of Hazardous Materials, 2015, 300: 711-717.

[81] 黄海凤, 戎文娟, 陈虹宇, 等. 酮类有机废气在 Y 分子筛上吸附性能的研究 [J]. 浙江工业大学学报, 2014, 42: 513-518.

[82] 刘黎明, 王洪国, 靳玲玲, 等. Cu(I)Y 分子筛对不同硫化物的选择性吸附脱硫 [J]. 辽宁石油化工大学学报, 2009, 29: 4.

[83] 赵亚伟, 沈本贤, 孙辉, 等. 过渡金属改性 Y 型分子筛吸附脱除低碳烃中二甲基二硫醚 [J]. 化工进展, 2017, 36: 2190-2196.

[84] Khalkhali M, Ghorbani A, Bayati B. Study of adsorption and diffusion of methyl mercaptan and methane on FAU zeolite using molecular simulation[J]. Polyhedron, 2019, 171: 403-410.

[85] Weber G, Benoit F, Bellat J P, et al. Selective adsorption of ethyl mercaptan on NaX zeolite[J]. Microporous and Mesoporous Materials, 2008, 109 (1-3): 184-192.

[86] Zheng H M, Tang Z Y. Two-stage adsorption mechanism revealed for dimethyl sulfide (DMS) in HY zeolite[J]. Microporous and Mesoporous Materials, 2021, 321: 111125.

[87] Yi D Z, Huang H, Meng X, et al. Adsorption-desorption behavior and mechanism of dimethyl disulfide in liquid hydrocarbon streams on modified Y zeolites[J]. Applied Catalysis B: Environmental, 2014, 148-149: 377-386.

[88] Lv L, Zhang J, Huang C, et al. Adsorptive separation of dimethyl disulfide from liquefied petroleum gas by different zeolites and selectivity study via FT-IR[J]. Separation and Purification Technology, 2014, 125: 247-255.

第十章
新结构分子筛

第一节 国内外研究现状 / 348

第二节 新结构分子筛的合成策略 / 350

第三节 部分新结构分子筛实例 / 373

分子筛在工业催化、吸附分离及离子交换领域有着非常重要的应用价值。近年来，各种新结构分子筛不断涌现，不仅丰富了分子筛材料数据库，也为工业催化反应过程催化剂的选择提供了更多的可能。因此，在优化已知结构分子筛的合成条件并进行大规模生产的同时，也有必要不断研制和开发新型结构的分子筛，两者的有机结合是分子筛合成领域发展的一个重要方向。

新结构分子筛可以通过在自然界中发掘或者人工合成来获得。在分子筛发展的早期阶段，分子筛结构类型的扩展主要来源于矿物，迄今为止发现的天然分子筛种类已经有60余种[1]。但是天然分子筛种类有限且多含杂质，为了得到纯度更高、性能更好、结构更新的分子筛材料，研究人员开始模拟天然分子筛矿物形成的自然环境尝试人工合成分子筛材料。1862年，Deville首次尝试天然沸石的人工水热合成，得到Levynite沸石（LEV），并首次阐明分子筛是一种多孔海绵状材料，但由于当时缺乏相关的物相鉴别技术，使得分子筛合成研究工作都不太完善和系统。20世纪40年代，Barrer开展了分子筛材料水热合成的系统性研究工作[2]，探索了已知矿物相在高浓度盐溶液和较高温度（170～270℃）条件下的转化，成功合成第一个自然界不存在的KFI型新结构分子筛材料[3]。随后，在1949～1953年期间，联合碳化物公司（UCC）的Breck及Milton等人开发了更为温和的现代分子筛水热合成路线，在较低的晶化温度（约100℃）以及自生压力的条件下成功合成了Zeolite A、B、C、L、X等20余种低硅分子筛材料（图10-1），其中包括自然界不存在的14种新结构分子筛[4]。

A型分子筛(LTA)　　　　L型分子筛(LTL)　　　　X型分子筛(FAU)

图10-1　Breck和Milton等人水热合成的部分分子筛材料的骨架结构[4]

1961～1978年期间，伦敦帝国理工学院的Barrer和Denny以及美国美孚公司（Mobil）的Kerr等研究者首次引入有机铵碱（四甲基氢氧化铵TMAOH、四乙基氢氧化铵TEAOH、四丙基氢氧化铵TPAOH、四丁基氢氧化铵TBAOH等）来替代无机碱（LiOH、NaOH、KOH等），合成出ZK-4（富硅LTA）[1,5]、ZK-5（KFI）[3]等已知结构分子筛以及Beta（*BEA）[6]、ZSM-5（MFI）[7]、ZSM-11（MEL）[8]等系列全新结构分子筛。此外，研究者还发现对于相同骨架结构的分子筛材料如方钠石（SOD），使用 TMAOH 季铵碱要比使用 NaOH 无机碱合成的硅铝比高。这是因为相比于 Na^+、K^+ 等小尺寸金属阳离子，有机阳离子尺寸更大、电荷密度更低，所以更加难以引入到分子筛孔道或笼穴中。根据电荷平衡原则，引入分子筛骨架的负电荷必然也会相应地减少，意味着分子筛骨架中 Al 原子数量会减少，因而在合成过程中使用有机胺/碱替代无机碱可以得到硅铝比更高的分子筛材料（图10-2）。自此，在水热合成体系中引入有机胺或者季铵碱不仅拉开了合成高硅分子筛材料的序幕，同时也开启了使用有机结构导向剂（OSDA）导向合成新结构分子筛材料的征程，分子筛材料合成与应用研究进入到了蓬勃发展时期。

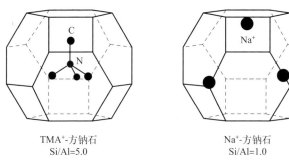

图10-2 方钠石笼中阳离子分布示意图

20 世纪 70 年代末，来自联合碳化物公司（UCC）的研究人员开始探索合成非硅铝或者非硅体系的新结构分子筛材料，以期打破硅铝基分子筛材料的界限。终于在 1982 年，Wilson 和 Flanigen 等[9]成功开发了一个全新的分子筛家族——磷酸铝分子筛（AlPO-n，n 为编号）。与合成硅铝酸盐分子筛不同，合成 AlPO-n 一般不需要引入碱金属阳离子。磷酸铝分子筛材料的发现极大地拓展了分子筛结构的多样性，不仅超越了骨架元素只限于 Si 和 Al 的限制，使骨架结构从典型的硅铝酸盐向更亲水的方向发生了重大变化，也超越了最大分子筛孔道 12 元环的限制。随后，通过在磷铝合成体系中引入 Si 以及 Mg、Mn、Fe、Co、Zn 等过渡金属，成功制备了一系列 SAPO-n 和 MeAPO-n 新结构分子筛材料。

进入 21 世纪，以西班牙巴伦西亚理工大学的 Corma 等人为代表的研究人员，在低水硅比且含氟条件下合成了一系列 ITQ-n 新结构硅锗酸盐分子筛材料。以雪佛龙公司（Chevron）的 Zones 等人为代表的研究人员，围绕硅硼合成体系制备了一系列 SSZ-n 新结构硅硼酸盐分子筛材料。以加州理工大学的 Davis 等人为代表的研究人员，通过模拟计算预测，成功合成了一系列 CIT-n 新结构分子筛材料。分子筛材料合成与应用得到了飞速的发展，在 20 多年的时间里开发合成了约 120 种新结构分子筛（图10-3），截止到 2024 年 1 月底，获得国际分子筛协会结构委员会（IZA-SC）认证的分子筛结构种类已经达到264种（包括共生结构），读者可参阅国际分子筛协会官网：https://www.iza-structure.org/databases/。

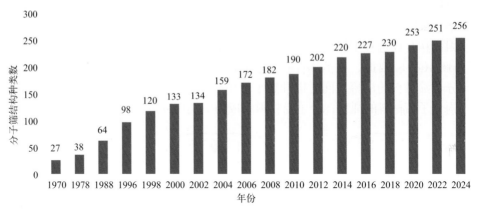

图10-3　1970～2024年被国际分子筛协会结构委员会认证的分子筛骨架类型数量（统计不包含无序结构在内）

第一节
国内外研究现状

拥有大量具有不同结构、组成和孔特性的分子筛材料是开拓分子筛实际应用的基础。基于这一认识，在过去20多年里，经过学术界和工业界的不懈努力，在新结构分子筛材料的合成方面取得了令人瞩目的成就。

一、国外研究现状

国外众多研究机构和石油化工企业对分子筛材料进行了长期探索研究，是大多数新结构分子筛的发明者和几乎所有新型分子筛催化剂或吸附剂的开创者。

20世纪50年代，联合碳化物公司（Union Carbide corporattion）合成了Y型分子筛，成功用于流化催化裂化工艺（FCC）。20世纪70年代初，Mobil公司将有机胺及季铵盐有机物作为结构导向剂用于分子筛的合成，率先合成了以ZSM-5为代表的高硅ZSM-n系列分子筛[10]；1994年，Mobil公司又开发出以MCM-22为代表的MCM-n系列分子筛[11]；此后又开发了可用于吸附、有机物转化的EMM-n系列分子筛[12]。Chevron公司是全球著名的石油石化催化剂公司之一。

该公司的 Zones 团队一直致力于新型分子筛催化材料的研发，迄今为止开发了 100 多种 SSZ-n 系列分子筛，其中 16 种已经取得了结构代码。在这一系列分子筛当中，Cu-SSZ-13 分子筛已经作为汽车尾气净化催化剂被广泛使用[13]。

20 世纪 80 年代，UOP 公司开发了磷铝（AlPO-n）和硅磷铝（SAPO-n）分子筛。其中 SAPO-34 分子筛（CHA）以其优异的催化特性[14]，被广泛用作甲醇制烯烃（MTO）工艺催化剂。20 世纪 90 年代末期，UOP 公司的 Lewis 等人采用电荷密度不匹配法（CDM），制备出不同硅铝比的 UZM-n 系列分子筛，其中 UZM-5 分子筛已于 2003 年获得结构代码（UFI）[15]。

西班牙巴伦西亚理工大学化学技术研究所（ITQ）的 Corma 教授团队在分子筛的合成和催化相关领域具有深厚的造诣，特别是在超大微孔新结构分子筛合成方面，他们以新型复杂的季铵盐或季鏻盐为有机结构导向剂，结合高通量合成技术和数据挖掘方法，在浓凝胶含锗体系合成了 ITQ-n 系列分子筛，其中 23 个为新结构分子筛。

韩国浦项科技大学的 Hong 教授团队主要致力于研究碱金属和碱土金属在分子筛合成中的作用，合成出 PST-n 系列硅铝和磷铝分子筛，其中新结构的分子筛数量为 9 个。

二、中国研究现状

自 20 世纪 70 年代中期以来，以徐如人院士、于吉红院士为代表的吉林大学团队在国际上率先就分子筛科学中的三个重要基础问题开展了系统的研究，包括特定结构分子筛的设计与定向合成；创建新合成路线、开拓新型分子筛；分子筛与微孔晶体的晶化机理。徐如人院士是特定结构分子筛的设计与定向合成这个科学问题在国际上的首位提出者，引领并推动了国内外功能材料分子工程学的发展。吉林大学团队在国际上较早地提出基于理论模拟、计算机数据挖掘和高通量实验相结合指导材料定向设计合成的新路线，发展了分子筛材料的合成方法学，开发了 CJ-n、JU-n、ZEO-n 等一系列结构新颖、组成丰富的分子筛，其中有 9 个分子筛的结构已获 IZA-SC 认证，是我国首家获得结构代码的单位[16-23]。

除吉林大学外，中国其他高校和研究机构也一直在开展新结构分子筛合成的研究工作。北京大学的林建华、孙俊良教授团队开发了 PKU-n 系列分子筛，包括 2 种新结构 PUN[24]、POS[25]。本书著者团队研究开发了 SCM-n 系列分子筛，其中 SCM-14、SCM-15 两个已确认为新结构分子筛，结构代码分别为 SOR[26] 和 SOV[27]，实现了中国企业界在新结构分子筛合成领域零的突破，SCM-25 作为 -HOS 结构的相关材料也被 IZA-SC 收录。此外，华东师范大学的吴鹏教授团队开发了 ECNU-n 系列分子筛，包括 2 种新结构 EOS[28]、EWO[29]；中山大学的姜久兴教授致力于采用天然生物碱合成超大孔分子筛，包括 1 种新结构 -SYT[30]。中国代表性团队开发的新结构分子筛如表 10-1 所示。

表10-1　中国代表性团队开发的新结构分子筛

结构代码	典型材料	发现年份	骨架组成	孔道体系	参考文献
JRY	CoAPO-CJ40	2009	$[Co_2Al_{10}P_{12}O_{48}]$	1D, 10R	[16]
JST	GaGeO-CJ63	2011	$[Ga_{16}Ge_{32}O_{96}]$	3D, 10×10×10R	[17]
JSW	CoAPO-CJ62	2012	$[Co_8Al_{16}P_{24}O_{96}]$	1D, 8R	[18]
JSN	CoAPO-CJ69	2012	$[Co_4Al_{12}P_{16}O_{64}]$	2D, 8×8R	[19]
JSR	JU-64	2013	$[Ga_{81.4}Ge_{206.6}O_{576}]$	3D, 11×11×11R	[20]
JSY	JU-60	2015	$[Mg_xAl_{30-x}P_{30}O_{120}]$	3D, 8×8×8R	[21]
JNT	JU-92-300	2013	$[Mg_4Al_{12}P_{16}O_{64}]$	2D, 8×8R	[22]
JZO	ZEO-1	2021	$[Si_{583.7}Al_{40.3}O_{1248}]$	3D, 16×16×16R	[23]
JZT	ZEO-3	2023	$[Si_{80}O_{160}]$	3D, 16×14×14R	[24]
PUN	PKU-9	2010	$[Ge_{28}Al_{18}O_{72}]$	3D, 12×10×8R	[25]
POS	PKU-16	2014	$[Ge_{26.1}Si_{37.9}O_{128}]$	3D, 12×11×11R	[26]
SOR	SCM-14	2017	$[Ge_{12}Si_{36}O_{96}]$	3D, 12×8×8R	[27]
SOV	SCM-15	2019	$[Si_{107}Ge_{21}O_{256}]$	3D, 12×12×10R	[28]
EOS	ECNU-16	2018	$[Si_{25.1}Ge_{22.9}O_{96}]$	3D, 10×8×8R	[29]
EWO	ECNU-21	2019	$[Si_{23.3}Ge_{0.7}O_{48}]$	1D, 10R	[30]
-SYT	SYSU-3	2018	$[Si_{67.11}Ge_{60.89}O_{248}]$	3D, 24×8×8R	[31]

第二节
新结构分子筛的合成策略

新型分子筛材料在工业催化领域和功能材料领域有着非常重要的应用价值，探索新的合成方法以开发新结构分子筛材料一直是分子筛科学领域的研究热点。近几十年来，人们经过不断探索，发展出多种新结构分子筛合成策略，其中使用最多的是采用新的有机结构导向剂、调变骨架元素、使用非常规合成条件（包括氟介质合成法、浓凝胶法、电荷密度不匹配法、多金属阳离子法、后处理拓扑转变法）等。

一、采用新的有机结构导向剂

1961 年，伦敦帝国理工学院的 Barrer 和 Denny 采用有机季铵碱合成出 ANA、FAU 和 LTA 型分子筛，开启了分子筛合成凝胶中添加有机物作为结构导向剂的先河[32]。之后，大量研究者采用有机结构导向剂合成出一大批具有新颖拓扑结构和新组成的分子筛。目前，用于合成分子筛的有机结构导向剂已由最早的有机胺和简单季铵盐（碱）拓展至双季铵盐、含氮杂环、多环化合物，以及咪唑盐、季鏻盐、冠醚等。

1. 吡咯烷衍生物

2003 年，Burton 团队[33]以吡咯烷衍生物为结构导向剂合成出一系列分子筛（图 10-4）。其中，以 N-丁基-N-环己基吡咯烷氢氧化物为结构导向剂合成的高硅分子筛 SSZ-57 是一种结构十分复杂的分子筛，其晶胞参数为：a=20.091Å，b=20.091Å，c=110.056Å，包含 99 个结晶学上截然不同的 T 原子[34]。

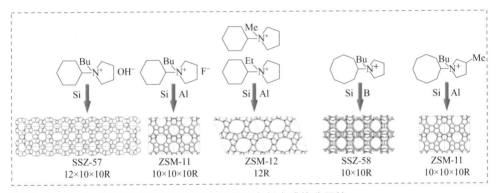

图10-4　Burton团队以吡咯烷衍生物为结构导向剂合成的分子筛

2. 异吲哚啉衍生物

2011 年，吉林大学于吉红院士团队[35]设计制备了 7 种尺寸不断增大的异吲哚啉衍生物有机结构导向剂，通过改变凝胶配比，为每种 OSDA 设计了 3^3×5 个高通量水热合成实验。在 945 个晶化反应中，有 395 个形成晶态分子筛产物，对应 8 种分子筛，如图 10-5 所示。团队研究发现，当 OSDA 尺寸相对较小时，只能得到 12 元环大孔分子筛；而当 OSDA 增大到一定尺寸以上时，开始出现诸如 ITQ-15、ITQ-37、ITQ-44 和 ITQ-43 等超大孔分子筛。其中，介孔手性 ITQ-37 分子筛具有 30 元环孔道，是目前已知分子筛中孔道尺寸最大的。

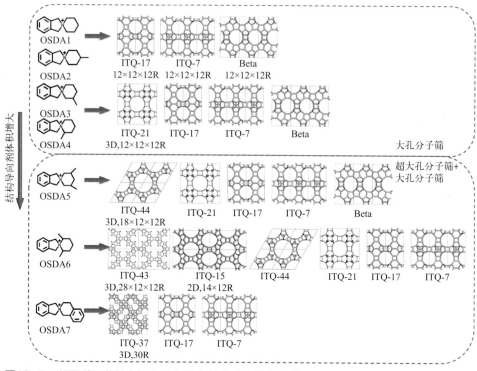

图10-5 以异吲哚啉衍生物为结构导向剂合成硅锗分子筛

3. 多环季铵盐

21世纪初，Chevron公司的Zones团队[36-38]致力于使用刚性环的季铵盐有机物合成分子筛。该团队采用含不同支链长度的多环季铵盐，在全硅、硅铝和硅硼体系合成了12种不同结构的分子筛（图10-6）。其中，SSZ-31和SSZ-35属于全新结构的纯硅分子筛。该团队还采用另外两种多环季铵碱合成出全新结构的硅铝酸盐SSZ-52（SFW）和纯硅SSZ-61（-SSO）分子筛[39-40]（图10-7）。SSZ-52属于ABC-6家族分子筛，其大的孔穴中包含两个OSDA分子。SSZ-61拥有哑铃形的18元环超大孔道，其骨架与ZSM-12（MTW）和SSZ-59（SFN）的骨架密切相关，三者具有相同的层，层间连接方式不同。

4. 咪唑衍生物

1989年，Zones团队[41]首次报道使用咪唑镒阳离子合成了分子筛。他们使用1,2,3-三甲基咪唑（123TMI）、1,3-二甲基咪唑（13DMI）、1,3-二异丙基咪唑（13DiPI）和1-异丙基-3-甲基咪唑（1iP3MI）在氢氧化物介质中分别获得了四种已知结构的高硅分子筛（ZSM-12、ZSM-22、ZSM-23和ZSM-48）。之后，不

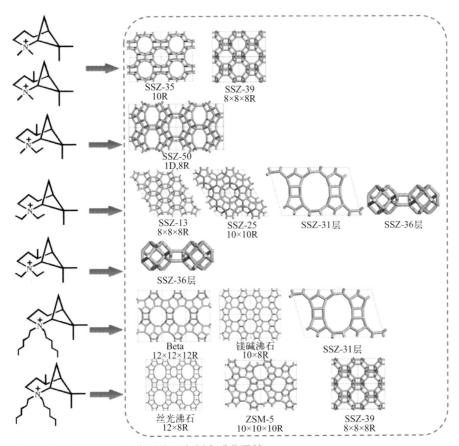

图10-6 以多环季铵盐为结构导向剂合成分子筛

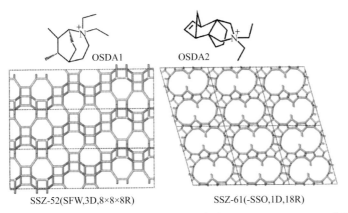

图10-7 以多环季铵碱为结构导向剂合成SSZ-52和SSZ-61分子筛

同单位的研究人员采用咪唑衍生物作为 OSDA 又导向合成了 UOS[42]、UWY[43]、ITW[44]、SIV[45]、CSV[46]、PWO[47]、PWW[47]等多种新结构分子筛。除此以外，咪唑衍生物也为制备新组成的分子筛提供了方便，一个重要的例子是手性 HPM-1（STW）分子筛的合成。STW 型分子筛可用于不对称催化和吸附，第一个具有 STW 结构类型的分子筛是硅锗酸盐 SU-32 分子筛[48]，但其骨架中 Ge 含量较高（Ge/Si＞1），稳定性较差，限制了其应用。Camblor 等[49]使用 1,3,4- 三甲基 -2- 乙基咪唑（2E134TMI）作为 OSDA，成功地合成了第一个具有 STW 拓扑结构的纯硅手性分子筛 HPM-1（图 10-8）。近年来，芳香族超分子自组装聚集体作为 OSDA 已被证明是导向分子筛合成的有效途径[50]。自组装聚集体这一概念首次被应用于咪唑基 OSDA 的例子是新型超大孔硅锗分子筛 NUD-1 的合成[51]。NUD-1 的超大 18 元环孔道沿 c 轴延伸，其分别与沿 a 轴和 b 轴延伸的 10 元环和 12 元环孔道相交。虽然 OSDA 在 NUD-1 分子筛中的位置尚未确定，但 OSDA 在稀溶液和浓溶液中以及在 NUD-1 分子筛中的光致发光研究证实了 OSDA 在 NUD-1 结构中以自组装聚集体的形式存在。

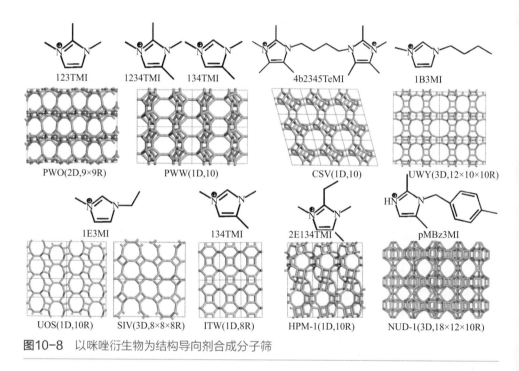

图10-8　以咪唑衍生物为结构导向剂合成分子筛

5."双子"季铵盐（碱）

Zones 等人[52]采用不同长度亚甲基链连接的 N- 甲基吡咯烷双季铵盐为 OSDA，

合成了TNU-9（TUN）、IM-5（IMF）和SSZ-74（-SVR）分子筛（图10-9）。在此基础上，该团队通过改变杂环类型，但同时保持C4、C5和C6亚甲基链长，设计了15种不同的双季铵盐，在不同的合成体系下制备了*BEA、BEC、IWW、MTW、MOR、*STO、SSY、TUN、IMF、-SVR、MFI、STI、STF、AFX、RUT、AST、NON、DOH共18种不同拓扑结构的分子筛（表10-2）。

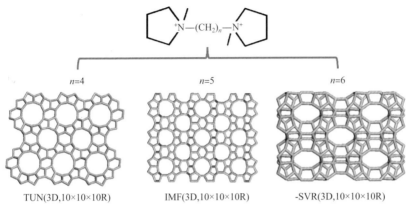

图10-9 柔性长碳链连接的双季铵盐/碱为结构导向剂合成的分子筛

表10-2 不同杂环类型的双季铵盐/碱为结构导向剂合成分子筛

双季铵盐	n值	纯硅体系+HF	硅铝体系+NaOH	硅锗/硅硼体系	添加四甲基铵阳离子体系
	4	STI, MTW,	TUN, MTW	IWW, AST	TUN
	5	DOH, MTW, MFI	*BEA, MTW	IWW, MTW, AST	IMF
	6	-SVR, MFI	-SVR, *BEA	MTW, RUT	*BEA
	4	MTW	AFX, MTW	IWW, MTW, NON	AFX
	5	*BEA, MTW	AFX, MTW	IWW, MTW, RUT	AFX
	6	*BEA, MFI	MOR, MTW, MFI	*BEA/BEC, BTW, RUT	MOR
	4	MTW	MOR	MTW, NON	MOR
	5	*BEA, MTW	MOR, MTW, *BEA	BEC, MTW, NON	MOR
	6	*BEA, MTW	MOR, MTW, *BEA	*BEA, MTW, RUT	MOR
	4	STF	MOR	AST	MOR
	5	MFI, SSZ-31	MOR, *STO	SSY, AST	MOR
	6	MFI, *BEA	MOR, MFI	*BEA/BEC, MFI, RUT	MOR
	4	MTW	MOR	RUT	MOR
	5	*BEA, MTW	MOR	BEC, MTW, AST	MOR
	6	*BEA, MFI	*BEA, MFI, *BEA	*BEA/BEC, *BEA, RUT	MOR

表 10-2 中的有机结构导向剂均为柔性长碳链连接的端基含 N 杂环化合物。本书著者团队采用刚性苯环连接的端基分别为 N- 甲基吡咯烷、N- 甲基哌啶以及三亚乙基二胺的双季铵盐 OSDA，利用高通量设备合成了 4 种不同拓扑结构的硅锗分子筛：ITQ-24（IWR）[53]、ZSM-12（MTW）、ITQ-17（BEC）[54] 和 Beta，如图 10-10 所示。团队发现，OSDA 尺寸越大，得到的分子筛孔道尺寸也越大。对长碳链和苯环连接的端基含 N 杂环 OSDA 与分子筛结构之间结合能进行模拟计算后发现，中间为刚性苯环相连的 OSDA 比柔性碳链相连的分子更有利于开放孔道分子筛的合成。

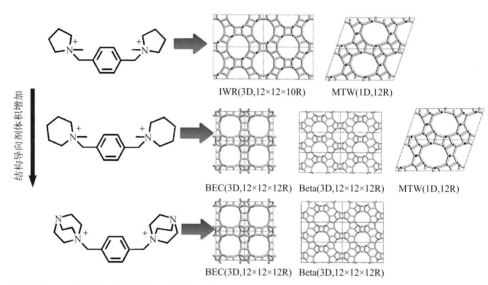

图10-10　刚性苯环连接的双季铵盐/碱为结构导向剂合成的分子筛

Corma 团队[55] 设计了一种新型 OSDA，其结合了用于合成大孔（ZSM-12）和中孔（ZSM-5）分子筛所用 OSDA 的刚性和柔性，他们用该 OSDA 合成了一种新结构硅铝分子筛 ITQ-39（图 10-11）。

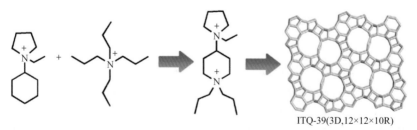

图10-11　结合ZSM-12和ZSM-5分子筛OSDA的刚性和柔性设计的OSDA用于合成ITQ-39

6. 季鏻盐（碱）

季鏻阳离子表现出比季铵阳离子更高的水热稳定性，不易发生 Hofmann 降解反应。由于大多数分子筛的合成都是在水热条件下进行的，使用季鏻阳离子可以提高合成温度或溶液的碱度，从而拓宽合成范围。20 世纪 70 年代，研究者首次尝试使用四烷基季鏻阳离子合成分子筛，但当时得到的都为已知结构分子筛。直到 2006 年，Corma 团队[56]才使用季鏻盐合成了一种新结构大孔分子筛 ITQ-27（IWV）。此后，该团队[57-64]又采用其他季鏻盐得到几种新结构分子筛（表 10-3），可见季鏻盐作为 OSDA 合成新结构分子筛的前景是非常广阔的。

表 10-3 以季鏻盐为结构导向剂合成新结构分子筛

	季鏻盐	分子筛	合成同种结构分子筛的季铵盐	
1		ITQ-26	无	[57]
2		ITQ-27 (IWV)	$n=4,5,6,8,10$	[56,65]
3		ITQ-40 (-IRY)	无	[58]
4		ITQ-34 (ITR)	无	[59]
5		ITQ-45	无	[60]
6		ITQ-49 (IRN)	无	[61]
7		ITQ-52 (IFW)		[62,66]
8		ITQ-53 (-IFT)	无	[63]
9		ITQ-58	无	[64]

7. 冠醚和环缩酮季铵盐衍生物

冠醚自发现以来，因其对溶液中阳离子的高亲和力而得到了许多应用[67]。1990 年，Delprato 等人[68-69]分别用 15-冠-5 和 18-冠-6 合成 Si/Al≈5 的高硅八面沸石（FAU）和纯六方八面沸石（EMT）。此后，其他研究人员以 18-冠-6 为原料合成了高硅沸石 Rho（RHO，Si/Al≈4.5）[70]、全硅沸石 KFI[71]和新结构硅铝分子筛 MCM-61（MSO）[72]。2017 年，大连化物所王树东等[73]利用冠醚与 Cs⁺之间的相互作用，构建了一种超分子双 18-冠-6，得到了迄今为止报道的最高硅铝比的 RHO 型分子筛（Si/Al≈8）。表 10-4 为冠醚作为结构导向剂合成的分子筛。

表 10-4 冠醚及其合成的分子筛

冠醚类结构导向剂	分子筛	冠醚类结构导向剂	分子筛
（18-冠-6）	六方八面沸石（EMT） Rho (RHO) KFI MCM-61 (MSO)	（15-冠-5）	高硅八面沸石（FAU） 全硅方钠石（SOD）
		（双 18-冠-6·Cs⁺）	Rho (RHO)

OSDA 通常是分子筛合成中最昂贵的组分。2003 年，Lee 等[74]报道了一种可回收利用的含季铵盐的缩酮 OSDA，分子筛合成后只需要经化学酸处理（80℃时 1mol/L HCl 或含 HCl 饱和水蒸气）即可将 OSDA 分解成酮和乙二醇（图 10-12）。提取出的二醇和酮片段可以重组形成原始的 OSDA 分子，以供循环使用。这种方法避免了 OSDA 分子的焙烧，节约了合成成本，减少了对环境的污染。目前，这一方法已被用于合成 ZSM-5 分子筛。

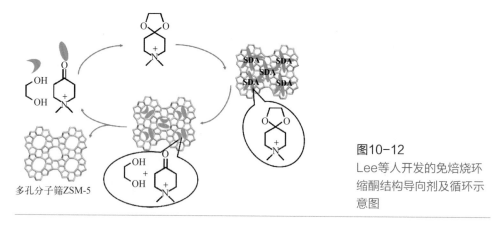

图 10-12 Lee 等人开发的免焙烧环缩酮结构导向剂及循环示意图

二、调变骨架元素

在分子筛不断发展过程中，研究人员发现在纯硅分子筛合成或者后处理过程中加入取代元素 T，将对分子筛的结构特点和化学特性产生重要影响。这些取代元素可以是异价态的，如二价或者三价元素；也可以是等价态的四价元素。元素在取代上的难易程度、四面体位点的稳定性以及它们结构导向的性质取决于它们的离子半径及电负性。表 10-5 展示了在分子筛骨架中引入 Al、B、Ge、Ga、Be 和 Zn 元素后，T—O 键长和 Si—O—T 键角的变化情况[75]。如表所示，当杂原子取代 Si 原子时，T—O 键长相对 Si—O 键长均变长（除 B—O 键外）；而 Si—O—T 键角相对于 Si—O—Si 键角均发生了不同程度的变小。这些杂原子的存在，可以诱导形成特定的结构单元（如 $3r$、$d3r$、$4r$、$d4r$ 等），进而改变有机结构导向剂对分子筛骨架的结构导向作用。例如，B、Ga、Be 和 Zn 易于导向 $3r$ 的形成，而 Ge 则有利于 $d4r$ 和 $d3r$ 的形成，这些小环结构单元有助于形成具有较大孔隙、较低骨架密度、多孔道维度的分子筛。表 10-6 总结了不同 T 原子取代对次级结构单元的影响[75-77]。

表 10-5 不同骨架元素在分子筛中的 T—O 键长和 Si—O—T 键角

取代元素T	离子半径/Å	T—O 键长/Å	Si—O—T 键角/(°)
Si	0.26	1.59~1.61	145
Al	0.39	1.70	138
B	0.11	1.46	129
Ge	0.39	1.74	138
Ga	0.47	1.82	132
Be	0.27	1.63	130
Zn	0.60	1.94	123
Si—F	—	1.76	120

注：Si—F 代表 Si 上连有一个 F 原子，这种情况一般出现在含 $d4r$ 分子筛结构中。

表 10-6 不同骨架元素对次级结构单元的影响

结构单元	Si	Al	B	Ge	Be	Zn	F
3r (△)	—	●	●	●	●●●●	●●●●	●
			●●●				
4r (□)	●	●●	●●	●●●	●●	●●●	●●
d4r	●	●●	●●	●●●●	—	—	●●

续表

结构单元	Si	Al	B	Ge	Be	Zn	F
(五元环)	●●●●	●●●	●●●	●●●●	●●●	●●●	●●●
(立方体)				●			
(六元环)	●●	●●●		●●		●●	●●

注：●的个数表示结构单元出现的频率。

1. 硅铝酸盐分子筛

硅铝酸盐分子筛骨架是由 [SiO$_4$] 四面体和 [AlO$_4$] 四面体相互连接形成的。Si—O 键长为 1.59～1.61Å，Al—O 键长约为 1.70Å，因此硅铝酸盐分子筛的晶胞尺寸一般会随着骨架中铝含量的增多而增大。[SiO$_4$] 四面体呈电中性，[AlO$_4$] 四面体带有一个负电荷，由 [SiO$_4$] 和 [AlO$_4$] 四面体形成的硅铝分子筛骨架带负电荷，需要 H$^+$、Na$^+$、K$^+$、Rb$^+$、Cs$^+$、Cu^{2+}、Fe^{2+}、Zn^{2+} 等阳离子平衡电荷。另外，分子筛的骨架具有一定的柔性，同一种分子筛，如果引入阳离子的种类或尺寸不同，分子筛将会产生不同的几何形变。韩国浦项科技大学的 Hong 教授团队[78]在这方面做了深入的研究，他们发现掺杂 Na$^+$、K$^+$、Rb$^+$ 和 Cs$^+$ 的 PST-3 和 PST-4 分子筛具有不同的孔口形状以及晶胞体积，在碱性阳离子体积增大的同时，椭圆形的孔口会逐渐向圆形孔口转变（图 10-13）。除金属离子外，有机阳离子也可用来平衡硅铝分子筛骨架负电荷，由于有机物尺寸大、电荷密度低，可平衡的阴离子数量少，因此采用有机结构导向剂可制备高硅铝比分子筛。

2. 硅硼酸盐分子筛

硅硼酸盐分子筛骨架是由 [SiO$_4$] 四面体和 [BO$_4$] 四面体相互连接形成的。B 元素与 Al 元素位于同一主族，具有部分相似的物化性质，因此可以通过部分取代 Al 或 Si 进入分子筛骨架。B—O 键长约为 1.46Å，Si—O—B 键角约为 129°。与 Si、Al 原子相比，引入 B 原子后，T—O 键长和 T—O—T 键角均变小，导致可能生成一些特殊的次级结构单元[79]，从而形成新型分子筛。但是，早期引入 B 的尝试大多集中在低硅铝比分子筛，最终的效果并不理想[80]。后来 Millini 等人[81-82]发现 B 可以被引入到 MFI、Beta、MWW 以及 MTW 等高硅分子筛骨架中。B 的引入有助于某些分子筛结构的形成，如在硅铝 Nu-1 分子筛（RUT）的合成凝胶中加入 B 原子，将使材料的合成可重复性大大提高。1980 年，Taramasso 等人[83]首次合成了硅硼沸石 Bor-C，其属于 MFI 结构。1995 年，Lobo 和 Davis[84]使用 N,N,N- 三甲基顺式桃金娘基氢氧化铵作为有机结构导向剂合成了硅硼酸盐新结构分子筛 CIT-1，这是第一个具有 12×10×10R 孔结构的硅硼分子筛，被 IZA-SC 授予结构代码 CON。近 20 年来，来自 Chevron 公司、Exxon Mobil 公司、波鸿鲁尔大学（Ruhr University）和斯德哥尔摩大学（Stockholm University）等研究机构的科学家合成出多种新结构硅硼酸盐分子筛材料。目前，国际分子筛协会授予结构代码的硅硼酸盐分子筛有 16 种，如表 10-7 所示。

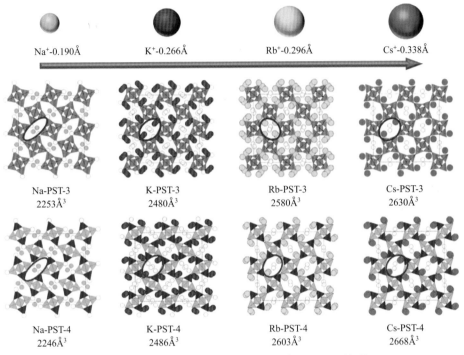

图10-13 含不同阳离子（绿：Na^+；紫：K^+；黄：Rb^+；蓝：Cs^+）的PST-3和PST-4分子筛孔道结构及晶胞孔体积

表10-7 IZA授予结构代码的典型硅硼酸盐分子筛

CON	EWF	EWS	EWF	IFW	MVY
RTH	RUT	SEW	SFE	SFG	SFH
SFN	SFS	SSF	SSY		

3. 锗酸盐和硅锗酸盐分子筛

硅锗酸盐分子筛骨架是由 $[SiO_4]$ 四面体和 $[GeO_4]$ 四面体相互连接形成的，而锗酸盐分子筛的骨架 T 原子全部为 Ge 原子。在元素周期表中，锗元素和硅元素虽位于同一主族，但两者性质有较大差异。Si—O—Si 平均键角为 145°，Si—O 平均键长约为 1.59～1.61；而 Ge—O—Ge 平均键角为 133°，Ge—O 平均键长约为 1.74Å。更长的键长以及更小的键角导致锗酸盐分子筛骨架结构中容易形成 d3r 和 d4r 等结构单元。Si 和 O 连接主要形成 [SiO$_4$] 四面体；而 Ge 除了以四配位（[GeO$_4$] 四面体）形式存在外，还可以以五配位（三角双锥）或六配位（八面体）的形式存在，因此在合成体系掺杂 Ge 原子后可以合成具有开放骨架结构的锗酸盐分子筛。1991 年，徐如人团队[85]首次使用 TMAOH 作为 OSDA 合成了新型微孔锗酸盐 [Ge$_{18}$O$_{38}$(OH)$_4^{8-}$((C$_2$N$_2$H$_{10}$)$^{2+}$)]$_4$·2H$_2$O。1998 年，Yaghi 等人[86]采用二甲胺为 OSDA，成功合成出第一个全新结构的锗酸盐分子筛 ASU-7，被 IZA-SC 授予结构代码 ASV。2003 年，Corma 研究小组[87]报道了第一个全新结构的硅锗酸盐分子筛 ITQ-22（IWW）。该团队[88]还通过理论计算，系统研究了 Ge 的键长和键角对次级结构单元的影响，并通过实验充分证明在浓凝胶体系中，使用刚性、大体积的季铵盐作为结构导向剂合成新结构硅锗分子筛的可行性。他们采用高通量设备辅助开发出 ITQ-17、ITQ-33 和 ITQ-44 等多种 ITQ-n 硅锗酸盐分子筛，其中 ITQ-44 分子筛结构中同时包含 d4r 和从未在其他分子筛中见到过的 d3r（图 10-14），d3r 因为几何张力太大，研究人员一度认为其不可能存在于分子筛骨架中。同时，借助 ^{19}F 和 ^{29}Si MAS-NMR 等表征手段，间接确定出 Ge 原子优先占据骨架中 d4r 的位置。Yaghi 等[86]研究者也系统研究了锗酸盐与硅酸盐结晶学参数方面的不同。他们从最基本的结构单元开始，通过理论计算，设计并合成出一系列 ASU-n 新型锗酸盐分子筛。除此之外，以邹晓冬等[89-90]为代表的团队和以赵东元等[91]为代表的团队在锗酸盐及硅锗酸盐分子筛的研究中也作出了卓越贡献。近 20 年来，硅锗酸盐分子筛取得了蓬勃的发展，新型的硅锗酸盐不断被合成出来（表 10-8），已经成为分子筛无机多孔材料的一个重要分支。

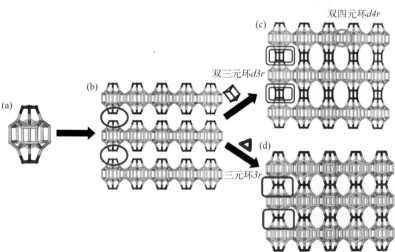

图 10-14　(a) ITQ-33 和 ITQ-44 的笼状结构构筑单元；(b) 沿（110）方向三个相邻层的倾斜视图；(c) ITQ-44，通过 d3r 连接各层，形成 12 元环；(d) ITQ-33，通过 3r 连接各层，形成 10 元环

表10-8 结构获IZA认证的典型锗酸盐和硅锗酸盐分子筛

ASV	BEC	BOF	BSV	EOS	EWO		-HOS	-IFT	-IFU
IRN	IRR	-IRT	-IRY	ITG	ITR	ITT	-ITV	IWR	IWS
IWW	JSR	JST	POS	PTF	PUN	PWY	SBN	SOF	SOR
SOV	STW	SVV	-SYT	UOS	UOZ	UTL	UWY		

4. 磷酸铝分子筛

UCC 公司的科学家 Wilson 与 Flanigen 等[9]成功合成一系列磷酸铝分子筛材料 AlPO-n。根据 Lowenstein 规则，Al 原子不能与 Al 相邻，而后续的研究发现 P 原子也不能与 P 或者 Si 相邻，所以磷酸铝分子筛（AlPOs）骨架是由 [AlO$_4$] 四面体和 [PO$_4$] 四面体严格交替连接形成的。在磷酸铝分子筛中，P^{5+} 半径（0.17Å）比 Al^{3+}（0.39Å）和 Si^{4+}（0.26Å）都要小，而 P^{5+} 和 Al^{3+} 两种离子的平均半径（0.28Å）与 Si^{4+} 相接近，因而 [PO$_4$] 四面体和 [AlO$_4$] 四面体交替组成的骨架结构十分稳定。由于 AlPOs 分子筛是由 [AlO$_4$] 四面体和 [PO$_4$] 四面体严格交替连接，所以一般磷酸铝分子筛结构中只能含有 4、6、8、12 等偶数元环。唯一特殊的是 ECR-40（MEI）分子筛，其含有奇数的 3、5、7 元环孔道（图 10-15），但在其骨架中没有发现 Si—O—P 键和反 Lowenstein 规则的 Al—O—Al 键，为了实现这一点，ECR-40 必须具有特定的 Al$_{16}$P$_{12}$Si$_6$O$_{72}$ 组成。磷酸铝分子筛骨架呈现电中性特性，因此不需要其他碱金属阳离子来平衡电荷，其孔道中只包含吸附的 H$_2$O 和 OSDA 分子。与疏水的纯硅分子筛相比，Al 和 P 之间的电负性差异使得 AlPOs 分子筛材料具有适中的亲水性，而 AlPOs 分子筛酸性的产生必须通过引入杂原子来实现。例如，Si 原子部分取代 P 或 Al 原子便可以得到含硅的磷酸铝分子筛（SAPOs）；而主族和过渡金属元素如 Mg、Zn、Mn、Fe、Co、Ni、Ti、Sn、Zr、V 等同晶取代磷酸铝分子筛中的 P 和 Al 原子可以得到含金属杂原子的磷酸铝分子筛（MeAPOs，图 10-16）。同晶取代主要包含三种机制：取代 Al（SM I 机制）、取代 P（SM II 机制）、取代 P+Al（SM III 机制）。目前，一系列具有新颖拓扑结构的 AlPOs、SAPOs 和 MeAPOs 分子筛已被制备出来（表 10-9），其中 SAPO-

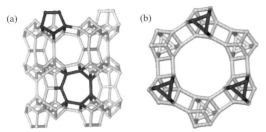

图10-15 ECR-40分子筛沿（a）[010]和（b）[001]方向的投影图

11（AEL）已成功应用于润滑油脱蜡，SAPO-34（CHA）已成功应用于 MTO 反应。

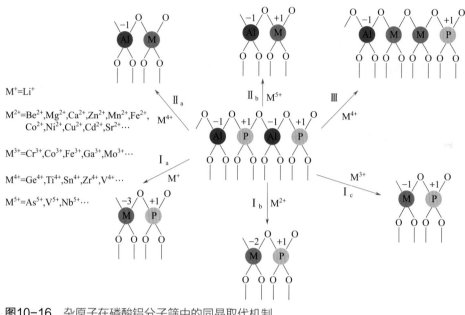

图10-16　杂原子在磷酸铝分子筛中的同晶取代机制

表10-9　结构获IZA认证的典型磷酸铝分子筛

ACO	AEI	AEL	AEN	AET	AFI	AFN	AFO	AFR	AFS
AFT	AFV	AFX	AFY	AHT	ANO	APC	APD	AST	ATN
ATO	ATS	ATT	ATV	AVE	AVL	AWO	AWW	DFO	EZT
IFO	JNT	JRY	JSN	JSW	OSI	OWE	PON	POR	PSI
SAF	SAO	SAS	SAT	SAV	SBE	SFO	SIV	SWY	VFI
ZON									

三、开发新的合成方法

自20世纪40年代人工合成沸石以来，硅锗、硅硼、硅铝以及磷铝体系的分子筛大多采用水热合成路线，可以说，水热合成方法是分子筛多孔材料合成化学的基础与核心。随着分子筛材料科学理论的不断发展，分子筛在合成领域的进展也十分迅速。溶剂热合成法、氟介质合成法、浓凝胶与干凝胶合成法、电荷密度不匹配法、多金属阳离子法、后处理拓扑转变法等一系列新的合成策略相继出现，高通量和模拟计算技术在分子筛合成中也发挥着日益重要的作用。

1. 水热和溶剂热合成法

水热和溶剂热合成的初衷是通过模拟地壳内部或宇宙空间的极端环境，人工合成自然界存在的分子筛，甚至创造出自然界不存在或者尚未发现的新型分子筛[92]。20 世纪 40 年代后期，Barrer 等采取高温水热合成技术合成一批低硅铝比分子筛，开创了分子筛水热合成的先河。1985 年，Bibby 等[93]率先以乙二醇作为溶剂成功合成出方钠石。水热或溶剂热合成法一般是由外界提供能量，将反应物置于密闭的钢制高压容器中，外加能量形成一个高温（100～1000℃）高压（1～100MPa）的环境，原始反应物在高温高压条件下会进行溶解-沉淀、解聚-聚合、成核、晶体生长等一系列反应，最终形成分子筛。整个晶化过程都处于亚临界或者超临界状态，反应物的物理性质和化学反应性质在该状态下也会发生改变。大多数分子筛合成是以水作为溶剂，所以要求原料中的有机结构导向剂必须溶于水，或者在高温高压条件下能够均匀分散在溶液中，同时要求不与水形成复合物，否则，影响最终分子筛的合成。目前，该方法在分子筛材料的合成中取得了巨大的成功，已有的两百多种结构分子筛大多数是通过这种方法合成的。

2. 氟介质合成法——Zicovich-Wilson 效应

氟化物的引入为发现新结构分子筛开辟了一条新的途径。经过多年的发展，研究人员将氟离子在分子筛合成中的作用归纳为以下四点：①矿化剂作用；②平衡电荷作用；③结构导向作用；④加快反应进程的作用[29]。

分子筛的合成通常是在高 pH 值（通常高于 10）条件下进行的，其中氢氧根阴离子充当矿化剂的作用，有利于将作为流动相的二氧化硅和氧化铝溶解到液相中并发生缩合反应，从而使结晶过程得以进行。1978 年，Flanigen 和同事[94]在合成凝胶中首次加入了氟化物合成了纯硅 MFI 型分子筛。20 世纪 80 年代，Guth 和 Kessler 等[95]证明氟离子在分子筛的合成中也起到了矿化剂作用，并且引入氟化物后在较宽的 pH 值范围内都可以合成分子筛，从而使得由于霍夫曼降解反应而导致在高 pH 值下不稳定的有机阳离子得以使用。除此以外，Guth 和 Kessler 等还发现，氟化物路线法得到的高硅分子筛晶格缺陷较少。传统的氢氧化物路线制备的高硅分子筛需要硅氧基缺陷来平衡有机阳离子，导致分子筛缺陷较多。氟离子同样可以起到平衡有机阳离子正电荷的作用，从而使制备的分子筛缺陷浓度非常低，其焙烧产物比在氢氧化物介质中制备的全硅类似物更具疏水性[96]，在非极性化学物种参与的化学反应中性能得到改善[97-98]。此外，氟化物也有结构导向的作用，氟化物的加入有利于 $d4r$ 结构单元的形成[95]。Zicovich-Wilson 等人[99]研究表明，由于 $[SiO_4]$ 四面体的刚性，$d4r$ 结构单元在纯硅分子筛中具有较大张力，不能通过氢氧化物路线直接合成含 $d4r$ 结构单元的纯硅分子筛。然而，含有氟化物的材料中的主客体相互作用使得该空腔中的 Si—O 键更加灵活，呈现为弹簧式的键合原子，减小了 $d4r$ 的内部张力，有利于 $d4r$ 结构单元的稳定存在（图 10-17）。

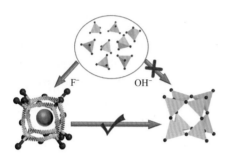

图10-17　Zicovich-Wilson效应

3．浓凝胶法——Villaescusa 法则

氟化物路线最初使用的水含量与氢氧化物介质中相同，都是在较高的水含量下进行的（$H_2O/SiO_2=30\sim60$），但合成的大多数为已知结构的分子筛[100]。2000年，Camblor 和同事[101]通过氟化物路线在高浓度凝胶体系中（通常 H_2O/SiO_2 低于15，更常见的是低于 7）合成出许多新型分子筛。此外，他们还发现对于特定的 OSDA，随着凝胶浓度的升高，可以得到骨架结构更加开放的分子筛产物[102]，该实验规律后来被称为"Villaescusa"法则[103]。1,3,3,6,6-五甲基-6-偶氮双环[3.2.1]辛烷（DMABO$^+$）的结构导向作用可以充分地说明这一规律（图 10-18）：在纯硅体系中，当 H_2O/Si 从 30 逐渐下降到 3.5，分别得到鳞石英（骨架密度 22.75 T/1000Å^3）、SSZ-13（18.7 T/1000Å^3）、ITE（15.7 T/1000Å^3）和 STF（16.9 T/1000Å^3）分子筛；在纯锗体系，当 H_2O/Ge 从 5 逐渐下降到 2，分别得到锗石英（26.54 T/1000Å^3）和 ASV（17.9 T/1000Å^3）分子筛；在磷铝体系，当 $H_2O/(Al+P)$ 从 20 逐渐下降到 2，分别得到 AFI（16.9 T/1000Å^3）和 CHA（15.1 T/1000Å^3）分子筛。氟化物的引入使得分子筛的合成可以在高浓度体系下进行，少量的水只起到反应物作用而非溶剂作用。相反，该规则对氢氧化物路线的适用性可能会因高 pH 值而受到严重阻碍，高的 pH 值会导致有机阳离子稳定性的降低以及二氧化硅溶解度的极大增加。而在氟化物路线下，水与二氧化硅会竞争氟离子，高浓度条件下更多的氟离子可以与二氧化硅相结合，进而促进小笼结构单元如 $d4r$ 的形成，所以合成凝胶中的水量可以明显改变有机分子的结构导向作用方式。目前，浓凝胶法已成为合成新的开放骨架结构分子筛的策略之一[103-105]。

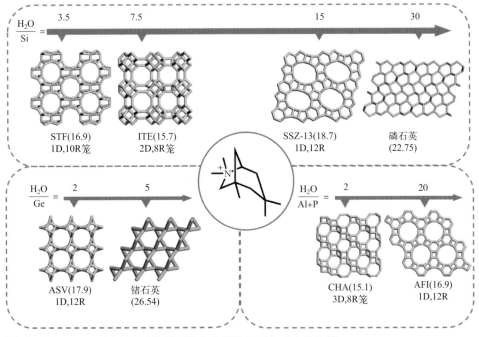

图10-18 DMABO⁺在不同体系不同水含量条件下合成的分子筛

4. 电荷密度不匹配法

21世纪初，UOP公司的Lewis等[106]研究人员在采用两种或多种不同尺寸的有机结构导向剂探索合成分子筛的过程中开发出电荷密度不匹配法（Charge Density Mismatch，CDM），用于低硅铝比（Si/Al＜10）分子筛的合成。CDM法中低电荷密度的大体积有机阳离子（如 TEA^+）和高电荷密度的小体积阳离子（如 TMA^+、Na^+）可以协同导向同种结构分子筛材料的合成。而要实现低硅铝比这一目标，首先需要构建一个电荷密度不匹配的凝胶体系（图10-19），包含硅铝酸盐（低硅铝比、高电荷密度）和结构导向剂（大体积有机阳离子、低电荷密度）。由于结构导向剂所带的少量正电荷无法补偿硅铝酸盐所产生的负电荷，所以该体系不能自行晶化得到任何固体产物。为了激活电荷密度不匹配凝胶体系，需要加入另外一种高电荷密度的结构导向剂（如 TMA^+），使体系电荷密度达到匹配，促使晶化得到分子筛结构。目前，UOP公司研究人员[15,106-107]采用CDM法已成功合成低硅铝比的UZM-n系列分子筛材料，不仅包括具有全新化学组成的已知结构分子筛，如UZM-4（BPH）、UZM-9（LTA）、UZM-12（ERI）、UZM-22（MEI）以及UZM-25（CDO）等，还包括全新结构的笼形小孔硅铝酸盐分子筛UZM-5（UFI）。韩国浦项科技大学的Hong教授团队[108-109]在这一领域也做了深入系统的研究，他们采用 CDM 法合成了一系列低硅铝比的 PST-n 分子筛材料，包括 PST-7（UFI）、PST-11（MEI）和 PST-12（BPH）等。

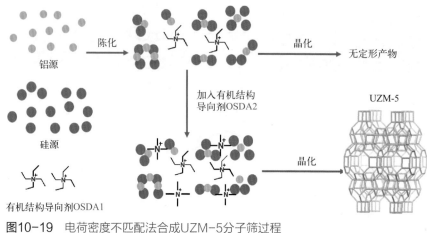

图10-19　电荷密度不匹配法合成UZM-5分子筛过程

5．多金属阳离子法

Hong 团队[110]使用多种无机金属阳离子定向设计合成了 RHO 家族一系列 PST-n 分子筛（图 10-20）。在深入研究假定的 RHO 家族结构特点后，该团队发现 RHO 家族分子筛随着代际数的增加（如 RHO-G6、RHO-G7、RHO-G8 代际数依次增加），骨架中 t-gsm，t-oto 和 t-phi 结构单元数也在增多。而当时已有的分子筛中，斜方钙沸石（GIS）骨架中仅含 t-gsm 笼，钙十字沸石（PHI）含有 t-oto 和 t-phi 笼，而这两种天然沸石的组成中均含有 Ca^{2+}。因此，为了合成 RHO 家族高代际分子筛，Hong 教授团队[111-112]采用四乙基氢氧化铵为有机结构导向剂，引入了碱土金属 Ca^{2+} 和碱金属 Na^+，成功合成出 RHO 家族的 6、7、8 代分子筛 PST-25、PST-26 和 PST-28。同样，采用 TEAOH 为有机结构导向剂，引入了碱土金属 Ca^{2+} 和 Sr^{2+}，合成了第 5 代分子筛 PST-20[112]。而对于第 2 代分子筛，一直被学者认为是缺失的 RHO 家族分子筛，虽然 1966 年就已经有人提出其结构，但一直没被合成出来。Hong 教授团队[113]采用 N,N'-二甲基-1,4-二氮杂双环[2.2.2]辛烷氢氧化物为有机结构导向剂，同时引入碱金属 Na^+ 和 K^+，成功合成出第 2 代分子筛 PST-29（PWN）。

6．后处理拓扑转变法

与传统的水热或溶剂热方法不同，分子筛的拓扑转变是指通过一系列处理，将一种母体结构重排为另一种结构的固态转变过程，这种方法可以用来制备一些新的、具有特定层、笼和孔的分子筛骨架结构，是合成新结构分子筛材料的有效方法之一。ADOR 法（Assembly-Disassembly-Organization-Reassembly）[114]

是一种典型的拓扑转变策略，通常包括4个步骤：①合成分子筛母体（组装，assembly）；②选择性降解为二维层状结构（降解，disassembly）；③将各层按一定取向排序（重排，organization）；④再组装为新结构（再组装，reassembly）。ADOR法的原理是，分子筛骨架中存在一些对外界刺激敏感的化学键和原子（化学弱点），可以通过操纵这些化学弱点来断开一些键，进而制备新的固体材料。所以，采用ADOR方法需要具有特定化学组成和骨架性质的母体分子筛才能成功，这也导致不可能将ADOR方法应用于所有分子筛骨架。

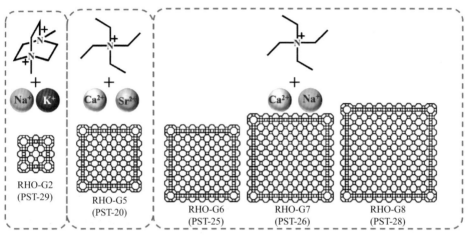

图10-20　Hong团队采用多金属阳离子法合成的RHO家族分子筛

2012年，比利时鲁汶大学的Kirschhock团队[115]采用"反Sigma"方法以UTL型分子筛为母体合成了OKO新结构分子筛。整个流程如图10-21所示，采用(6R,10S)-6,10-二甲基-5-氮杂螺[4,5]癸烷氢氧化物为有机结构导向剂，水热合成含$d4r$的IM-12（UTL）硅锗分子筛，焙烧得到原粉。接着用浓度为12mol/L的HCl溶液搅拌处理2天后水洗为中性，由于硅锗分子筛中$d4r$的不稳定性，经酸洗后，IM-12中的$d4r$键断裂，结构发生改变，而水洗可将断裂的碎片洗涤下来。最后经焙烧，IM-12前驱体重组为COK-14（OKO）分子筛。2013年，Ĉejka团队[116]采用"自上而下"法，以IM-12分子筛为母体合成了IPC-4（PCR）新结构分子筛。2013年，Ĉejka团队[116]在前边工作基础上提出了ADOR的概念，该方法一经报道便引起了各国学者的关注。2017年，Ĉejka团队再一次以IM-12分子筛为母体合成了IPC-6新结构分子筛，以CIT-13分子筛为母体合成出IPC-15和IPC-16分子筛[117]。2019年，华东师范大学的吴鹏教授团队[30]采用该方法，以CIT-13分子筛为母体合成了ECNU-21（EWO）新结构分子筛。到目前为止，OKO、PCR、*PCS、EWO这四种分子筛仍没有通过水热合成法直接合成出来。

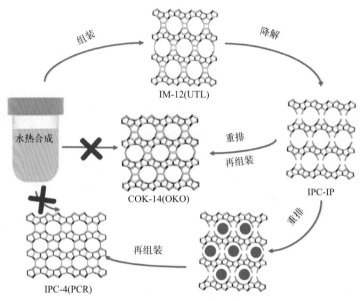

图10-21 采用ADOR法制备的两种新结构分子筛COK-14 (OKO)和IPC-4 (PCR)

7. 基于材料基因工程技术的分子筛合成

材料基因工程的概念始于2011年美国启动的"面向全球竞争力的材料基因组计划",其目标是通过建设材料高通量计算、高通量实验和材料大数据等基础设施和平台,加速美国新材料和高端制造业的发展。继美国之后,欧盟、日本等也快速启动了相似的研究计划。我国于2015年启动了"材料基因工程关键技术与支撑平台"国家重点专项,以争取在新一轮的材料开发模式的变革和新材料爆发式发展过程中占得先机。

材料基因工程技术的出现,使材料研发模式由传统的"试错法"转变为"理论预测-快速验证"的材料理性设计成为可能,从而显著缩短材料的研发周期和降低研发成本。随着材料基因工程这一概念的运用,相关技术在材料研究领域的应用速度显著加快,新的理论计算方法、数据挖掘方法、高通量实验装置、材料专用数据库等层出不穷,充分展现了材料基因工程技术的高效性和在材料研发领域中的普适性。作为无机材料的一种,分子筛在石油化工领域具有广泛而重要的作用,但其合成过程中由于影响因素多、步骤多、流程长,极大地制约了分子筛的研发速度,亟需引入材料基因工程技术。目前,材料基因工程技术在分子筛领域中的应用可以分为高通量实验、高通量模拟计算以及大数据技术(包括数据库建设和数据挖掘)等几个方面,相关内容也可以参考一些综述性的文献[118-120]。

（1）基于高通量实验技术的分子筛合成　高通量技术具有自动化平行合成的优势，可以同时开展大量实验，并自动获取实验过程状态参数及结果信息，在节省资源、解放人力和提高实验数据质量方面效果显著。高通量技术在分子筛合成中主要有两方面的应用：一是工业应用分子筛的配方优化，以达到降本增效的目的；二是新结构分子筛的合成探索，以获得原创性成果。1998年，挪威皇家科学院的Akporiaye等和马克斯普朗克研究所的Klein等开发了自动化高通量实验设备，并将高通量技术引入到分子筛合成领域[121-122]，使得短时间内合成大量分子筛成为可能。1999年，普渡大学的Bein等也开始了采用高通量实验技术合成分子筛的尝试[123]。巴伦西亚理工大学、埃克森美孚、本书著者团队、吉林大学等科研机构的研究人员采用高通量实验技术系统地进行分子筛的合成及改性研究[124-126]。

图10-22展示了本书著者团队于2010年引进的中国首套48通道高通量分子筛水热合成系统，包括固体称量单元、凝胶制备单元、晶化反应单元、洗涤分离单元、焙烧单元、表征测试单元、样品成型单元及执行软件、数据库，每年可以合成约3000个样品，大大推动了分子筛催化材料的研发进程。借助该装置，本书著者团队开展了CHA、MOR、MWW和MFI等多种分子筛的合成优化并实现工业应用，同时也开展了新结构分子筛的合成探索，获得了SCM-14（SOR）[27]、SCM-15（SOV）[28]和SCM-25[127]等新结构分子筛，充分展现了高通量实验技术在加快材料研发速度方面的巨大优势。

图10-22　48通道高通量分子筛水热合成系统

（2）高通量模拟计算辅助分子筛合成　高通量计算立足于高性能计算和软件平台，通过并发式的自动化流程算法，系统计算材料的结构、组成、性质以及它们之间的相互关系，从而达到理性设计材料的目的。在分子筛研究领域，目前通过高通量理论计算获得的分子筛拓扑结构已达数百万种[128-130]。高通量模拟计算也可用于分子筛合成中的有机结构导向剂的预测，Deem 等人开发了一种计算方法[131-133]，它可以对有机试剂库中海量的有机分子的性质及其与分子筛的相互作用进行评价，并结合有机反应库自动构建新的有机结构导向剂分子，该方法已对 AEI、ITE、STF、Beta、STW 等结构的优选有机结构导向剂成功实现预测。高通量模拟计算也可用于分子筛的物化性质计算，例如吸附性能、分离性能、催化性能以及力学性能[134-135]，实现对海量候选分子筛结构的筛选。

虽然高通量计算对于分子筛的结构预测、理性合成以及性质筛选意义重大，但是由于分子筛的骨架结构复杂、合成的影响因素众多以及复杂的构效关系，因此高通量计算对分子筛实际应用的指导作用仍十分有限，未来一方面要开发更符合实际应用环境的计算方法和模型，另一方面也可尝试与神经网络等数据挖掘方法相结合，用实验结果来修正理论模型，从而减少计算量并且提高理论计算的精度。

（3）大数据技术在新型分子筛合成中的应用　作为材料基因工程的一个重要组成部分，数据库不仅可以用于数据的保存、共享和查询，也可用于数据挖掘，为后续的材料优化指引方向。分子筛数据库的数据来源目前主要是高通量理论计算和公开发表的文献报道，虽然高通量实验也能产生大量的、质量可靠的实验数据，但这些数据和由此生成的数据库一般都没有公开发表。目前，已有数据库的类型以结构数据库为主，合成数据库较少，而物性数据库和性能数据库则尚无公开报道。造成这种局面的原因一方面是保密要求，另一方面，有大量的数据散落在浩如烟海的文献报道中，亟需开发适当的文献信息提取方法来开发利用这种数据资源，例如 Jensen 等人开发了一种自动在文献中提取分子筛合成信息的方法[136]，包括凝胶成分以及合成变量和产物之间的关联信息等。

由于高通量实验和高通量计算所产生的数据量非常大，因此传统的统计方法很难胜任这些数据的处理工作，一种选择是采用数据挖掘技术。在这方面，西班牙 Corma 教授的研究团队作出了大量研究成果。Moliner 等人[137]采用人工神经网络方法研究了初始凝胶组成分别与 Beta 分子筛和 UDM 分子筛结晶度之间的关系，所获得的模型比传统方法能更好地预测 Beta 分子筛和竞争相的出现及其结晶度。针对烯烃环氧化反应，Corma 等人[138]采用将遗传算法与神经网络相结合的人工智能技术来设计高通量实验，最终优化结果是发现两种含 Ti 介孔材料具有较佳的环氧化催化性能。通过将神经网络数据挖掘方法与分子模拟、传统化学知识结合到一起，Serna 等人[139]系统研究了硅烷化的 Ti-MCM-41 和 Ti-ITQ-2 两种材料的载体性质、Ti 物种的表面分布情况和数量、硅烷试剂种类、反应物烯烃的性质等与催化环氧化反应的活性和选择性之间的关系，最终得出以二甲基丁基硅烷修饰的 Ti-ITQ-2 具有较优的油酸甲酯环氧化活性和选择性。中国吉林大学的徐如人课题组和于吉红课题组也在数据挖掘方面做了大量的工作，他们使用决策树方法预测了 AlPO-5 分子筛的合成条件[140]，以及使用支持向量机从磷酸铝分子筛合成反应数据库中准确提取出含（6,12）环磷酸铝分子筛的合成参数组合[141]。莱斯大学 Deem 教授的研究团队[142]采用神经网络预测有机结构导向剂分子在 Beta 分子筛中的稳定化能，他们从 4781 种候选有机结构导向剂分子中筛选出 469 种，它们的稳定化能与现有 Beta 分子筛的结构导向剂分子的稳定化能相当或者更优，有可能更加适合 Beta 分子筛的合成。

第三节
部分新结构分子筛实例

分子筛多孔材料在炼油、化工、环境保护、汽车等领域获得了广泛的应用，是石油化工过程中最重要的催化材料之一。近十年合成的新结构分子筛有 60 多种，本节选取具有特殊骨架元素或骨架结构的 10 种分子筛进行简要介绍（表 10-10）。

表10-10 新结构分子筛典例

分子筛	结构代码	骨架组成	孔道结构	单位	报道年份	参考文献
SCM-14	SOR	$[Ge_{12}Si_{36}O_{96}]$	3D, 12×8×8R	中国石化上海石油化工研究院	2017	[27]
JU-64	JSR	$[Ga_{81.4}Ge_{206.6}O_{576}]$	3D, 11×11×11R	吉林大学	2013	[20]
IPC-4	PCR	$[Si_{60}O_{120}]$	2D, 10×8R	捷克共和国科学院	2013	[117]
ECNU-21	EWO	$[Si_{23.3}Ge_{0.7}O_{48}]$	1D, 10R	华东师范大学	2019	[30]
YNU-5	YFI	$[Al_{12}Si_{108}O_{240}]$	3D, 12×12×8R	日本横滨国立大学	2017	[143]
PST-29	PWN	$[Al_{54}Si_{186}O_{480}]$	3D, 8×8×8R	韩国浦项科技大学	2018	[114]
PST-30	PTY	$[Al_{0.8}Si_{9.2}O_{20}]$	2D, 10×8R	韩国浦项科技大学	2019	[144]
PKU-16	POS	$[Ge_{26.1}Si_{37.9}O_{128}]$	3D, 12×11×11R	北京大学	2014	[26]
ZEO-1	JZO	$[Si_{583.7}Al_{40.3}O_{1248}]$	3D, 16×16×16R	吉林大学	2021	[23]
SYSU-3	-SYT	$[Si_{67.11}Ge_{60.89}O_{248}]$	3D, 24×8×8R	中山大学	2018	[31]

一、SCM-14（SOR）分子筛

本书著者团队采用 4-吡咯烷基吡啶作为有机结构导向剂，合成出具有全新结构的 SCM-14[27] 和 SCM-15[28] 分子筛，国际分子筛协会（IZA）授予的骨架结构代码分别为 SOR [SCM-14 (one-four)] 和 SOV[SCM-15 (one-five)]。

SCM-14 分子筛的骨架组成为 $[Ge_{12}Si_{36}O_{96}]$，空间群为 $Cmmm$，晶胞参数为：a=20.9277Å、b=17.7028Å、c=7.5877Å、$α$=90°、$β$=90°、$γ$=90°，具有三维 12×8×8 元环孔道结构，骨架结构示意图如图 10-23 所示。

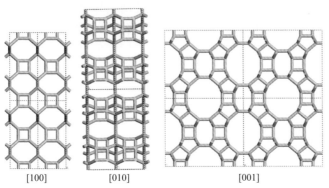

图10-23　SCM-14分子筛骨架结构示意图

SCM-14 分子筛的合成采用氧化锗（GeO_2）、硅溶胶 [Ludox HS-40，DuPont，40%(质量分数)SiO_2]、4-吡咯烷基吡啶（OSDA）、氢氟酸（HF）、去离子水（H_2O）为起始原料，摩尔配比为 1.0 SiO_2: 0.4 GeO_2: 0.60 OSDA: 0.6 HF: 20 H_2O，采用以下步骤合成[27]：①称取 GeO_2 加入到去离子水中，在室温搅拌下加入 OSDA，继续室温搅拌半小时至 GeO_2 和 OSDA 完全溶解；②室温搅拌下逐滴加入硅溶胶，搅拌使凝胶混合均匀；③加入 HF，室温条件下搅拌 1h；④80℃水浴条件下老化 2h；⑤将上述凝胶转移到晶化釜中，密封，动态晶化，晶化过程采用两步晶化法，110℃晶化 1d，170℃晶化 5d；⑥利用水冷将晶化釜直接冷却，并通过去离子水洗涤、离心、干燥收集固体晶化产物；⑦在 550℃、含氧气氛中焙烧 5h 得到 SCM-14 分子筛。

SCM-14 分子筛的 XRD 谱图如图 10-24（a）所示，焙烧后峰形不变，说明分子筛具有高的热稳定性，扫描电镜（SEM）图片显示其形貌为片状 [图 10-24（b）]。

SCM-15 分子筛的合成与 SCM-14 采用相同的起始原料，物料摩尔比为 1.0 SiO_2: 0.2 GeO_2: 0.6 OSDA: 0.6 HF: 10 H_2O。

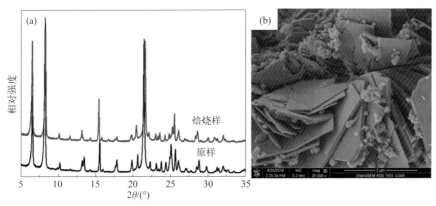

图10-24　SCM-14分子筛的（a）XRD谱图和（b）SEM图

二、JU-64（JSR）分子筛

JU-64 分子筛由吉林大学于吉红院士团队合成[20]，骨架结构代码为JSRJU-64。JU-64 的骨架组成为 $[Ga_{81.4}Ge_{206.6}O_{576}]$，空间群为 $R\bar{3}$，晶胞参数为 $a=30.0$Å、$b=30.0$Å、$c=37.3$Å、$\alpha=90°$、$\beta=90°$、$\gamma=120°$，具有三维 11×11×11 元环孔道结构，骨架结构示意图如图 10-25 所示。

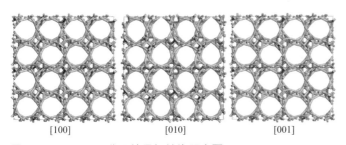

图10-25　JU-64分子筛骨架结构示意图

JU-64 采用水热法合成，以 GeO_2、$Ga(NO_3)_3$、$Ni(CH_3COO)_2 \cdot 4H_2O$、1,2-丙二胺（1,2-PDA）和 H_2O 为起始原料，摩尔配比为 1.00 GeO_2: 0.39 Ga^{3+}: 0.24 Ni^{2+}: 19.17 1,2-PDA: 36.76 H_2O，采用以下步骤合成：①将 GeO_2 分散至水和 1,2-PDA 中，随后加入 $Ga(NO_3)_3$ 及 $Ni(CH_3COO)_2 \cdot 4H_2O$，搅拌 0.5h 形成均匀凝胶；②将此凝胶转移至晶化釜中，在 180℃静态晶化 8d；③用去离子水洗涤、过滤、干燥，得到的粉红色晶体即为 JU-64。

三、IPC-4（PCR）分子筛

IPC-4 分子筛是由捷克共和国科学院的 Čejka 团队合成的[116]，骨架结构代码为 PCR[IPC-4 (four)]。IPC-4 的骨架组成为 $[Si_{60}O_{120}]$；空间群为 $C1m1$，晶胞参数为 $a=20.1437Å$、$b=14.0723Å$、$c=12.5223$、$α=90°$、$β=115.651°$、$γ=90°$，具有二维正交 10×8 元环孔道，骨架结构示意图如图 10-26 所示。

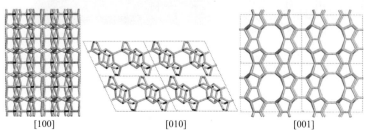

图10-26　IPC-4分子筛骨架结构示意图

IPC-4 分子筛的制备采用 ADOR 法，示意图为 10-21。母体 UTL 分子筛的合成采用 GeO_2、SiO_2（Aerosil 300）、(6R,10S)-6,10- 二甲基 -5- 氮杂螺 [4,5] 癸烷氢氧化物（ROH）和去离子水为起始原料，摩尔配比为 0.300～1.029 SiO_2: 0.171～0.840 GeO_2: 0.2～0.7 ROH/Br: 30 H_2O，IPC-4 分子筛采用下列实验步骤合成：①将 ROH 溶解于蒸馏水中，加入 GeO_2，室温下搅拌，直至溶液变得澄清；②在上述溶液中加入 SiO_2，室温下搅拌 30min；③将液体凝胶装入晶化釜中，温度设置为 175℃，转速 25r/min，晶化 2～23d；④将合成的 UTL 分子筛在 550℃的空气氛围中焙烧 6h，去除 ROH；⑤焙烧后的 UTL 分子筛与 0.1mol/L 的 HCl 以 1/200 质量比置于玻璃瓶中搅拌，使得 UTL 分子筛充分剥离，所得到的固体用去离子水离心洗涤，在空气氛围中干燥过夜，得到 IPC-1P；⑥ 0.3g IPC-1P 与 20g 辛胺混合，70℃加热几个小时，然后在室温下搅拌过夜，通过离心分离出固体，经干燥、焙烧即得到 IPC-4 分子筛。

四、ECNU-21（EWO）分子筛

ECNU-21 分子筛由华东师范大学的吴鹏教授团队合成[30]，骨架结构代码为 EWO[ECNU-21 (twenty-one)]。ECNU-21 骨架组成为 $[Si_{23.3}Ge_{0.7}O_{48}]$，空间群为 $C222$，晶胞参数为 $a=13.8968Å$、$b=17.4548Å$、$c=5.1892Å$、$α=90°$、$β=90°$、$γ=90°$，具有一维 10 元环孔道，骨架结构示意图如图 10-27 所示。

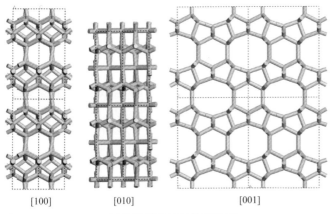

|[100]|[010]|[001]|

图10-27 ECNU-21分子筛骨架结构示意图

ECNU-21分子筛的制备采用ADOR法，示意图为10-28。

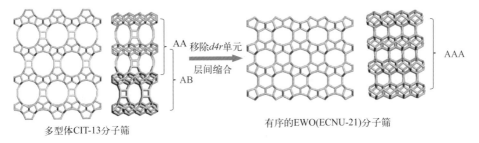

多型体CIT-13分子筛　　　　　　　有序的EWO(ECNU-21)分子筛

图10-28 ADOR法合成ECNU-21分子筛机理图

母体 CIT-13 分子筛的合成采用氧化锗（GeO_2）、正硅酸乙酯（TEOS）、1,2-二甲基-3-(3-甲基苄基)咪唑氢氧化物（OSDA）和氢氟酸（HF）为起始原料，摩尔配比为 1.0 SiO_2: 0.5 GeO_2: 0.75 OSDA: 0.5 HF: 10 H_2O，ECNU-21 分子筛采用下列实验步骤合成：①将 GeO_2 和 TEOS 溶解于 OSDA 水溶液中；②将上述混合物在 60℃下加热搅拌，水解 TEOS 并且蒸发多余的水分和乙醇；③滴加 HF，并使用聚四氟乙烯抹刀充分搅拌形成浓稠的凝胶；④将上述混合物装入晶化反应釜中，160℃温度下静态晶化 28d；⑤用去离子水离心洗涤，将固体产物烘干过夜，在 550℃下焙烧 6h，得到的产物即为 CIT-13 硅锗分子筛；⑥将焙烧后的 CIT-13（Si/Ge=3.7）粉末与 1.0%（质量分数）$NH_3·H_2O$ 水溶液以固液比 1:100 的质量比置于聚四氟乙烯衬里的高压釜中，在 25℃浸泡 24h；⑦上述步骤得到的固体经去离子水洗涤，过滤回收，在 80℃下过夜烘干，形成层状前驱体，记为 ECNU-21P；⑧将 ECNU-21P 在 550℃下空气氛围中焙烧 6h，使得层间充分缩合，得到稳定的新型高硅 ECNU-21 分子筛。

五、YNU-5（YFI）分子筛

YNU-5 分子筛由日本横滨国立大学的 Kubota 团队合成[143]，骨架结构代码 YFI[YNU-5 (five)]，YNU-5 分子筛骨架组成为 $[Al_{12}Si_{108}O_{240}]$，空间群为 $Cmmm$，晶胞参数为 $a=18.1807Å$、$b=31.8406Å$、$c=12.6407Å$、$α=90°$、$β=90°$、$γ=90°$，具有三维 12×12×8 元环孔道结构，骨架结构示意图如图 10-29 所示。

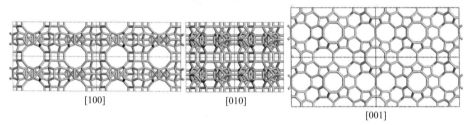

图10-29　YNU-5分子筛骨架结构示意图

YNU-5 分子筛的合成采用 NaOH、KOH、硅溶胶 [Ludox AS-40，DuPont，40%(质量分数)SiO_2]、二甲基二丙基氢氧化铵（$Me_2Pr_2N^+OH^-$）和 FAU 分子筛（Si/Al=5.3）为起始原料，摩尔配比为 1.0 SiO_2: 0.025 Al_2O_3: 0.17 $Me_2Pr_2N^+OH^-$: 0.15 NaOH: 0.15 KOH: 7.0 H_2O，具体合成步骤如下：①将 $Me_2Pr_2N^+OH^-$ 水溶液、NaOH 水溶液、KOH 水溶液以及硅溶胶加入聚四氟乙烯内衬中混合，在加热板（>80℃）上搅拌 3h，蒸发掉部分水分；②待凝胶冷却至室温，加入 FAU 分子筛，搅拌 10min；③将聚四氟乙烯内衬置于不锈钢反应釜中，放入均相反应器，160℃加热 165h；④待反应釜冷却至室温后，用去离子水洗涤数次，离心得到固体产物，干燥过夜；⑤将获得的产物置于马弗炉中，以 1.5℃/min 的升温速率从室温升至 650℃，加热 6h 以去除 $Me_2Pr_2N^+OH^-$，得到的白色粉末即为 YNU-5 分子筛。

六、PST-29（PWN）分子筛

PST-29 分子筛由韩国浦项科技大学的 Hong 教授团队合成[113]，骨架结构代码为 PWN[PST-29 (twenty-nine)]。PST-29 分子筛骨架组成为 $[Al_{54}Si_{186}O_{480}]$，空间群为 $Im\overline{3}m$，晶胞参数为 $a=24.8673Å$、$b=24.8673Å$、$c=24.8673Å$、$α=90°$、$β=90°$、$γ=90°$，具有三维 8×8×8 元环孔道结构，骨架结构示意图如图 10-30 所示。

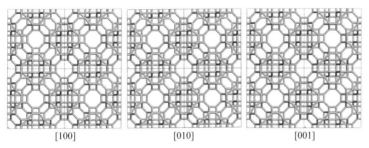

图10-30　PST-29分子筛骨架结构示意图

PST-29 分子筛的合成采用 N,N'- 二甲基 -1,4- 二氮杂双环 [2.2.2] 辛烷氢氧化物水溶液 [R(OH)$_2$，7.4%]、硅溶胶（Ludox HS-40，DuPont）、Al 粉末（97.5%，3～4.5μm）、NaOH（50% 水溶液）、KOH（45% 水溶液）及去离子水为起始原料，摩尔配比为 1.0 R(OH)$_2$: 3.5 Na$_2$O: 0.5 K$_2$O: 1.0 Al$_2$O$_3$: 15 SiO$_2$: 400 H$_2$O，合成步骤如下：①将 Al 粉、NaOH 与 KOH 溶液加入水中，充分搅拌使其混合均匀；②加入 Ludox HS-40 和 R(OH)$_2$，室温下搅拌 1d；③装入晶化反应釜中，120℃静置加热 14d；④用去离子水反复洗涤离心，得到的固体产物在室温下干燥过夜；⑤ 550℃空气中焙烧 8h 得到 PST-29 分子筛。

七、PST-30（PTY）分子筛

PST-30 分子筛由韩国浦项科技大学的 Hong 团队合成的[144]，骨架结构代码为 PTY[PST-30 (thirty)]。PST-30 分子筛骨架组成为 [Al$_{0.8}$Si$_{9.2}$O$_{20}$]，空间群为 $P\bar{1}$，晶胞参数为 a=7.1158Å、b=9.1748Å、c=9.1160Å、$α$=84.64°、$β$=83.82°、$γ$=86.66°，具有二维 10×8 元环孔道结构，骨架结构示意图如图 10-31 所示。

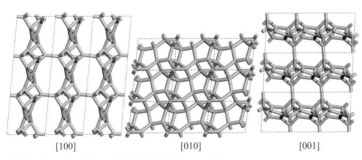

图10-31　PST-30分子筛骨架结构示意图

PST-30 分子筛的合成以 TEOS（98%）、Al(OH)$_3$·H$_2$O、HF（48%）、双(1,3-二甲基咪唑)己烷季铵碱 [R(OH)$_2$]、去离子水为起始原料，凝胶摩尔配比为 0.25 R(OH)$_2$: 1.0 HF: 1.0 SiO$_2$: 0.05 Al$_2$O$_3$: 5.0H$_2$O，采用以下步骤进行合成：①将 Al(OH)$_3$·H$_2$O 加入 R(OH)$_2$ 溶液中，室温下搅拌 1h；②继续加入 TEOS，室温下搅拌 3h；③将得到的混合物在 80℃下加热，去除由 TEOS 水解产生的乙醇和少量水；④加入 HF，用刮刀搅拌混合均匀；⑤将合成混合物装入晶化反应釜中，设置均相反应器温度 175℃，转速 60r/min，晶化 14d；⑥所得产物用去离子水洗涤若干次，离心得到固体产物，在室温下干燥过夜，在 600℃通空气焙烧 8h，得到 PST-30 分子筛。

八、PKU-16（POS）分子筛

PKU-16 分子筛由北京大学的孙俊良教授团队合成[26]，骨架结构代码为 POS[PKU-16 (one-six)]。PKU-16 分子筛骨架组成为 [Ge$_{26.1}$Si$_{37.9}$O$_{128}$]，空间群为 $P\,4_2/m\,n\,m$，晶胞参数为 a=18.7661Å，b=18.7661Å，c=11.6939Å，α=90°、β=90°、γ=90°，具有三维 12×11×11 元环孔道结构，骨架结构示意图如图 10-32 所示。

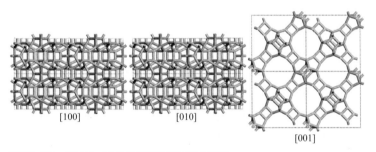

图10-32　PKU-16分子筛骨架结构示意图

PKU-16 分子筛的合成原料为氧化锗（GeO$_2$）、正硅酸乙酯（TEOS）、4-二甲氨基吡啶（DMAP）、氢氟酸（HF）和去离子水（H$_2$O），起始凝胶摩尔配比为 1.0 GeO$_2$: 1.0 TEOS: 10.0 H$_2$O: 1.0 DMAP: 1.0 HF，采用下列实验步骤合成：①将 4-二甲氨基吡啶和 GeO$_2$ 加入水中，搅拌直至完全溶解；②添加 TEOS，继续搅拌 2h，使 TEOS 水解；③加入 HF 水溶液，室温搅拌挥发部分水直至达到所含水量；④将混合物转移至晶化反应釜中，125℃静态晶化 14d；⑤将产物用去离子水洗涤后离心，过夜干燥；⑥在 550℃的空气氛围中焙烧 6h 得到 PKU-16 分子筛。

九、ZEO-1（JZO）分子筛

ZEO-1 分子筛由吉林大学陈飞剑团队合成[23]，骨架结构代码为 JZO[Jilin Zeo-One]。ZEO-1 分子筛骨架组成为 [$Si_{583.7}Al_{40.3}O_{1248}$]，空间群为 $I\,4_1/a\,m\,d$，晶胞参数为 $a=43.4464$Å、$b=43.4464$Å、$c=25.0574$Å、$\alpha=90°$、$\beta=90°$、$\gamma=90°$。ZEO-1 分子筛具有三维超大 16 元环（16R）和三维 12 元环（12R）孔道结构，两套孔道系统高度连通，并在孔道交叉处形成了三种具有四个 16R 和/或 12R 窗口的超笼，骨架结构示意图如图 10-33 所示。ZEO-1 分子筛是世界上首个具有多维超大孔结构的稳定硅铝酸盐分子筛。

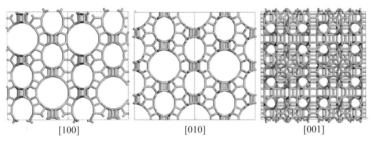

图10-33 ZEO-1分子筛骨架结构示意图

ZEO-1 分子筛的合成采用异丙醇铝 [$Al(i\text{-}PrO)_3$]、正硅酸乙酯（TEOS）、三环己基(甲基)膦（OSDA）、氢氟酸（HF）和去离子水（H_2O）为起始原料，物料摩尔配比为 0.5 OSDA: 0.5 HF: 1.0 SiO_2: 0.02 Al_2O_3: 5 H_2O，采用以下步骤合成：①将 $Al(i\text{-}PrO)_3$ 加入 OSDA 溶液中，搅拌直至全部溶解；②加入 TEOS，搅拌至完全水解；③加入 HF，搅拌均匀后置于 85℃ 烘箱中加热；④将最终凝胶转移至晶化反应釜中，在 195℃ 温度下静态晶化 15d；⑤过滤回收固体产物，分别用蒸馏水和丙酮进行洗涤，离心干燥；⑥在 600℃ 的空气氛围中焙烧 6h 去除 OSDA 的有机部分；⑦将焙烧样在室温下水洗，直到 pH 值达到中性，以去除 OSDA 中的膦，得到 ZEO-1 分子筛。

十、SYSU-3（-SYT）分子筛

SYSU-3 分子筛由中山大学姜久兴教授团队合成的[31]，骨架结构代码为 -SYT[SYSU-3 (three)]。SYSU-3 分子筛骨架组成为 [$Si_{67.11}Ge_{60.89}O_{248}$]，空间群为 $I\,4/m\,c\,m$，晶胞参数为 $a=27.3420$Å、$b=27.3420$Å、$c=13.9854$Å、$\alpha=90°$、$\beta=90°$、$\gamma=90°$。SYSU-3 是首例具有三维 24×8×8 元环孔道结构的超大孔分子筛，骨架结构示意图如图 10-34 所示。

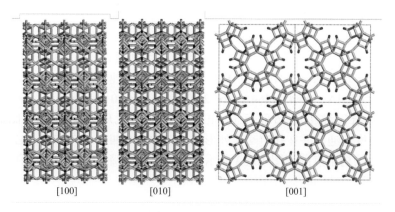

图10-34　SYSU-3分子筛骨架结构示意图

　　SYSU-3 分子筛的合成采用氧化锗（GeO_2）、正硅酸乙酯（TEOS）、N,N'-二甲基苦参碱 [$Me_2SOP(OH)_2$] 和氟化铵（NH_4F）为起始原料，摩尔配比为 0.5 SiO_2: 0.5 GeO_2: 0.25 $Me_2SOP(OH)_2$: 0.5 NH_4F: 3 H_2O，采用以下步骤合成：①将 GeO_2 溶解于 $Me_2SOP(OH)_2$ 溶液中；②加入 TEOS，室温下搅拌，直至 TEOS 水解形成的乙醇完全蒸发掉；③加入 NH_4F，调节最终的 $H_2O/(SiO_2 + GeO_2)$ 为 3；④将合成凝胶装入晶化反应釜中，在 160℃温度下晶化 2d；⑤反应釜冷却至室温后，过滤回收固体产物，分别用蒸馏水和丙酮进行洗涤，在 100℃下干燥过夜，得到 SYSU-3 分子筛原样。

参考文献

[1] Kerr G T. Chemistry of crystalline aluminosilicates. Ⅱ. The synthesis and properties of zeolite ZK-4[J]. Inorganic Chemistry, 1966, 5(9): 1537-1539.

[2] Barrer R. Synthesis of a zeolite mineral with chabazite-like sorptive properties[J]. Journal of the Chemical Society, 1948, 2(6): 127-132.

[3] Kerr G T. Zeolite ZK-5: A new molecular sieve[J]. Science, 1963, 140(3574): 1412-1414.

[4] Breck D W, Eversole W G, Milton R M. New synthetic crystalline zeolites[J]. Journal of the American Chemical Society, 1956, 78(10): 2338-2339.

[5] Kerr G T, Kokotailo G T. Sodium zeolite ZK-4, a new synthetic crystalline aluminosilicate[J]. Journal of the American Chemical Society, 1961, 83(22): 4675.

[6] Wadlinger R L, Kerr G T, Rosinski E J. Catalytic composition of a crystalline zeolite: US3308069A[P]. 1967-03-07.

[7] Argauer R J, Landolt G R. Crystalline zeolite ZSM-5 and method of preparing the same: US3702886A[P]. 1972-11-14.

[8] Kokotailo G T, Chu P, Lawton S L, et al. Synthesis and structure of synthetic zeolite ZSM-11[J]. Nature, 1978, 275(5676): 119-120.

[9] Wilson S T, Lok B M, Messina C A, et al. Aluminophosphate molecular sieves: A new class of microporous crystalline inorganic solids[J]. Journal of the American Chemical Society, 1982, 104(4): 1146-1147.

[10] Kokotailo G T, Lawton S L, Olson D H, et al. Structure of synthetic zeolite ZSM-5[J]. Nature, 1978, 272(5652): 437-438.

[11] Leonowicz M E, Lawton J A, Lawton S L, et al. MCM-22: A molecular sieve with two independent multidimensional channel systems[J]. Science, 1994, 264(5167): 1910-1913.

[12] Roth W, Dorset D, Kennedy G, et al. Molecular sieve composition EMM-12, a method of making and a process of using the same: US8704025B2[P]. 2014-04-22.

[13] Zones S I. Zeolite SSZ-13 and its method of preparation: US4544538A[P]. 1985-10-01.

[14] Moliner M, Rey F, Corma A. Towards the rational design of efficient organic structure-directing agents for zeolite synthesis[J]. Angewandte Chemie International Edition, 2013, 52(52): 13880-13889.

[15] Blackwell C S, Broach R W, Gatter M G, et al. Open-framework materials synthesized in the TMA^+/TEA^+ mixed-template system: The new low Si/Al ratio zeolites UZM-4 and UZM-5[J]. Angewandte Chemie International Edition, 2003, 42(15): 1737-1740.

[16] Song X, Li Y, Gan L, et al. Heteroatom-stabilized chiral framework of aluminophosphate molecular sieves[J]. Angewandte Chemie International Edition, 2009, 48(2): 314-317.

[17] Han Y, Li Y, Yu J, et al. A gallogermanate zeolite constructed exclusively by three-ring building units[J]. Angewandte Chemie International Edition, 2011, 50(13): 3003-3005.

[18] Shao L, Li Y, Yu J, et al. Divalent-metal-stabilized aluminophosphates exhibiting a new zeolite framework topology[J]. Inorganic Chemistry, 2012, 51(1): 225-229.

[19] Liu Z, Song X, Li J, et al. $|(C_4NH_{12})_4|[M_4Al_{12}P_{16}O_{64}]$ (M=Co, Zn): New heteroatom-containing aluminophosphate molecular sieves with two intersecting 8-ring channels[J]. Inorganic Chemistry, 2012, 51(3): 1969-1974.

[20] Xu Y, Li Y, Han Y, et al. A gallogermanate zeolite with eleven-membered-ring channels[J]. Angewandte Chemie International Edition, 2013, 52(21): 5501-5503.

[21] Li Y, Li X, Liu J, et al. In silico prediction and screening of modular crystal structures via a high-throughput genomic approach[J]. Nature Communications, 2015, 6(1): 8328.

[22] Wang Y, Li Y, Yan Y, et al. Luminescent carbon dots in a new magnesium aluminophosphate zeolite[J]. Chemical Communications, 2013, 49(79): 9006-9008.

[23] Lin Q F, Gao Z R, Lin C, et al. A stable aluminosilicate zeolite with intersecting three-dimensional extra-large pores[J]. Science, 2021, 374(6575): 1605-1608.

[24] Li J, Gao Z R, Lin Q F, et al. A 3D extra-large-pore zeolite enabled by 1D-to-3D topotactic condensation of a chain silicate[J]. Science, 2023, 379(6629): 283-287.

[25] Jie S. PKU-9: An aluminogermanate with a new three-dimensional zeolite framework constructed from CGS layers and spiro-5 units[J]. Journal of the American Chemical Society, 2009, 17(131): 6080-6081.

[26] Hua W, Chen H, Yu Z B, et al. A germanosilicate structure with 11×11×12-ring channels solved by electron crystallography[J]. Angewandte Chemie International Edition, 2014, 53(23): 5868-5871.

[27] Luo Y, Smeets S, Peng F, et al. Synthesis and structure determination of large-pore zeolite SCM-14[J]. Chemistry-A European Journal, 2017, 23(66): 16829-16834.

[28] Luo Y, Smeets S, Wang Z, et al. Synthesis and structure determination of SCM-15: A 3D large pore zeolite with

interconnected straight 12×12×10-ring channels[J]. Chemistry-A European Journal, 2019, 25(9): 2184-2188.

[29] Xu L, Zhang L, Li J, et al. Crystallization of a novel germanosilicate ECNU-16 provides insights into the space-filling effect on zeolite crystal symmetry[J]. Chemistry-A European Journal, 2018, 24(37): 9247-9253.

[30] Liu X, Mao W, Jiang J, et al. Topotactic conversion of alkali-treated intergrown germanosilicate CIT-13 into single-crystalline ECNU-21 zeolite as shape-selective catalyst for ethylene oxide hydration[J]. Chemistry-A European Journal, 2019, 25(17): 4520-4529.

[31] Zhang C, Kapaca E, Li J, et al. An extra-large-pore zeolite with 24×8×8-ring channels using a structure-directing agent derived from traditional Chinese medicine[J]. Angewandte Chemie International Edition, 2018, 57(22): 6486-6490.

[32] Barrer R M, Denny P J. Hydrothermal hemistry of the silicates. Part Ⅸ. Nitrogenous aluminosilicates[J]. Journal of the Chemical Society (Resumed), 1961(0): 971-982.

[33] Burton A, Elomari S, Medrud R C, et al. The synthesis, characterization, and structure solution of SSZ-58: A novel two-dimensional 10-ring pore zeolite with previously unseen double 5-ring subunits[J]. Journal of the American Chemical Society, 2003, 125(6): 1633-1642.

[34] Christian B. Unraveling the perplexing structure of the zeolite SSZ-57[J]. Science, 2011, 6046(333): 1134-1137.

[35] Jiang J, Xu Y, Cheng P, et al. Investigation of extra-large pore zeolite synthesis by a high-throughput approach[J]. Chemistry of Materials, 2011, 23(21): 4709-4715.

[36] Wagner P, Nakagawa Y, Lee G S, et al. Guest/host relationships in the synthesis of the novel cage-based zeolites SSZ-35, SSZ-36, and SSZ-39[J]. Journal of the American Chemical Society, 2000, 122(2): 263-273.

[37] Lee G S, Zones S I. Polymethylated [4.1.1] octanes leading to zeolite SSZ-50[J]. Journal of Solid State Chemistry, 2002, 167(2): 289-298.

[38] Zones S I, Hwang S J, Elomari S, et al. The fluoride-based route to all-silica molecular sieves; a strategy for synthesis of new materials based upon close-packing of guest-host products[J]. Comptes Rendus Chimie, 2005, 8(3): 267-282.

[39] Xie D, Mccusker L B, Baerlocher C, et al. SSZ-52, a zeolite with an 18-layer aluminosilicate framework structure related to that of the DeNO$_x$ catalyst Cu-SSZ-13[J]. Journal of the American Chemical Society, 2013, 135(28): 10519-10524.

[40] Smeets S, Xie D, Baerlocher C, et al. High-silica zeolite SSZ-61 with dumbbell-shaped extra-large-pore channels[J]. Angewandte Chemie International Edition, 2014, 53(39): 10398-10402.

[41] Zones S I. Synthesis of pentasil zeolites from sodium silicate solutions in the presence of quaternary imidazole compounds[J]. Zeolites, 1989, 9(6): 458-467.

[42] Lorgouilloux Y, Dodin M, Paillaud J L, et al. IM-16: A new microporous germanosilicate with a novel framework topology containing *d4r* and *mtw* composite building units[J]. Journal of Solid State Chemistry, 2009, 182(3): 622-629.

[43] Dodin M, Paillaud J L, Lorgouilloux Y, et al. A zeolitic material with a three-dimensional pore system formed by straight 12- and 10-ring channels synthesized with an imidazolium derivative as structure-directing agent[J]. Journal of the American Chemical Society, 2010, 132(30): 10221-10223.

[44] Barrett P A, Boix T, Puche M, et al. ITQ-12: A new microporous silica polymorph potentially useful for light hydrocarbon separations[J]. Chemical Communications, 2003(17): 2114-2115.

[45] Parnham E R, Morris R E. The ionothermal synthesis of cobalt aluminophosphate zeolite frameworks[J]. Journal of the American Chemical Society, 2006, 128(7): 2204-2205.

[46] Schmidt J E, Xie D, Rea T, et al. CIT-7, a crystalline, molecular sieve with pores bounded by 8 and 10-membered rings[J]. Chemical Science, 2015, 6(3): 1728-1734.

[47] Jo D, Park G T, Shin J, et al. A zeolite family nonjointly built from the 1,3-stellated cubic building unit[J].

Angewandte Chemie International Edition, 2018, 130(8): 2221-2225.

[48] Tang L, Shi L, Bonneau C, et al. A zeolite family with chiral and achiral structures built from the same building layer[J]. Nature Materials, 2008, 7(5): 381-385.

[49] Rojas A, Camblor M A. A pure silica chiral polymorph with helical pores[J]. Angewandte Chemie International Edition, 2012, 51(16): 3854-3856.

[50] Corma A, Rey F, Rius J, et al. Supramolecular self-assembled molecules as organic directing agent for synthesis of zeolites[J]. Nature, 2004, 431(7006): 287-290.

[51] Chen F J, Xu Y, Du H B. An extra-large-pore zeolite with intersecting 18-, 12-, and 10-membered ring channels[J]. Angewandte Chemie International Edition, 2014, 53(36): 9592-9596.

[52] Jackowski A, Zones S I, Hwang S J, et al. Diquaternary ammonium compounds in zeolite synthesis: Cyclic and polycyclic *N*-heterocycles connected by methylene chains[J]. Journal of the American Chemical Society, 2009, 131(3): 1092-1100.

[53] 梁俊，汪莹莹，李相呈，等. ITQ-24 分子筛的合成及催化性能研究 [J]. 石油炼制与化工，2021, 52: 118-125.

[54] Liang J, Wang Y, Li X, et al. Synthesis of Al-BEC zeolite as an efficient catalyst for the alkylation of benzene with 1-dodecene[J]. Microporous and Mesoporous Materials, 2021, 328: 111448.

[55] Moliner M, González J, Portilla M T, et al. A new aluminosilicate molecular sieve with a system of pores between those of ZSM-5 and Beta zeolite[J]. Journal of the American Chemical Society, 2011, 133(24): 9497-9505.

[56] Dorset D, Kennedy G, Strohmaier K, et al. P-derived organic cations as structure-directing agents: Synthesis of a high-silica zeolite (ITQ-27) with a two-dimensional 12-ring channel system[J]. Journal of the American Chemical Society, 2006, 128(27): 8862-8867.

[57] Dorset D L, Strohmaier K G, Kliewer C E, et al. Crystal structure of ITQ-26, a 3D framework with extra-large pores[J]. Chemistry of Materials, 2008, 20(16): 5325-5331.

[58] Corma A, Díaz-Cabañas M J, Jiang J, et al. Extra-large pore zeolite (ITQ-40) with the lowest framework density containing double four- and double three-rings[J]. Proceedings of the National Academy of Sciences, 2010, 107(32): 13997-14002.

[59] Corma A, Díaz-Cabañas M J, Jorda J L, et al. A zeolitic structure (ITQ-34) with connected 9- and 10-ring channels obtained with phosphonium cations as structure directing agents[J]. Journal of the American Chemical Society, 2008, 130(49): 16482-16483.

[60] Corma A, Rey G F, Navarro Villalba M, et al. ITQ-45 material, method for obtaining same and use thereof: WO2012049344A1[P]. 2012-04-19.

[61] Hernández-Rodríguez M, Jordá J L, Rey F, et al. Synthesis and structure determination of a new microporous zeolite with large cavities connected by small pores[J]. Journal of the American Chemical Society, 2012, 134(32): 13232-13235.

[62] Simancas R, Jordá J L, Rey F, et al. A new microporous zeolitic silicoborate (ITQ-52) with interconnected small and medium pores[J]. Journal of the American Chemical Society, 2014, 136(9): 3342-3345.

[63] Jiang J, Yun Y, Zou X, et al. ITQ-54: A multi-dimensional extra-large pore zeolite with 20×14×12-ring channels[J]. Chemical Science, 2015, 6(1): 480-485.

[64] Simancas J, Simancas R, Bereciartua P J, et al. Ultrafast electron diffraction tomography for structure determination of the new zeolite ITQ-58[J]. Journal of the American Chemical Society, 2016, 138(32): 10116-10119.

[65] Schmidt J E, Chen C Y, Brand S K, et al. Facile synthesis, characterization, and catalytic behavior of a large-pore zeolite with the IWV framework[J]. Chemistry-A European Journal, 2016, 22(12): 4022-4029.

[66] Smeets S, McCusker LB, Baerlocher C, et al. SSZ-87: A borosilicate zeolite with unusually flexible 10-ring pore openings[J]. Journal of the American Chemical Society, 2015, 137(5): 2015-2020.

[67] Petrenko T I, Gaidamaka S N, Serguchev Y A. Complexation of crown ethers and heteroanalogs of 18-crown-6 with alkali and alkaline earth metal cations in dichloroethane[J]. Theoretical and Experimental Chemistry, 1988, 24(2): 184-190.

[68] Delprato F, Delmotte L, Guth J L, et al. Synthesis of new silica-rich cubic and hexagonal faujasites using crown-etherbased supramolecules as templates[J]. Zeolites, 1990, 10(6): 546-552.

[69] Dougnier F, Patarin J, Guth J L, et al. Synthesis, characterization, and catalytic properties of silica-rich faujasite-type zeolite (FAU) and its hexagonal analog (EMT) prepared by using crown-ethers as templates[J]. Zeolites, 1992, 12(2): 160-166.

[70] Chatelain T, Patarin J, Fousson E, et al. Synthesis and characterization of high-silica zeolite RHO prepared in the presence of 18-crown-6 ether as organic template[J]. Microporous Materials, 1995, 4(2-3): 231-238.

[71] Chatelain T, Patarin J, FarréR, et al. Synthesis and characterization of 18-crown-6 ether-containing KFI-type zeolite[J]. Zeolites, 1996, 17(4): 328-333.

[72] Shantz D F, Burton A, Lobo R F. Synthesis, structure solution, and characterization of the aluminosilicate MCM-61: The first aluminosilicate clathrate with 18-membered rings[J]. Microporous and Mesoporous Materials, 1999, 31(1-2): 61-73.

[73] Ke Q, Sun T, Cheng H, et al. Targeted synthesis of ultrastable high-silica RHO zeolite through alkali metal-crown ether interaction[J]. Chemistry-An Asian Journal, 2017, 12(10): 1043-1047.

[74] Lee H, Zones S I, Davis M E. A combustion-free methodology for synthesizing zeolites and zeolite-like materials[J]. Nature, 2003, 425(6956): 385-388.

[75] Zones S I. Translating new materials discoveries in zeolite research to commercial manufacture[J]. Microporous and Mesoporous Materials, 2011, 144(1-3): 1-8.

[76] Lee Y, Kim S J, Wu G, et al. Structural characterization of the gallosilicate TsG-1, $K_{10}Ga_{10}Si_{22}O_{64}\cdot 5H_2O$, with the CGS framework topology[J]. Chemistry of Materials, 1999, 11(4): 879-881.

[77] Čejka J, Morris R E, Nachtigall P. Zeolites in catalysis: Properties and applications[M].Cambridge: The Royal Society of Chemistry, 2017: 73-102.

[78] Shin J, Bhange D S, Park M B, et al. Structural characterization of various alkali cation forms of synthetic aluminosilicate natrolites[J]. Microporous and Mesoporous Materials, 2015, 210: 20-25.

[79] Lobo R F, Zones S I, Davis M E. Structure-direction in zeolite synthesis[J]. Journal of Inclusion Phenomena and Molecular Recognition in Chemistry, 1995, 21(1): 47-78.

[80] Barrer R M, Freund E F. Hydrothermal chemistry of silicates. Part XVI. Replacement of aluminium by boron during zeolite growth[J]. Journal of the Chemical Society, Dalton Transactions, 1974(10): 1049-1053.

[81] Millini R, Perego G, Bellussi G. Synthesis and characterization of boron-containing molecular sieves[J]. Topics in Catalysis, 1999, 9(1): 13-34.

[82] Bellussi G, Millini R, Carati A, et al. Synthesis and comparative characterization of Al, B, Ga, and Fe containing Nu-1-type zeolitic framework[J]. Zeolites, 1990, 10(7): 642-649.

[83] Taramasso M, Perego G, Notari B. Molecular sieve borosilicates[C]//Bernard J R. Proceedings of the 5th International Zeolite Conference. Naples: HEYDEN, 1980: 40-48.

[84] Lobo R F, Davis M E. CIT-1: A new molecular sieve with intersecting pores bounded by 10- and 12-rings[J]. Journal of the American Chemical Society, 1995, 117(13): 3766-3779.

[85] Cheng J, Xu R, Yang G. Synthesis, structure and characterization of a novel germanium dioxide with occluded tetramethylammonium hydroxide[J]. Journal of the Chemical Society, Dalton Transactions, 1991(6): 1537-1540.

[86] Li H, Yaghi O M. Transformation of germanium dioxide to microporous germanate 4-connected nets[J]. Journal of the American Chemical Society, 1998, 120(40): 10569-10570.

[87] Corma A, Rey F, Valencia S, et al. A zeolite with interconnected 8-, 10- and 12-ring pores and its unique catalytic selectivity[J]. Nature Materials, 2003, 2(7): 493-497.

[88] Corma A, Díaz-Cabañas, As M J, et al. ITQ-15: The first ultralarge pore zeolite with a bi-directional pore system formed by intersecting 14- and 12-ring channels, and its catalytic implications[J]. Chemical Communications, 2004 (12): 1356-1357.

[89] Tang L, Dadachov M S, Zou X. SU-12: A silicon-substituted ASU-16 with circular 24-rings and templated by a monoamine[J]. Chemistry of Materials, 2005, 17(10): 2530-2536.

[90] Tang L, Zou X. SU-21, a layered silicogermanate with organic amines covalently-bonded to germanium[J]. Microporous and Mesoporous Materials, 2007, 101(1): 24-29.

[91] Zhou Y, Zhu H, Chen Z, et al. A large 24-membered-ring germanate zeolite-type open-framework structure with three-dimensional intersecting channels[J]. Angewandte Chemie International Edition, 2001, 40(11): 2166-2168.

[92] 徐如人，庞文琴. 无机合成与制备化学 [M]. 北京：高等教育出版社，2001: 9-13.

[93] Bibby D M, Dale M P. Synthesis of silica-sodalite from non-aqueous systems[J]. Nature, 1985, 317(6033): 157-158.

[94] Flanigen E M. Silica polymorph and process for preparing same: US4073865A[P]. 1978-02-14.

[95] Caullet P, Paillaud J L, Simon-Masseron A, et al. The fluoride route: A strategy to crystalline porous materials[J]. Comptes Rendus Chimie, 2005, 8(3-4): 245-266.

[96] Blasco T, Camblor M A, Corma A, et al. Direct synthesis and characterization of hydrophobic aluminum-free TiBeta zeolite[J]. The Journal of Physical Chemistry B, 1998, 102(1): 299-304.

[97] Camblor M A, Corma A, Iborra S, et al. Beta zeolite as a catalyst for the preparation of alkyl glucoside surfactants: The role of crystal size and hydrophobicity[J]. Journal of Catalysis, 1997, 172(1): 76-84.

[98] Eroshenko V, Regis R C, Soulard M, et al. Energetics: A new field of applications for hydrophobic zeolites[J]. Journal of the American Chemical Society, 2001, 123(33): 8129-8130.

[99] Zicovich-Wilson C M, San-Roman M L, Camblor M A, et al. Structure, vibrational analysis, and insights into host-guest interactions in as-synthesized pure silica ITQ-12 zeolite by periodic B3LYP calculations[J]. Journal of the American Chemical Society, 2007, 129(37): 11512-11523.

[100] Burton A W, Zones S I, Elomari S. The chemistry of phase selectivity in the synthesis of high-silica zeolites[J]. Current Opinion in Colloid & Interface Science, 2005, 10(5): 211-219.

[101] Camblor M A, Villaescusa L A, Díaz-Cabañas M J. Synthesis of all-silica and high-silica molecular sieves in fluoride media[J]. ChemInform, 2000, 31(14): 59-76.

[102] Camblor M A, Barrett P A, Díaz-Cabañas M J, et al. High silica zeolites with three-dimensional systems of large pore channels[J]. Microporous and Mesoporous Materials, 2001, 48(1): 11-22.

[103] Bruce D W, O'Hare D, Walton R I. Porous materials[M]. Hoboken: John Wiley & Sons, 2010.

[104] Zones S I, Darton R J, Morris R, et al. Studies on the role of fluoride ion vs reaction concentration in zeolite synthesis[J]. The Journal of Physical Chemistry B, 2005, 109(1): 652-661.

[105] Burton A W, Lee G S, Zones S I. Phase selectivity in the syntheses of cage-based zeolite structures: An investigation of thermodynamic interactions between zeolite hosts and structure directing agents by molecular modeling[J]. Microporous and Mesoporous Materials, 2006, 90(1-3): 129-144.

[106] Lewis G J, Miller M A, Moscoso J G, et al. Experimental charge density matching approach to zeolite synthesis[C]//van Steen E, Claeys I M, Callanan L H. Recent advances in the science and technology of zeolites and related materials-proceedings of the 14th international zeolite conference. Amsterdam: Elsevier, 2004: 364-372.

[107] Miller M A, Moscoso J G, Koster S C, et al. Synthesis and characterization of the 12-ring zeolites UZM-4 (BPH) and UZM-22 (MEI) via the charge density mismatch approach in the choline-Li_2O-SrO-Al_2O_3-SiO_2 system[C]//Xu R, Gao Z, Chen J, et al. From zeolites to porous MOF materials-The 40th anniversary of international zeolite conference. Beijing: Elsevier, 2007: 347-354.

[108] Park M B, Ahn S H, Ahn N H, et al. Charge density mismatch synthesis of MEI- and BPH-type zeolites in the TEA^+-TMA^+-Li^+-Sr^{2+} mixed-structure-directing agent system[J]. Chemical Communications, 2015, 51(17): 3671-3673.

[109] Jo D, Ryu T, Park G T, et al. Synthesis of high-silica LTA and UFI zeolites and NH_3-SCR performance of their copper-exchanged form[J]. ACS Catalysis, 2016, 6(4): 2443-2447.

[110] Cho J, Choi H J, Guo P, et al. Embedded isoreticular zeolites: Concept and beyond[J]. Chemistry-A European Journal, 2017, 23(63): 15922-15929.

[111] Shin J, Xu H, Seo S, et al. Targeted synthesis of two super-complex zeolites with embedded isoreticular structures[J]. Angewandte Chemie International Edition, 2016, 55(16): 4928-4932.

[112] Guo P, Shin J, Greenaway A G, et al. A zeolite family with expanding structural complexity and embedded isoreticular structures[J]. Nature, 2015, 524(7563): 74-78.

[113] Lee H, Shin J, Choi W, et al. PST-29: A missing member of the RHO family of embedded isoreticular zeolites[J]. Chemistry of Materials, 2018, 30(19): 6619-6623.

[114] Eliášová P, Opanasenko M, Wheatley P S, et al. The ADOR mechanism for the synthesis of new zeolites[J]. Chemical Society Reviews, 2015, 44(20): 7177-7206.

[115] Verheyen E, Joos L, Van Havenbergh K, et al. Design of zeolite by inverse sigma transformation[J]. Nature Materials, 2012, 11(12): 1059-1064.

[116] Roth W J, Nachtigall P, Morris R E, et al. A family of zeolites with controlled pore size prepared using a top-down method[J]. Nature Chemistry, 2013, 5(7): 628-633.

[117] Firth D S, Morris S A, Wheatley P S, et al. Assembly-disassembly-organization-reassembly synthesis of zeolites based on cfi-type layers[J]. Chemistry of Materials, 2017, 29(13): 5605-5611.

[118] 宿彦京, 付华栋, 白洋, 等. 中国材料基因工程研究进展[J]. 金属学报, 2020, 56(10): 1313-1323.

[119] Clayson I G, Hewitt D, Hutereau M, et al. High throughput methods in the synthesis, characterization, and optimization of porous materials[J]. Advanced Materials, 2020, 32(44): 2002780.

[120] 陈思琦, 李莉, 李乙, 等. 材料基因工程技术在分子筛领域中的应用[J]. 高等学校化学学报, 2021, 42(1): 179-187.

[121] Akporiaye D E, Dahl I M, Karlsson A, et al. Combinatorial approach to the hydrothermal synthesis of zeolites[J]. Angewandte Chemie International Edition, 1998, 37(5): 609-611.

[122] Klein J, Lehmann C W, Schmidt H W, et al. Combinatorial material libraries on the microgram scale with an example of hydrothermal synthesis[J]. Angewandte Chemie International Edition, 1998, 37(24): 3369-3372.

[123] Choi K, Gardner D, Hilbrandt N, et al. Combinatorial methods for the synthesis of aluminophosphate molecular sieves[J]. Angewandte Chemie International Edition, 1999, 38(19): 2891-2894.

[124] Corma A, Díaz-Cabañas M J, Jordá J L, et al. High-throughput synthesis and catalytic properties of a molecular sieve with 18- and 10-member rings[J]. Nature, 2006, 443(7113): 842-845.

[125] Song Y, Yu J, Li G, et al. Combinatorial approach for the hydrothermal syntheses of open-framework zinc

phosphates[J]. Chemical Communications, 2002, 0(16): 1720-1721.

[126] Willhammar T, Burton A W, Yun Y, et al. EMM-23: A stable high-silica multidimensional zeolite with extra-large trilobe-shaped channels[J]. Journal of the American Chemical Society, 2014, 136(39): 13570-13573.

[127] Luo Y, Fu W, Wang B, et al. SCM-25: A zeolite with ordered meso-cavities interconnected by 12 × 12 × 10-ring channels determined by 3D electron diffraction[J]. Inorganic Chemistry, 2022, 61(10): 4371-4377.

[128] Li Y, Yu J, Xu R, et al. Combining structure modeling and electron microscopy to determine complex zeolite framework structures[J]. Angewandte Chemie International Edition, 2008, 47(23): 4401-4405.

[129] Lu J R, Shi C, Li Y, et al. Accelerating the detection of unfeasible hypothetical zeolites via symmetric local interatomic distance criteria[J]. Chinese Chemical Letters, 2017, 28(7): 1365-1368.

[130] Cawse J N. Experimental design for combinatorial and high throughput materials development[M].New Jersey: John Wiley & Sons, 2003: 239-276.

[131] Pophale R, Daeyaert F, Deem M W. Computational prediction of chemically synthesizable organic structure directing agents for zeolites[J]. Journal of Materials Chemistry A, 2013, 1(23): 6750-6760.

[132] Daeyaert F, Deem M W. Design of organic structure directing agents to control the synthesis of zeolites for carbon capture and storage[J]. RSC Advances, 2019, 9: 41934-41942.

[133] Gaillac R, Chibani S, Coudert F X. Speeding up discovery of auxetic zeolite frameworks by machine learning[J]. Chemistry of Materials, 2020, 32(6): 2653-2663.

[134] Deka C R, Vetrivel R. Developing the molecular modelling of diffusion in zeolites as a high throughput catalyst screening technique[J]. Combinatorial Chemistry & High Throughput Screening, 2003, 6(1): 1-9.

[135] Lee Y, Barthel S D, Dłotko P, et al. High-throughput screening approach for nanoporous materials genome using topological data analysis: Application to zeolites[J]. Journal of Chemical Theory and Computation, 2018, 14(8): 4427-4437.

[136] Jensen Z, Kim E, Kwon S, et al. A machine learning approach to zeolite synthesis enabled by automatic literature data extraction[J]. ACS Central Science, 2019, 5(5): 892-899.

[137] Moliner M, Serra J M, Corma A, et al. Application of artificial neural networks to high-throughput synthesis of zeolites[J]. Microporous and Mesoporous Materials, 2005, 78(1): 73-81.

[138] Corma A, Serra J M, Serna P, et al. Optimisation of olefin epoxidation catalysts with the application of high-throughput and genetic algorithms assisted by artificial neural networks (softcomputing techniques)[J]. Journal of Catalysis, 2005, 229(2): 513-524.

[139] Serna P, Baumes L A, Moliner M, et al. Combining high-throughput experimentation, advanced data modeling and fundamental knowledge to develop catalysts for the epoxidation of large olefins and fatty esters[J]. Journal of Catalysis, 2008, 258(1): 25-34.

[140] 刘晓东, 徐翊华, 于吉红, 等. 数据挖掘辅助定向合成（Ⅰ）——具有特定孔道结构的微孔磷酸铝[J]. 高等学校化学学报, 2003, 24(6): 949-952.

[141] Li J, Qi M, Kong J, et al. Computational prediction of the formation of microporous aluminophosphates with desired structural features[J]. Microporous and Mesoporous Materials, 2010, 129(1): 251-255.

[142] Daeyaert F, Ye F, Deem M W. Machine-learning approach to the design of OSDAs for zeolite beta[J]. Proceedings of the National Academy of Sciences, 2019, 116(9): 3413-3418.

[143] Nakazawa N, Ikeda T, Hiyoshi N, et al. A microporous aluminosilicate with 12-, 12-, and 8-ring pores and isolated 8-ring channels[J]. Journal of the American Chemical Society, 2017, 139(23): 7989-7997.

[144] Jo D, Hong S B. Targeted synthesis of a zeolite with pre-established framework topology[J]. Angewandte Chemie International Edition, 2019, 58(39): 13845-13848.

符号表

AEI 分子筛骨架类型代码，aluminophosphate-eighteen

AEL 分子筛骨架类型代码，aluminophosphate-eleven

B 酸中心 Brønsted 酸催化活性中心

CHA 分子筛骨架类型代码，chabazite

CHB 环己基苯

c_i 组分浓度

CLD 化学液相硅沉积法改性

configuratrion diffusion 构型扩散

Conv. 转化率

cosh 双曲余弦函数

CVD 化学气相沉积

D 扩散系数

d 直径

DCC 催化裂解技术

DEA 二乙胺

DFT 密度泛函理论计算

DME 二甲醚

DPE 分子筛去质子化能

$E_{app,k}$ 表观反应活化能

EB 乙苯

EFAL 骨架外铝

$E_{int,k}$ 本征反应活化能

EMMS 能量最小化原理

ERI 分子筛骨架类型代码，erionite

EUO 分子筛骨架类型代码，Edinburgh University – one

ex-situ 异位

FAU 分子筛骨架类型代码，faujasite

FCC 催化裂化

FER 分子筛骨架类型代码，ferrierite

g 克

h 小时

H/C 氢气与烃分子的比例

HAT-plus 重芳烃轻质化技术

hier，hierarchical 多级孔的

hierarchical pores 多级孔

hydrocarbon pool 烃池

IGA 智能微重量分析仪

in-situ 原位

ISDA 无机结构导向剂

isomerization 异构化

ITE 分子筛骨架类型代码，Instituto de Tecnologia Quimica Valencia – three

IZA 国际沸石分子筛协会

k 反应速率常数

K 开尔文，热力学绝对温标

kg 公斤

Knudsen diffusion 努森扩散

kt/a 千吨/年

L 长度

LCO 催化裂化柴油

LTL 分子筛骨架类型代码，zeolite Linde type L (Linde division, Union Carbide)

L 酸中心 Lewis 酸催化活性中心

MC　蒙特卡洛方法

MD　分子动力学方法

MDDW　柴油临氢降凝工艺

methylation　甲基化

MFI　分子筛骨架类型代码，zeolite socony Mobil–five（ZSM-5）

mg　毫克

MGD　多产液化气和柴油的技术

M_i　组分分子量

min　分钟

MIP　流化催化裂化技术

molecular sieve　分子筛

MOR　分子筛骨架类型代码，mordenite

MTA　甲醇制芳烃

MTBE　甲基叔丁基醚

MTG　甲醇制汽油

MTH　甲醇制烃

MTO　甲醇制烯烃

MTP　甲醇制丙烯

MTPX　甲苯甲醇择形甲基化制对二甲苯

MTX　甲苯甲醇甲基化制二甲苯

MWW　分子筛骨架类型代码，Mobil composition of matter-twenty-two（MCM-22）

MX　间二甲苯

NH_3-TPD　氨气程序升温脱附表征

N_i　组分分子数

nm　纳米，长度单位，等于 10^{-9} 米

NMR　核磁共振谱

OCC 或 OCP　碳四或碳五烯烃裂解技术

OSDA　有机结构导向剂

OX　邻二甲苯

P/E　丙烯/乙烯（摩尔比）

paring route　缩环扩环路线

PEG　聚乙二醇

PET　聚对苯二甲酸乙二醇酯

PFG-NMR　脉冲场梯度核磁共振

PSA　变压吸附

PTA　对苯二甲酸

PX　对二甲苯

QENS　准弹性中子散射

R　阿弗加德罗常数

r　速率

RHO　分子筛骨架类型代码，zeolite Rho

SAPO　磷酸硅铝分子筛

SD　甲苯择形歧化技术

Sel　选择性

SEM　扫描电子显微镜

Si/Al　硅铝比

side chain route　侧链路线

STF　分子筛骨架类型代码，standard oil synthetic zeolite‐thirty-five

STW　分子筛骨架类型代码，Stockholm University‐thirty-two

suface diffusion　表面扩散

T　温度

tanh　双曲正切函数

TEA　三乙胺

TEM　透射电子显微镜

Thiele modulus　泰勒模数

TMB　四甲基苯

TSA　变温吸附

USY　超稳 Y 型沸石分子筛

V　速率

WHSV　气体质量流量空速，h^{-1}

XRD　X 射线衍射

yield　产率

zeolite　沸石

*BEA　分子筛骨架类型代码，zeolite Beta

Å　{= Ångstrom} 埃，长度单位，等于 10^{-10} 米

η　催化有效利用率因子

λ　分子的平均自由程

μm　微米，长度单位，等于 10^{-6} 米

φ　泰勒模数

∇　梯度场矢量微分算符

索引

A

阿伦尼乌斯公式　256
氨气选择性催化还原 NO$_x$ 技术（NH$_3$-SCR）　294
氨肟化反应　169

B

半超笼　236
苯、甲苯和二甲苯（BTX）　230
苯烯比低　251
苯与乙烯烷基化　094
吡咯烷衍生物　351
闭合式　245
变温吸附　306
变压吸附　306
表面自由能　239
剥离　246
部分晶化　242

C

材料基因工程技术　370
层剥离 MWW　238
层状 MWW　220
层状结构　249
层状前驱体的转变　187

长链双季铵盐　239
长链烷基苯（LAB）　260
超薄 MWW　249
超稳 Y 型分子筛　054
成套技术　259
持续扰动　242
尺寸筛分　308
尺寸筛分效应　315
传质性能　322
纯化　306
纯甲苯歧化　150
次级构造单元　005
醋酸甲酯　157
催化材料　198
催化剂生产　198
催化剂制造　198
催化裂化　053，126，237
催化裂化轻循环油　231

D

大容量分离　306
单程寿命　195
单分子反应机理　198
低苯烯比　253

低硅分子筛 002
低钠合成 214
低碳烃分离技术 310
低碳烯烃 019
第一有机胺 247
电池组件材料 033
电荷反转试剂 231
电荷密度不匹配法 350
丁烯齐聚 206
丁烯异构化 193
动力学筛分 308
多环季铵盐 352
多级孔 272
多级孔分子筛 017, 086
多级孔结构复合分子筛 232
多金属阳离子法 350
多型体 214
多乙苯 061

E

二次孔结构 069
二环己基胺 247
二甲胺 025
二甲苯异构 205
二甲醚羰化 157
二甲醚羰基化 208
二维层状 236
二维层状分子筛 016
二乙苯 061

二乙醇胺 025

F

反应工艺 194
反应机理 280
反应机制 195
反应网络 153
反应温度范围宽 251
芳烃净化技术 326
芳烃轻质化 153
芳烃循环 280
非平衡吸附分离 307
沸石止血器 032
分子活门效应 308
分子筛 270, 306
分子筛的扩散性能 016
分子筛的位阻效应 315
分子筛的择形性 014
分子筛的织构特征 016
分子筛骨架硅铝比 011
分子筛骨架元素 011
分子筛孔道类型 013
分子筛去质子化能 011
分子筛吸附剂 026
氟介质合成法 350
辅助晶化 214
复合构造单元 005
复合结构导向剂 239
复合孔 Y 型分子筛 055
副产 205

G

干凝胶转化　271

高硅 FAU 结构分子筛　045

高硅 Y 型分子筛　049

高硅分子筛　002

高硅丝光沸石　143

高空速　203

高哌嗪　239

高通量实验　349

工业化应用　156

共结晶分子筛　230

构效关系　146

构造单元　005

骨架　270

骨架 T 位点　242

骨架 TiO_4 物种　245

骨架结构　005, 346

固体酸催化剂　019

冠醚和环缩酮季铵盐衍生物　358

贯通多级孔 USY 型分子筛　062

硅铝酸盐物种　241

硅硼酸盐分子筛　347

硅羟基　236

硅源　241

硅锗酸盐分子筛　347

过程强化　276

H

含 F 合成体系　240

合成　271

合成方法　185

核壳分子筛复合物　057

核壳结构　085

核壳型分子筛　231

核污染水　028

后补法　243

后处理　271

后处理拓扑转变法　350

呼吸效应　308

化学气相沉积　015, 295

化学修饰　288

化学选择性吸附分离　308

化学液相沉积　015

环己胺　239

环己基苯　228

环己烯水合制环己醇　025

缓解传质阻力　169

回收模板剂　198

活化能　256

活性位的可接近性　066

活性中心修饰　170

J

季鏻盐（碱）　357

加氢裂化　057, 214

加氢裂解　149

加氢脱烷基法　230

甲苯甲醇烷基化　128

甲苯歧化反应　148

甲醇制二甲醚　207

甲醇制芳烃　111
甲醇制烯烃　021, 207, 271
碱处理　146
碱处理脱硅　055
碱溶胀　237
搅拌　242
结构导向剂　008, 239, 277
结构导向作用　215
介孔　068
介孔结构　147
金属离子浸渍改性　147
金属杂原子　287
浸渍　287
晶化　197
晶化机理　349
晶化时间　143
晶化温度　142
晶化相区　216
晶粒间介孔　218
晶体生长抑制剂　271
静态　242
静态饱和吸附氮　330

K

开放式　245
糠醛肟　169
抗溶硅性能　172
抗炎作用　031
抗肿瘤佐剂　031
空间限域催化　160

孔道结构　270
孔道调控　191
快速失活　160
矿化剂　240
扩散　204
扩散强化　284

L

镧系元素　242
离子交换　287
量子筛分　309
磷酸硅铝　271
灵活型加氢裂化催化剂　059
六亚甲基亚胺　236
笼　270
铝的局域分布现象　011

M

镁碱沸石　184
咪唑衍生物　352
醚后碳四　201
模板剂　277
模拟移动床吸附分离技术　317

N

纳米 Beta 型分子筛　215
纳米 Y 型分子筛　047
纳米分子筛　016
纳米晶粒　217, 271
纳米粒子　217
纳米片晶　281

纳米丝光沸石　144

钠硅比　142

萘系物选择性加氢　154

黏结剂　196

黏结剂转换法　196

浓凝胶法　350

P

哌啶　239

哌嗪　239

配位不饱和金属中心　311

片状分子筛　016

平衡吸附分离　307

Q

歧化　230

气相输运合成　188

强酸　243

羟胺路径　169

羟基化反应　164

桥羟基　250

轻烃芳构化　118

轻油型加氢裂化催化剂　058

全硅分子筛　161

全结晶　196

全结晶 ZSM-5 型分子筛　020

全结晶分子筛　092

醛酮氨肟化　261

醛酮类氨氧化反应　166

炔烃/烯烃分离　311

R

热苯洗涤再生　223

人工合成分子筛　007

溶剂热合成　186

溶胀　246

软模板　273

S

三甲基金刚烷基氢氧化铵　239

三维孔道系统　214

三乙苯　061

伤口愈合　032

生成 C_9 芳烃　151

生物质转化　237

石脑油催化裂解　019

使用非常规合成条件　350

双分子反应机理　198

双结构导向剂　244

双烯选择性　282

双有机胺　247

"双子"季铵盐（碱）　354

水　242

水处理　028

水硅比　142

水热法合成　141

水热合成　186, 346

水热合成法　238

水热合成反应　007

水热晶化　286

水蒸气处理　146

丝光沸石　140

四氢萘　154

四乙基氢氧化铵　215

四乙基溴化铵（TEABr）　216

饲料添加剂　030

酸碱处理　273

酸强度　011

酸性　270

酸性位点调控　190

酸性质　062

T

钛硅分子筛　161

钛硅分子筛 TS-1　260

碳八芳烃异构体　316

碳八芳烃异构体的选择性吸附　320

碳四烯烃分离　315

碳正离子机理　149

天然沸石　003

天然拼接体　006

天然拼块　006

调变骨架元素　350

烃池活性中心　280

同晶取代　023

同晶取代法　162

投料硅铝比　216

土壤的修复　029

土壤改良剂　029

脱除含氧化合物杂质吸附剂　339

脱硅　146

脱甲基反应　149

脱铝补硅　050

脱铝改性　146

脱硼 MWW　245

脱水缩合　236

脱烯烃　067

脱硝　028

脱氧、脱硫吸附净化分子筛吸附剂　334

W

烷基化　022，221，237，256

烷基化油　019

烷基转移　061，221，256

烷基转移过程　149

微波水热合成法　239

微孔材料　214

无钠合成　214

无黏结剂 Beta 型分子筛　229

戊烯二聚　206

戊烯异构　205

物理吸附分离　307

X

吸附穿透曲线　336

吸附分离材料　306

吸附容量　322

吸附脱除二甲基二硫醚　336

吸附脱除碱性氮化物和硫化物　326

吸附脱硫　332

吸附选择性　322

烯烃/烷烃分离　310
烯烃催化裂解　104
烯烃环氧化　129, 261
烯烃循环　280
稀土金属离子　330
稀土离子改性 Y 型分子筛　053
相关材料　236
斜发沸石　029
新的有机结构导向剂　350
新结构分子筛　346
形貌　281
形貌调控　189
选择催化氧化　161
选择性化学吸附　315
选择氧化　237
选择氧化反应　023
血液渗析　032

Y

氧化　260
药物释放　031
药物载体　030
液相离子交换　295
液相烷基化　220, 251, 256
液相氧化反应　164
一步合成　295
乙苯　226, 250, 251
乙苯选择性高　251
异丙苯　220, 250, 256
异吲哚啉衍生物　351

硬模板　273
有机铵碱　346
有机硅烷　249
有机硅物种　250
有机结构导向剂　347
有序组装　249
原料中微量杂质的精细脱除　334
原位层剥离　249

Z

杂相　240
杂质二甲苯　251
再生性能　200
造影剂　031
择形催化　013, 082
择形歧化　128
择形性　270
蒸汽相合成法　239
正弦孔道　243
质子化　239
中等硅铝比分子筛　002
中油型加氢裂化催化剂　060
重芳烃　230
柱撑　237
紫外拉曼光谱　245
自生压力下晶化　238

其他

1,3-丁二烯　202
10 元环　236

12-MR 超笼　236
12 元环孔道　214
ADOR 法　368
Ag 纳米沸石　031
Al 的落位　011
*BEA　214
Beta 型分子筛　214
Brønsted 酸　243
Brønsted 酸性位　009
C_9^+ 重芳烃　230
CHA 结构　270
Cu-SSZ-13　028
DMTO 工艺　291
DS-ITQ-2　248
EBC-1　252
ECNU-7　248
Fe-MFI 分子筛　023
FER　184
Fe-ZSM-5　028
Friedel-Crafts 酰基化反应　024
HAP 系列　157
HAT 系列　156
HMI　239
ITQ-1　240
Lewis 酸性位　009
MCM-22　236
MFI 型分子筛　082
MP-01 催化剂　258
MP-02 催化剂　259

MTBE　193
MWW　236
MWW 家族　237
NaOH　240
S-ACT 技术　220
SAPO-34　270
SCM-1　247
SCM-6　247
SHMTO 工艺　292
SM Ⅲ 方式　012
SMTO 工艺　292
Sn-Beta 分子筛　023
SSZ-13　270
T2 位点　243
$TiCl_4$ 蒸气处理　163
Ti-MOR　162
Ti-MWW　243, 261
TO_4 四面体　005
TS-1 分子筛　023
UOP/Hydro MTO 工艺　291
USY 型分子筛　068
Villaescusa 法则　366
Zicovich-Wilson 效应　365
ZSM-35 晶相　240
π 络合分子筛吸附剂　329
π 络合改性　328
π 络合吸附　329
π 络合吸附作用　330
π 络合作用　308

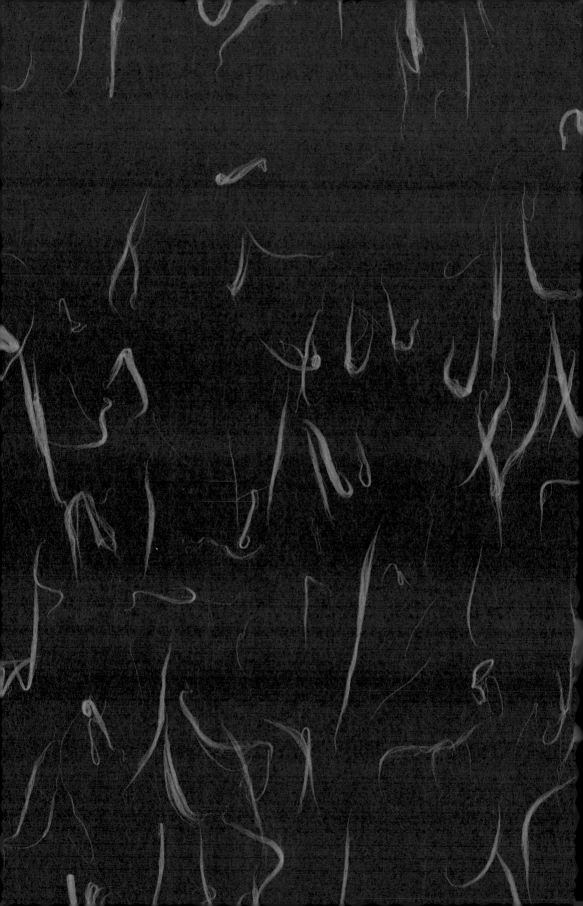